职业教育工业机器人技术应用专业系列教材

工业机器人操作与编程技术

主　编　何成平　董诗绘
副主编　谢丽华
参

机 械 工 业 出 版 社

本书针对ABB工业机器人以及离线编程软件Robot Studio，按照项目式教学方式进行教学内容安排与整合。项目以实际工程案例为主，分解为若干任务，由任务驱动，每个任务分解为任务目标、背景知识、任务实施，体现了理实一体的教学原则。大部分项目最后辅以趣味性或综合性环节作为拓展练习，以提高学习者的学习兴趣和参与度，培养其发散思维和综合运用能力。

全书共分八个项目，分别为：认识工业机器人、ABB机器人编程基础、工业机器人虚拟建模与仿真、搬运机器人、压铸机器人、焊接机器人、立体仓库和智能视觉。通过项目式教学，读者可以系统学习Robot Studio软件的操作、建模、Smart组件的使用、轨迹离线编程、仿真验证、实训台在线编程调试等，内容涵盖机器人工作站创建、通信板卡设置、I/O设置、示教器操作、坐标系设置、工具安装、轨迹目标点示教、常用编程指令讲解等工业机器人编程操作过程的基本环节。

本书可作为高职高专工业机器人应用技术及自动化类专业的教材，也可供从事工业机器人开发、调试、维护的技术人员参考。

图书在版编目（CIP）数据

工业机器人操作与编程技术/何成平，董诗绘主编. —北京：机械工业出版社，2016.8（2023.1重印）
职业教育工业机器人技术应用专业系列教材
ISBN 978-7-111-54179-0

Ⅰ.①工… Ⅱ.①何… ②董… Ⅲ.①工业机器人-操作-高等职业教育-教材②工业机器人-程序设计-高等职业教育-教材 Ⅳ.①TP242.2

中国版本图书馆CIP数据核字（2016）第151982号

机械工业出版社（北京市百万庄大街22号 邮政编码100037）
策划编辑：赵红梅 责任编辑：赵红梅 责任校对：佟瑞鑫
封面设计：路恩中 责任印制：常天培
固安县铭成印刷有限公司印刷
2023年1月第1版第8次印刷
184mm×260mm · 15印张 · 365千字
标准书号：ISBN 978-7-111-54179-0
定价：45.00元

电话服务	网络服务
客服电话：010-88361066	机 工 官 网：www.cmpbook.com
010-88379833	机 工 官 博：weibo.com/cmp1952
010-68326294	金 书 网：www.golden-book.com
封底无防伪标均为盗版	机工教育服务网：www.cmpedu.com

前言

“十三五”期间，中国制造业面临着向高端转变、承接国际先进制造、参与国际分工的巨大挑战，加快工业机器人技术的研究、开发与应用是抓住这个历史机遇的主要途径。目前，工业机器人已广泛应用于点焊、弧焊、装配、喷漆、切割、搬运、包装码垛等领域。工业机器人的普及是实现自动化生产、提高社会生产效率、推动企业和社会生产力发展的有效手段。在发达国家中，工业机器人自动化生产线成套设备已成为自动化装备的主流及未来的发展方向。国外汽车行业、电子电器行业、工程机械等行业已经大量使用工业机器人自动化生产线，以保证产品质量，提高生产效率，同时避免工伤事故。

本书针对 ABB 工业机器人以及离线编程软件 Robot Studio，按照项目式教学方式进行教学内容安排与整合，体现了理实一体的职业教育教学原则，具有以下几方面的特点：

1. 体系架构新颖，编写形式体现职业教育特色

本书打破了以原理为主线的教材章节体例，建立以工作任务为主线的项目编写体系。项目以实际工程案例为主，分解为若干任务，每个任务由任务目标、背景知识、任务实施组成。大部分项目最后辅以趣味性或综合性环节作为拓展练习，以提高读者的学习兴趣和参与度，培养其发散思维和综合运用能力，体现了教师教学引导和学生自主学习的统一。

2. 采用来自生产一线的典型案例，融入职业能力的相关要求

充分吸收来自生产一线的案例或工作任务，融入职业技能鉴定的相关内容和要求，体现了理实一体的教学原则。

3. 体系架构灵活，便于教学安排

本书各项目相对独立，在教学中可根据相关专业教学要求及实际设备情况选择部分项目进行教学，也可选择部分项目中的部分任务进行教学，体现了教学组织的科学性和灵活性的统一。

4. 项目按由易到难的方式编排，符合认知规律

各项目单元按由易到难的方式编排，注重实践练习和能力培养，符合高职学生的特点及认知规律。

5. 教学资源丰富

配套丰富的仿真模型、应用案例、视频录像、源程序等教学资源。书中大部分项目配有仿真模型，可仿真实现，也可在实际设备上运行。

本书由何成平、董诗绘任主编，由何成平提出编写提纲并进行统稿。编写分工如下：唐山工业职业技术学院高丹编写项目一；唐山工业职业技术学院董诗绘编写项目二、项目四；常州轻工职业技术学院何成平编写项目三、项目五及附录；常州轻工职业技术学院刘军良编写项目六；常州轻工职业技术学院谢丽华编写项目七和项目八。

因编者水平有限，书中难免有错漏和不当之处，恳请广大读者批评指正，并欢迎您对本书提出宝贵意见和建议。

编 者

目　录

项目一 认识工业机器人

任务一　工业机器人的构成与选型

【任务目标】

1. 认知工业机器人的系统组成
2. 领会工业机器人的控制方式
3. 掌握工业机器人的性能指标及选型

【背景知识】

工业机器人一般指用于机械制造业中代替人完成具有大批量、高质量要求的工作，如汽车制造、摩托车制造、舰船制造、某些家电产品（电视机、电冰箱、洗衣机）、化工等行业自动化生产线中的点焊、弧焊、喷漆、切割、电子装配及物流系统的搬运、包装、码垛等作业的机器人。

一、工业机器人的系统组成

工业机器人的系统由三大部分六个子系统组成，三大部分为控制部分、机械部分和传感检测部分，六大子系统为：人机交互系统、控制系统、驱动系统、机械结构系统、感受系统、机器人—环境交互系统，如图 1-1 所示。

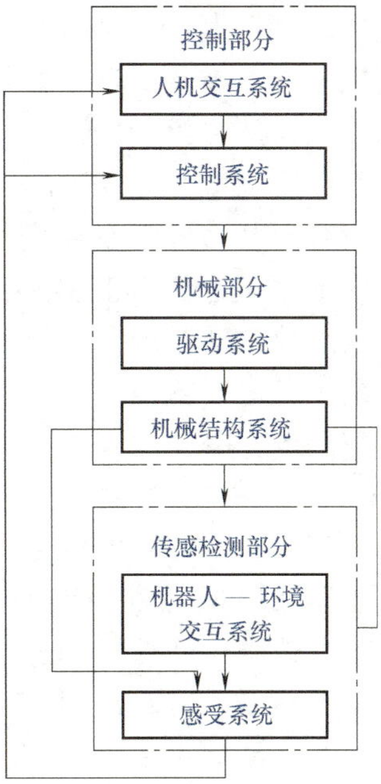

图 1-1　工业机器人的系统构成

1. 人机交互系统

人机交互系统是使操作人员参与机器人控制并与机器人进行联系的装置，也是人和机器人联系与协调的单元，该系统归纳起来可以分为两大类：指令给定装置和信息显示装置。例如，计算机的标准终端、指令控制台、信息显示板、危险信号报警器等。

2. 控制系统

一种是集中式控制，即机器人的全部控制由一台微型计算机（简称微机）完成。另一种是分散（级）式控制，即采用多台微机来分担机器人的控制，如当采用上、下两级微机共同完成机器人的控制时，主机常用于负责系统的管理、通信、运动学和动力学计算，并向下级微机发送指令信息；作为下级从机，各关节分别对应一个CPU，进行插补运算和伺服控制处理，实现给定的运动，并向主机反馈信息。

3. 驱动系统

工业机器人的驱动系统按动力源可分为液压驱动、气动驱动和电动驱动三种基本驱动类型。根据实际需要，可采用三种基本驱动中的一种或几种结合起来应用。

（1）液压驱动

液压驱动一般由电动机带动液压泵，液压泵转动形成高压液流（动力），液压管路将高压液体（一般是液压油）接到液压马达，使液压马达转动，形成驱动力。

液压技术是一种比较成熟的技术，具有动力大、力（或力矩）与惯量比大、响应快、易于实现直接驱动等特点，适合在承载能力大、惯量大以及在防焊环境中工作的机器人中应用。但液压系统需进行能量转换（电能转换成液压能），速度控制多数情况下采用节流调速，效率比电动驱动系统低。液压系统的液体泄漏会对环境产生污染，工作噪声也较高。由于这些弱点，近年来，在负荷为100kg以下的机器人中，液压系统往往被电动系统所取代。

（2）气动驱动

气动驱动与液压驱动相似，气动驱动是利用气体抗挤压力来实现力的传递。

气动驱动具有速度快、系统结构简单、维修方便、价格低等特点，适合在中、小负荷的机器人中采用。但因难于实现伺服控制，多用于程序控制的机器人中，如在上、下料和冲压机器人中应用较多。

（3）电动驱动

电动驱动利用各种电动机产生的力矩和力，其系统结构如图1-2所示。电动驱动具有较高的功率质量比、高起动转矩、低惯量和较宽广且平滑的调速范围等优点，不需要能量转换，使用方便，控制灵活。但是，这类驱动系统也存在以下缺点：大多数电动机后面还需要安装精密的传动机构，直流有刷电动机不能直接用于有防爆要求的环境中，而且成本也较液压、气动两种驱动系统高。但因电动驱动系统优点比较突出，因此在机器人中被广泛地选用。

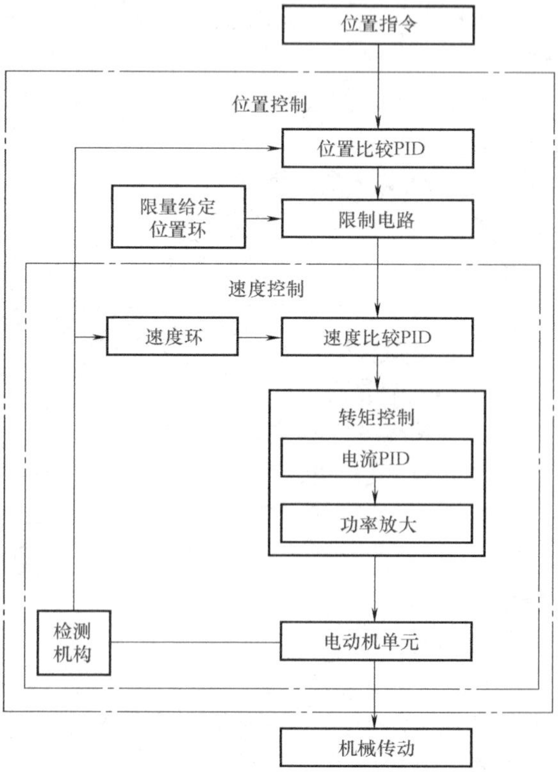

图1-2　电动驱动系统框图

4. 机械结构系统

工业机器人的机械结构系统是工业机器人完成各种运动的机械部件。系统由骨骼（杆件）和连接它们的关节（运动副）构成，具有多个自由度，主要包括手部、腕部、臂部、机身等部件，如图1-3所示。

1）手部：又称为末端执行器或夹持器，是工业机器人对目标直接进行操作的部分，在手部可安装专用的工具，如焊枪、喷枪、电钻、电动螺钉（母）拧紧器等。

2）腕部：腕部是连接手部和臂部的部分，主要功能是调整手部的姿态和方位。

3）臂部：用以连接机身和腕部，是支撑腕部和手部的部件，由动力关节和连杆组成，用以承受工件或工具的负荷，改变工件或工具的空间位置，并将它们送至预定位置。

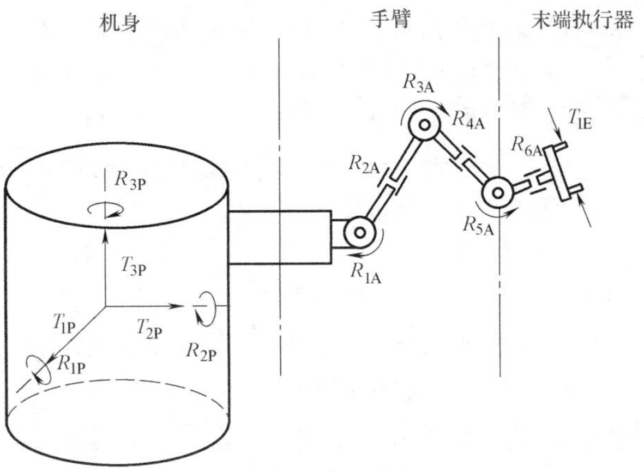

图 1-3　工业机器人的机械结构

4）机身：机身是机器人的支撑部分，有固定式和移动式两种。

5. 感受系统

感受系统由内部传感器和外部传感器构成。传感器处于连接外界环境与机器人的接口位置，是机器人获取信息的窗口。

（1）传感器的分类

根据传感器在机器人上应用目的与使用范围的不同，将其分成两类：内部传感器和外部传感器。

内部传感器：用于检测机器人自身的状态，如测量回转关节位置的轴角编码器、测量速度以控制其运动的测速计。

外部传感器：用于检测机器人所处的环境和对象状况，如视觉传感器。它可为高层次的机器人控制提供更多的适应能力，也给工业机器人增加了自动检测能力。外部传感器可进一步分为末端执行器传感器和环境传感器。

（2）机器人对传感器的要求

1）精度高、重复性好。

2）稳定性和可靠性好。

3）抗干扰能力强。

4）质量轻、体积小、安装方便。

6. 机器人—环境交互系统

机器人—环境交互系统可实现机器人与外部设备的联系和协调，并构成功能单元，如加工制造单元、焊接单元、装配单元等。可以是多台机器人，也可以是多台机床或设备、多个零件存储装置等集成为一个去执行复杂任务的功能单元。

二、工业机器人的控制方式

工业机器人的控制方式主要有四种：点位控制方式（PTP）、连续轨迹控制方式（CP）、力（力矩）控制方式、智能控制方式。

1. 点位控制方式（PTP）

这种控制方式的特点是指控制工业机器人末端执行器在作业空间中某些规定的离散点上

的位姿。控制时只要求工业机器人快速、准确地实现相邻各点之间的运动。由于其控制方式易于实现、定位精度要求不高的特点，因而常被应用在上下料、搬运、点焊和在电路板上安插元器件等只要求目标点处保持末端执行器位姿准确的作业中。一般来说，这种方式比较简单，但是，要达到2～3μm 的定位精度是相当困难的。

2. 连续轨迹控制方式（CP）

这种控制方式的特点是连续地控制工业机器人末端执行器在作业空间中的位姿，要求其严格按照预定的轨迹和速度在一定的精度范围内运动，而且速度可控、轨迹光滑、运动平稳，以完成作业任务。工业机器人各关节连续、同步地进行相应的运动，其末端执行器即可形成连续的轨迹。这种控制方式的主要技术指标是工业机器人末端执行器位姿的轨迹跟踪精度及平稳性。通常弧焊、喷漆、去毛边和检测作业机器人都采用这种控制方式。

3. 力（力矩）控制方式

在完成装配、抓放物体等工作时，除了要准确定位之外，还要求使用适度的力或力矩进行工作，这时就要利用力（力矩）控制方式。这种方式的控制原理与位置伺服控制原理基本相同，只不过输入量和反馈量不是位置信号，而是力（力矩）信号，因此系统中必须有力（力矩）传感器。有时也利用接近、滑动等传感功能进行自适应式控制。

4. 智能控制方式

机器人的智能控制是通过传感器获得周围环境的信息，并根据自身内部的知识库做出相应的决策。采用智能控制技术，使机器人具有了较强的环境适应性及自学习能力。智能控制技术的发展有赖于近年来人工神经网络、基因算法、遗传算法、专家系统等人工智能的迅速发展。

三、工业机器人的性能指标

1. 自由度

自由度是指机器人操作机在空间运动所需的变量数，用以表示机器人动作灵活程度的参数，一般是以沿轴线移动和绕轴线转动的独立运动数目来表示。工业机器人往往是个开式连杆系，每个关节运动副只有一个自由度，因此通常机器人的自由度数目就等于其关节数。机器人的自由度数目越多，功能就越强。目前工业机器人通常具有4～6个自由度。当机器人的关节数（自由度）增加到对末端执行器的定向和定位不再起作用时，便出现了冗余自由度。冗余自由度的出现增加了机器人工作的灵活性，但也使控制变得更加复杂。

工业机器人在运动方式上，可以分为直线运动（简记为P）和旋转运动（简记为R）两种，应用简记符号P和R可以表示操作机运动自由度的特点，如RPRR表示机器人操作机具有四个自由度，从基座开始到臂端，关节运动的方式依次为旋转-直线-旋转-旋转。此外，工业机器人的运动自由度还有运动范围的限制。

2. 精度

工业机器人精度是指定位精度和重复定位精度。定位精度是指机器人手部实际到达位置与目标位置之间的差异，用反复多次测试的定位结果的代表点与指定位置之间的距离来表示。重复定位精度是指机器人重复定位手部于同一目标位置的能力，以实际位置值的分散程度来表示。实际应用中常以重复测试结果的标准偏差值的3倍来表示，它用于衡量一列误差值的密集度。

3. 工作范围

在选择机器人的时候，用户需要了解机器人要到达的最大距离。选择机器人不但要关注负载，还要关注其最大运动范围。每一个公司都会给出机器人的运动范围，用户可以从中看出是否符合应用的需要。最大垂直运动范围是指机器人腕部能够到达的最低点（通常低于机器人的基座）与最高点之间的范围。最大水平运动范围是指机器人腕部能水平到达的最远点与机器人基座中心线的距离。用户还需要参考最大动作范围（用度表示）。这些规格不同的机器人区别很大，对某些特定的应用存在限制。

4. 工作速度

速度对于不同的用户需求也不同。它取决于工作需要完成的时间。规格表上通常只是给出最大速度，机器人能提供的速度介于0和最大速度之间，其单位通常为度/秒。一些机器人制造商还给出了最大加速度。

5. 负载能力

负载是指机器人在工作时能够承受的最大载重。如果将零件从一台机器处搬至另外一处，就需要将零件的重量和机器人抓手的重量计算在负载内。

有效负载（Payload）　是指机器人操作机在工作时臂端可能搬运的物体重量或所能承受的力或力矩，用以表示操作机的负荷能力。

机器人在不同位姿时，允许的最大可搬运质量是不同的，因此机器人的额定可搬运质量是指其臂杆在工作空间中任意位姿时腕关节端部都能搬运的最大质量。

四、工业机器人的主体结构

工业机器人主体结构中各个关节运动副和连杆构件组成了不同的坐标系。常见的坐标系统有：直角坐标系、圆柱坐标系、极坐标系、关节坐标系。

1. 直角坐标机器人

如图1-4所示，这一类机器人手部的位置变化是通过沿着三个相互垂直的轴线移动来实现的，这类形式的机器人常应用于生产设备的上下料和高精度装配。

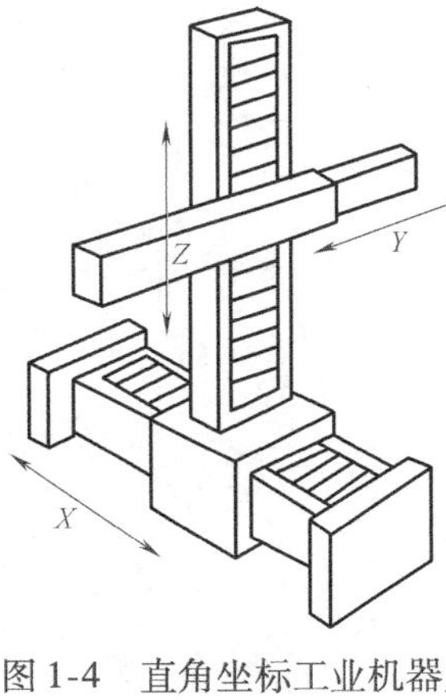

图1-4　直角坐标工业机器人

直角坐标机器人是以 *XYZ* 直角坐标系统为基本数学模型，其工作的行为方式主要是完成沿着 *X*、*Y*、*Z* 轴上的线性运动。直角坐标机器人以伺服电动机、步进电动机为驱动的单轴机械臂为基本工作单元，以滚珠丝杠、同步传送带、齿轮齿条为常用的传动方式所架构起来的机器人系统，可以完成在 *XYZ* 三维坐标系中任意一点的到达和遵循可控的运动轨迹。

直角坐标机器人采用运动控制系统实现对其的驱动及编程控制，直线、曲线等运动轨迹的生成为多点插补方式，操作及编程方式为引导示教编程方式或坐标定位方式。

2. 圆柱坐标机器人

如图1-5所示，圆柱坐标机器人包括上下圆盘的旋转台，相对于包括上下固定板的框架旋转。丝杠和导杆安装在上下圆盘上。轴结构包括：具有纵向空腔的内轴、外轴和中间轴，外轴和中间轴与内轴同心并可分开地旋转。设有一对臂驱动轴的臂支撑框架安装在轴结构上，设有第一、第二和第三驱动装置，

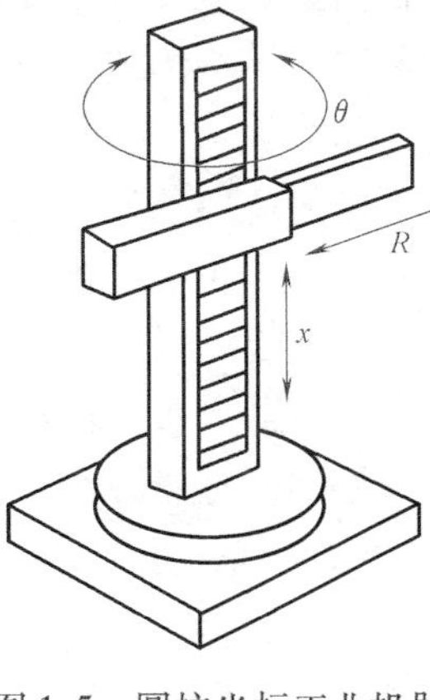

图1-5　圆柱坐标工业机器人

相对于框架旋转旋转台，相对于旋转台旋转丝杠，并相对于旋转台旋转各轴。圆柱坐标型机器人的结构如图 1-5 所示，R、θ 和 x 为坐标系的三个坐标，其中 R 是手臂的径向长度，θ 是手臂的角位置，x 是垂直方向上手臂的位置。如果机器人手臂的径向坐标 R 保持不变，机器人手臂的运动将形成一个圆柱表面。

3. 极坐标机器人

如图 1-6 所示，极坐标机器人的手臂能上下俯仰、前后伸缩，并能绕立柱回转，在空间构成部分球面。这类机器人占地面积较小，结构紧凑，比圆柱坐标机器人更为灵活，操作范围更大，能与其他机器人协调工作，重量较轻，但避障性差，有平衡问题，位置误差与臂长成正比。极坐标机器人又称为球坐标机器人，其结构如图 1-6 所示，R、θ 和 β 为坐标系的坐标。其中 θ 是绕手臂支撑底座垂直的转动角，β 是手臂在铅垂面内的摆动角。这种机器人运动所形成的轨迹表面是半球面。

4. 多关节机器人

如图 1-7 所示，它是以其各相邻运动部件之间的相对角位移作为坐标系的。θ、α 和 Φ 为坐标系的坐标，其中 θ 是绕底座铅垂轴的转角，Φ 是过底座的水平线与第一臂之间的夹角，α 是第二臂相对于第一臂的转角。这种机器人手臂可以达到球形体积内绝大部分位置，所能达到区域的形状取决于两个臂的长度比例。

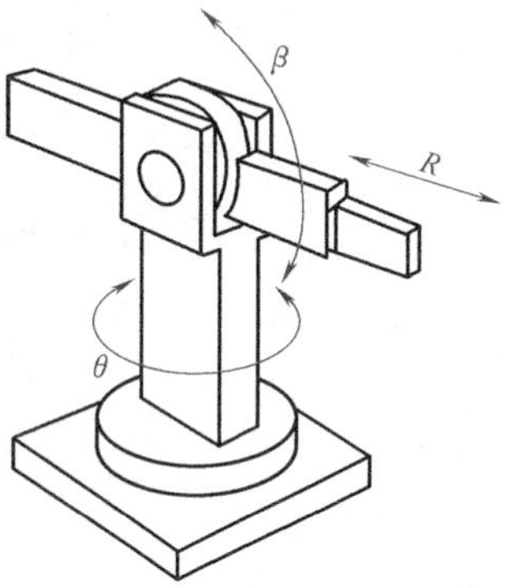

图 1-6　极坐标工业机器人

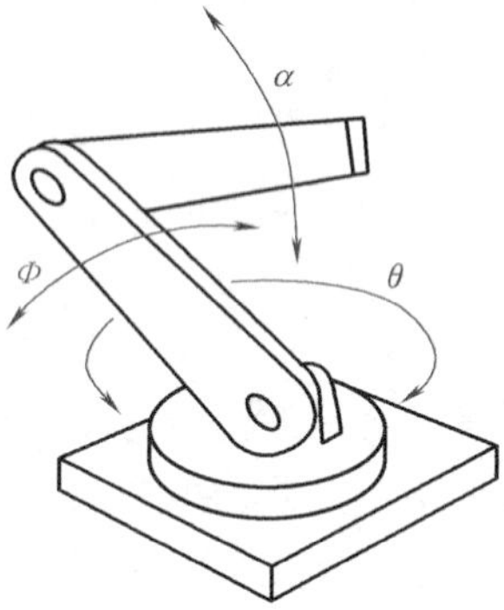

图 1-7　多关节工业机器人

五、工业机器人选型

目前工业机器人主要用于弧焊、点焊、喷涂、装配及搬运等工业作业，不同用途的机器人有不同的结构形式、自由度数目及控制要求，而专用机器人只用于某几种作业，如装配、点焊、弧焊等。

不同的应用条件和工艺要求，对机器人的负荷、速度以及精度控制要求不同，需要不同的结构形式。工业机器人选型一般遵循以下原则：

1. 最小运动惯量原则

由于机器人本体运动部件较多，运动状态经常改变，必然产生冲击和振动。采用最小运动惯量原则，尽量减小运动部件的质量，可增加本体运动的平稳性，提高本体动力学特性。

2. 尺寸优化原则

当设计要求满足一定工作空间要求时，通过尺寸优化以选定最小的臂杆尺寸，这将有利于本体刚度的提高，使运动惯量进一步降低。

3. 高强度材料选用原则

由于机器人本体从手腕、小臂、大臂到机座是依次作为负载起作用的，选用高强度材料以减轻零部件的质量，减少运转的动载荷与冲击，减小驱动装置的负载，提高运动部件的响应速度是十分必要的。

4. 刚度设计的原则

要使刚度最大，必须恰当地选择杆件截面形状和尺寸，提高支承刚度和接触刚度，合理安排作用在臂杆上的力和力矩，尽量减少杆件的弯曲变形。

5. 可靠性原则

机器人本体因结构复杂、环节较多，可靠性问题显得尤为重要。一般来说，元器件的可靠性应高于部件的可靠性，而部件的可靠性应高于整机的可靠性。

6. 工艺性原则

机器人本体是一种高精度、高集成度的自动机械系统，良好的加工和装配工艺性是设计时要体现的重要原则之一。

六、工装、夹具

工装，即工艺装备：指制造过程中所用的各种工具的总称。包括刀具、夹具、模具、量具、检具、辅具、钳工工具、工位器具等，工装为其通用简称。工装分为专用工装、通用工装、标准工装（类似于标准件），如图 1-8 所示。

图 1-8 工装实物图

夹具是加工时用来迅速紧固工件，使机床、刀具、工件保持正确相对位置的工艺装置。夹具又称卡具。从广义上说，在工艺过程中的任何工序，用来迅速、方便、安全地安装工件的装置，都可称为夹具。例如焊接夹具、检验夹具、装配夹具、机床夹具等。

夹具通常由定位元件（确定工件在夹具中的正确位置）、夹紧装置、对刀引导元件（确定刀具与工件的相对位置或导引刀具方向）、分度装置（使工件在一次安装中能完成数个工位的加工，有回转分度装置和直线移动分度装置两类）、连接元件以及夹具体（夹具底座）等组成。在焊接过程中，合理的夹具结构有利于合理安排流水线生产，便于平衡工位时间，降低非生产用时。

【任务实施】

下面以弧焊机器人（Arc Welding Robot）为例进行工业机器人选型分析。

一、弧焊机器人的工艺要求

1. 焊接或切割方法

选用适用的焊接或切割方法对弧焊机器人尤为重要，这实质上反映了机器人控制和驱动系统抗干扰的能力。由于机器人控制和驱动系统没有特殊的抗干扰措施，因此现在一般弧焊机器人只采用熔化极气体保护焊方法，因为这些焊接方法不需要采用高频引弧起焊。能采用钨极氩弧焊的弧焊机器人是近几年的新产品，它有一套特殊的抗干扰措施，这一点在选用机器人时要加以注意。

2. 摆动功能

摆动功能对弧焊机器人甚为重要，它关系到弧焊机器人的工艺性能。现有弧焊机器人的摆动功能差别很大，有的机器人只有固定的几种摆动方式，有的机器人只能在 *X-Y* 平面内任意设定摆动方式和参数，最佳的选择是能在三维立体空间（*X-Y*，*Z*）范围内任意设定摆动方式和参数。

3. 焊接工艺故障自检和自处理功能

常见的焊接工艺故障有弧焊的粘丝、断丝，点焊的粘电极等，这些故障发生后，如果不及时采取措施，则会发生损坏机器人或报废工件等事故。因此，机器人必须具有检出这类故障并实时自动停车报警的功能。

4. 引弧和收弧功能

为确保焊接质量，需要改变参数。在机器人焊接中，在示教时应能设定和修改参数，这是弧焊机器人必不可少的功能。

二、弧焊机器人的技术指标

1. 自由度数

这是反映机器人灵活性的重要指标。一般来说，有 3 个自由度数就可以达到机器人工作空间任何一点，但焊接不仅要达到空间某位置，而且要保证焊枪（割具或焊钳）的空间姿态。因此，对弧焊和切割机器人至少需要 5 个自由度，点焊机器人需要 6 个自由度。

2. 负载

指机器人末端能承受的额定载荷，焊枪及其电缆、割具及气管、焊钳及电缆、冷却水管等都属于负载。因此，弧焊和切割机器人的负载能力为 6 ~ 10kg，点焊机器人如使用一体式变压器和一体式焊钳，其负载能力应为 60 ~ 90kg，如使用分离式焊钳，其负载能力应为 40 ~ 50kg。

3. 工作空间

厂家所给出的工作空间是机器人未装任何末端操作器情况下的最大可达空间，用图形来表示。应特别注意的是，在装上焊枪（或焊钳）后，又需要保证焊枪姿态。实际的可焊接空间会比厂家给出的小一些，需要认真地用比例作图法或模型法核算一下，以判断是否满足实际需要。

4. 最大速度

这在生产中是影响生产效率的重要指标。产品说明书给出的是在各轴联动的情况下，机器人手腕末端所能达到的最大线速度。由于焊接要求的速度较低，最大速度只影响焊枪（或焊钳）的到位、空行程和结束返回时间。

5. 点到点重复精度

这是机器人性能的最重要指标之一。例如：对于点焊机器人，从工艺要求出发，其精度应达到焊钳电极直径的 1/2 以下，即 1 ~ 2mm；而对于弧焊机器人，则应小于焊丝直径的 1/2，即 0.2 ~ 0.4mm。

6. 轨迹重复精度

这项指标对弧焊机器人十分重要，但各机器人厂家都不给出这项指标，因为测量比较复杂。但各机器人厂家内部都做这项测量，可向厂家索要其精度数据，对弧焊和切割机器人，其轨迹重复精度应小于焊丝直径或割具切孔直径的1/2，一般需要达到0.3~0.5mm以下。

7. 插补功能

对弧焊、切割和点焊机器人，都应具有直线插补和圆弧插补功能。

8. 自诊断功能

机器人应具有对主要元器件、主要功能模块进行自动检查、故障报警、故障部位显示等功能。这对保证机器人快速维修和进行保障非常重要。因此，自诊断功能是机器人的重要功能，也是评价机器人完善程度的主要指标之一。

9. 自保护及安全保障功能

机器人具有自保护及安全保障功能，主要包括驱动系统过热自断电保护和动作超限位自断电保护，用于防止机器人伤人或损伤周边设备。在机器人的工作部位装有各类触觉、接近觉或视觉传感器，并能使机器人自动停止工作。

三、弧焊机器人本体的选型

机器人选型应遵循上述选型原则，结合实际工艺要求及技术指标，按以下步骤统筹考虑：

1）首先要根据具体产品加工类型确定机器人的负荷要求、定位精度以及是否配备寻位、跟踪、激光传感功能。如果是电阻焊用的机器人，则手臂负重较大；如果是电弧焊用的机器人，则手臂负重较小。

2）其次是考虑机器人加工对象的形状结构特点（如材料、板厚、结构、尺寸、工件的精度等），根据其形状和大小选择确定工业机器人的工作范围、定位精度、运动方式等，一般保证一次将产品上的所有焊点焊到为准。同时考虑生产批量、效率和成本，选择主体机构、轴数和速度。

3）最后综合考虑机器人产品的可靠性、维修、售后服务、编程操作等其他因素，确定机器人生产厂家、型号。

表1-1为几种典型ABB工业机器人的性能参数及应用领域。

表1-1　几种典型ABB工业机器人的性能参数及应用领域

型号	IRB140	IRB1410	IRB1600	IRB2400
图示	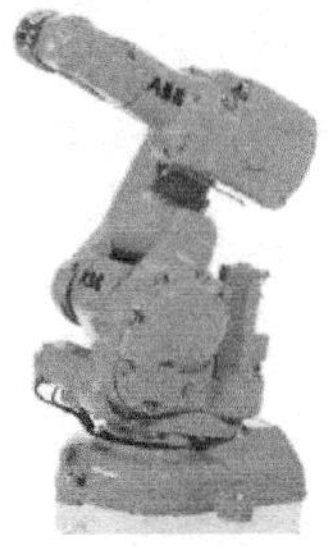			
性能参数	有效载荷:6kg; 到达距离:810mm; 重复定位精度：±0.03mm	有效载荷:5kg,上臂可承受18kg的附加载荷; 重复定位精度：±0.05mm; 到达距离：1.44m	有效载荷:5~7kg; 重复定位精度：±0.05mm; 到达距离:1.45m	有效载荷:7~20kg; 重复定位精度：±0.06mm; 到达距离:1.810m

（续）

型号	IRB140	IRB1410	IRB1600	IRB2400
适用领域	弧焊、装配、切割/去毛刺、模铸、上胶/密封、注塑、机械管理、物料搬运、拾料、包装、喷涂	弧焊、上胶、注塑、包装、机械管理、物料搬运	弧焊、装配、模铸、注塑、包装、机械管理、物料搬运	弧焊、装配、铸件清洗、切割/去毛刺、模铸、上胶/密封、研磨/抛光、注塑、机械管理、物料搬运、包装

四、弧焊机器人夹具的选型

选用夹具时，通常考虑以下几点：

1）夹具应有足够的强度和刚度。

2）焊接操作灵活。

3）产品在装配、定位焊或焊接后能够从工装夹具中顺利取出。

4）应具有良好的工艺性。

5）外观质量好。

以塔吊主肢焊接为例，基于夹具选取原则可以选取气动夹具，在保证强度的前提下设计为快速装卸的方式，且减少对焊接位置的遮挡。焊接夹具的设计力求模块化和标准化，采用一体化底座，确保各单元相对位置的稳定性。另外，在夹具模块与变位机的法兰之间、安装底座与底板之间采用螺栓紧固和定位销定位。使之在夹具调换过程中保证整个系统的准确定位，如图 1-9 所示。

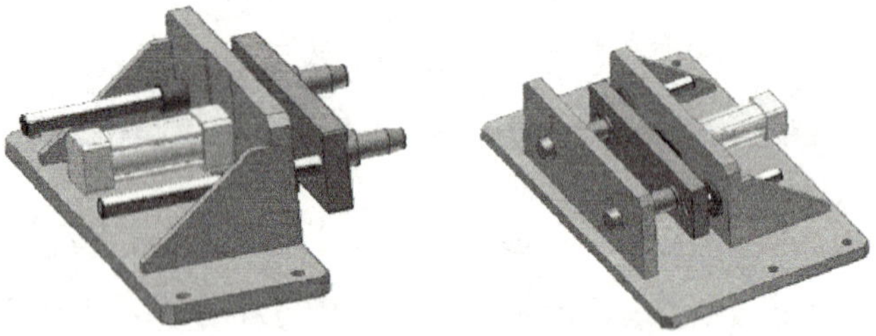

图 1-9　气动夹具示意图

任务二　ABB 机器人基本操作

【任务目标】

1. 认知 ABB 机器人的系统组成
2. 领会 ABB 机器人系统各部分的功能
3. 掌握示教器的使用方法

【背景知识】

机器人系统一般由机器人本体（机械手）、控制器（Controller）、示教器三部分构成，下面以 ABB 机器人为例进行说明。

一、ABB 机器人本体

机械手是由六个转轴组成的空间六杆开链机构，理论上可以达到运动范围内的任意一点。每个转轴均可带有一个齿轮箱。机械手带有串口测量板（SMB），串口测量板带有六节可充电的镍铬电池，起保存数据的作用。机械手带有手动松闸按钮，在维修时才使用，非正常使用会造成设备或人员伤害，机械手带有平衡气缸或弹簧。

六个转轴均由 AC 伺服电动机驱动，运动精度（综合）达 ±0.05 ~ 0.2mm。每个电动机后均有编码器。工业机器人转轴分布示意图如图 1-10 所示。

二、控制器（Controller）

控制器由主开关（Mains Switch）、操作盘（Operator's Panel）、磁盘驱动器（Disk Drive）等组成，如图 1-11 所示。

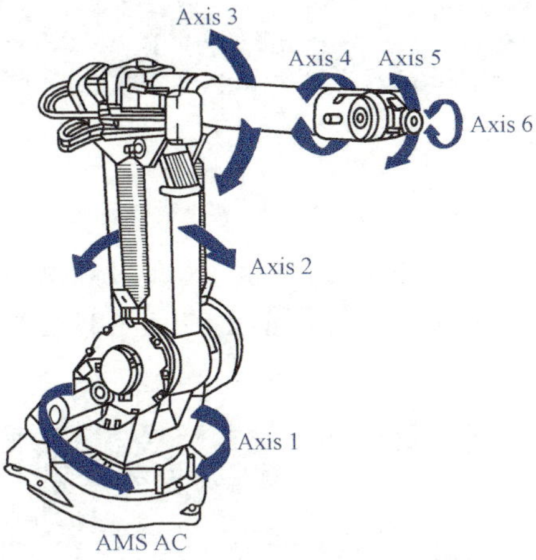

图 1-10　工业机器人转轴分布示意图

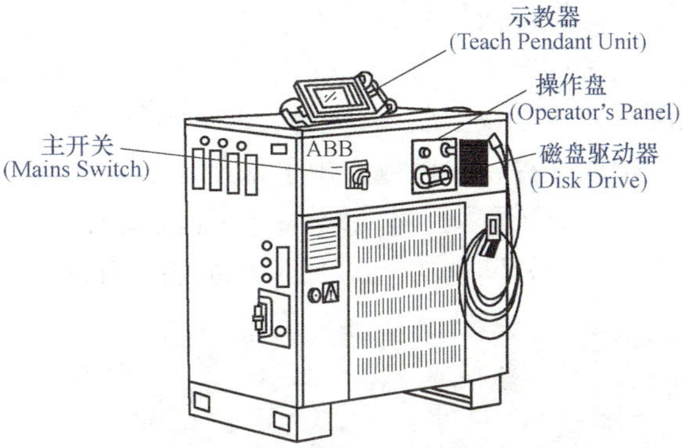

图 1-11　机器人控制器

控制器内部主要由主计算机板、轴计算机、机器人六轴驱动器、串口测量板、I/O 电源板、电源分配板、安全面板、电容、辅助部件、各种连接线等组成。

主计算机板含内存，控制整个系统，相当于计算机的主机，存放系统和数据，如图 1-12 所示。

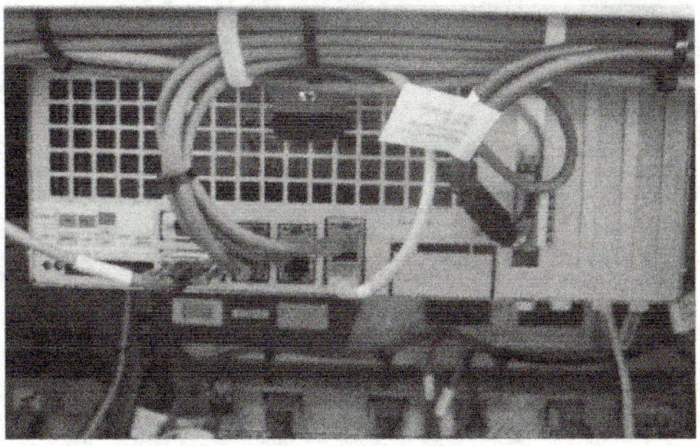

图 1-12　主计算机板

轴计算机的作用是进行每个机器人轴的转数计算，如图 1-13 所示。

机器人六轴驱动器的主要作用是用于驱动机器人各个轴的电动机，如图 1-14 所示。

图 1-13　轴计算机

图 1-14　机器人六轴驱动器

串口测量板（见图1-15）的主要作用是控制单元主板与I/O LINK设备的连接，控制单元主板与串行主轴及伺服轴的连接，控制单元I/O板与显示单元的连接。

I/O电源板的作用是给I/O（输入/输出）板提供电源。电源分配板的作用是给机器人各轴运动提供电源。

安全面板的主要作用是用于控制柜工作状态显示，急停按钮从它这里接入。

图1-15　串口测量板

电容：充电和放电，此电容用于机器人关闭电源后，保存数据后再断电，相当于延时断电功能。

辅助部件：跟踪板，用于采集焊接坡口和工件的高度，通过信号变化，从而对焊枪的位置进行检测，如图1-16所示；外部轴上的电池和TRACKSMB板，外部轴上的电池的主要作用是在控制柜断电的情况下，可以保持相关的数据，如图1-17所示。

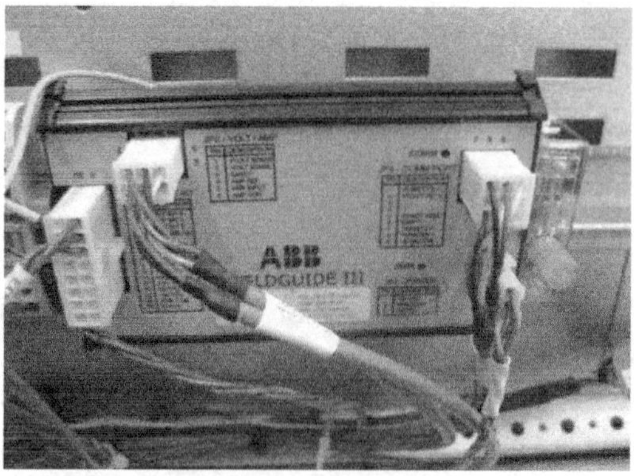

图1-16　跟踪板

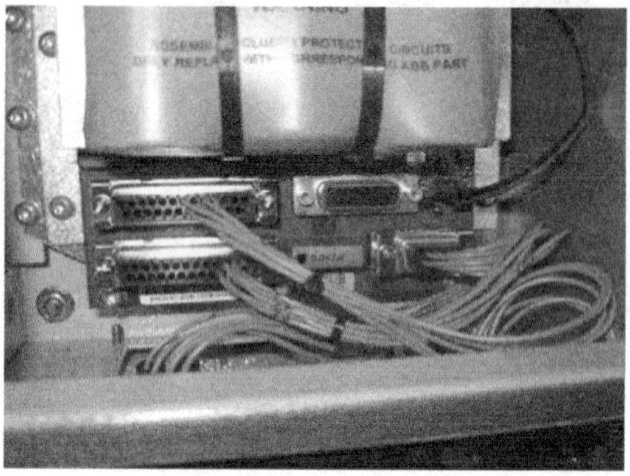

图1-17　外部轴电池

连接线包括连接电动机、清枪器和焊机的连线，如图1-18所示；SMB线和动力线。服务器信息块（SMB）协议是一种IBM协议，用于在计算机间共享文件、打印机、串口等。一旦连接成功，客户机可发送SMB命令到服务器上，从而使客户机能够访问共享目录、打开文件、读写文件，以及完成一切在文件系统上能做的所有事情，通往外部轴的SMB线（细线）、动力线（粗白线）和地线（粗黑线），如图1-19所示；机器人上的动力线和SMB线如图1-20所示。

图1-18　电动机、清枪器和焊机的连线

三、示教器

示教器又叫示教编程器（以下简称示教器）是机器人控制系统的核心部件，是一个用来注册和存储机械运动或处理记忆的设备，该设备是由电子系统或计算机系统执行的。示教器包括连接器、触摸屏、紧急停止按钮、使能按钮和控制杆，如图1-21所示。

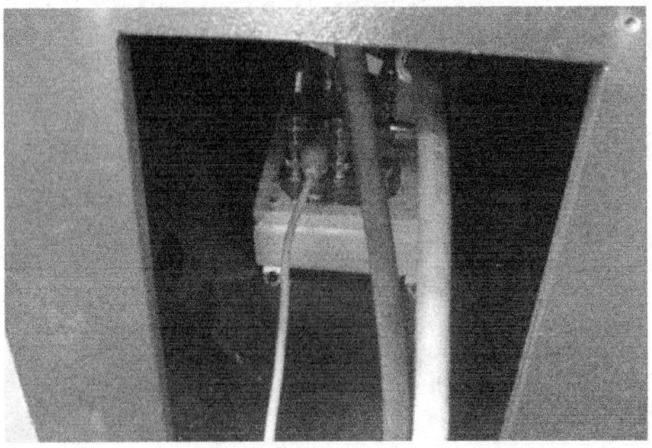

图 1-19　外部轴的 SMB 线、动力线和地线

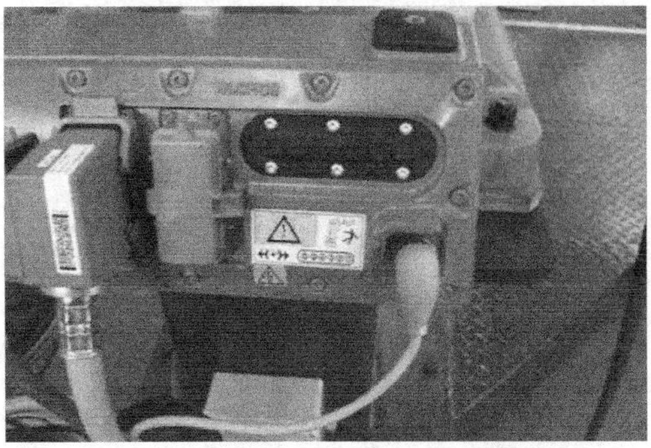

图 1-20　机器人上的动力线和 SMB 线

1. 示教器按键

示教器面板上的按键分布如图 1-22 所示，其中 A、B、C、D 为预设按键，用户可以将特定的操作（如 I/O 信号的置位/复位）指定给预设按键，以方便程序调试和示教。表 1-2 为各按键的功能说明。

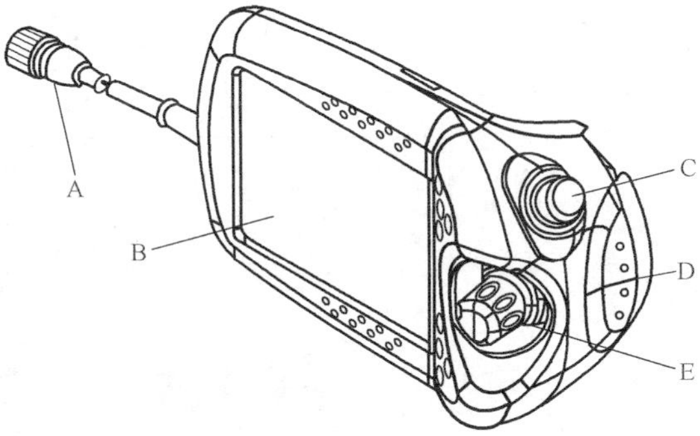

图 1-21　示教器面板示意图

A—连接器　B—触摸屏　C—紧急停止按钮　D—使能按钮　E—控制杆

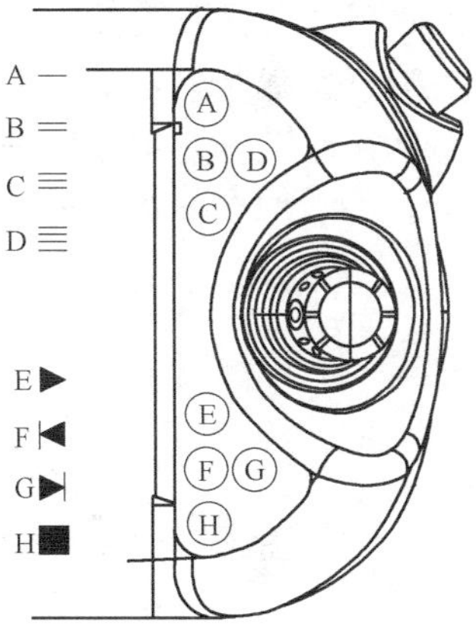

图 1-22　示教器按键分布

表 1-2　示教器按键功能说明

按键	功 能 说 明
A ~ D	预设按键
E	START(启动)按钮。开始执行程序
F	Step BACKWARD(步退)按钮。按下此按钮,可使程序后退至上一条指令
G	Step FORWARD(步进)按钮。按下此按钮,可使程序前进至下一条指令
H	STOP(停止)按钮。停止程序执行

2. 使能按钮

使能按钮是为保证操作人员人身安全而设计的。自动模式下，使能器无效。手动模式下，使能器有三个位置。起始为“0”，机器人电动机不上电。中间为“1”，机器人电动机能上电，只有在按下使能按钮并保持在“电动机开启”的状态才可以对机器人进行手动的

操作和程序的调试。最终为“0”，机器人电动机不上电，必须回到起始状态才能再次使电动机上电。当发生危险时（出于惊吓）人会本能地将使能按钮松开或按紧，这两种情况下机器人都会马上停下来，保证了人身与设备的安全，如图 1-23 所示。

【任务实施】

一、手动操作

控制柜的模式选择开关，可以选择自动模式、手动低速模式、手动全速模式三种，如图 1-24 所示。需要注意的是，手动全速模式只允许专业人员在测试程序时使用，一般情况下，避免使用这种运动模式。

将模式选择开关设为手动模式，手动限速模式：线速度 <250mm/s，用于机器人编程测试。

选择示教器的“快速设置”菜单，单击速度按钮，可以设置合适的速度。速度设置适用于当前手动模式。

二、自动慢速、自动全速练习

将模式选择开关设为自动模式。

运行速率调整：单击速度按钮，可以设置调整自动速度，使机械手自动慢速、自动全速练习。速度设置适用于当前操作模式，有“-1%”“+1%”“-5%”“+5%”“25%”“50%”与“100%”7 个选项，如图 1-25 所示。

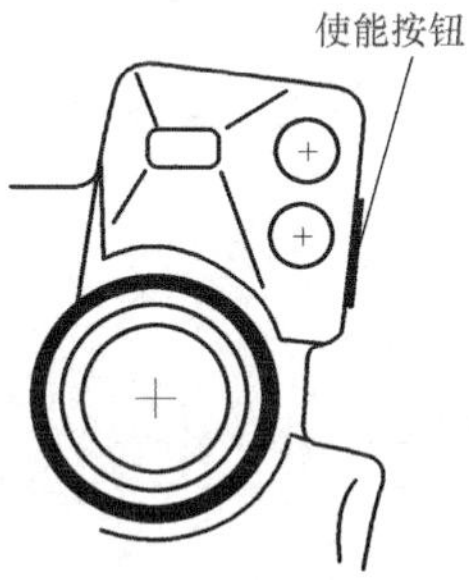

图 1-23　使能按键

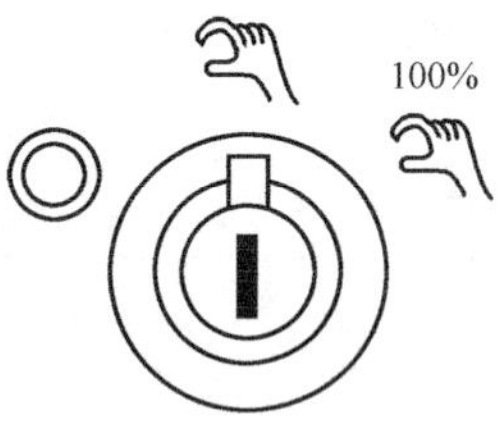

图 1-24　模式选择开关

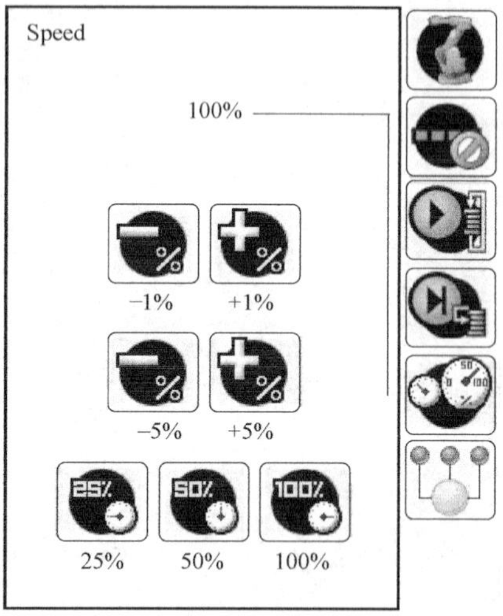

图 1-25　运行速率设置

三、示教器操作

1. 示教器手动上电

在手动模式下，将示教器上的使能按键按下一半，将机器人各轴电动机上电。

示教器可以用使能按钮进行手动上电，如图 1-26 所示，使能按钮是为保证操作人员人身安全而设计的。

如果使能按钮被松开然后在半秒内又被按下，机器人将不会回到电动机上电状态，如果发生这种情况，先松开使能设备按钮，等一下再按下一半即可。

2. 示教器操纵杆练习

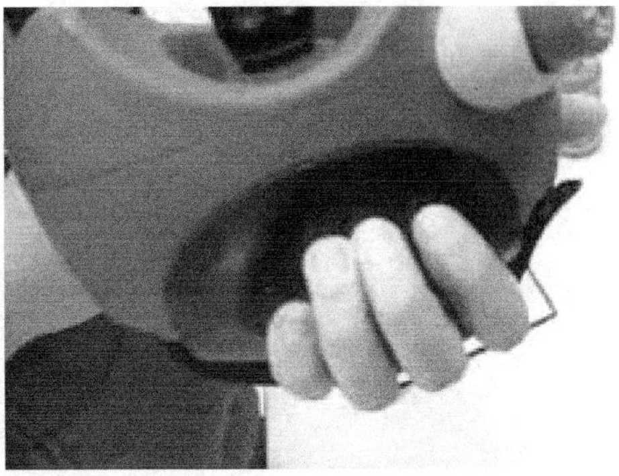

图 1-26　使能按钮

进行操纵窗口切换，将机器人操作模式选择器置于手动限速模式，用运动控制键进行运动模式的设定。单击运动单元切换键，可选择外轴运动单元（External Unit）与机器人（Robot）本体作为操作对象，如图 1-27 所示。单击运动模式选择键，可选择三种操作模式，用运动模式切换键设定运动模式，分别为“线性运动（Linear）”和“重定位运动(Reorient)”，如图 1-28 所示。

线性运动是指机器人工具姿态不变，机器人 TCP 在空间中沿直线移动。选择不同的坐标系，机器人移动方向将改变。重定位运动是指机器人 TCP 位置不变，机器人工具沿坐标轴转动，改变姿态。

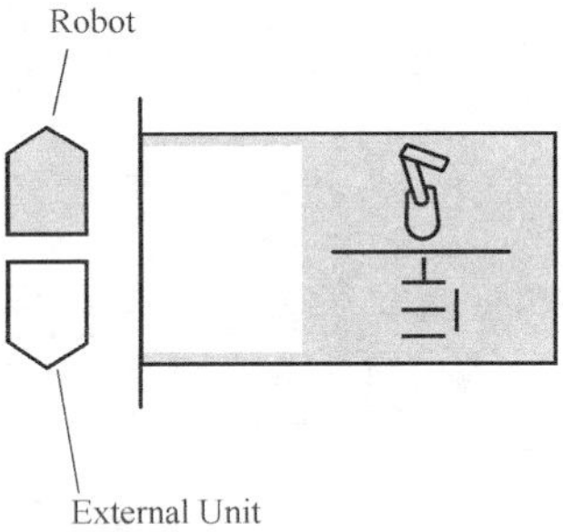

图 1-27　运动单元选择

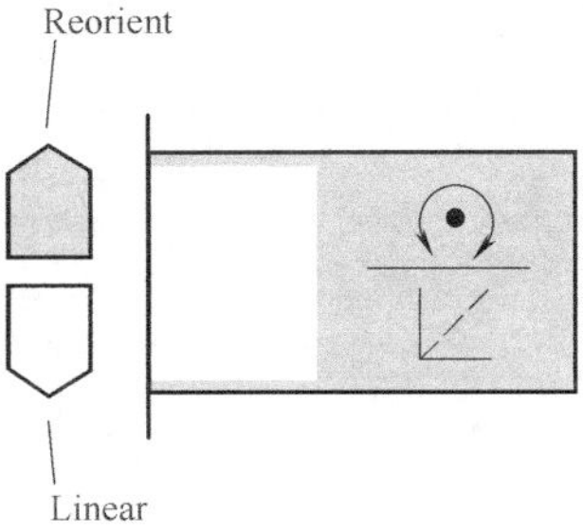

图 1-28　运动模式选择

单击轴选择键进入单轴动作模式，可选择轴 1-3 或轴 4-6 分别对单轴进行操作。当选择轴 1-3 时，按下使能器到第一档，手动操纵杆左右方向可以控制 Axis1 运动，上下方向控制 Axis2 运动，旋转操纵杆控制 Axis3 运动；当选择轴 4-6 时，按下使能器到第一档，手动操纵杆左右方向可以控制 Axis4 运动，上下方向控制 Axis5 运动，旋转操纵杆控制 Axis6 运动。

运动模式选择也可在菜单中进行，进入“控制面板”，单击“手动操作”，选择相应的运动模式，如图 1-29 所示。

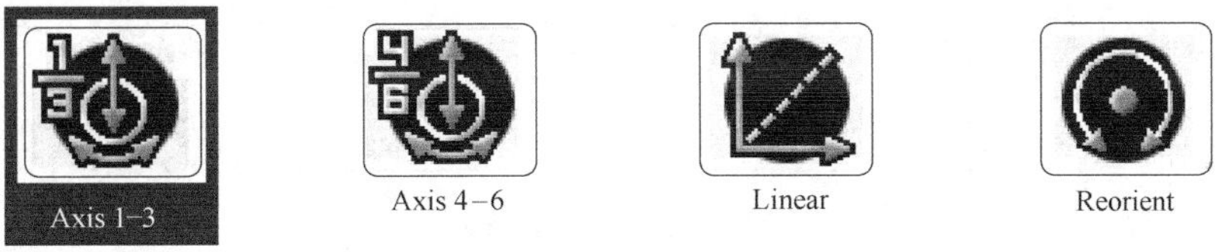

图 1-29　运动模式选择

3. 示教器菜单操作

打开示教器，其界面如图 1-30 所示，界面上各部分功能如表 1-3 所示。

单击图 1-30 左上角的 ABB 菜单，出现图 1-31 所示的菜单项。

(1) HotEdit 菜单

HotEdit 菜单如图 1-32 所示，HotEdit 是对编程位置进行调节的一项功能。该功能可在所

图 1-30　示教器界面

注：示教器界面中的“电机”实际上指的是电动机，为了与实物保持一致，本书不再对界面中出现的“电机”进行修改。

表 1-3　示教器菜单选项功能表

选　　项	功　　能	选　　项	功　　能
A	ABB 菜单	D	关闭按钮
B	操作员窗口	E	任务栏
C	状态栏	F	“快速设置”菜单

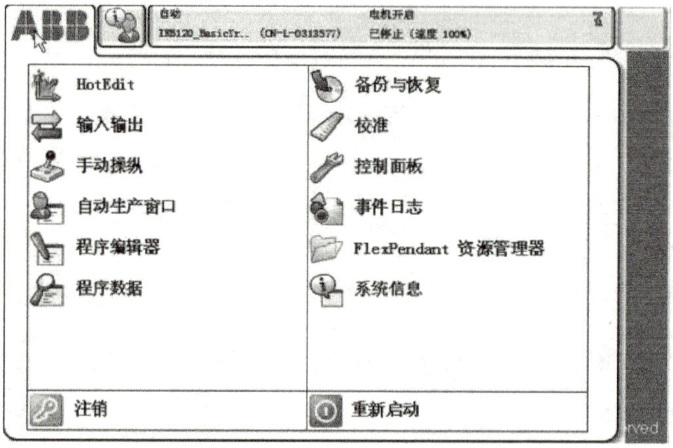

图 1-31　ABB 菜单项

有操作模式下运行，即使是在程序运行的情况下，坐标和方向也均可调节。HotEdit 菜单功能如表 1-4 所示。

（2）FlexPendant 资源管理器

FlexPendant 资源管理器如图 1-33 所示，它类似于 Windows 资源管理器，也是一个文件管理器，通过它可查看控制器上的文件系统，也可以重新命名、删除或移动文件和文件夹，如图 1-33 所示。

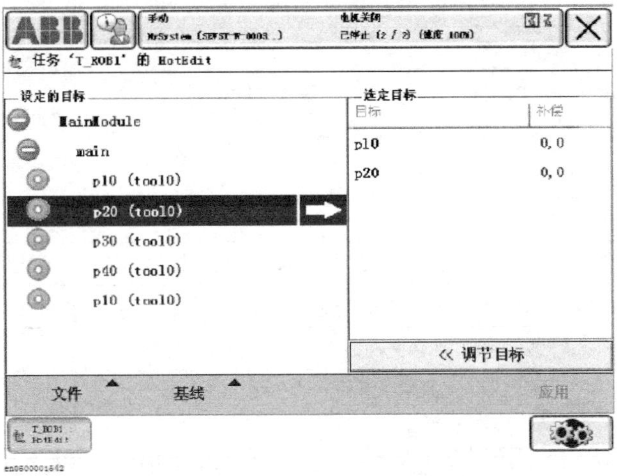

图 1-32　HotEdit 菜单

表 1-4　HotEdit 菜单选项功能表

选项	功　能
设定的目标	在树形视图中列出所有已命名的位置。单击箭头，选择一个或多个要调节的位置。注意，如果某一位置在程序中有多处运用，那么对于偏移值所做的任何更改在其应用的每个位置均同等有效
选定目标	列出所有选定的位置及其当前偏移值。单击位置，然后单击垃圾桶，即可将位置从选定项目中删除
文件	保存和加载要调节的位置选择。如果系统使用了 UAS，这可能是选择 HotEdit 位置的唯一方法
基线	用于应用或拒绝基线的新偏移值，基线通常被视为位置的原始值。如果对 HotEdit 会话感到满意，并想将新的偏移值另存为原始位置时，可将其应用于基线。这些位置的旧基线值将随之删除，无法恢复
调节目标	显示调节设置：坐标系、调节模式和调节增量。选择目标，然后使用加减图标指定对所选目标的调节
应用	单击应用以应用“调节目标”视图中所做的设置。注意，这不会更改位置的基线值

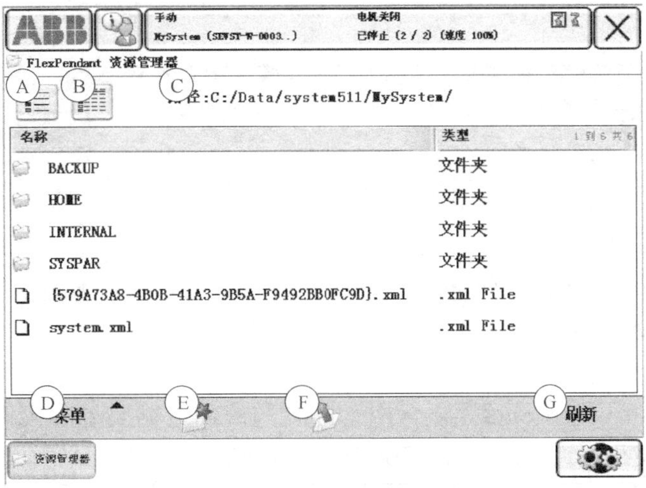

图 1-33　FlexPendant 资源管理器

FlexPendant 资源管理器功能如表 1-5 所示。

表 1-5　FlexPendant 资源管理器选项功能表

选　项	功　能
A	简单视图。单击后可在文件窗口中隐藏文件类型
B	详细视图。单击后可在文件窗口中显示文件类型
C	路径。显示文件夹路径
D	菜单。单击显示文件处理功能
E	新建文件夹。单击可在当前文件夹中创建新文件夹
F	向上一级。单击进入上一级文件夹
G	刷新。单击以刷新文件和文件夹

(3) 输入输出

输入输出（即 I/O）是用于机器人系统的信号，这些信号可以用系统参数配置，而这些参数可以控制 I/O 信号，如图 1-34 所示。I/O 信号是逻辑信号，表示真实的 I/O 信号为位于机器人系统内连接现场总线的现场总线 I/O 单元的逻辑表示。而虚拟 I/O 信号则为不位于任何现场总线 I/O 单元上的 I/O 信号。

通过指定的 I/O 信号，将创建真实或虚拟 I/O 信号的逻辑表示。

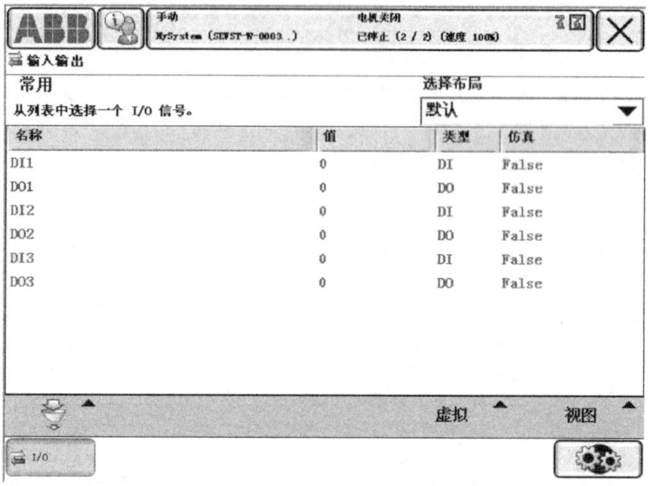

图 1-34　输入输出设置界面

(4) 手动操纵

手动操纵可以选择机械单元，并对动作模式、坐标系、工具坐标、工件坐标等属性进行修改，如图 1-35 所示。

(5) 程序数据

程序数据视图如图 1-36 所示，包含用于查看和使用数据类型和实例的功能。可以同时打开一个以上的程序数据窗口，这在查看多个实例或数据类型时显得非常有用。

(6) 程序编辑器

程序编辑器位于创建或修改程序的位置，可以打开多个程序编辑器窗口，这样在安装了 Multitasking 选项时很有用，如图 1-37 所示。

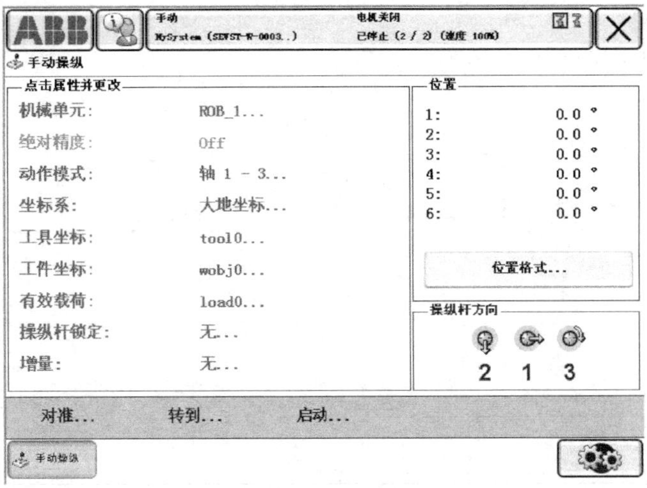

图 1-35　手动操纵设置界面

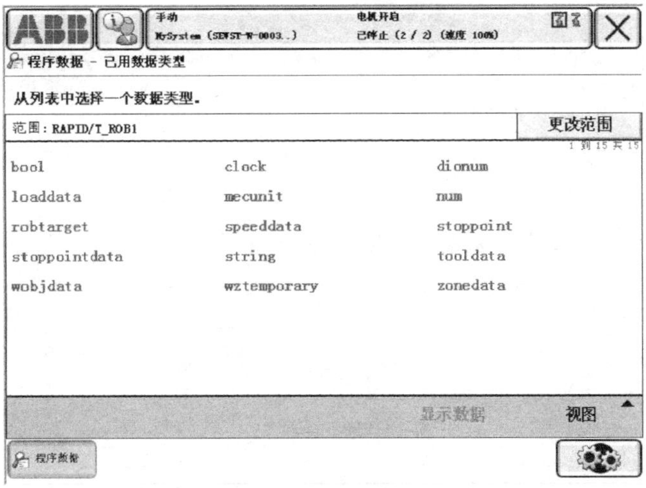

图 1-36　程序数据视图

图 1-37　程序编辑器窗口

(7) 备份与恢复

备份与恢复用于执行系统的备份与恢复。

(8) 校准

用于校准机器人系统中的机械单元，如图1-38所示。

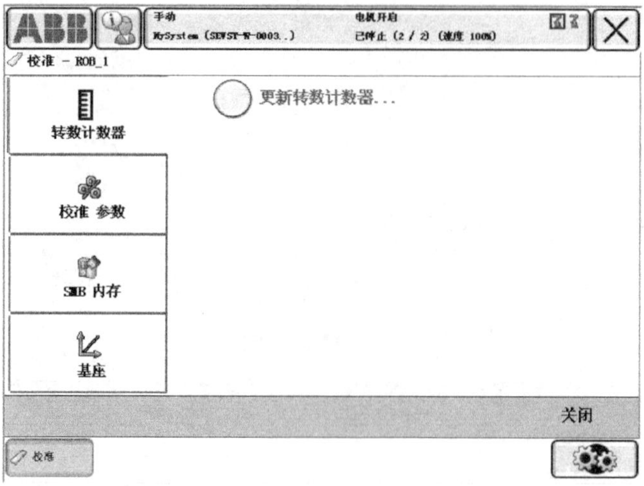

图1-38 校准操作界面

(9) 控制面板

控制面板包含自定义机器人系统和FlexPendant的功能，如图1-39所示。

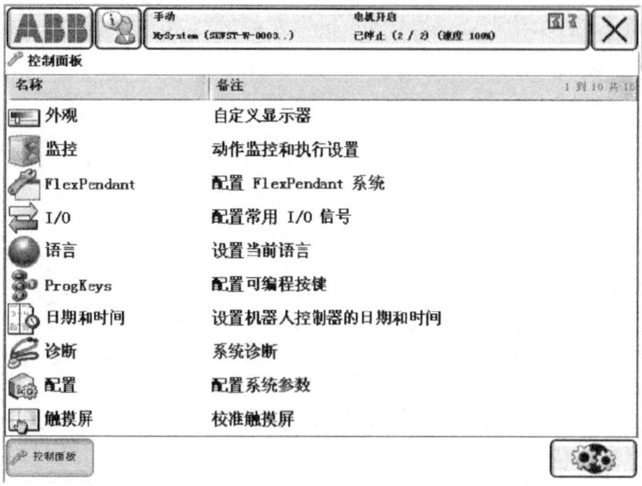

图1-39 控制面板菜单

控制面板的选项功能如表1-6所示。

表1-6 控制面板选项功能表

选　项	功　能
外观	设置显示器亮度和对比度
监控	动作监控设置和执行设置

（续）

选　　项	功　　能
FlexPendant	操作模式切换和 User Authorization System（UAS）视图配置
I/O	配置常用 I/O 列表
语言	选择机器人控制器当前的语言
可编程按键（Prog Keys）	FlexPendant 四个可编程按键的设置
日期和时间	设置机器人控制器的日期和时间
诊断	创建诊断文件以利于故障排除
配置	配置系统参数
触摸屏	触摸屏重新校准设置

（10）事件日志

事件日志的作用是记录事件信息，方便故障排除，如图 1-40 所示。

图 1-40　事件日志

（11）系统信息

系统信息显示了控制器和已经加载系统的信息，如图 1-41 所示。

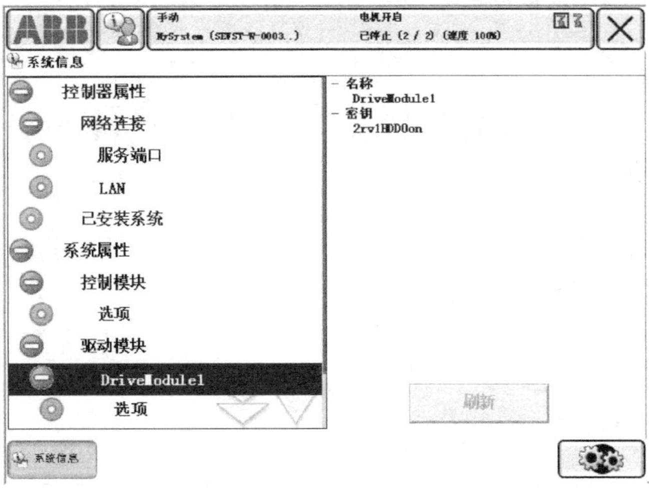

图 1-41　系统信息

系统信息选项功能如表 1-7 所示。

表 1-7　系统信息选项功能表

选　项	功　能
网络连接	服务端口和局域网属性
已安装系统	已经安装系统的列表
系统属性	有关当前正在使用中的系统信息
控制模块	Control Module 的名称和密钥
选项	已安装的 RobotWare 选项与语言
驱动模块	列出所有 Drive Modules
驱动模块 x	Drive Module x 的名称和密钥
选项	Drive Module x 选项，含机器人类型等
附加选项	任何已安装的附加选项

（12）注销及重新启动

注销的主要作用是清除系统信息，切换用户重新登录，如图 1-42 所示。正在运行的系统通常不需要重新启动，但出现以下几点异常情况时需要重新启动机器人系统：

1）安装了新的硬件。

2）更改了机器人系统配置参数。

3）出现了系统异常或程序故障。

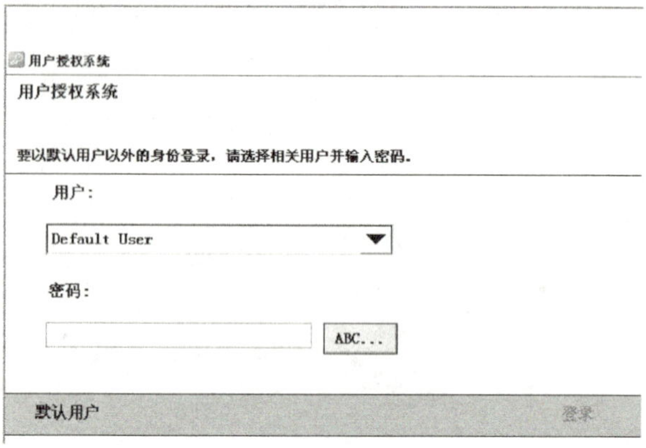

图 1-42　注销及重启界面

【拓展练习】　挥手机器人

根据前述的示教器的操作进行相关设置，参看附录 A 中运动控制指令 MoveJ，设计一个简单的机器人挥手的程序：机器人前端在 P0 和 P1 之间上下移动。创建机器人系统，手动调节机器人并示教目标点 P0 和 P1（见图 1-43），利用 MoveJ 指令编辑程序，完成后进入自动运行，机器人即可在 P0 和 P1 之间往复运动，模拟挥手动作。

参考程序如下（其中，P0，P1 点坐标读者自行设置，可与参考程序不一致）：

```
MODULE MainModule
    CONST robtarget
P0:=[[491.42,0.00,594.48],[0.412139,0,0.911121,0],[0,0,0,0],[9E+09,9E+09,
9E+09,9E+09,9E+09,9E+09]];
    CONST robtarget
P1:=[[501.24,0.00,785.78],[0.601595,0,0.798801,0],[0,0,0,0],[9E+09,9E+09,
9E+09,9E+09,9E+09,9E+09]];
    PROC main()
        MoveJ P0,v200,fine,tool0;
```

```
    MoveJ P1,v200,fine,tool0;
ENDPROC
ENDMODULE
```

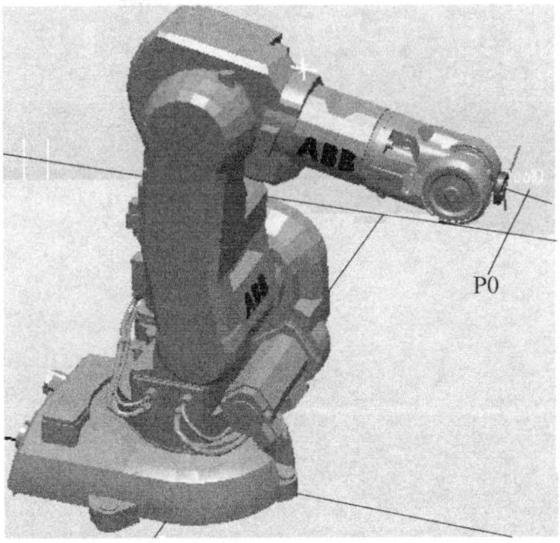

a)姿态1

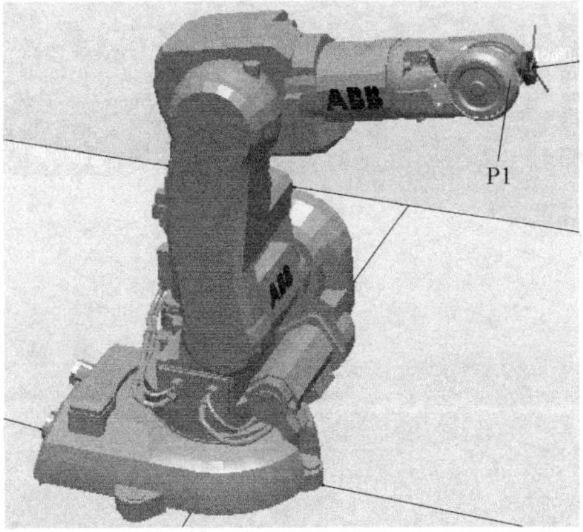

b)姿态2

图1-43 挥手机器人

项目二 ABB机器人编程基础

任务一 建立机器人工作站

【任务目标】

1. 学会建立机器人空工作站
2. 学会加载机器人的不同方法
3. 学会使用安装机器人的工具
4. 学会创建及安放工作台和工件

【背景知识】

一、Robot Studio 软件简介

Robot Studio 软件是 ABB 公司专门开发的与 ABB 工业机器人配套的离线编程软件。该软件可以建立机器人及其工作环境的几何模型，通过编写程序对机器人进行控制和操作，在离线的情况下进行轨迹规划。通过编程可执行十分逼真的模拟，进行三维图形动画仿真，以检验程序的正确性及可行性，最后将生成的代码传到机器人控制柜，以控制机器人运动，完成给定任务。用户通过使用 Robot Studio 离线软件，在很大程度上减少了现场工作人员的编程量，缩短整个项目周期，节约技术人员的工作成本，提高现场工作的安全性。

二、Robot Studio 菜单界面

启动 Robot Studio 软件后，系统打开图 2-1 所示的用户操作界面。用户操作界面主要包括功能选项卡、布局浏览器、路径和目标点浏览器、视图窗口、输出窗口、控制器窗口等。

功能选项卡包括文件选项卡、基本选项卡、建模选项卡、仿真选项卡、控制器选项卡、RAPID 选项卡、Add-Ins 选项卡，如图 2-2 所示。

1）文件选项卡，可以创建新工作站、创建机器人系统，将软件与机器人控制器连接和将工作站另存为查看器等。

2）基本选项卡，包含搭建机器人工作站，创建系统、编程路径和摆放物体所需的控件。

3）建模选项卡，可以创建和分组工作站组件，包含创建实体、测量以及其他 CAD 操作所需的控件。

4）仿真选项卡，包含创建、控制、监控和记录仿真所需的控件。

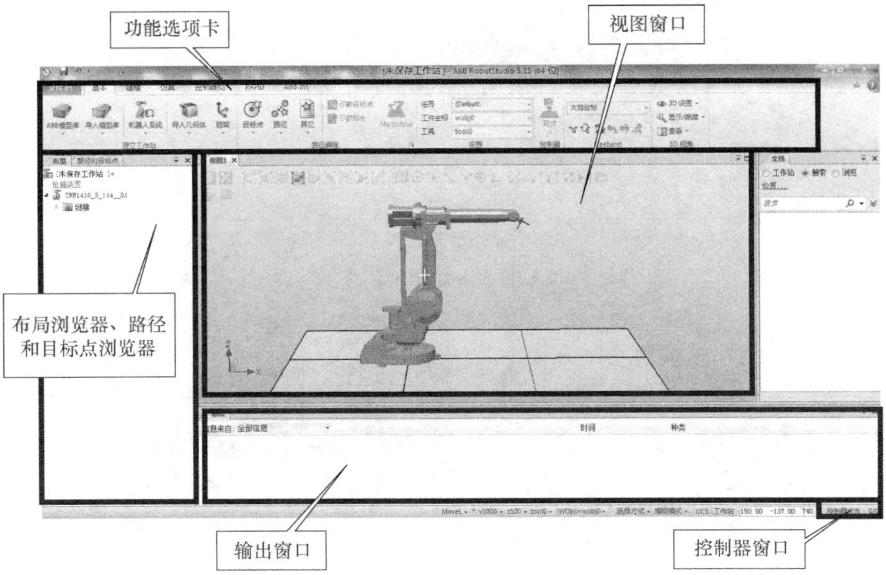

图 2-1　Robot Studio 软件用户操作界面

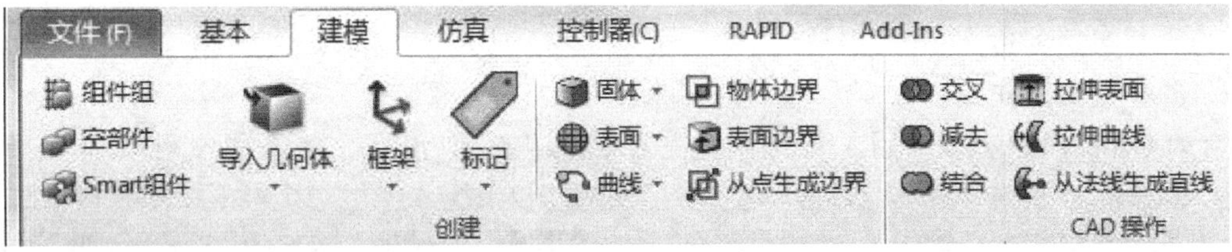

图 2-2　功能选项卡

5）控制器选项卡，包含用于虚拟控制器（VC）的同步、配置和分配给它的任务的控制措施。它还包含用于管理真实控制器的控制措施。

6）RAPID 选项卡，包含集成的 RAPID 编辑器，测试和调试程序等。

7）Add-Ins（插件）选项卡，包含 PowerPac、VSTA 和“齿轮箱热量预测”的控件。

三、机器人坐标系

机器人的坐标系有绝对坐标系、基坐标系、工具坐标系、工件坐标系以及用户坐标系，如图 2-3 所示。

1）绝对坐标系（World Coordinate System），与机器人运动无关，参照大地的不变坐标系，也称为世界坐标系，表示为｛W｝。

2）基坐标系（Base Coordinate System），是以机器人机座安装表面为参照系的坐标系，也称为机座坐标系，表示为｛B｝。

3）工具坐标系（Tool Coordinate System），是以安装在机械接口上的末端执行器或工具为参照系的坐标系，表示为｛T｝。

4）工件坐标系（Work Object Coordinate System），通常表示实际工件的坐标系，表示为｛Wobj｝。

5）用户坐标系（User Coordinate System），是指用户根据需要自行定义的坐标系，如工作台坐标系，可以定义多个用户坐标系，表示为｛U｝。

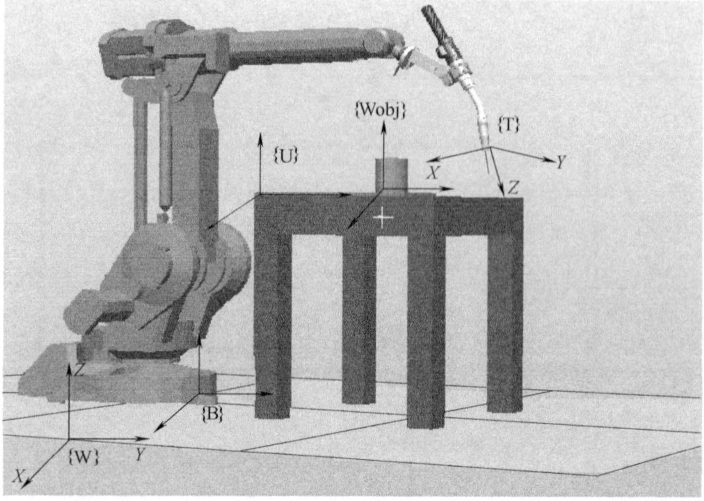

图 2-3　机器人坐标系

【任务实施】 建立弧焊机器人工作站

一、工作站创建

1. 创建空白工作站

启动 Robot Studio 软件后，首先创建一个机器人空工作站。单击“文件”选项卡中的“新建”，选择“空工作站”，单击“创建”，如图 2-4 所示。

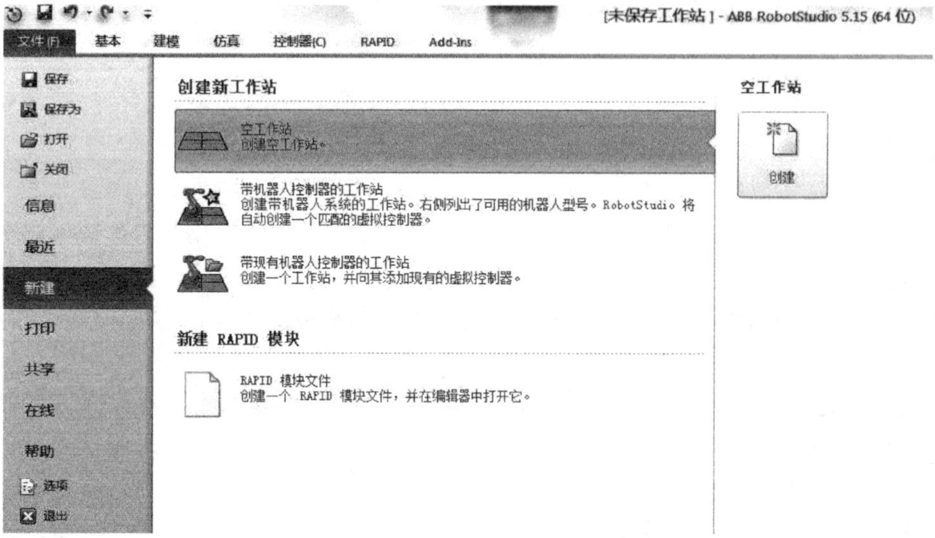

图 2-4　创建一个空工作站

2. 配置机器人系统

在功能选项卡中，选择“控制器”选项卡中的“系统生成器”（见图 2-5）。在打开的“机器人系统生成器”对话框中选择“创建新系统”按钮，在弹出的“新控制器系统”对话框中单击“下一步”按钮（见图 2-6），开始配置控制器系统。

在“输入系统名字和路径”中设置系统的名称为“ArcWeldingRobot”，如图 2-7 所示。

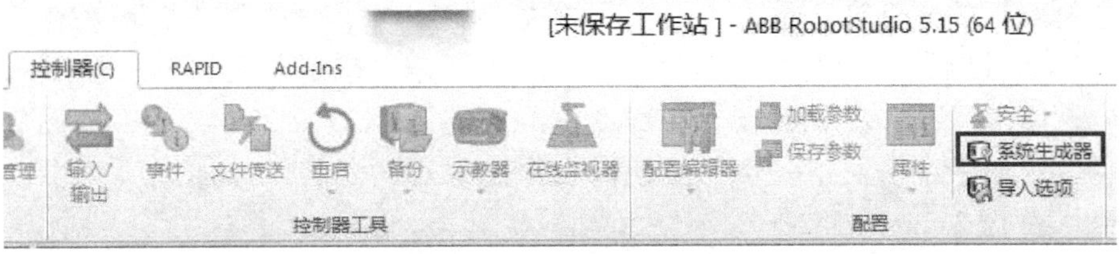

图 2-5 控制器选项卡

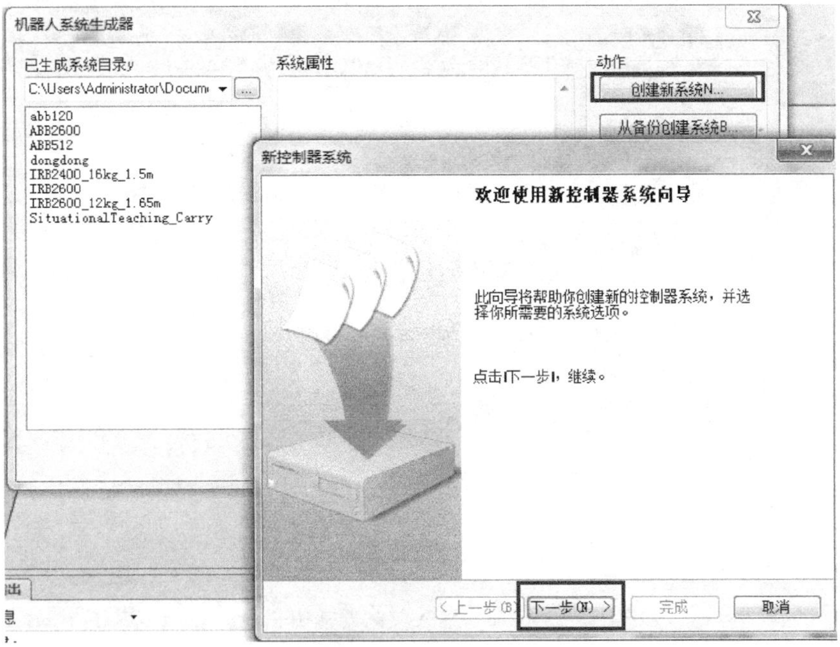

图 2-6 创建新系统

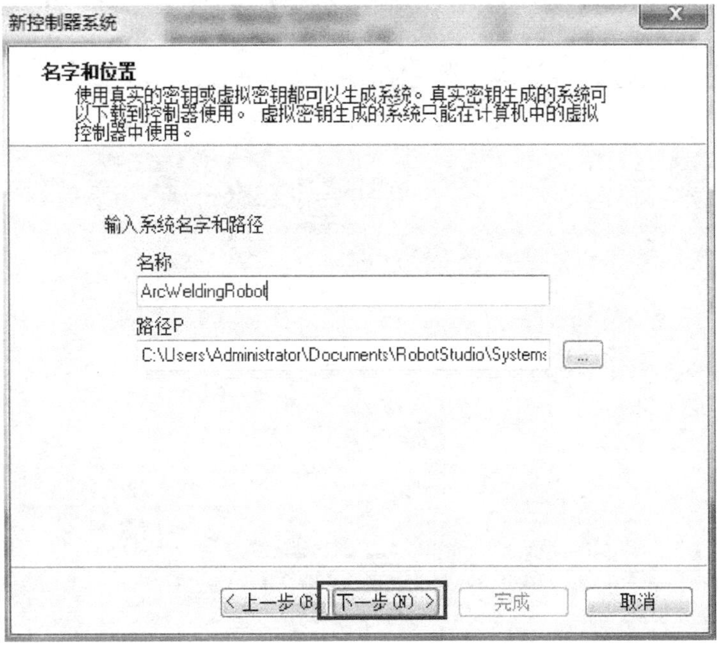

图 2-7 设置系统名字和路径

路径可以选择默认的文件夹，也可以根据用户需要更改。单击“下一步”按钮，在弹出的对话框的“输入控制器密钥”中，勾选“虚拟密钥”，“控制器密钥 K”会显示虚拟密钥（见图 2-8），单击“下一步”按钮。在对话框的“输入驱动器密钥”中，按图 2-9 所示设置驱动器密钥，然后单击“下一步”按钮。在弹出的对话框的“添加选项”中，单击“下一步”按钮，如图 2-10 所示。

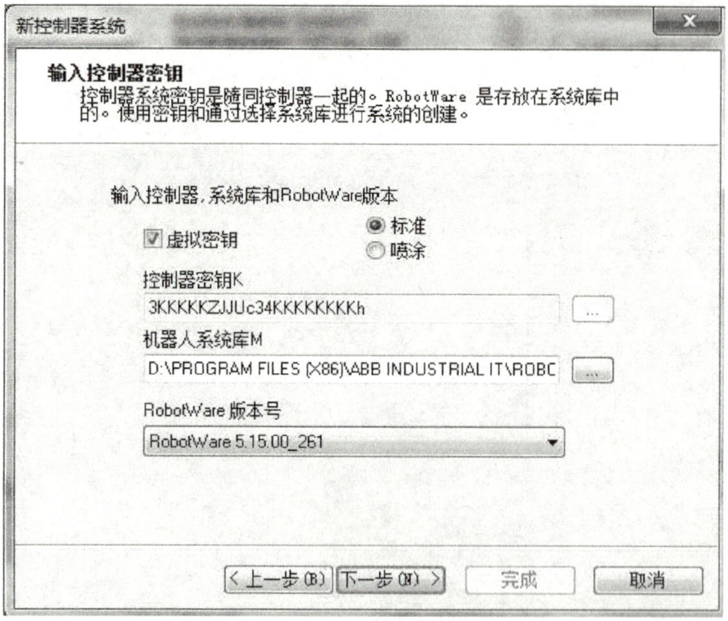

图 2-8　输入控制器密钥

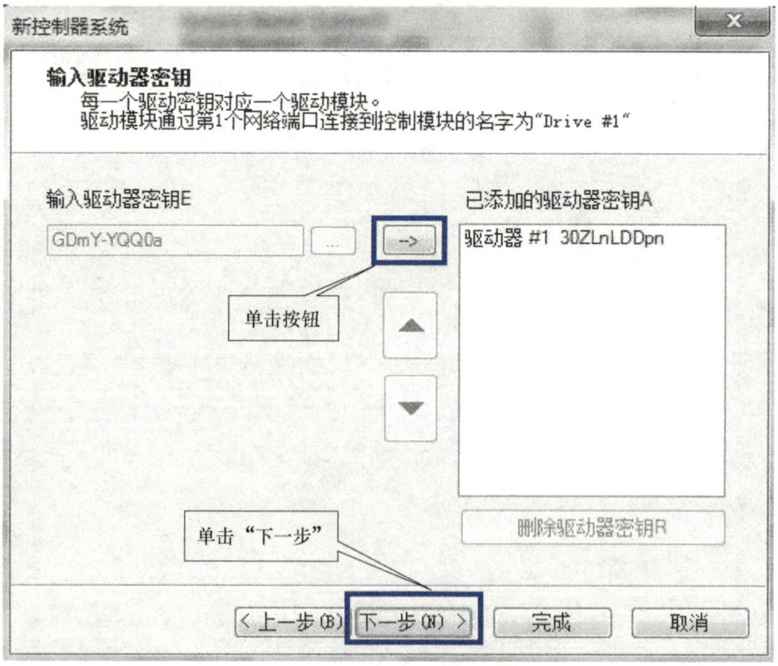

图 2-9　输入驱动器密钥

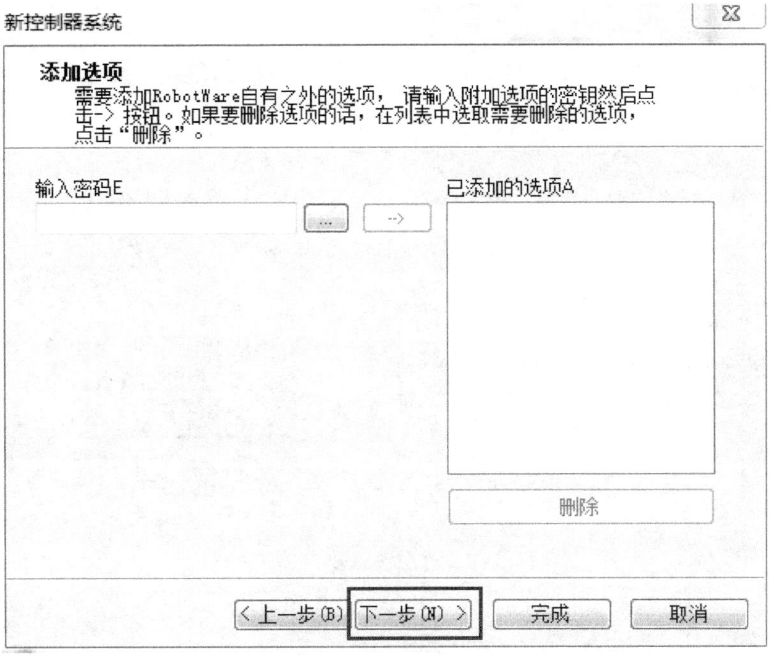

图 2-10　添加选项

在弹出对话框的“修改选项”中，在“Second language”设置中勾选“644-5 Chinese”选项，如图 2-11 所示；在“Hardware”设置中勾选“840-2 Profibus Fieldbus Adapter”选项和“709-x DeviceNet”选项，如图 2-12 所示；在“ABB standard manipulator”设置中勾选“IRB 1410”选项，如图 2-13 所示，单击“完成”按钮。

在“机器人系统生成器”对话框中的“系统属性”列表框中可以看到上述步骤中设置的机器人系统的部分参数，单击“关闭”按钮，完成机器人系统的基本设置，如图 2-14 所示。

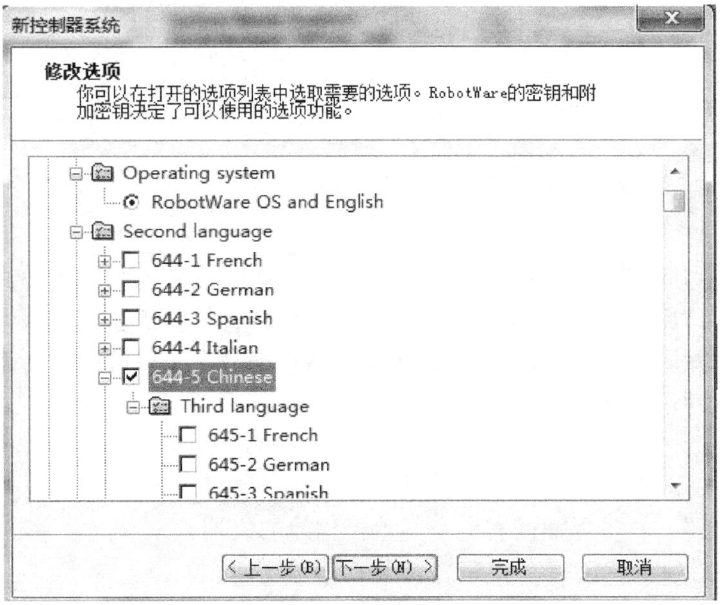

图 2-11　设置虚拟示教器语言

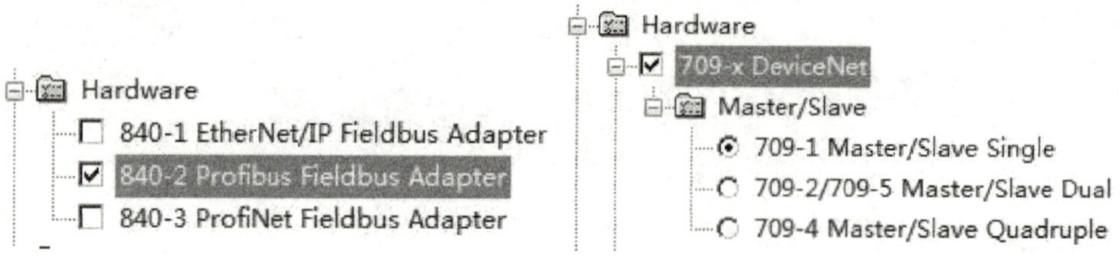

图 2-12　设置总线连接

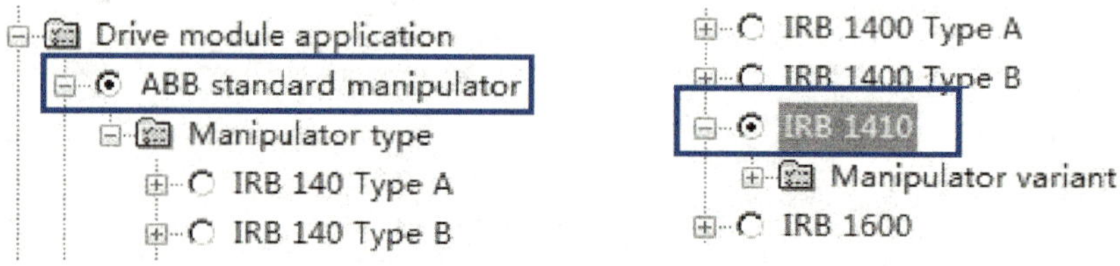

图 2-13　设置系统选用机器人型号

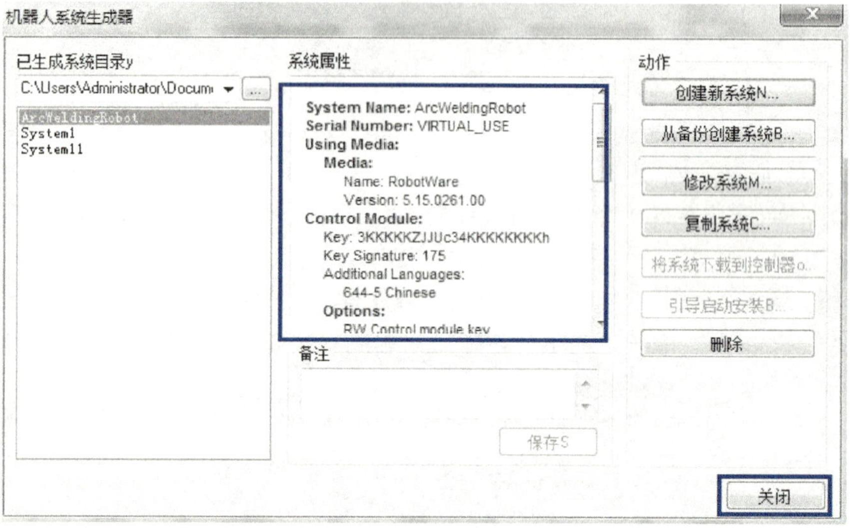

图 2-14　机器人系统属性

3. 加载机器人

加载机器人的方法有两种：方法一，在上述配置机器人系统的过程中，已为系统选定机器人型号，用户可以直接在新建配置好的机器人系统中，加载机器人模型；方法二，在上述配置机器人系统的过程中，如果不选定系统的机器人型号，用户可以在新建一个已配置的机器人系统中，加载所需的机器人模型。

（1）方法一

启动 Robot Studio 软件后，单击“文件”选项卡，选择“新建”选项中的“带现有机器人控制器的工作站”，软件界面的右侧会显示已创建的机器人工作站，单击“ArcWeldingRobot”工作站，然后单击“创建”按钮，如图 2-15 所示。

在新建的工作站中，控制器状态发生如图 2-16 所示的变化，由“0/1”状态到“1/1”

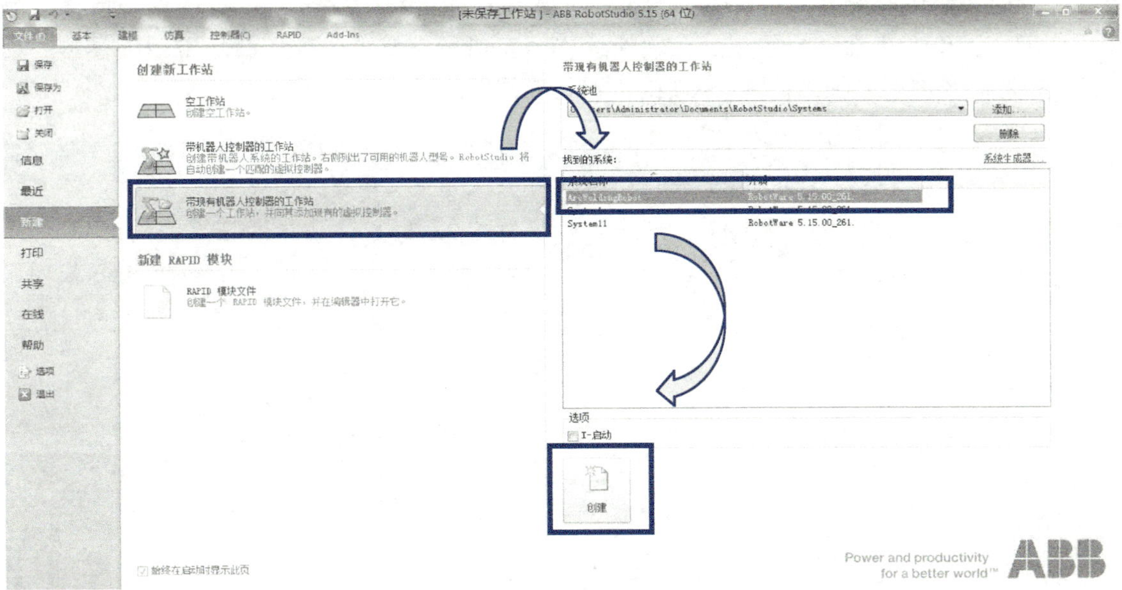

图 2-15　新建机器人工作站

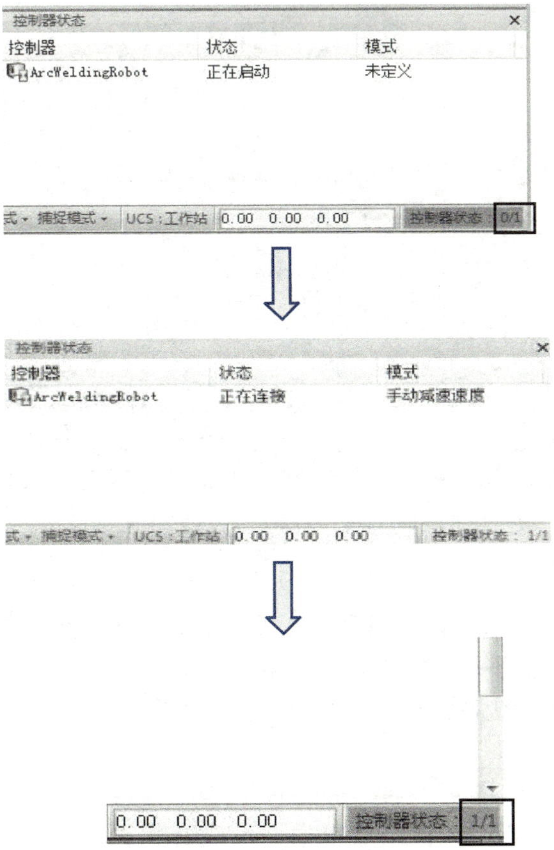

图 2-16　控制器状态变化

状态，此时表明机器人工作站系统已启动。在弹出的对话框（见图 2-17）中选择所需要的机器人型号，单击“确定”按钮。在软件的视图窗口中，便可看到加载的机器人模型，如图 2-18 所示，系统成功创建了一个新的机器人工作站。

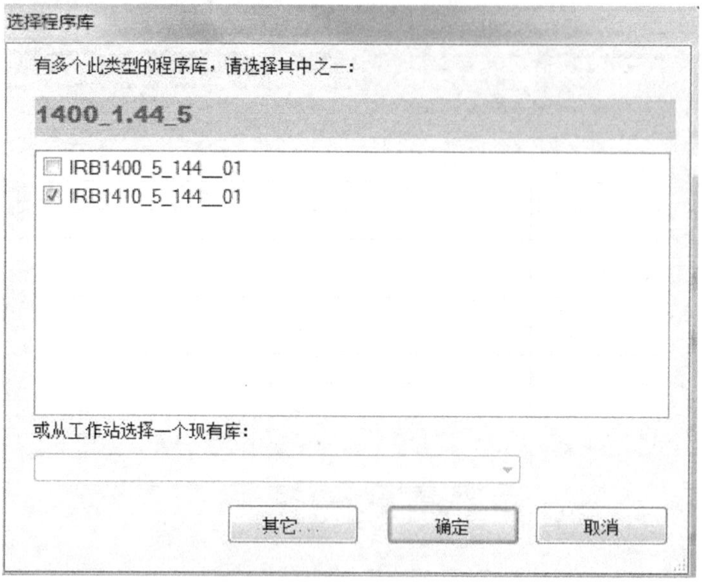

图 2-17　选择机器人型号

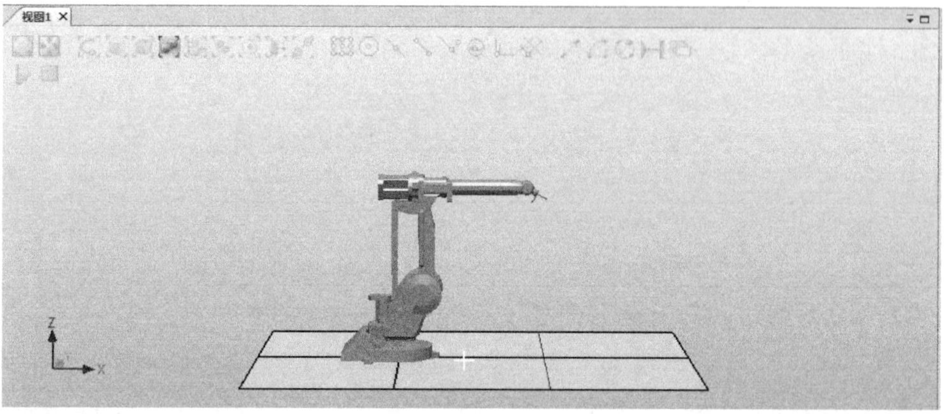

图 2-18　加载的机器人模型

（2）方法二

启动 Robot Studio 软件后，首先创建一个新工作站，操作步骤同方法一。创建一个新工作站后，单击“基本”选项卡中的“ABB 模型库”选项，单击所需要的机器人型号（见图 2-19），在软件的视图窗口中，便可看到加载的机器人模型。

4. 安装工、夹具

单击“基本”选项卡，打开“导入模型库”中的“设备”选项，选择所需工具“Binzel air 22”，如图 2-20 所示。在视图窗口中，可以看到导入的工具，其位置在坐标原点。在“布局浏览器窗口”中，单击“Binzel air 22”并且按住左键，将“Binzel air 22”拖放到

图 2-19　ABB 模型库

“IRB1410_ 5_ 144_ 01”上，在弹出的“更新位置”对话框中选择“是”按钮，相当于把工具安装到机器人的法兰上，如图 2-21、图 2-22 所示。

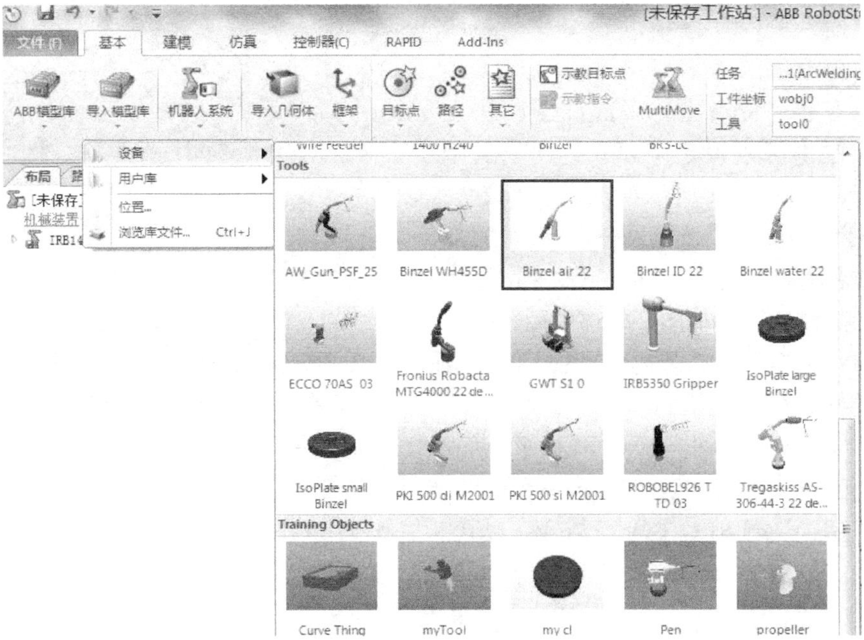

图 2-20　选择机器人工具

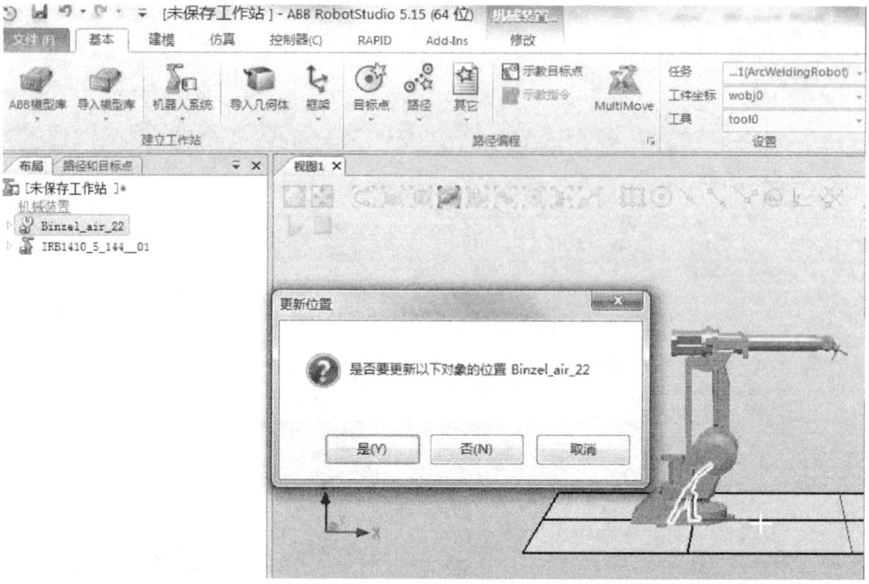

图 2-21　安装机器人工具

二、工作台和工件的创建

1. 创建工作台模型

单击“建模”选项卡，选择“固体”列表中的“矩形体”，在右侧的“创建方体”窗口设置矩形体的长、宽、高等参数，如图 2-23 所示，然后单击“创建”按钮。

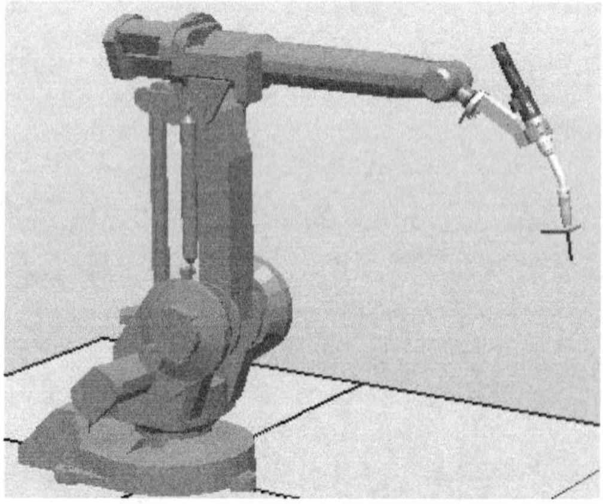

图 2-22　已安装工具的机器人

在“视图窗口”中，显示创建的矩形体模型，在界面左侧的“建模”窗口中，系统默认创建的矩形体的名字为“部件_ 1”。用鼠标右键单击（也称右击）“部件_ 1”，在弹出的对话框中可以设定“部件_ 1”的颜色、位置等，如图 2-24 所示。双击“部件_ 1”重命名为“leg_ 1”，复制三个相同的部件，分别命名为“leg_ 2”“leg_ 3”“leg_ 4”，如图 2-25 所示，右击修改各个部件的位置，修改后的各部件的位置如图 2-26 所示。

创建第二个矩形体，操作步骤同上，如图 2-27 所示设置长、宽、高参数，重命名为“plate”，如图 2-28 所示。

创建工作台，将部件“plate”和四个部件（“leg_ 1”“leg_ 2”“leg_ 3”“leg_ 4”）组合成一个整体，使用“建模”选项卡中的“结合”功能，具体操作步骤如下：

单击“建模”选项卡中的“结合”功能，在图 2-29 的左侧“结合”窗口中，选择两个结合的部件，分别单击“视图”窗口的“plate”部件和“leg_ 1”部件，“结合”窗口分别显示为“plate-Body”和“leg_ 1-Body”，单击“创建”按钮，“部件_ 3”为新创建的部件。重复上述的步骤，即可创建成一个完整的工作台，并重命名为“workbench”。

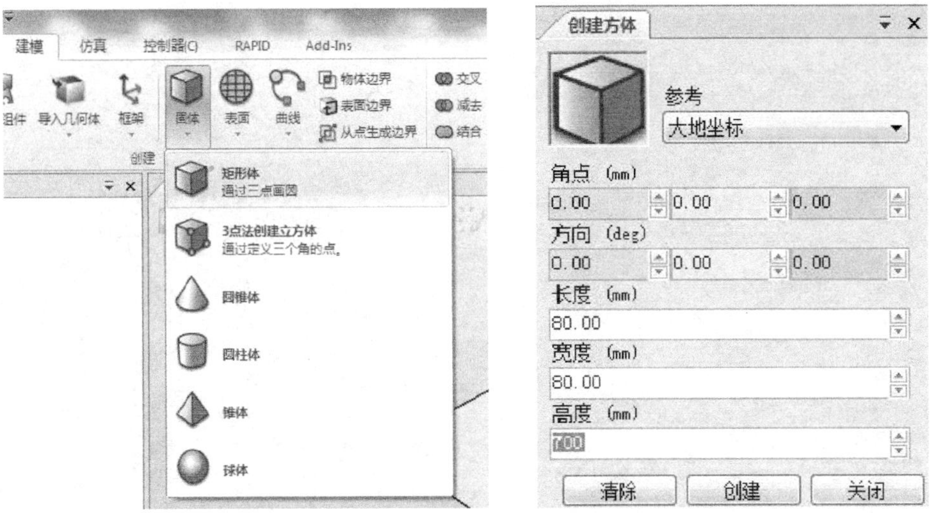

图 2-23　创建矩形体并设置参数

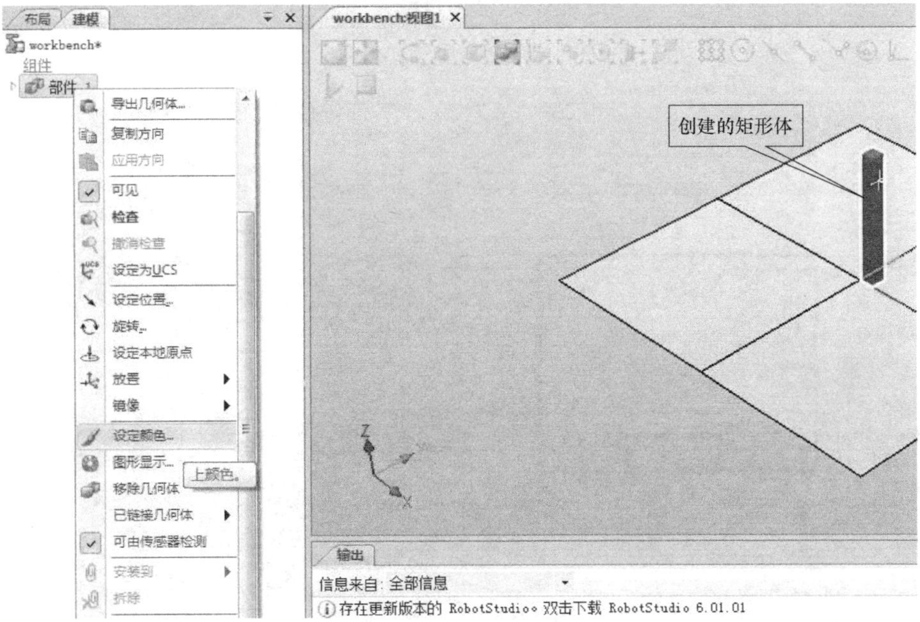

图 2-24　更改矩形体设置

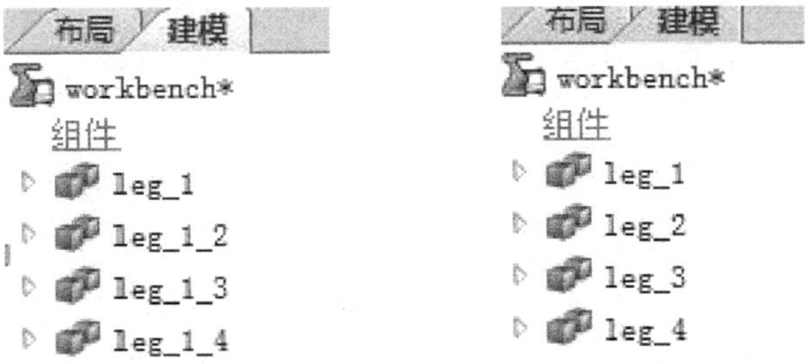

图 2-25　重命名各部件

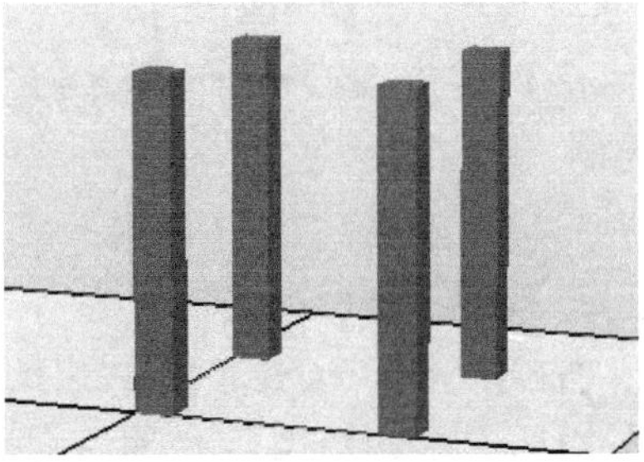

图 2-26　修改后的各部件位置

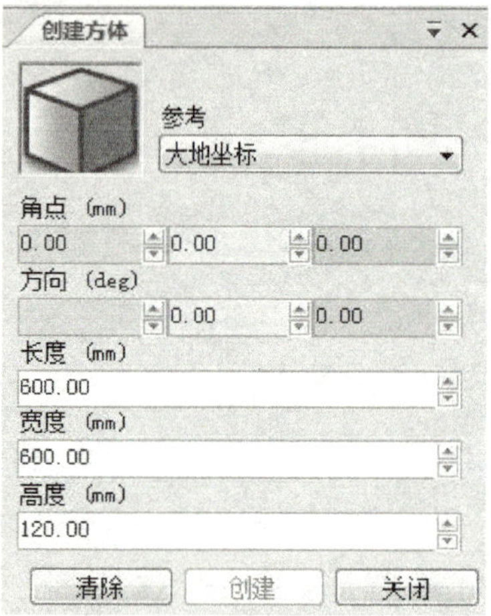

图 2-27 “plate”参数

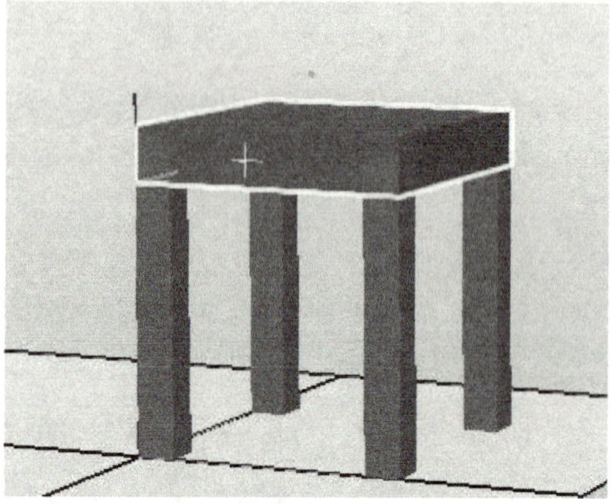

图 2-28 创建后的工作台

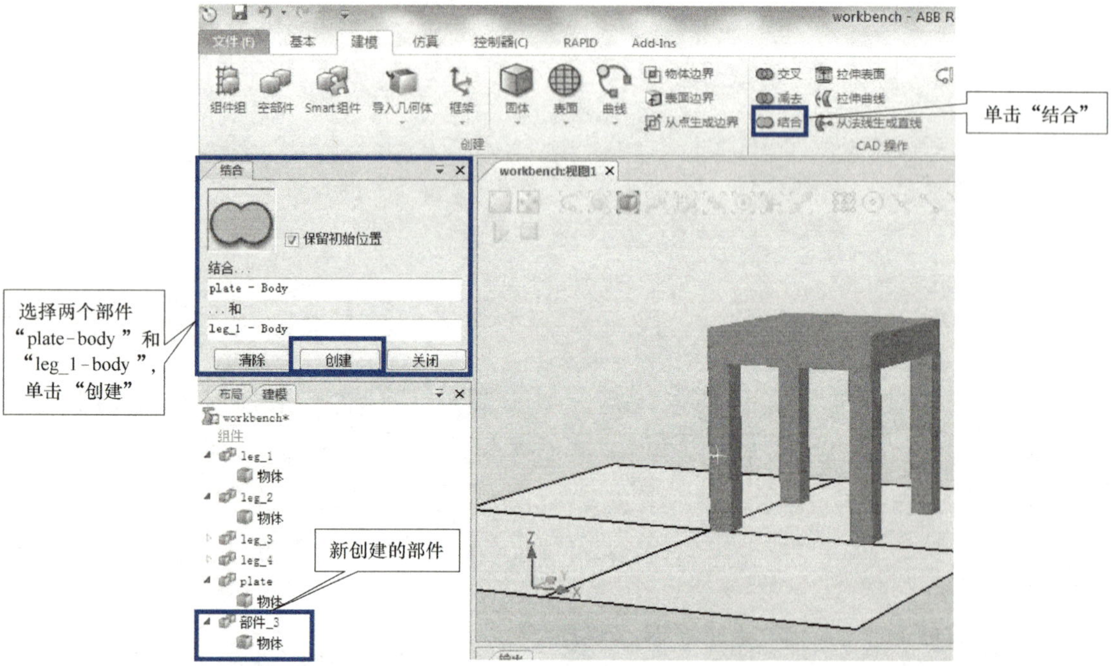

图 2-29 两个部件“结合”

2. 保存工作台模型

右击“workbench”，在弹出的快捷菜单中选择“保存为库文件”，如图 2-30 所示。在弹出的对话框中，将工作台库文件命名为“workbench”，标题命名为“workbench”，如图 2-31所示。

单击“基本”选项卡的“导入模型库”，选择“用户库”，便可查找已保存的库文件，如图 2-32 所示。

3. 安放工作台

打开已创建的“ArcWeldingRobot”机器人工作站，单击“基本”选项卡的“导入模型库”，选择“用户库”中的“workbench”库文件，如图 2-33 所示。选定工作台，设定工作台位置参数（见图 2-34），安放机器人工作台的位置如图 2-35所示。

图 2-30　保存为库文件

4. 添加工件

工件是由部件 1（矩形体）和部件 2（圆柱环）组成的，如图 2-36 所示，首先分别创建两个部件模型。

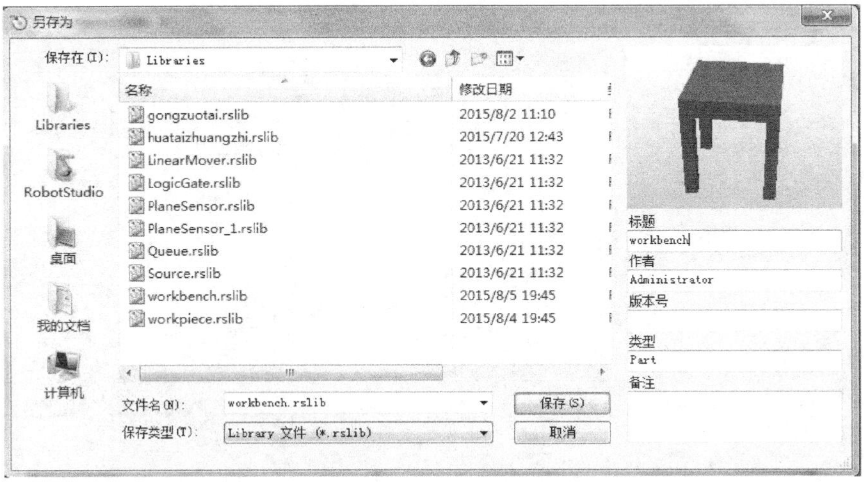

图 2-31　库文件命名

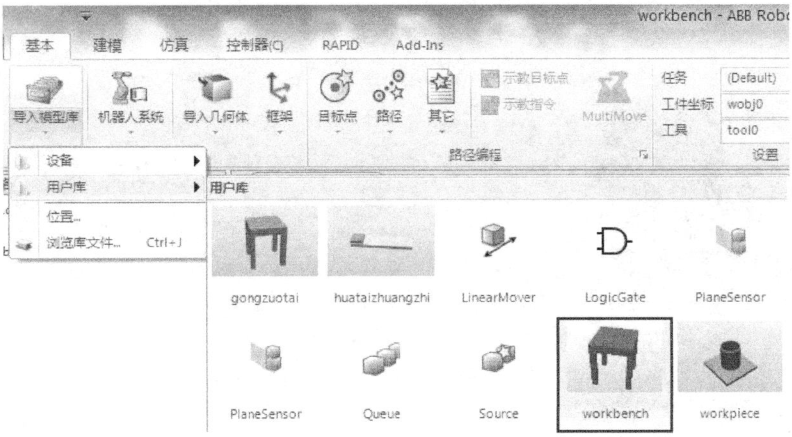

图 2-32　查找库文件

（1）创建工件模型

部件 1 的矩形体与工作台的矩形体的创建步骤相同，具体参数设置如图 2-37 所示，创建的矩形体（见图 2-38）命名为“plate”。

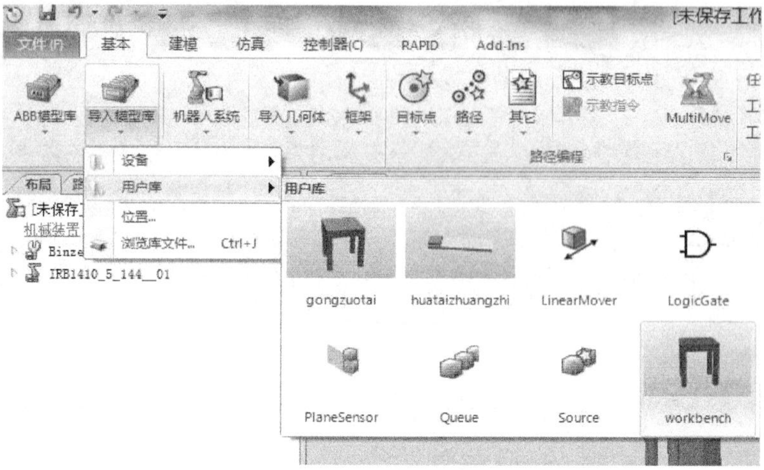

图 2-33　导入工作台

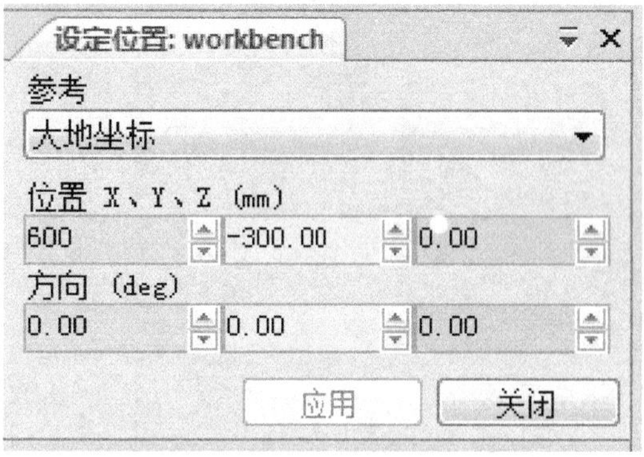

图 2-34　设定工作台位置参数

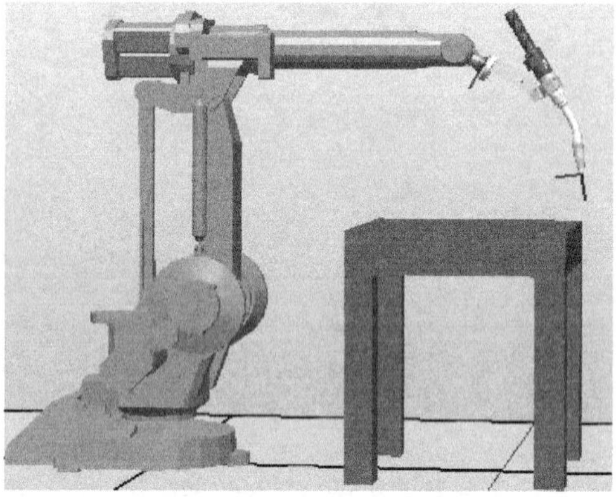

图 2-35　安放工作台

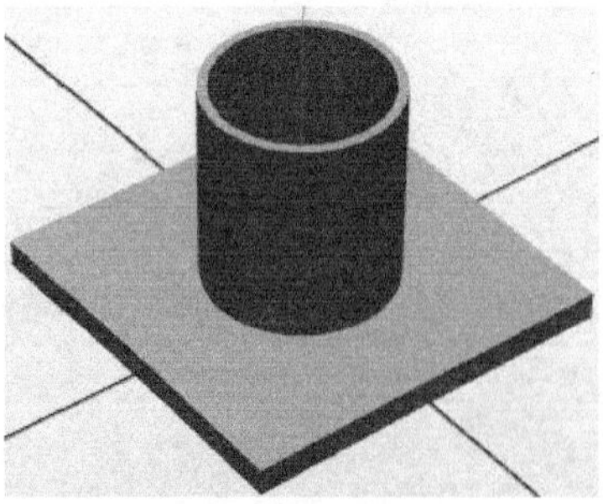

图 2-36　工件模型

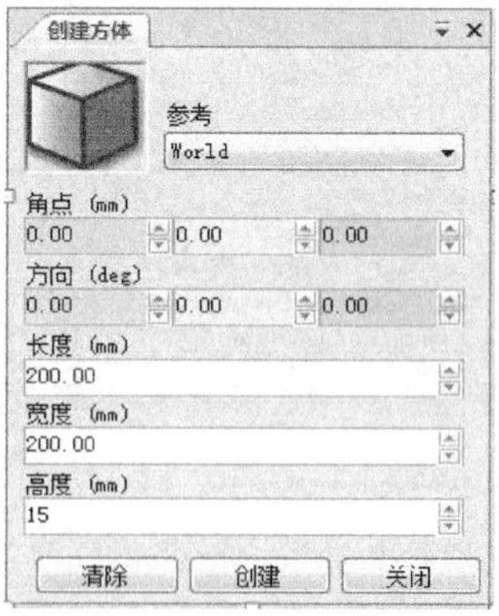

图 2-37　部件 1 的矩形体参数设置

部件 2 的圆柱环由两个圆柱体相减，首先创建两个圆柱体，具体操作步骤如下：

单击“建模”选项卡，选择“固体”列表中的“圆柱体”，如图 2-39 所示。在左侧“创建圆柱体”窗口中设置圆柱体的半径、直径、高度等参数，单击“创建”按钮，创建两个圆柱体，如图 2-40、图 2-41 所示。

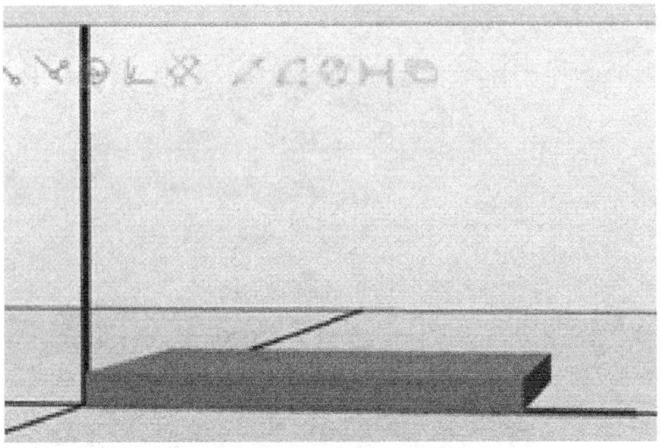

图 2-38　创建的矩形体

图 2-39　创建圆柱体

两个圆柱体（见图 2-41）分别重命名为“cylinder1”和“cylinder2”。

图 2-40　设置两个圆柱体参数

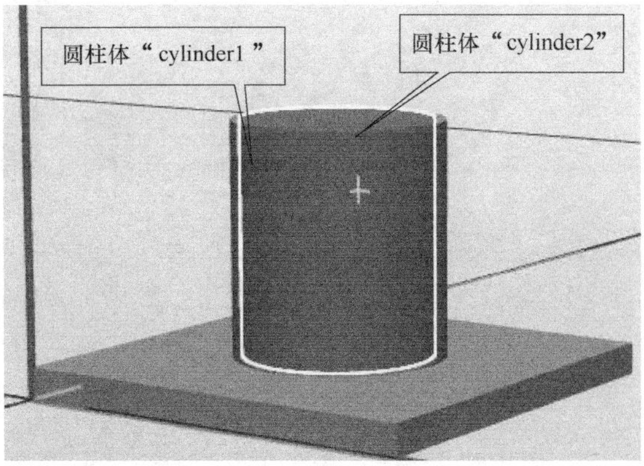

图 2-41　两个圆柱体

单击“建模”选项卡中的“减去”功能，在图 2-42 中左侧“减去”窗口中，选定两个部件，分别单击“视图”窗口的“cylinder1-Body”部件和“cylinder2-Body”部件，“减去”窗口分别显示为“cylinder1-Body”和“cylinder2-Body”，单击“创建”按钮，“部件_ 6”为新创建的部件，如图 2-43 所示，重命名为“cirque body”。

（2）保存工件模型

将两个工件模型“plate”和“cirque body”分别保存为库文件并命名为“plate”和“cirque body”。

（3）添加工件

单击“基本”选项卡的“导入模型库”，选择“用户库”中的“plate”库文件，如图 2-44 所示。选定工件“plate”，设置工件“plate”位置参数，将工件“plate”放置到机器人工作台“workbench”上。重复上述操作，将工件“cirque body”放置到工件“plate”上面，如图 2-45 所示。

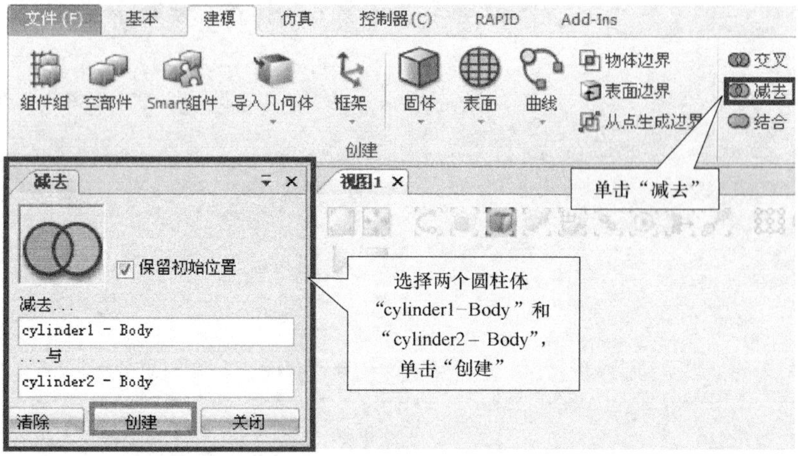

图 2-42　两个实体的相减操作

图 2-43　新创建的“部件_ 6”

图 2-44　导入工件

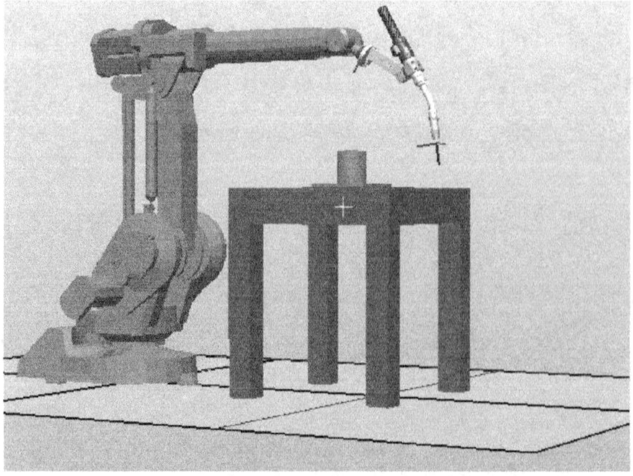

图 2-45　添加工件

任务二 虚拟示教器手动操作

【任务目标】

1. 掌握虚拟示教器手动操作的方法
2. 学会记录坐标点
3. 学会机器人碰撞检测工具的使用

【背景知识】

Robot Studio 软件提供了针对 ABB 工业机器人编程的虚拟示教器，利用虚拟示教器，可进行机器人的仿真工作站手动操纵、机器人离线程序编写、参数配置以及仿真监控。

对于已建立系统的机器人虚拟工作站，单击“控制器”选项卡，选择“示教器”下的“虚拟示教器”，如图 2-46 所示，可打开虚拟示教器。首次使用虚拟示教器语言默认为英文，用户可根据需要设置其语言类型。

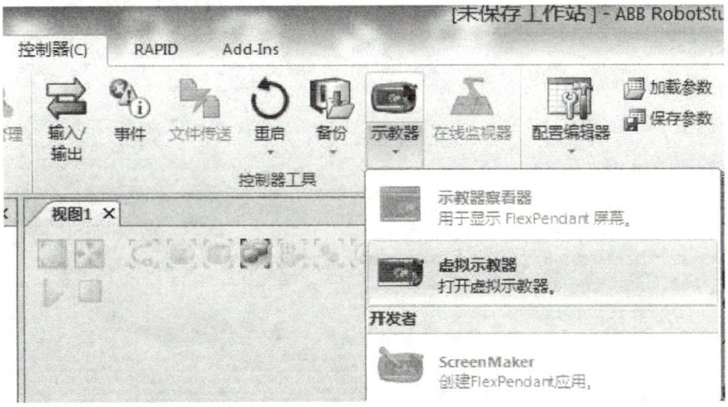

图 2-46 打开虚拟示教器

ABB 机器人的部分设置只有在手动操作方式下才可以更改，所以，首先设置机器人的操作方式为手动方式，如图 2-47a 所示。单击“ABB 菜单”，选择“Language”，出现如图 2-47b 所示的语言设置界面，选择“Chinese”，单击“OK”按钮。弹出对话框，单击“Yes”按钮，如图 2-47c 所示，虚拟示教器自动关闭。重新打开虚拟示教器，界面将更换为中文显示。

ABB 机器人虚拟示教器与示教器的布局和操作基本相同，如图 2-48 所示，只是两者“使能器”按钮的布局与操作不同（见图 2-49）。

使能器按钮是为保证工业机器人操作人员安全而设置的按钮，只有在按下使能器按钮的情况下，并保持“电动机开启”状态，才可以对机器人进行手动操作和程序调试，当发生危险的时候，操作人员会本能地将使能器“松开”或“按紧”，则机器人会马上停止，保证安全。在自动模式下，使能器无效。在手动状态下，使能器按钮分为两个档位，按下第一个档位，即单击虚拟示教器的“Enable”按钮，机器人将处于“电动机开启”状态；按下第

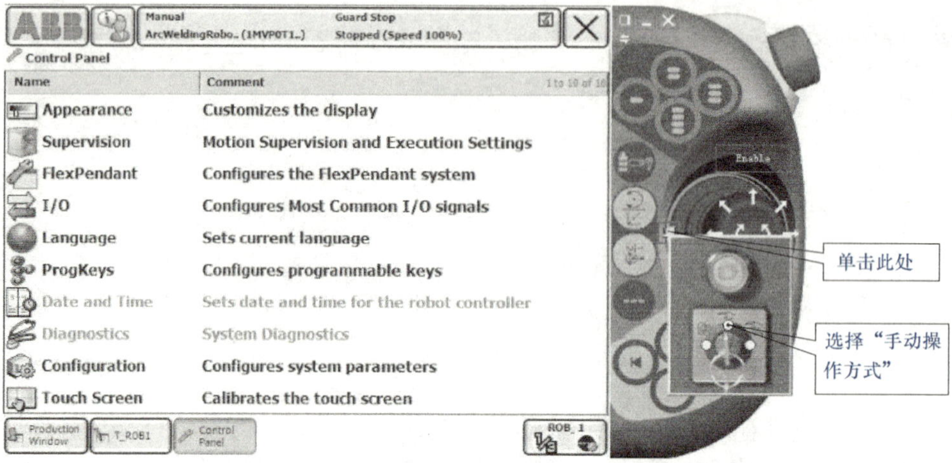

a) 设置手动操作方式

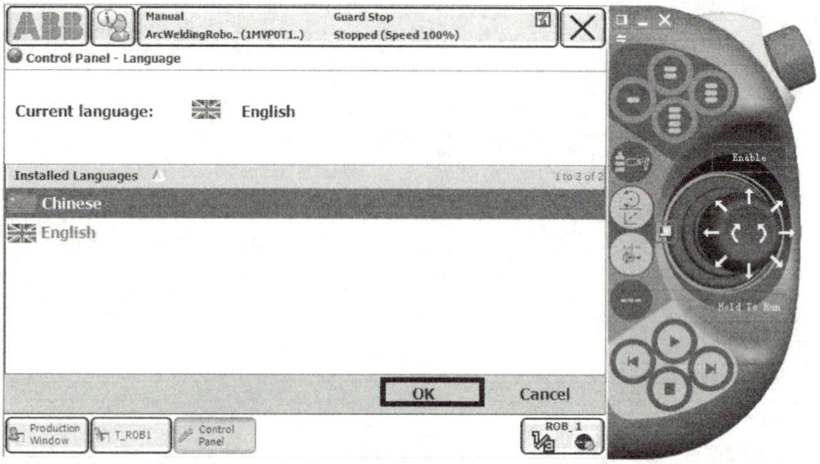

b) 语言设置界面

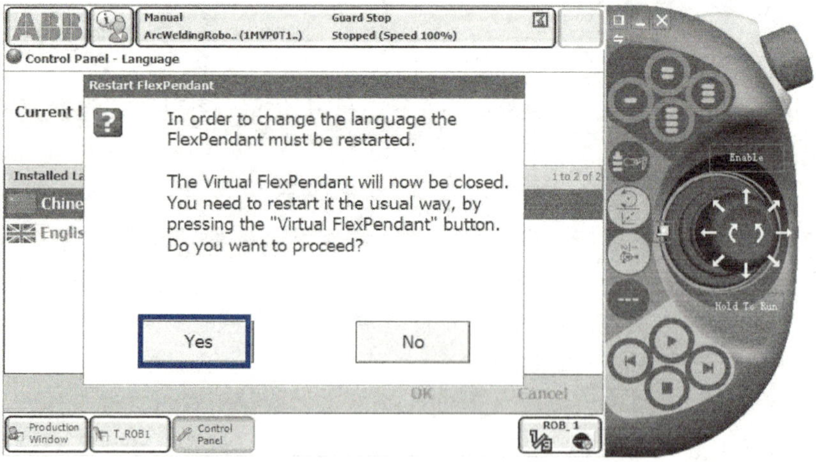

c) 更改为中文语言

图 2-47　设置虚拟示教器语言的步骤

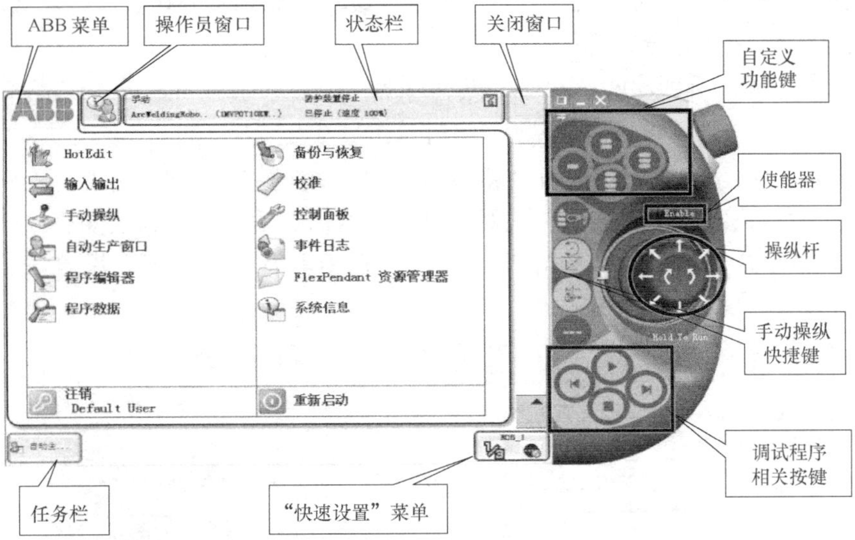

图 2-48　虚拟示教器

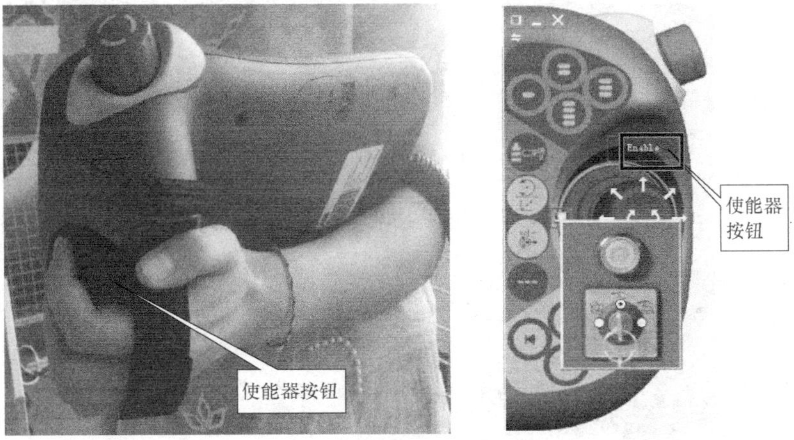

图 2-49　示教器与虚拟示教器对比

二个档位，机器人将处于“防护装置停止状态”。

虚拟示教器的菜单功能及子菜单项与实际示教器基本一致，其功能说明及操作详见项目一任务二的【任务实施】环节。

【任务实施】

一、手动操作各轴

机器人的运动可以是单轴运动，也可以是多轴协调运动。手动操纵机器人时，可以选择单轴运动、线性运动、重定位运动三种运动方式之一。

1. 单轴运动

通过操纵杆控制机器人各个轴运动，手动操纵方法和前文所述相同。

2. 线性运动

在空间中，安装在机器人最后一个轴上的工具，工具中心点（TCP）做线性运动，称为机器人线性运动。线性运动时，机器人工具的位置改变，姿态不变。在虚拟示教器中，设置线性运动方式的具体操作步骤如下：

打开本项目任务一所创建的“ArcWeldingRobot”机器人工作站，进入“控制面板”，选择“手动操作”，单击“线性”按钮，然后单击“确定”按钮，选定运动方式为线性运动。即通过操纵杆的方向变化，可改变机器人线性运动的三个方向 X、Y、Z，如图 2-50、图 2-51 所示。改变操纵杆左右方向，机器人沿着 Y 方向做线性运动；改变操纵杆上下方向，机器人沿着 X 方向做线性运动；顺时针或逆时针旋转操纵杆，机器人沿着 Z 方向做线性运动。

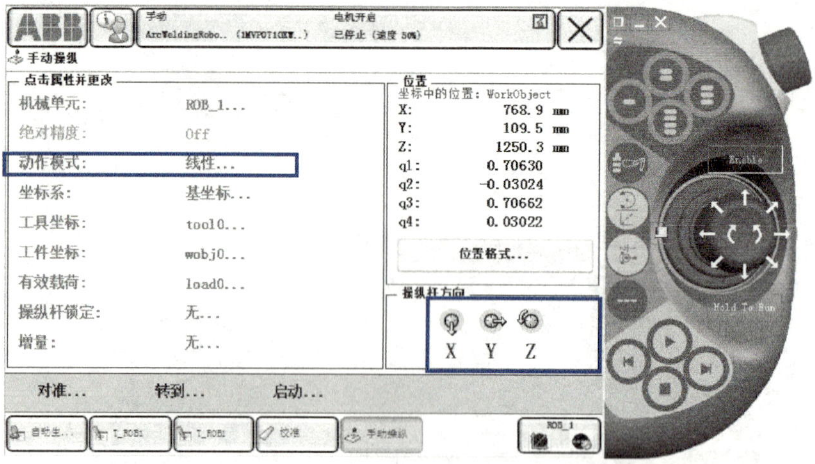

图 2-50　线性运动

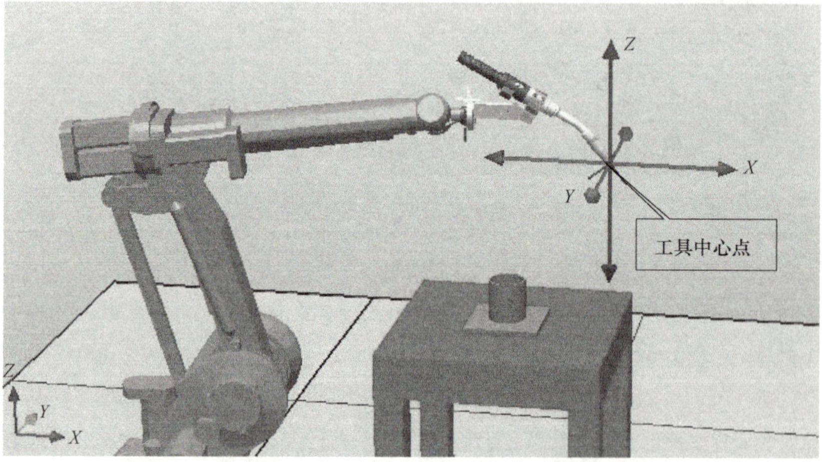

图 2-51　线性运动 X、Y、Z 方向

3. 重定位运动

在空间中，安装在机器人最后一个轴上工具的工具中心点绕着坐标轴旋转的运动，称为机器人的重定位运动。重定位运动中，机器人的工具姿态改变，位置不变。在虚拟示教器中，设置重定位运动方式的具体操作步骤如下：

单击“重定位”按钮，然后单击“确定”按钮，选定运动方式为重定位运动。即通过操纵杆的方向变化，可改变机器人重定位运动绕 *X*、*Y*、*Z* 坐标轴运动的方式，如图 2-52、图 2-53 所示。改变操纵杆左右方向，机器人绕 *Y* 坐标轴运动；改变操纵杆上下方向，机器人绕 *X* 坐标轴运动；顺时针或逆时针旋转操纵杆，机器人绕 *Z* 坐标轴运动。

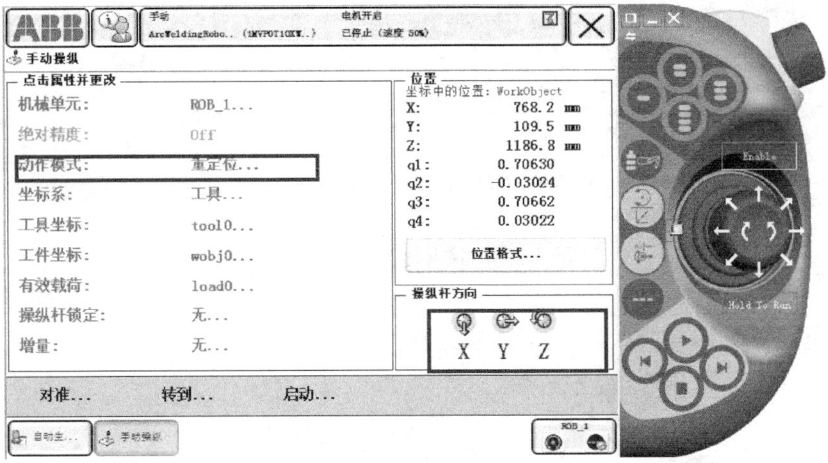

图 2-52　重定位运动

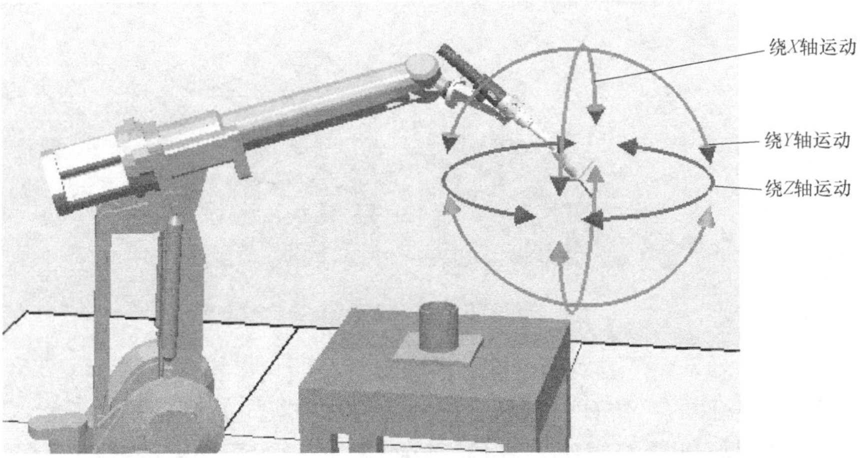

图 2-53　重定位运动绕坐标轴运动

二、坐标点记录

机器人示教时，需要记录各个示教点的坐标。首先创建一个空路径，打开“基本”选项卡，选择“空路径”，创建默认名字为“Path-10”的路径，如图 2-54 所示。在视图窗口中，单击“物体表面”和“捕捉末端或角位”按钮，可快速捕捉到目标点，选择“手动线性”的运动方式，通过按住鼠标左键并拖拽鼠标，使机器人做线性运动，到达目标点 A，单击“示教指令”记录 A 点坐标，如图 2-55 所示。执行相同操作，记录 B 点坐标。

三、碰撞检测及预防

机器人仿真技术已经成为机器人设计、建模、生产、试验等过程中一个非常有价值的工具。随着工业机器人的仿真技术的发展，在仿真软件中可以清楚地了解机器人工作时的速度、加速度等，检测机器人轨迹和路径规划是否合理，检测机器人与工装设备（例如机器

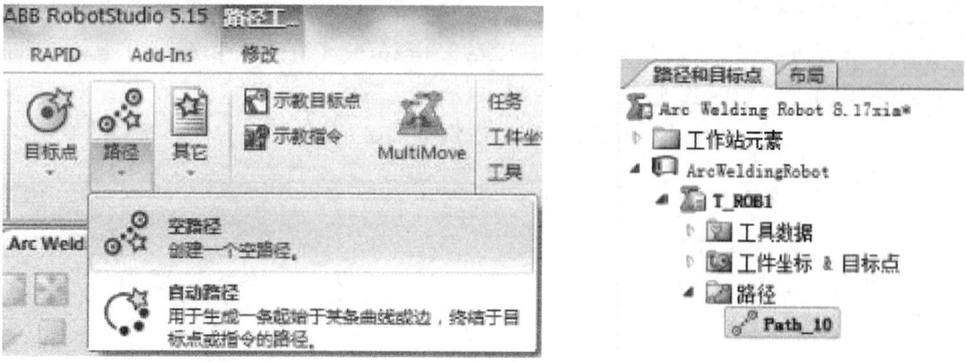

图 2-54　创建空路径

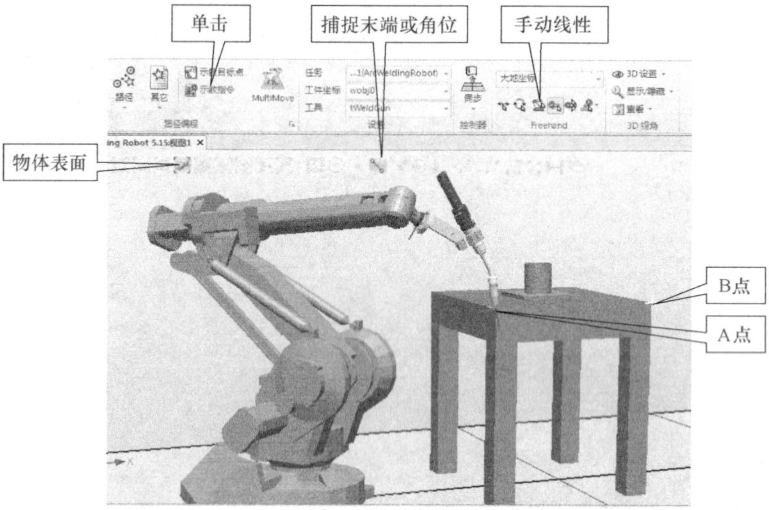

图 2-55　记录坐标点

人底座、夹具、放料架等）是否发生碰撞，验证设计是否可以实施。

在 Robot Studio 软件的“仿真”选项卡中的“碰撞监控”选项就是用于检测机器人及其工具与工装设备（例如机器人底座、夹具、放料架等）是否发生碰撞的。具体操作步骤如下：

打开“仿真”选项卡，单击“碰撞监控”按钮，如图 2-56 所示，在下面的“布局”窗口中生成了一个“碰撞检测设定_ 1”，单击“碰撞检测设定_ 1”，需要设置“ObjectsA”和“ObjectsB”两个对象，这两个对象是用户需要检测的两个是否发生碰撞的对象，如焊枪和工件、焊枪和工作台等，操作人员可以根据周边环境创建多个碰撞监控组。

检测机器人工具“Binzel_ air_ 22”和工件“cirque body”是否发生碰撞，单击工具“Binzel_ air_ 22”并按住，将其拖放到“ObjectsA”中；单击工件“cirque body”并按住，将其拖放到“ObjectsB”中，完成碰撞对象的设定。单击“ObjectsA”和“ObjectsB”查看是否设置成功。

右击“碰撞检测设定_ 1”，可修改碰撞监控设置，如碰撞颜色设置（见图 2-57）、接近

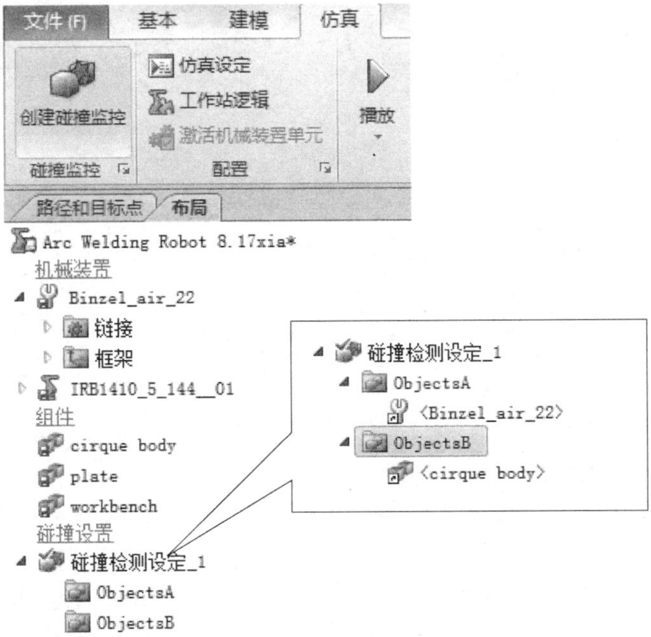

图 2-56　创建碰撞监控

丢失颜色设置等。当机器人工具“Binzel_ air_ 22”和工件“cirque body”发生碰撞时，两个部件会变成红色提示发生碰撞，如图 2-58 所示。

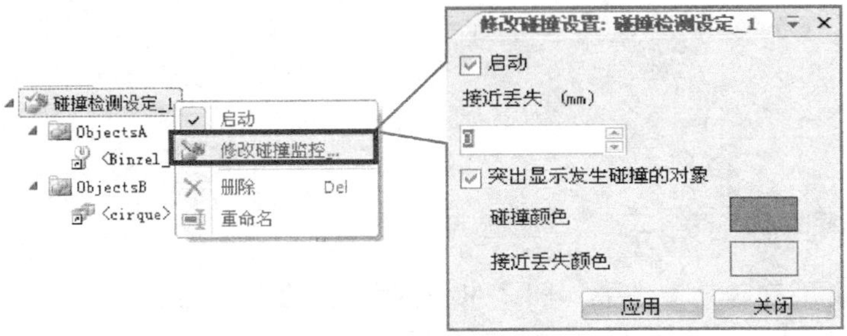

图 2-57　修改碰撞监控

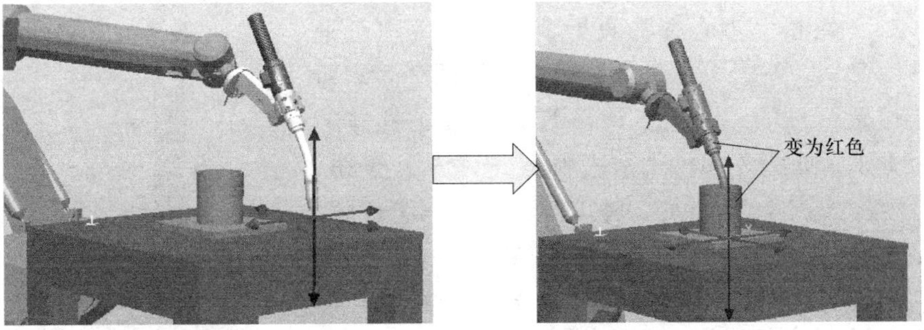

a) 碰撞前　　b) 碰撞后

图 2-58　碰撞前后对比

任务三　创建机器人工件坐标及轨迹方程

【任务目标】

1. 学会创建机器人的工具坐标
2. 学会创建机器人系统的工件坐标
3. 学会按照工具坐标创建机器人运行轨迹
4. 了解 Robot Studio 软件的仿真及录制视频的方法

【背景知识】

一、工具坐标及其设置

工具坐标系是以安装在机械接口上的末端执行器或工具为参照系的坐标系。通常，工具坐标系的原点位于机器人末端安装法兰的中心（见图 2-3）。为了方便示教，用户会以工具中心点（TCP）为原点创建一个坐标系，工具就会获得一个用户创建的直角坐标系，这个坐标系就是机器人的工具坐标系，TCP 点坐标称为工具坐标（见图 2-59）。

二、工件坐标及其设置

工件坐标系，通常表示实际工件的坐标系，如图 2-3 所示。工件坐标，即工件的位置和姿态。操作者可根据具体任务要求设置适合的工件坐标位置。

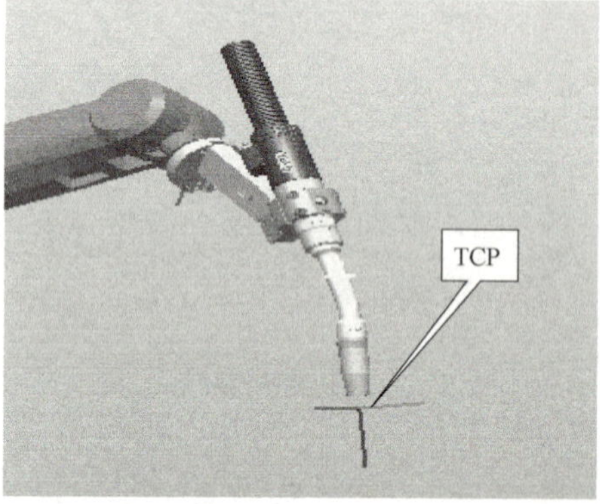

图 2-59　工具坐标

【任务实施】

一、创建工具坐标

首先创建一个工具，具体参数如图 2-60 所示，更改颜色为绿色。

在“建模”选项卡中，单击“创建工具”按钮，在“Tool 名称”栏重命名工具为“tool1”，选中“选择部件”选项中的“使用已有的部件”，软件默认刚创建的工具（部件_ 3），重量、重心等参数为默认值（用户可根据实际工具设置），单击“下一个”按钮，如图 2-61a 所示。单击“位置”选项，设定工具 tool1 的上面圆柱体的表面圆心为 TCP，如图 2-61b 所示，单击“完成”按钮，创建的工具坐标如图 2-62 所示，将工具保存为库文件。

在“基本”选项卡中导入机器人模型，右击左侧“布局”窗口中的工具模型“tool1”，选择“安装到”下相应的机器人模型，即可将工具安装于机器人末端法兰上，如图 2-63 所示。

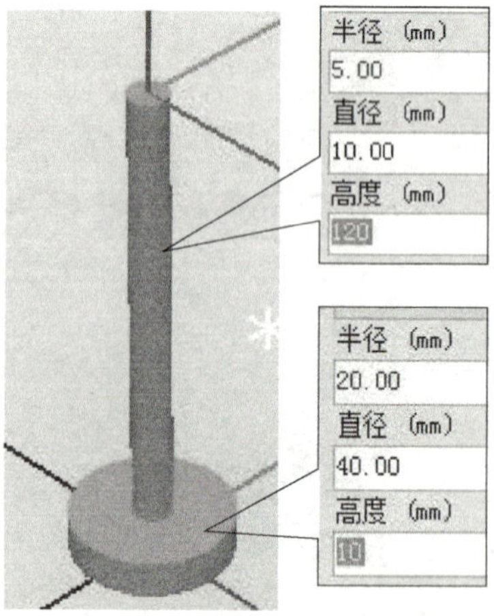

图 2-60　创建的工具参数

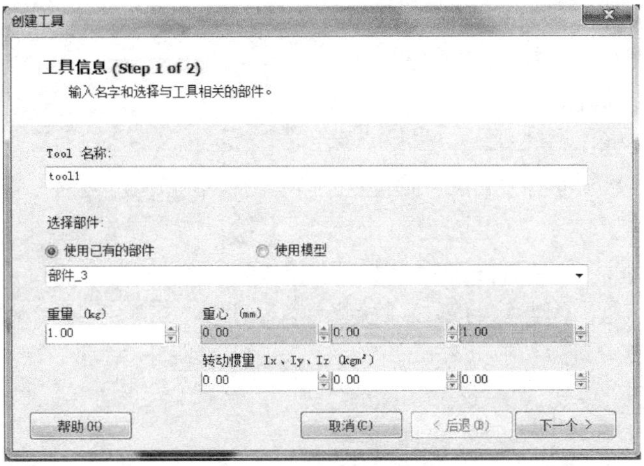

a) 设置工具信息

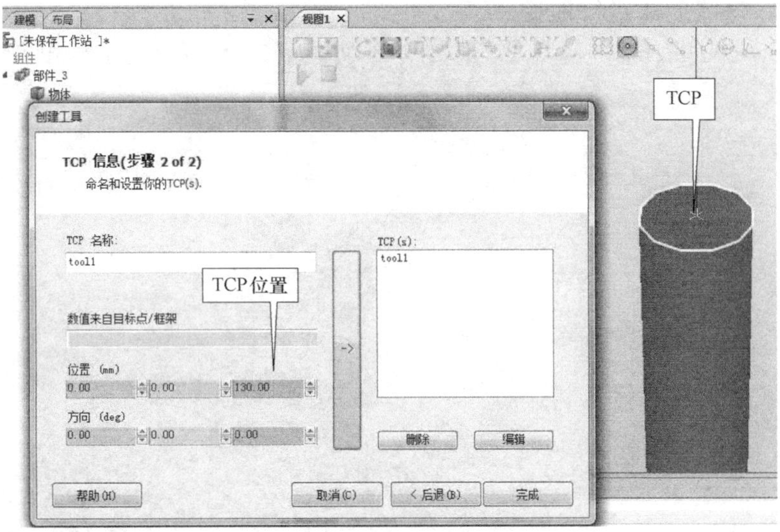

b) 设置TCP信息

图 2-61　创建工具参数设置

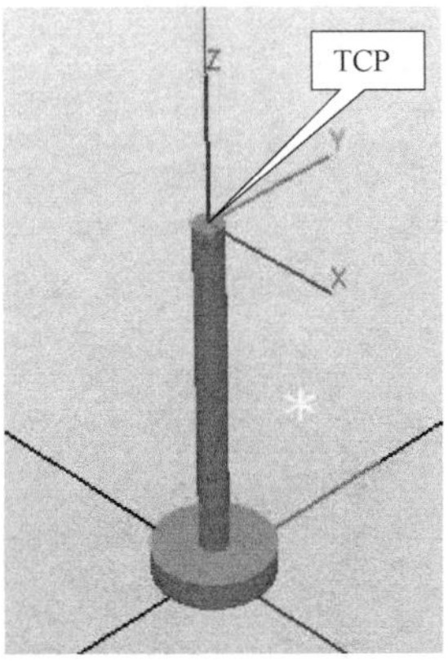

图 2-62　创建的工具坐标

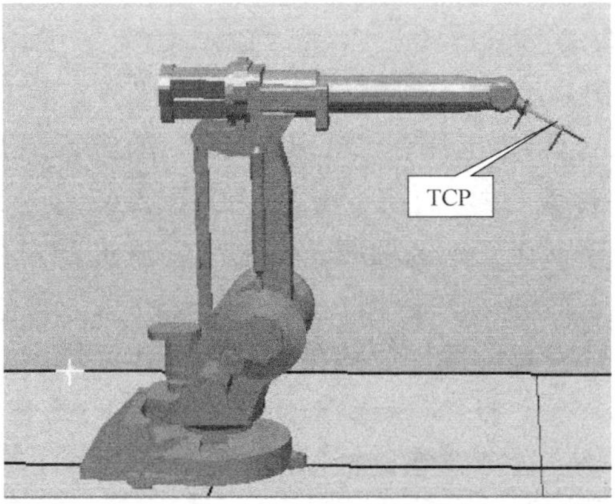

图 2-63　工具安装于机器人末端

二、创建工件坐标

在“基本”选项卡中，单击“其它”，选择“创建工件坐标”，如图 2-64 所示。

在“创建工件坐标”窗口中，单击“名称”重命名为“Wobj1”，选择“取点创建框架”项，如图 2-65 所示，在弹出的窗口中选择“三点”，即用三点法确定工件坐标。设定“*X* 轴上的第一个点”“*X* 轴上的第二个点”“*Y* 轴上的点”位置分别对应工作台“A”“B”“C”三点位置，单击“Accept”按钮，然后单击“创建”按钮，创建工件坐标“Wobj1”，如图 2-66 所示。

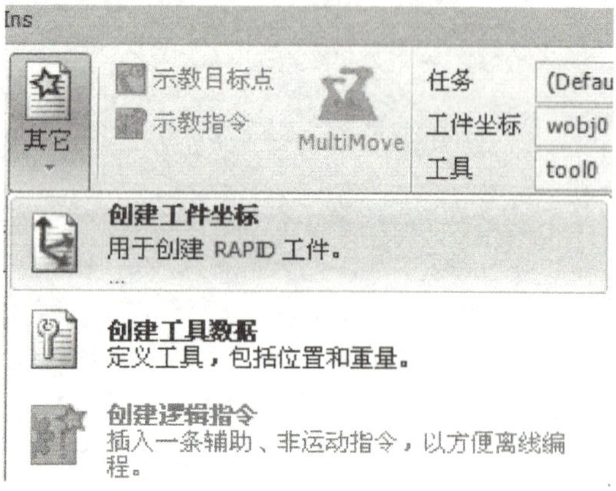

图 2-64　创建工件坐标

三、按工具坐标创建运行轨迹

打开“ArcWeldingRobot”机器人工作站，添加如图 2-45 所示的工具和工件。在左侧的

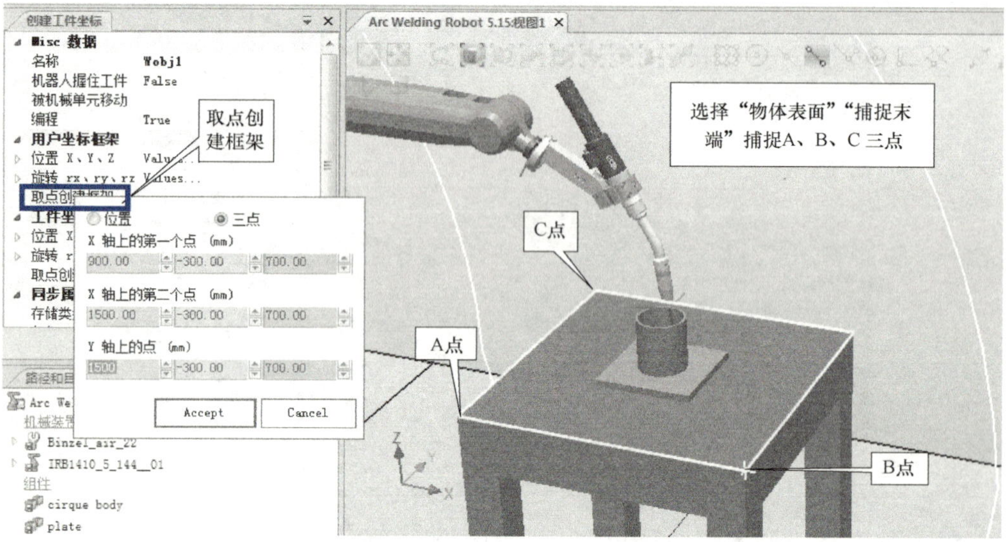

图 2-65　选取三点

“布局”窗口中，右击“IRB1410_ 5_ 144_ 01”机器人，勾选“显示机器人工作区域”，检查工作台“workbench”的位置是否在机器人的工作区域内，如图 2-67 所示，如果不在工作区域内，则无法创建机器人在其表面的运行轨迹，对“workbench”位置参数重新设置，使其在机器人工作区域内。

在“基本”选项卡中，单击“其它”选择，选择“空路径”，如图 2-68 所示，系统默认路径名称为“Path_ 10”。

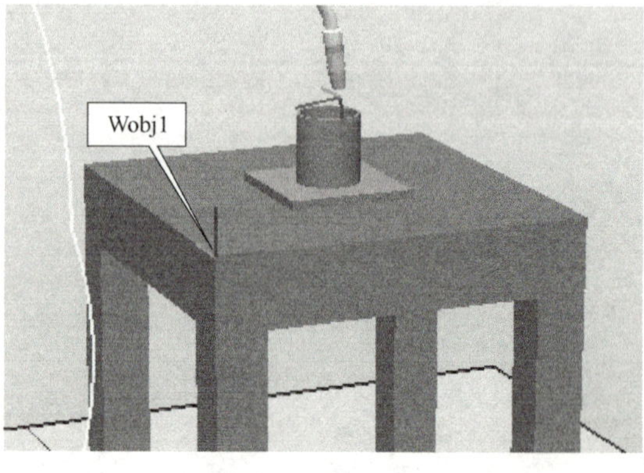

图 2-66　工件坐标

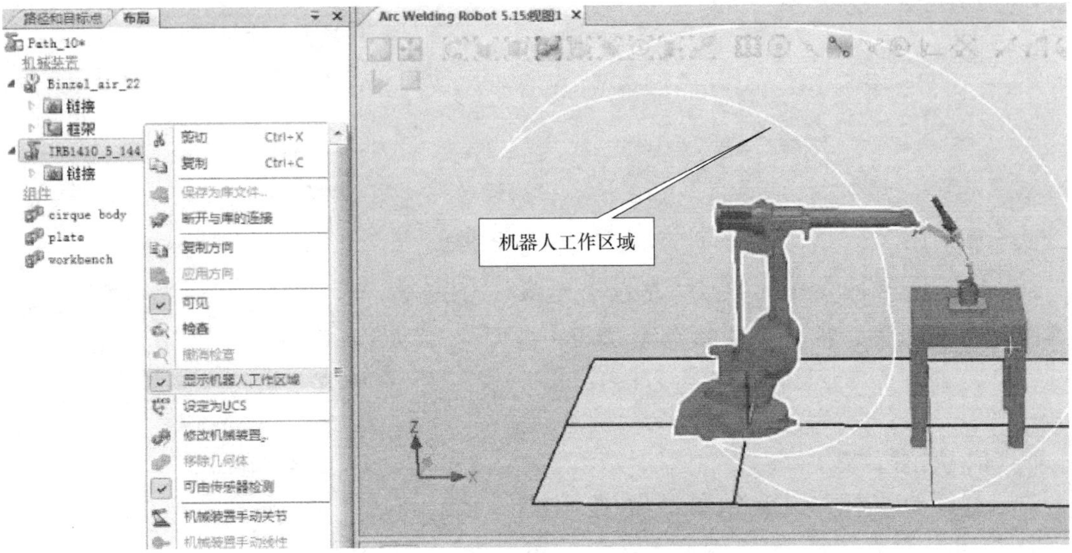

图 2-67　机器人工作区域

设置目标点捕捉方式：选择“部件”和“末端”捕捉方式；机器人手动操纵：手动线性；工件坐标：Wobj1；工具：tWeldGun，如图 2-69 所示。

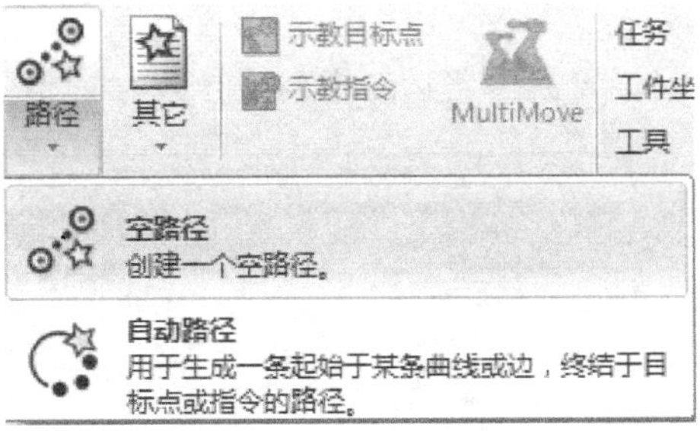

图 2-68　创建一条空路径

创建机器人运行轨迹之前，要设定机器人在空间中的运动方式，在“输出”窗口下侧的“指令模板”中，可设定机器人的运动方式及参数，如图 2-70 所示。机器人的运动方式主要有以下几种：关节运动（MoveJ）、线性运动（MoveL）、圆弧运动（MoveC）、轴绝对角度位置运动（MoveAbsJ）、外部直线轴和旋转轴运动（MoveExtJ），如图 2-71 所示。

图 2-69　选择目标点的捕捉方式

查看运动指令：单击“指令模板”的第一项，选择“指令模块管理器”，在弹出的窗口中选择相应的指令，可以创建或编辑指令模板和指令说明，如图 2-72 所示。

设置第一条运动指令及参数：MoveJ ▾ * v200 ▾ fine ▾ tWeldGun ▾ \WObj:=Wobj1 ▾。

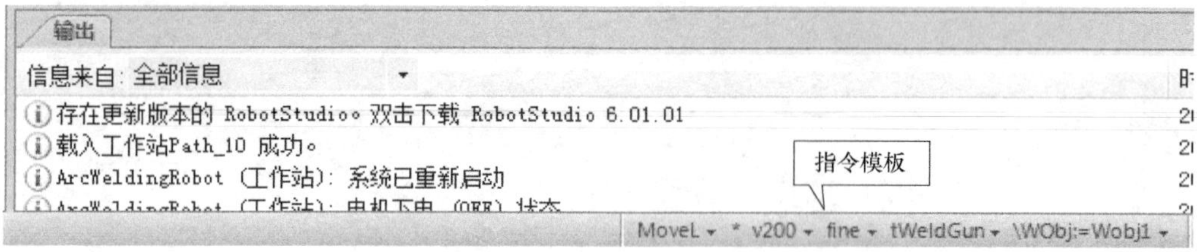

图 2-70　指令模板

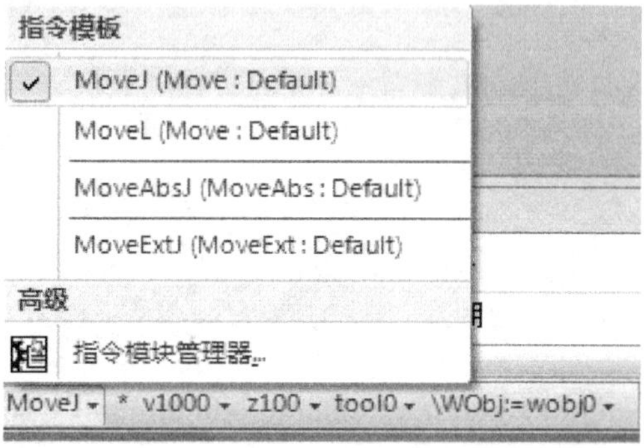

图 2-71　机器人的运动方式

在 Path_ 10 空路径中，创建一条绕工作台面周边运行的轨迹，轨迹的起始点是 Target_ 10，工作台面四个轨迹点依次是 Target_ 20、Target_ 30、Target_ 40、Target_ 50，终点是 Target_ 60，如图 2-73 所示。

记录起始点坐标：设置如图 2-69 所示的捕捉方式和机器人手动操纵方式，单击“示教指令”，记录起始点 Target_ 10，如图 2-74 所示。

设置第二条运动指令及参数：。

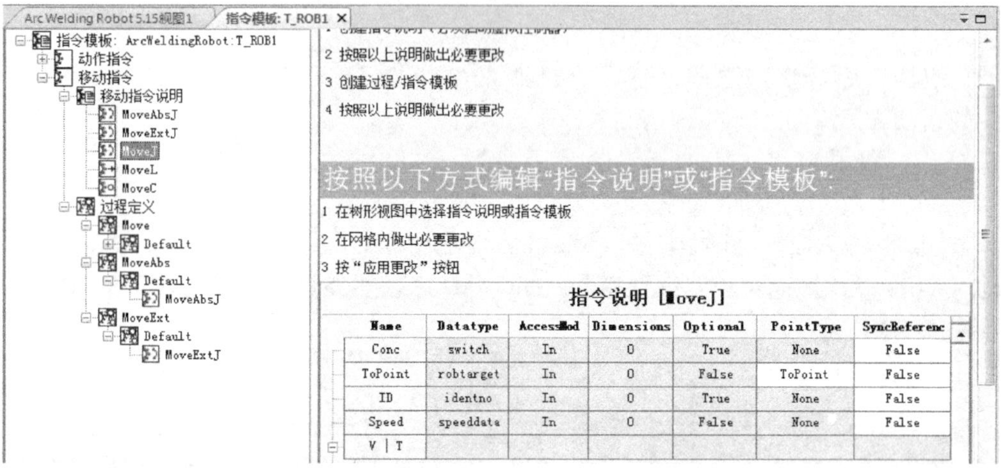

图 2-72　创建或编辑指令模板和指令说明

记录工作台面四个轨迹点坐标：操作和起始点相同，到达 Target_ 20、Target_ 30、Target_ 40、Target_ 50 分别单击“示教指令”，记录各点坐标，如图 2-75、图 2-76 所示。

右击“Path_ 10”路径，选择“到达能力”，如图 2-77 所示，检测机器人是否能到达创建的目标点 Target_ 10、Target_ 20、Target_ 30、Target_ 40、Target_ 50、Target_ 60。如图 2-78 所示，各目标点后的绿色对号，表示可到达的目标点，单击“关闭”按钮。

右击“Path_ 10”路径，选择“配置参数”中的“自动配置”，如图 2-77 所示，自动配置机器人关节参数。

右击“Path_ 10”路径，选择“沿着路径运动”，如图 2-77 所示，检查机器人是否能正常运行创建的轨迹。

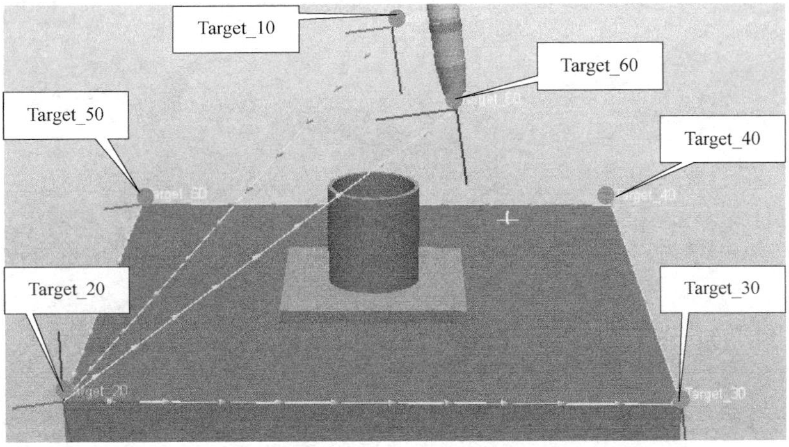

图 2-73　记录各点坐标

图 2-74　记录起始点 Target_ 10

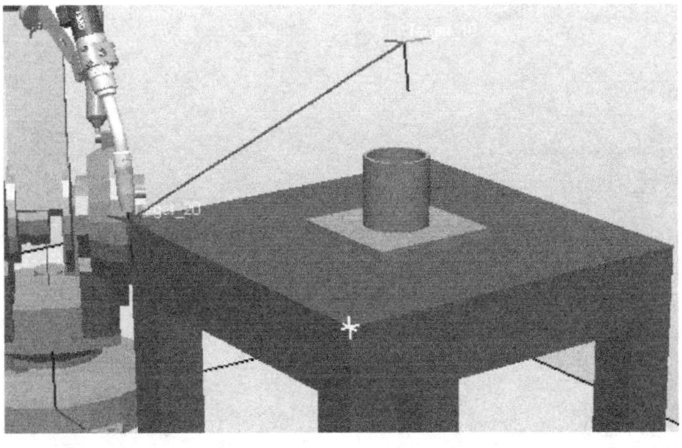

图 2-75　Target_ 10 到 Target_ 20 轨迹

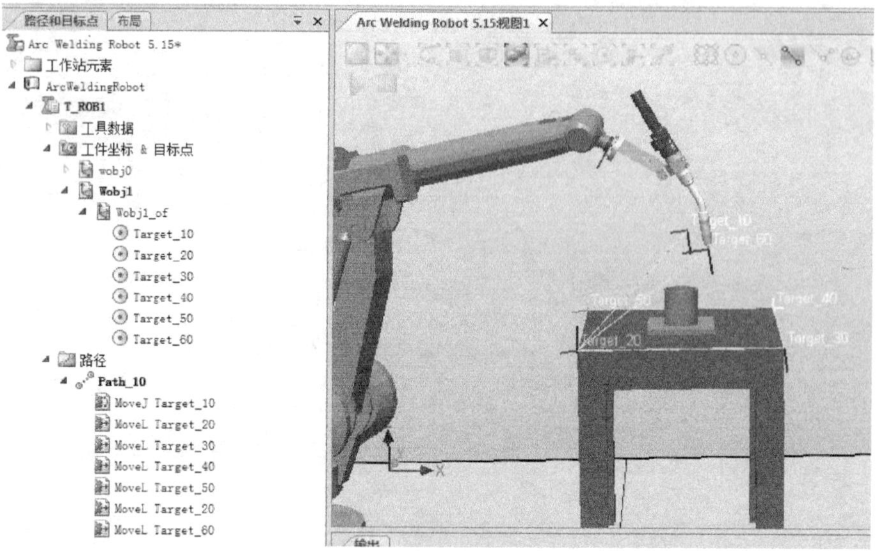

图 2-76　Path_ 10 路径

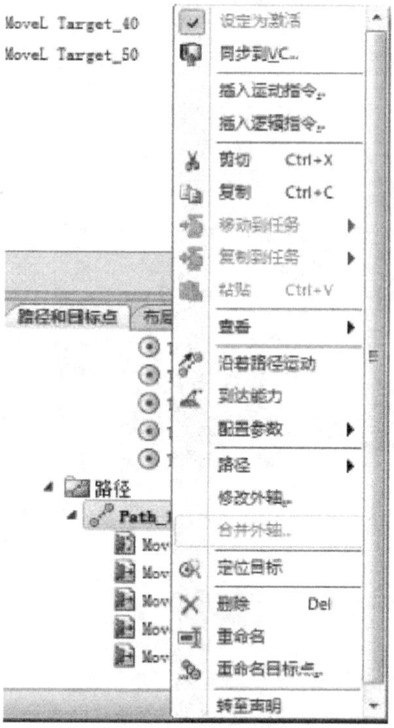

图 2-77　检查到达能力

图 2-78　可到达目标点

四、按工件坐标创建运行轨迹

按图 2-65 创建工件坐标系，在此坐标系下建立目标点和路径（见图 2-73 和图 2-76），配置并仿真测试。

【拓展练习】　仿真及录制视频

打开前述创建的两种运行轨迹（见图 2-76）文件，仿真机器人运动过程，并在“仿真”选项卡中利用“仿真录像”将仿真过程录制成视频。

项目三 工业机器人虚拟建模与仿真

任务一 Robot Studio 建模功能

【任务目标】

1. 会使用软件中的测量工具进行模型尺寸、位置测量
2. 会进行简易机械装置及其运动设置
3. 掌握工具创建及设置

【背景知识】

当使用 Robot Studio 软件进行机器人仿真时，如运动轨迹、节拍、到达能力等，如果对周边模型要求不是非常细致，可利用简单的等同实体的基本模型进行代替，从而节约仿真时间；如需精确描述模型，可采用 Catia、Pro/ENGINEER、Solidworks 等第三方建模软件创建精确模型，导入 Robot Studio 软件再建立工作站进行仿真。

【任务实施】

一、测量工具的使用

在建立模型及使用过程中，不可避免地需要进行物体尺寸、相互之间的间距等的测量。因此掌握和合理使用测量工具很有必要。

1. 测量两点之间的距离

在“建模”功能选项卡中，单击“固体”，分别选择“矩形体”“圆柱体”和“锥体”创建相应的模型，自行设置参数，或打开已建立的模型。单击选择相应的部件模型，选择“点到点”，单击捕捉末端，选择两个角点，即可测出之间的距离（见图 3-1）。

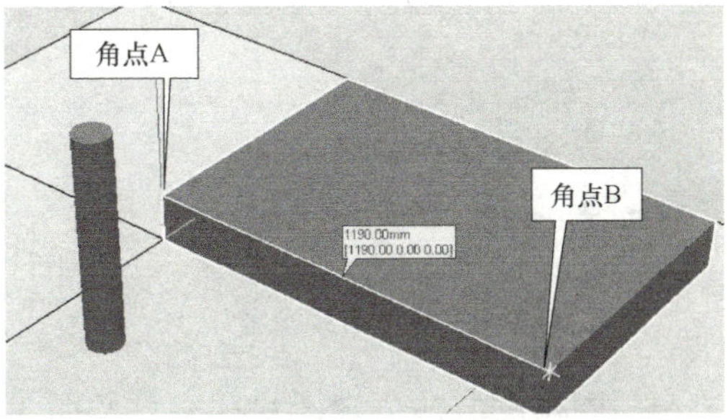

图 3-1 测量两点之间的距离

2. 测量椎体边线之间的角度

在“建模”功能选项卡中，单击角度测量，再单击“捕捉末端”，然后依次单击角点 A 和角点 B 获得边 AB，再单击 C 点获得边 AC，即可测得∠BAC 的角度值（见图 3-2）。

3. 测量圆柱体直径

在“建模”选项卡中单击“直径”，再单击“捕捉”工具条上的“捕捉边缘”，然后分别单击圆柱面边缘不同的三点 A、B、C，即可测得圆柱体直径（见图 3-3）。

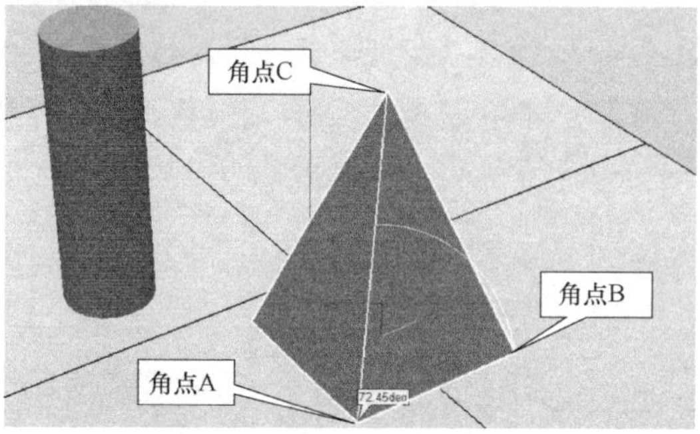

图 3-2　测量两边线之间的角度

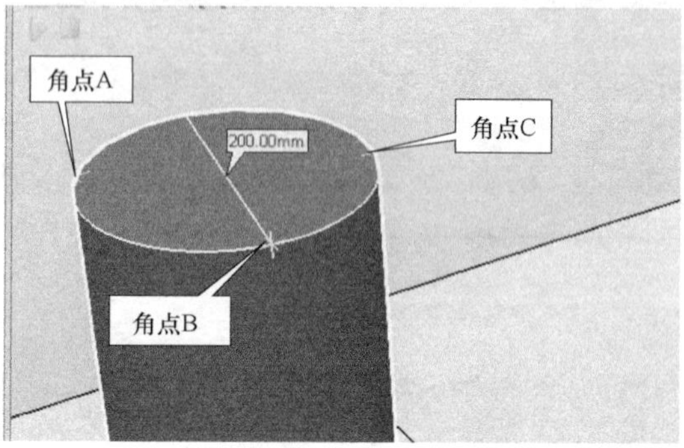

图 3-3　测量圆柱体直径

二、创建机械装置

在 Robot Studio 中，机械装置是指对具有一定机械结构和装配链接关系，能按照一定方式运动的机械装置的抽象或简化模型，能模拟实际机械装置部件间的相互运动。下面以“滑台-滑块”装置为例来讲解机械装置模型的创建。

创建一个新的空白工作站，在“建模”选项卡中，单击“固体”，选择“矩形体”，设置长、宽、高分别为 2000mm、500mm 和 100mm，角点及方向取默认值（见图 3-4），单击“创建”按钮，建立滑台模型。右击滑台模型，在弹出的快捷菜单中选择“设定颜色”，选择合适的颜色后单击“确定”按钮（见图 3-5）。

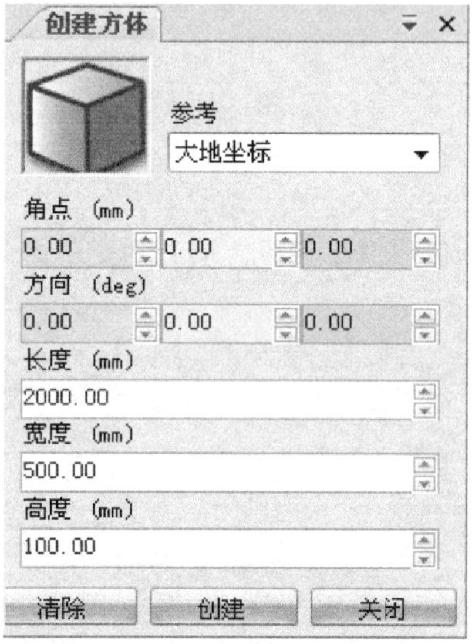

图 3-4　滑台参数设置

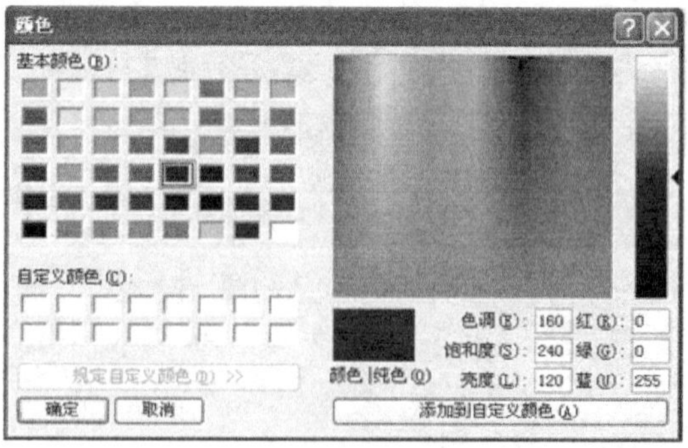

图 3-5　滑台颜色设置

利用同样的方法创建滑块模型，按图 3-6 进行参数设置，并设置合适的颜色。双击左侧下方“建模”窗口中的“部件_ 1”“部件_ 2”，或者右击这两个对象，在弹出的快捷菜单中选择“重命名”，将两个模型分别重命名为“滑台”和“滑块”（见图3-7）。完成后保存文件，保存的路径和文件名称最好使用英文字符，以便不同版本兼容。

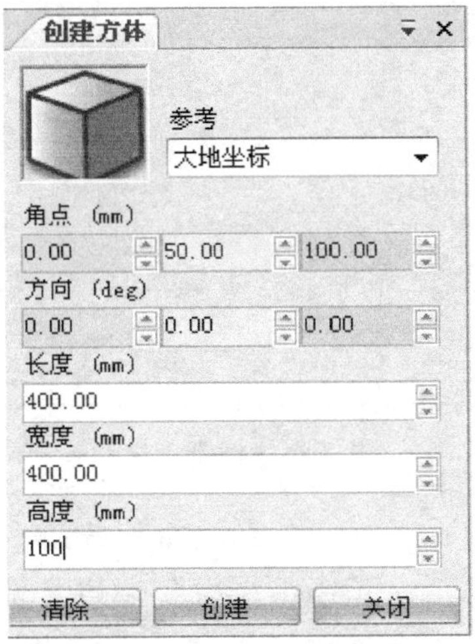

图3-6　滑块参数设置

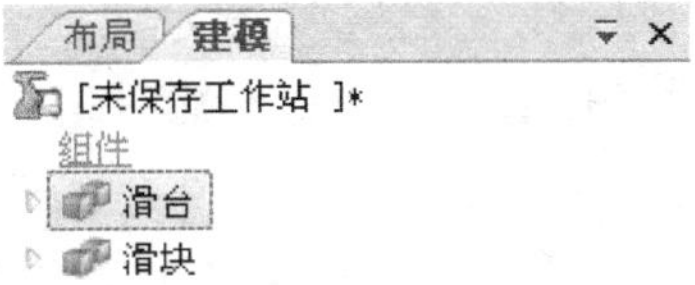

图3-7　重命名创建的模型

在“建模”选项卡中单击“创建机械装置”，双击“链接”，部件名称选择默认的“L1”，在所选部件中选择“滑台”，勾选“设置为BaseLink”，单击添加按钮将所选滑台部件添加到右侧框中，单击“应用”按钮（见图3-8）。

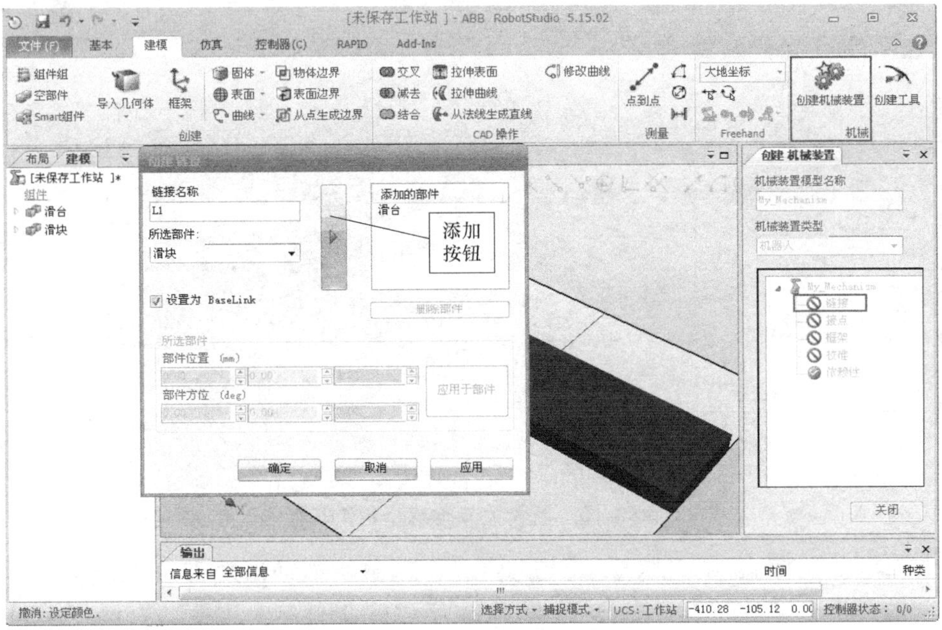

图3-8　设置滑台为机械基体

修改链接名称为“L2”，选择部件“滑块”，取消勾选“设置为BaseLink”，单击添加按钮将所选滑块部件添加到右侧框中，单击“确定”按钮，完成链接设置（见图3-9）。

单击“选择部件”和“捕捉末端”，双击右侧栏中的“接点”，在创建接点窗口的“关节类型”选项中选择“往复的”。接下来设置关节轴的位置：单击“关节轴”选项的“第一个位置”的第一个输入框，接着捕捉滑台的第一个角点 A，此时光标自动切换至“第二个位置”的第一个输入框（如果未自动切换至此，移动鼠标单击此处），捕捉滑台第二个角点 B。设定关节限值：最小限值 0mm，最大限值 1500mm，单击“确定”按钮（见图 3-10）。

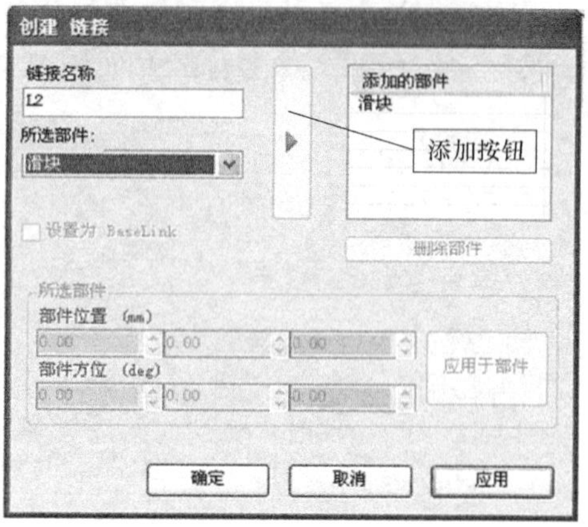

图 3-9 设置滑块模型为机械运动部件

将“机械装置类型”选为“设备”，单击“编译机械装置”按钮（见图 3-11），在弹出的对话框中单击“添加”按钮，添加滑台定位位置数据（见图 3-12），将滑块拖到 1500mm 的位置，单击“确定”按钮（见图3-13）。单击“设置转换时间”，设定滑块在两个位置之间的运动时间为 6s，完成后单击“确定”按钮。

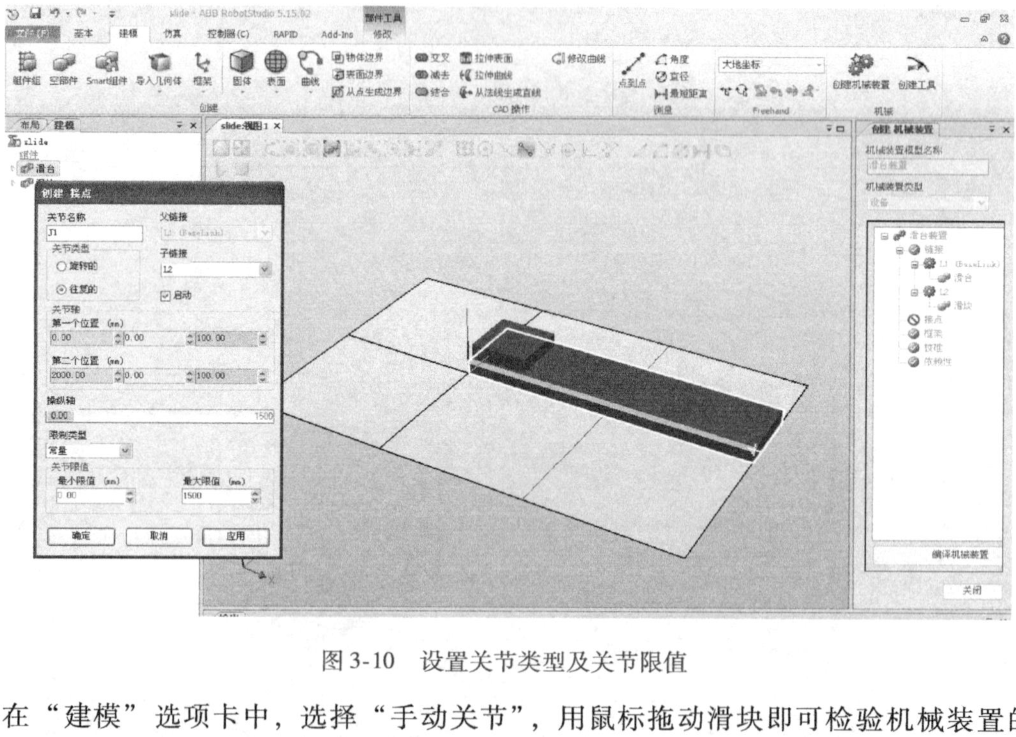

图 3-10 设置关节类型及关节限值

在“建模”选项卡中，选择“手动关节”，用鼠标拖动滑块即可检验机械装置的运动效果。在“滑台装置”上右击，选择“保存为库文件”，以便以后使用。可在“基本”功能选项卡中，单击“导入模型库”下拉菜单，选择“浏览库文件”来加载已保存的机械装置。

三、创建机器人工具

构建机器人工作站时，机器人法兰盘末端会安装用户自定义工具。自定义工具能够自动安装到机器人法兰盘末端并保证坐标方向一致，并且能够在工具的末端自动生成工具坐标系，从而避免工具方面的仿真误差。

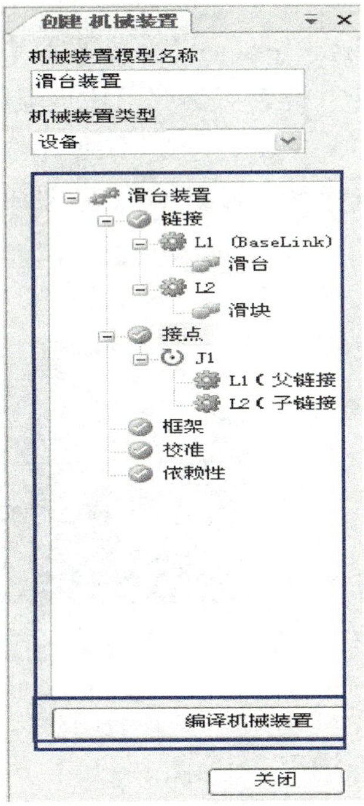

图 3-11　编译机械装置

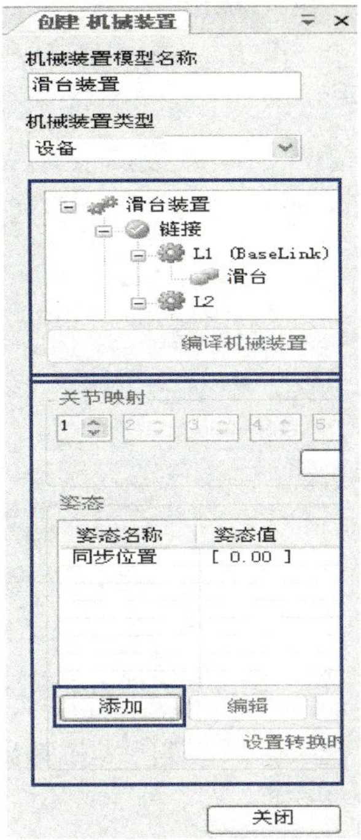

图 3-12　添加滑台定位位置数据

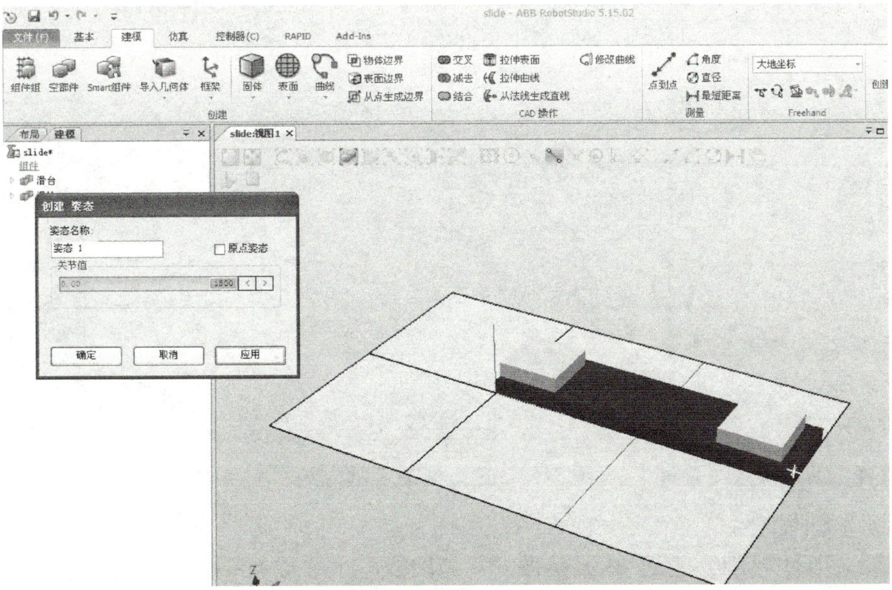

图 3-13　创建运动姿态

1. 创建工具坐标系框架

工具的安装原理：工具坐标系与本地坐标系、机器人法兰盘坐标系 Tool0 重合，工具末端的工具坐标系框架即作为机器人的工具坐标系。所以需要对工具模型做两步处理：首先在工具法兰端创建本地坐标系框架，然后在工具末端创建工具坐标系框架，使自建的工具具有与系统库默认的工具相同的属性。

新建一个工作站，添加随书资料中的工具模型“SpintecTool. sat”（或导入其他自制工具模型）。假设已完成工具法兰端本地框架创建，如未创建，读者可参照下述步骤自行创建。

单击“基本”或“建模”选项卡下的“框架”，选择“创建框架”（见图 3-14），捕捉工具“SpintecTool”的工具中心点（TCP）作为工具坐标系框架原点（见图 3-15），单击“创建”按钮。

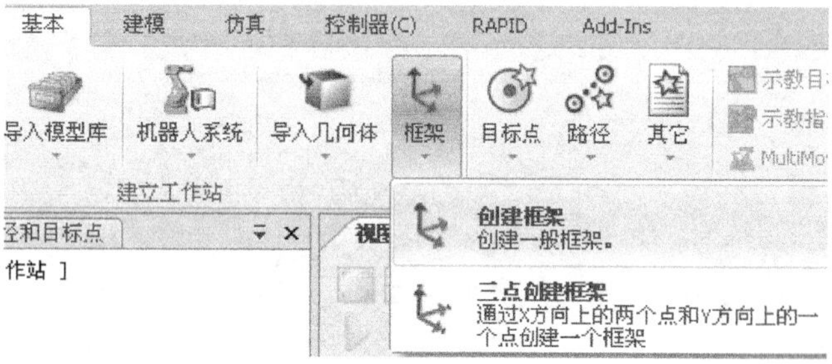

图 3-14　创建坐标系框架

图 3-15　工具中心点

选择“框架_ 1”右击，在弹出的快捷菜单中，选择“设定为表面的法线方向”（见图 3-16）。选择要设置的工件表面和“接近方向”，单击“应用”（见图 3-17），这里将框架 Z 轴设为工具端面的法线方向。完成后工具的正确姿态如图 3-18 所示。

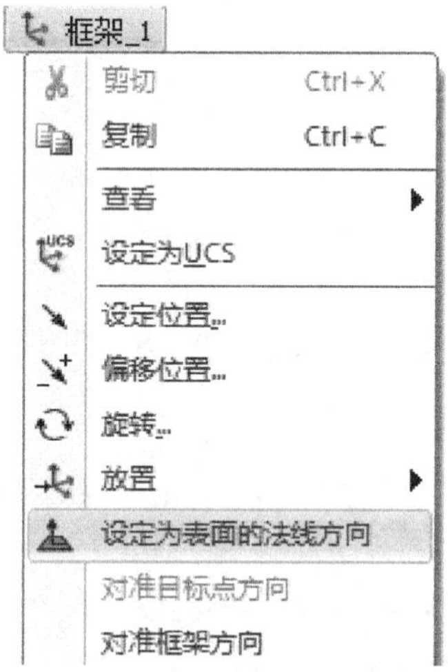

图 3-16　选择工具端面法线方向

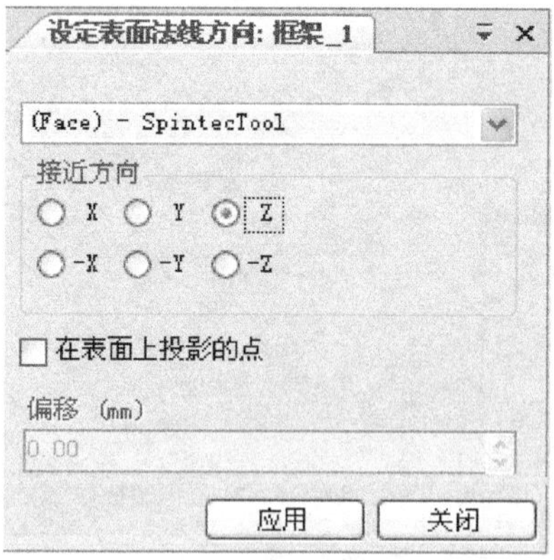

图 3-17　选择框架 Z 轴方向

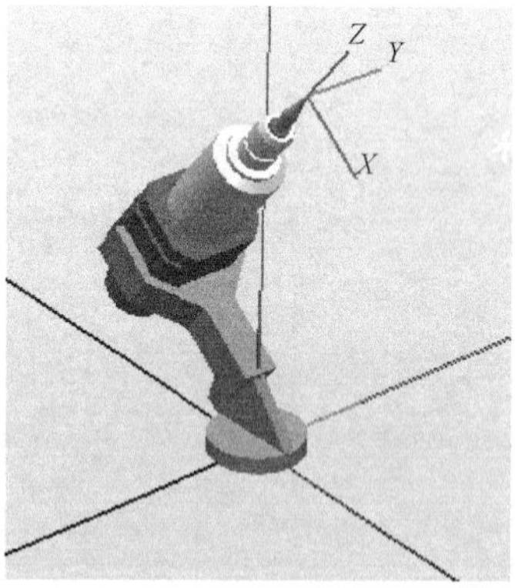

图 3-18　工具坐标框架

2. 移动坐标框架

在实际应用过程中，工具坐标系原点一般与工具末端有一段间距，例如焊枪中的焊丝伸出的距离，或者激光切割枪、涂胶枪需与加工表面保持一定距离等。针对此种情况，只需将此框架沿着其本身的 Z 轴正向移动一定距离就能够满足实际需求。移动框架坐标操作如下：

右击“布局”窗口中新建的“框架_ 1”，选择“设定位置”，修改工具任务框架（见

图3-19），将Z方向上升20mm（见图3-20），单击“应用”并确定（见图3-21）。

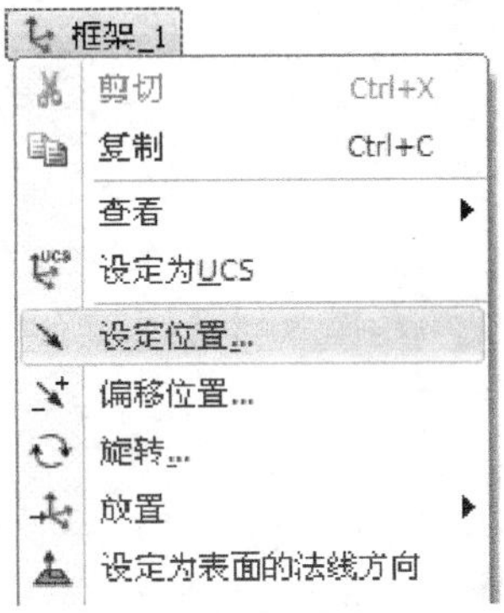

图3-19　设定位置

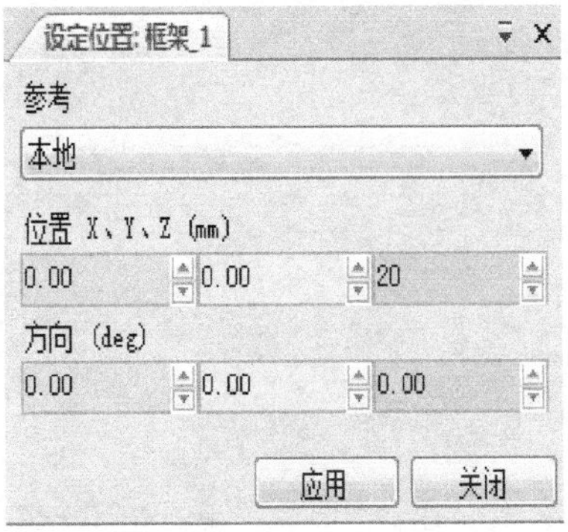

图3-20　位置参数

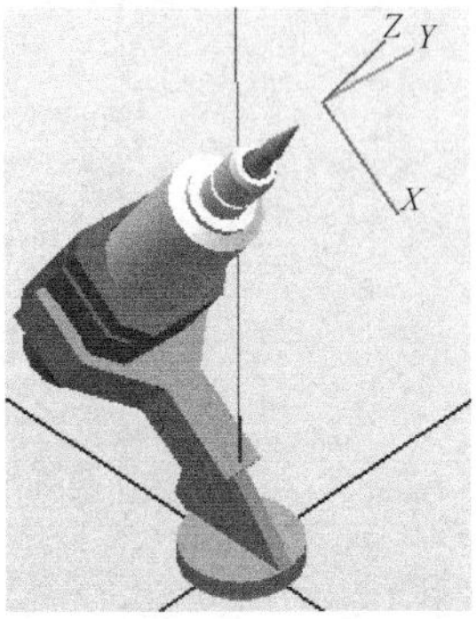

图3-21　偏移后的坐标框架

3. 创建工具

选择“建模”选项卡，单击“创建工具”（见图3-22）。点选“选取部件”和“捕捉重心”功能（见图3-23阴影部分）。修改“Tool名称”，勾选“使用已有的部件”，单击“重心”选项下第一个输入框，用鼠标对工具进行重心捕捉，其重心坐标将自动加入输入框。输入工具质量为3kg，（见图3-24），单击“下一个”按钮。

图3-22　创建工具

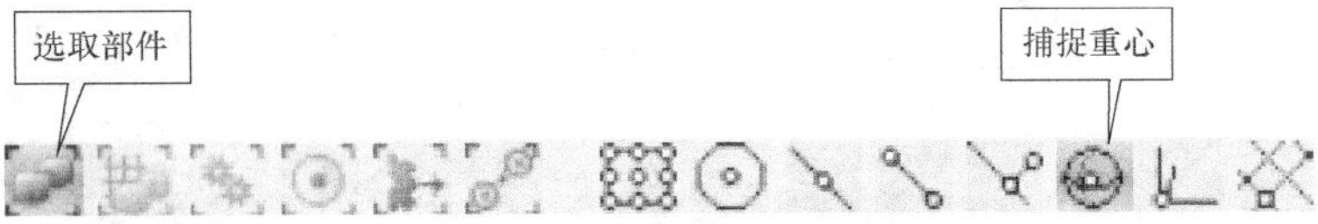

图3-23　捕捉工具选择

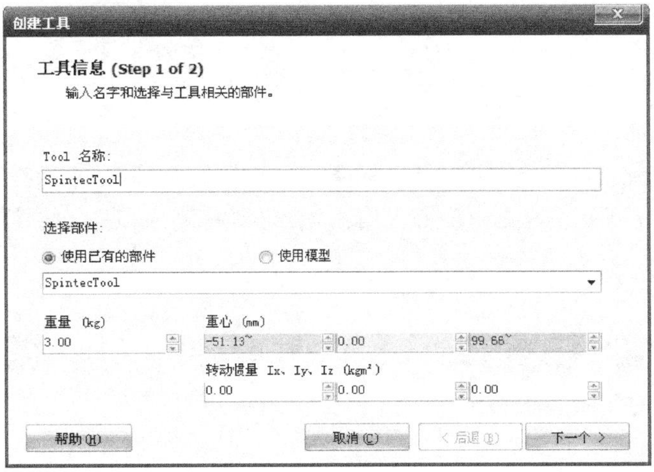

图3-24　工具参数设置

单击“数值来自目标点/框架”选项，然后选择前述建立的“框架_ 1”（左侧布局窗口处），单击导向键，将TCP（工具中心点）添加到右侧窗口，单击“完成”按钮（见图3-25）。

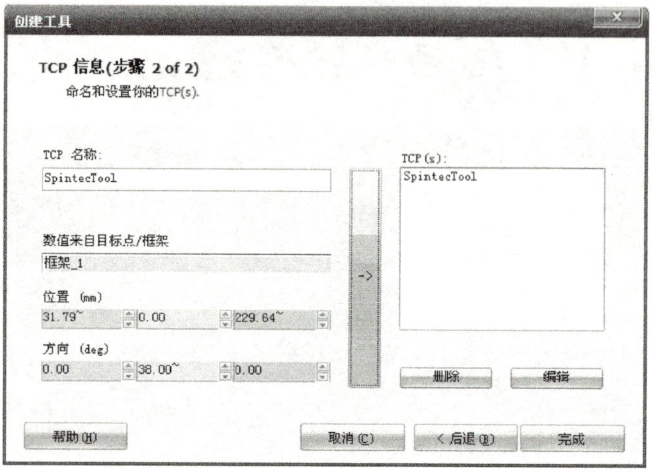

图 3-25　TCP 设置

右击此工具，在弹出的快捷菜单中选择“保存为库文件”（见图 3-26）。可将工具安装至机器人上（见图 3-27），验证所创建的工具的安装位置和姿态是否满足要求。

图 3-26　保存为库文件

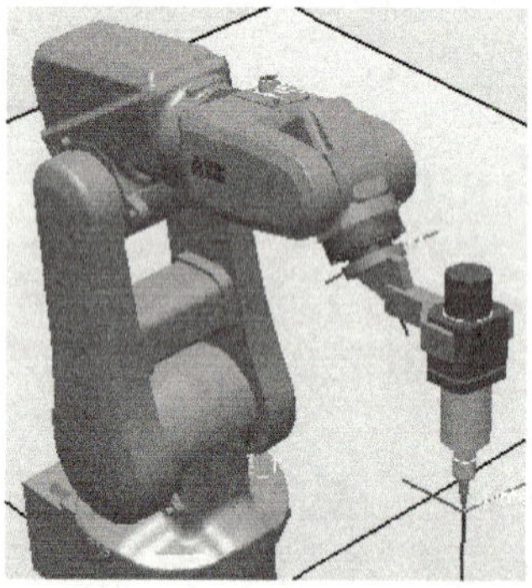

图 3-27　安装至机器人

假如一个工具上面创建了多个工具坐标系，可根据实际情况创建多个坐标系框架，然后在此视图中将所有的 TCP（工具中心点）依次添加到右侧窗口中。这样就完成了工具的创建过程。

任务二　Smart 组件应用

【任务目标】

1. 认知 Smart 组件
2. 认知 Smart 子对象组件功能
3. 掌握 Smart 组件机械装置及工具创建
4. 会使用 Smart 组件进行工作站逻辑设定

【背景知识】

Smart 组件是 Robot Studio 对象（以 3D 图像或不以 3D 图像表示），该组件动作可由代码或/和其他 Smart 组件控制执行。Smart 组件属性编辑器用来编辑 Smart 组件的动态属性值和 I/O 信号。默认情况下，属性编辑器作为工具窗口显示在界面左侧。利用编辑器可以在图形用户界面创建、编辑和组合 Smart 组件。编辑器包括图标、名称、对组件的描述（用户可以在文本框或组合框中键入文字编辑、描述）。Smart 组件编辑器由“组成”“属性与连接”“信号和连接”及“设计”四个选项卡组成。

Smart 子对象组件表示在自动工业中使用的整套的基本搭建组件，可以被用来组成执行更复杂动作的用户定义的 Smart 组件。Smart 子对象组件包括：“信号与属性”子对象组件、“参数与建模”子对象组件、“传感器”子对象组件、“动作”子对象组件、“本体”子对象组件及“其它”子对象组件。

一、“信号与属性”子对象组件

用于数字信号的逻辑运算与控制，包括：

LogicGate：逻辑门，输入信号的 AND、OR、XOR、NOT、NOP 逻辑运算，结果赋值给 Output。

LogicExpress：利用逻辑表达式进行逻辑运算并输出。

LogicMux：多路信号选择，输出选择的输入信号值。

LogicSplit：根据输入信号，产生高、低电平信号及脉冲输出。

LogicSRLatch：置位/复位信号，带锁定功能。

Converter：在属性值和信号之间转换。

VectorConvertor：在三维矢量与三维坐标之间转换。

Expression：数学表达式，包括数字字符（包括 PI）、圆括号、数学运算符 s、+、-、*、/、^（幂）和数学函数 sin、cos、sqrt、atan、abs。任何其它字符串均被视作变量，作为添加的附加信息。

Comparer：比较运算。

Conter：计数器。

Repeater：脉冲输出信号的次数。

Timer：定时器，在指定间隔距离脉冲输出一个数字输出信号。

StopWatch：测量仿真累计时间。触发 Lap 输入信号开始新的循环，LapTime 显示当前单圈循环的时间。当 Active 设为 1 时开始计时。当设置 Reset 输入信号时，时间将被重设。

二、“参数与建模”子对象组件

ParametricBox：生成一个指定长度、宽度和高度尺寸的盒形固体。

ParametricCircle：根据给定的半径创建一个圆。

ParametricCylinder：根据给定的半径和高度创建一个圆柱体。

ParametricLine：根据给定端点和长度生成线段。如果端点或长度发生变化，生成的线段将随之更新。

LinearExtrusion：沿着指定的方向拉伸面或线段。

CircularRepeater：根据给定的角度沿 Smart 组件的中心创建一定数量的源对象的复制品。

LinearRepeater：通过 Offset 给定的间隔和方向创建一定数量的源对象的复制品。

MatrixRepeater：在三维环境中以指定的位置创建指定数量的源对象的复制品。

三、“传感器”子对象组件

CollisionSensor：碰撞传感器，检测第一个对象和第二个对象间的碰撞和接近丢失。如果其中一个对象没有指定，将检测另外一个对象在整个工作站中的碰撞。

LineSensor：线传感器，通过起始点、结束点和半径定义一条线段。当 Active 信号为 high 时，sensor 将检测与该线段相交的对象。

PlaneSensor：面传感器，通过原点、Axis1 和 Axis2 定义一个平面。当设置了 Active input signal 时，将检测与平面相交的对象。

PositionSensor：位置传感器，监视对象的位置和方向。

VolumeSensor：体传感器，检测全部或部分位于某长方体区域内的对象。长方体检测区域用角点、边长、边高、边宽和方位角定义。

ClosestObject：定义了一个参考对象或参考点。当 Execute 信号被设置时，组件找到 ClosestObject、ClosestPart 和相对于参考对象或参考点（未定义参考对象）的距离。如果定义了 RootObject，则查找的范围就被限制在对象和其同源的对象。

四、“动作”子对象组件

Attacher：在 Execute 信号被设置时，将子对象安装到父对象上。如果父对象为机械装置，必须同时指定安装法兰。当 Execute 输入信号被设置时，子对象安装至父对象。如果选中 Mount，则使用指定的偏移和方向装配子对象。当完成时 Executed 输出信号被设置。

Detacher：当设置 Execute 信号时，将子对象从父对象上拆除。如果选中了 Keep Position，则保留子对象的位置。当完成时，将设置 Executed 信号。

Source：其属性表示当收到 Executed 输入信号时对象应被复制。复制的父对象通过 Parent 属性定义，而 Copy 属性定义了复制对象。输出信号 Executed 表示复制完成。

Sink：移除 Object 属性定义的对象。当收到 Execute 信号时开始删除。当删除完成时设置 Executed 输出信号。

Show：当设置 Execute 信号时，将显示对象。当完成时，将设置 Executed 信号。

Hide：当设置 Execute 信号时，将隐藏对象。当完成时，将设置 Executed 信号。

五、“本体”子对象组件

LinearMover：在参考坐标或参考对象中以指定的速度在指定的方向上移动对象。当设置 Execute 信号时，开始移动，停止时重设 Execute。

Rotator：在指定的参考坐标中以指定的速度旋转对象。旋转轴通过中心点和轴进行定义。当 Execute 输入信号设置时开始旋转，重设时停止旋转。

Positioner：包含对象位置和方向等属性。当设置 Execute 输入信号时，开始将对象向给定位置移动。当完成时设置 Executed 输出信号。

PoseMover：包含机械装置、姿态和持续时间等属性。当设置 Execute 输入信号时，机械装置移向给定位姿。当达到给定位姿时，设置 Executed 输出信号。

JointMover：包含机械装置的关节值和执行时间等属性。当设置 Execute 信号时，机械装置的关节向给定的位姿移动。当达到位姿时，将设置 Executed 输出信号。使用 GetCurrent 信号可以重新找回机械装置当前的关节值。

六、“其它”子对象组件

GetParent：返回输入对象的父对象，找到父对象时触发“已执行”信号。

GraphicSwitch：通过单击图形中的可见部件或设置重置输入信号在两个部件之间转换。

Highlighter：临时将所选对象显示为定义了 RGB 值的高亮色彩。高亮色彩混合了对象的原始色彩，通过 Opacity 进行定义。当信号 Active 被重设时，对象恢复原始颜色。

Logger：打印输出窗口的信息。

MoveToViewPoint：当设置输入信号 Execute 时，在指定时间内移动到选中的视角。当操作完成时，设置输出信号 Executed。

ObjectComparer：比较 ObjectA 是否与 ObjectB 相同。

Queue：表示先进先出队列。当信号 Enqueue 被设置时，在 Back 中的对象将被添加到队列。队列前端对象将显示在 Front 中。当设置 Dequeue 信号时，Front 对象将从队列中移除。如果队列中有多个对象，下一个对象将显示在前端。当设置 Clear 信号时，队列中所有对象将被删除。

SoundPlayer：当输入信号被设置时，播放使用 SoundAsset 指定的声音文件，必须为 . wav 文件。

StopSimulation：当设置了输入信号 Execute 时停止仿真。

Random：当 Execute 被触发时，生成最大、最小值间的任意值。

【任务实施】

利用 Smart 组件进行产品传送链动态效果仿真：传送链前端自动生成产品、随传送链运动、检测到达末端后停止运动、产品被运走，重复进行。

一、用 Smart 组件创建动态传送链

1. 设定传送链产品源

找到“我的文档 \ RobotStudio \ Stations”，将随书资料中的文件“SC _ Practise Original. rspag”拷入其中，并解压缩该文件（见图 3-28），另存为工作站文件“SC _ Practise. rsstn”。图中左侧“布局”窗口中所列的各组件及装置说明如下：IRB460 为所选 ABB 机器人工作站，tGripper 为取件工具，Aroundings 为周边围挡，InFeeder 为传送链，Pallet_ L 为左垛板，Pallet_ R 为右垛板，Product_ Source 为产品源，Product_ Teach 为用于示教的产品，RobotFoot 为机器人底座。

在“建模”选项卡中单击“Smart 组件”，将其重命名为“SC_ InFeeder”（见图 3-29）。

单击“添加组件”，选择“动作”列表中的“Source”进行 Source 组件设置。在左侧“属性 Source”选项卡中的“Source”栏单击下拉列表箭头（见图 3-30），选择“Product_ Source”组件，单击“应用”按钮完成设置。子对象组件“Source”用于设置产品源，每当触发一次 Source 执行，都会自动生产一个产品源的复制品。此处将待码垛的产品设置为产品源。

2. 设定传送链的运动属性

单击“添加组件”，选择“其它”列表中的“Queue”（见图 3-31）。子对象组件 Queue 可以将同类型物体作队列处理，此处暂不对其属性进行设置。

单击“添加组件”，选择“本体”列表中的“LinearMover”，在其“属性：LinearMover”

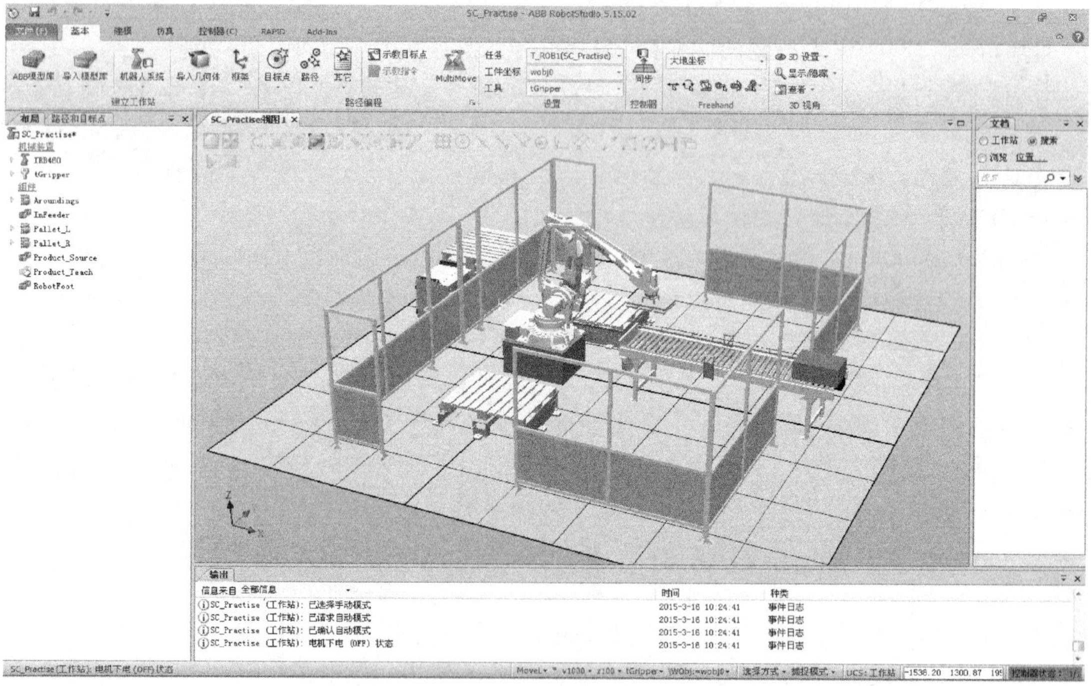

图 3-28　传送链工作站

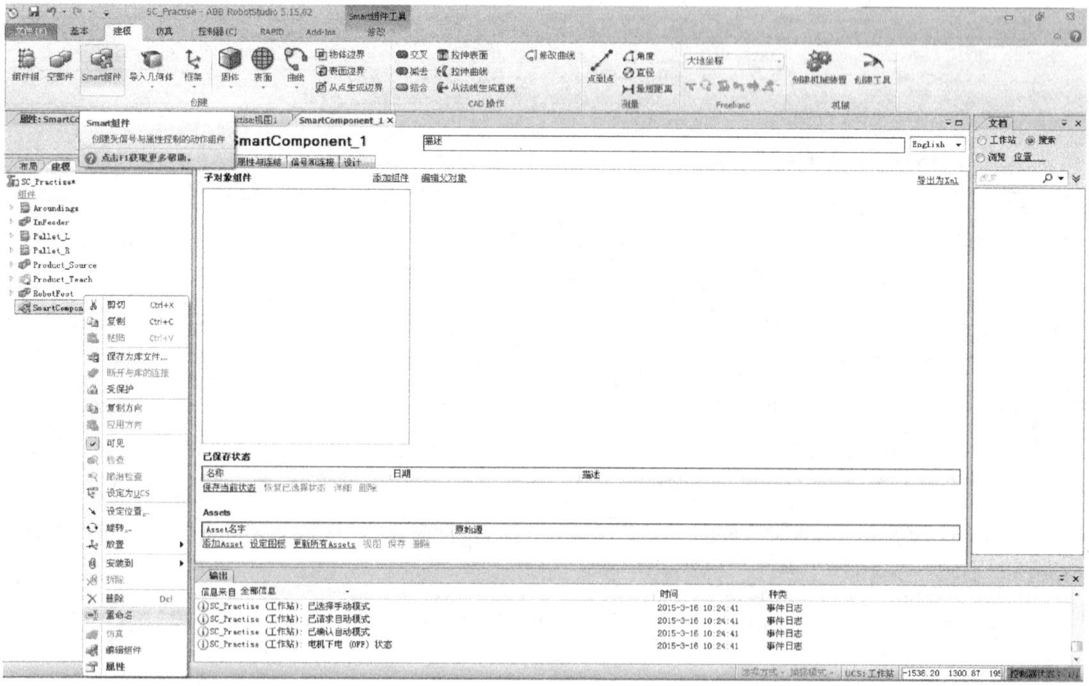

图 3-29　添加 Smart 组件

选项卡中进行如下设置："Object" 栏选为 "SC_ InFeeder/Queue"，"Direction" 中第一项数值设为 -1000，"Speed" 设为 300，"Execute" 设为 1，单击"应用"按钮（见图 3-32）。

子对象组件 LinearMover 设定运动属性，其属性包含指定运动物体、运动方向、运动速度、参考坐标系等，此处将之前设定的 Queue 设为运动物体，运动方向为大地坐标的 X 轴负方向 -1000mm，速度为 300mm/s，Execute 设为 1，使该运动一直处于执行状态。

3. 设置传送链限位传感器

在传送链的末端挡板处设置面传感器，用于检测产品运动位置及逻辑控制。其设定方法为捕捉一个点作为面的原点 A，然后设定基于 A 点的两个延伸轴的方向及长度，从而构成一个面。具体步骤如下：

单击“添加组件”，选择“传感器”列表中的“PlaneSensor”，添加一个面传感器。

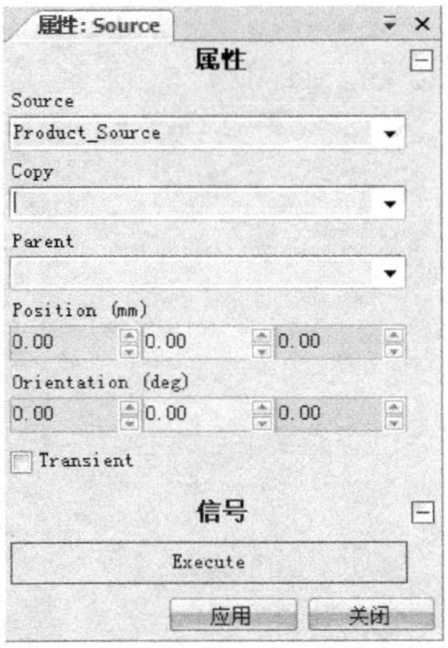

图 3-30　Source 组件设置

选择“选择部件”及“捕捉末端”，在“属性：PlaneSensor”选项卡上，单击“Origion”输入框，捕捉传输末端边侧端点作为原点 A，单击“Axis1”输入框，分别输入 0、0、100，在“Axis2”输入框中，分别输入 0、680、0，完成后单击“应用”按钮（见图 3-33），图中会显示一个白色线框表示创建的面传感器。

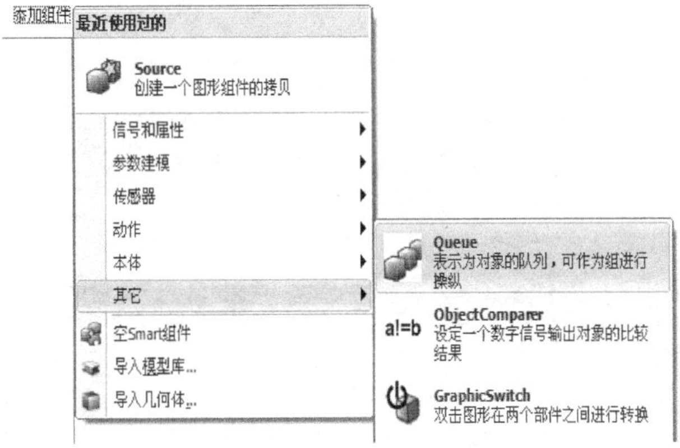

图 3-31　添加 Queue 组件

图 3-32　LinearMover 组件设置

虚拟传感器一次只能检测一个物体，所以这里需要保证所创建的传感器不能与周边设备接触，否则无法检测运动到传送链末端的产品。可以在创建时避开周边设备，也可将可能与该传感器接触的周边设备的属性设为“不可由传感器检测”。

为防止传送链“InFeeder”影响传感器的检测，可将其设为“不可由传感器检测”：在“建模”或“布局”窗口中右击“InFeeder”，单击取消勾选“可由传感器检测”。

为方便处理传送链，将“InFeeder”也放到 Smart 组件中：用左键点住“InFeeder”不松开，将其拖放至“SC_ InFeeder”处再松开。

单击“添加组件”，选择“信号与属性”列表中的“LogicGate”，在逻辑门的属性选项卡“属性：LogicGate”中将“Operator”栏设为“NOT”，单击“应用”按钮（见图 3-34）。

在 Smart 组件应用中只有信号发生 0→1 的变化时，才可以触发事件。当希望信号反向变化（1→0）时触发事件，则需要用到逻辑“非”门。

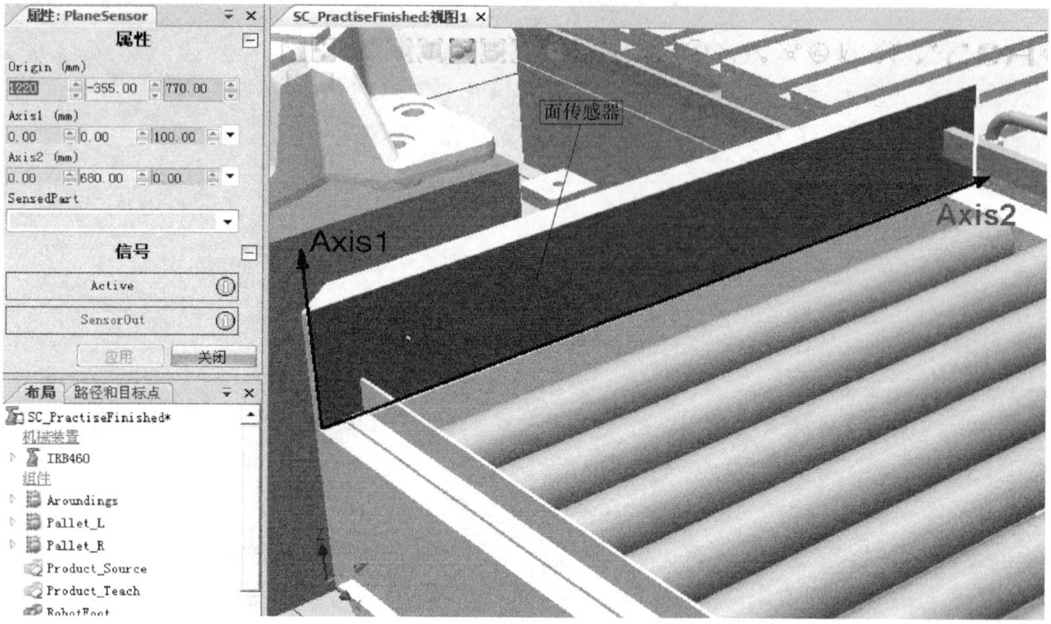

图 3-33　添加限位面传感器

4. 创建属性连结

属性连结是指各 Smart 子对象组件的某项属性之间的连结，例如组件 A 中的某项属性 a1 与组件 B 中的某项属性 b1 建立属性连结，则当 a1 发生变化时，b1 也会随着一起变化。

进入“属性与连结”选项卡，单击“添加连结”，按图 3-35 进行属性连结设置，完成后单击“确定”按钮。

图 3-34　添加逻辑非门

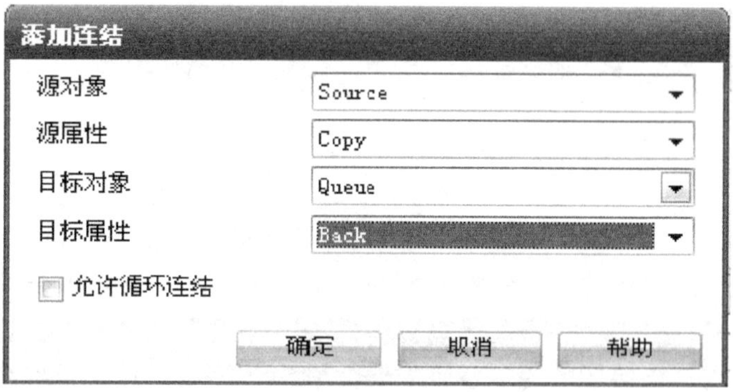

图 3-35　Source 组件入队列操作

“Source”栏设置为“Copy”表示产品源的复制品，“Queue”栏设置为“Back”表示下一个将要加入队列的产品，将被放置于队列尾端。通过属性连结，可实现任务中的产品源产生一个复制品，执行加入队列动作后，该复制品会自动加入到队列“Queue”中，从而随队列进行线性运动；当退出队列时，复制品则停止线性运动。

5. 创建 I/O 信号和连接

此处的 I/O 信号是指在虚拟工作站中自行创建的数字信号，用于与各 Smart 子对象组件进行信号交互。I/O 信号连接是将创建的 I/O 信号与 Smart 子对象组件建立关联，用于子对象组件动作控制。操作步骤如下：

进入“信号和连接”选项卡，单击“添加 I/O Signals”，添加一个数字信号“diStart”，完成如图 3-36 所示的设置后，单击“确定”按钮。再创建一个数字信号“doBoxInPos”，按图 3-37 设置，单击“确定”按钮。

图 3-36　添加数字输入信号 diStart

图 3-37　添加数字输出信号 doBoxInPos

建立 I/O 连接：单击“添加 I/O Connection”，将 diStart 连接目标对象 Source，去触发 Source 组件执行动作，使之自动产生复制品（见图 3-38）。让产品源复制品完成信号触发 Queue 的加入队列动作，使产生的复制品自动加入队列 Queue：单击“添加 I/O Connection”，设置结果如图 3-39 所示。

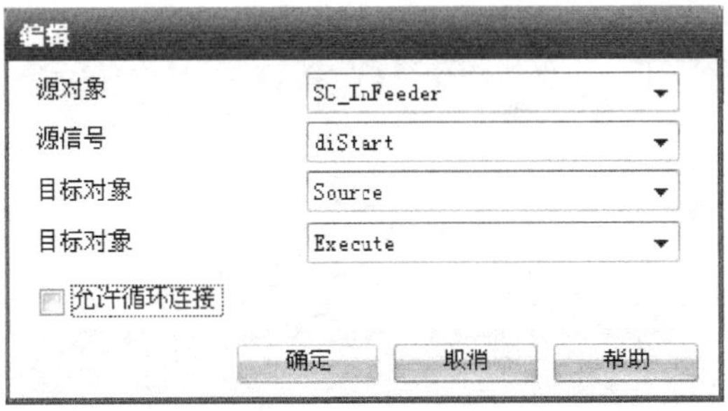

图 3-38　将 diStart 连接至 Source

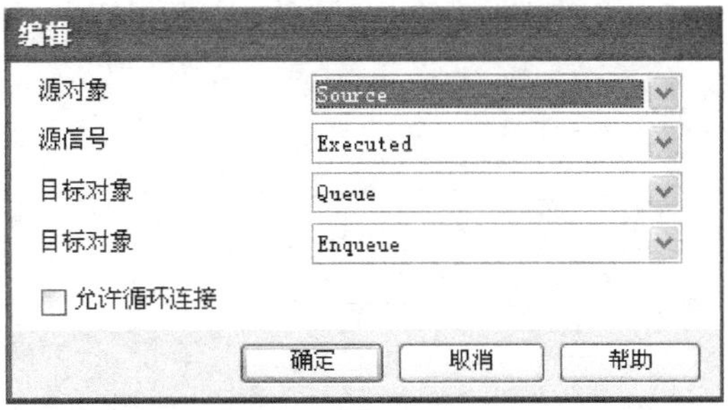

图 3-39　产品源复制动作触发入队列动作

当复制品与传送链末端的传感器发生接触后，传感器将其本身的输出信号 SensorOut 置 1（检测到产品到位），利用此信号触发 Queue 的退出队列动作，则队列里面的复制品自动退出队列（见图 3-40）；同时，将 doBoxInPos 置 1，表示产品已到位（见图 3-41）。

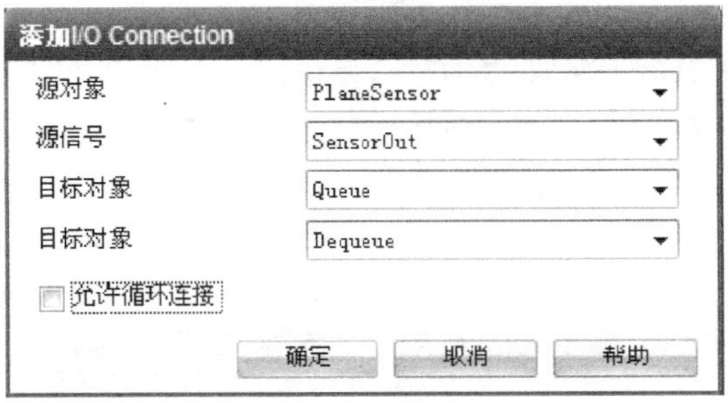

图 3-40　产品到位触发退队列动作

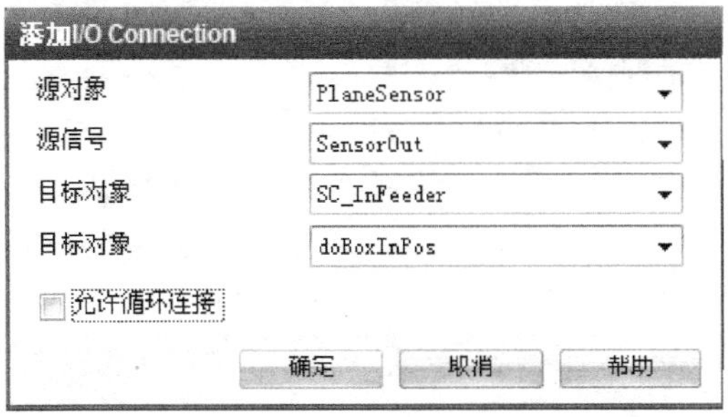

图 3-41　产品到位信号置位 doBoxInPos

将面传感器输出信号与非门进行连接，使输出信号取反（见图 3-42）；非门信号触发 Source 产生一个复制品。于是，当传感器信号从 1→0 时（即传送链末端产品被取走退出队列时），产生下一个复制品（见图 3-43）。

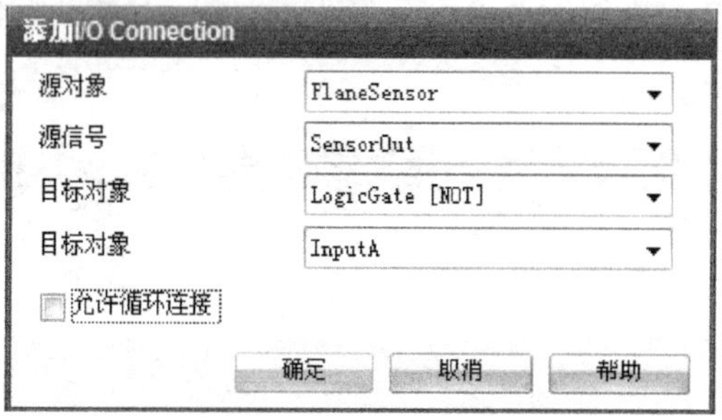

图 3-42　传感器输出信号取反

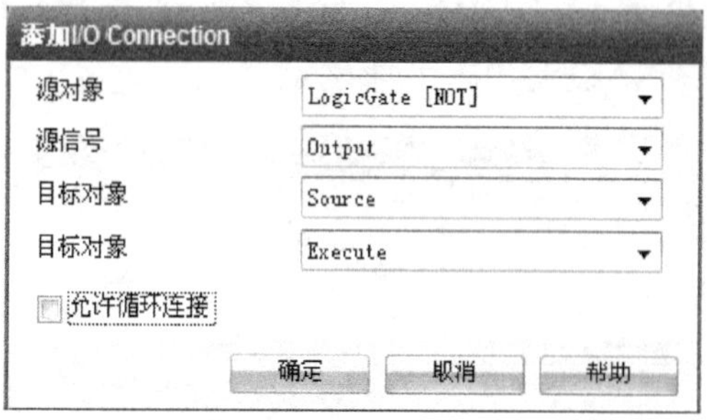

图 3-43　到位产品取走产生下一个复制品

所有连接设置完成后，可切换至“设计”选项卡查看信号连接关系，如图 3-44 所示。

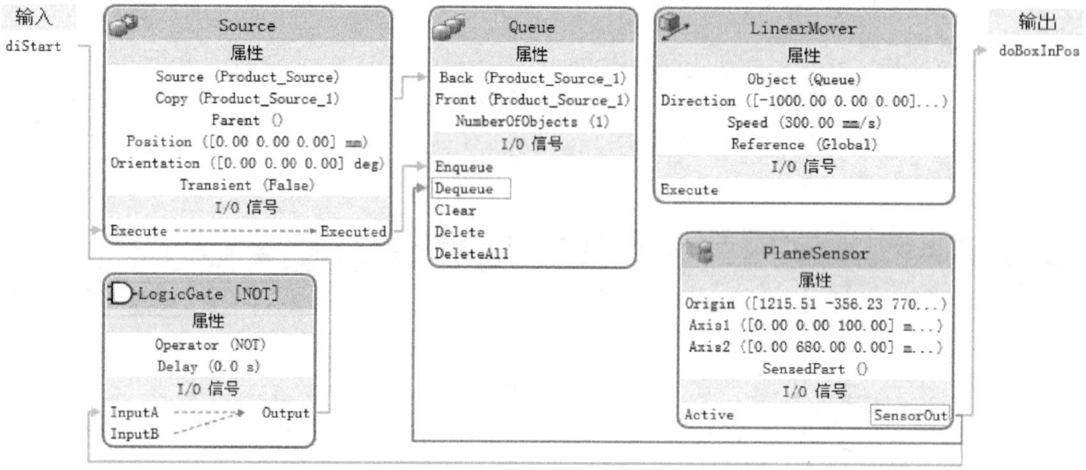

图 3-44　传送链 Smart 组件信号连接关系

信号连接后，系统事件的触发与工作过程如下：

diStart 信号触发“Source”组件执行（Execute）复制动作，产生一个 Product_Source 的复制品。当复制动作完成（Executed）时，触发队列 Queue 执行进队列动作（Enqueue），将该复制品加入队列尾部（通过前述属性连结设置），并随队列做线性运动。

当复制品运动到面传感器位置处时，被传感器检测到，传感器输出信号 SensorOut 从 0 变为 1，触发队列 Queue 执行出队列动作（Dequeue），并产生输出信号 doBoxInPos，告知产品已到指定位置，机器人控制器可通过此信号进行下一步动作。

当手动移走到位产品时，传感器输出信号 SensorOut 从 1 变为 0，不触发任何动作。但此信号经过非门与“Source”组件的“Execute”连接，因而产品离开检测位置同样能触发“Source”组件执行（Execute）复制动作，产生下一个 Product_Source 的复制品，从而循环上述动作。

6. 仿真运行

利用仿真运行，检验设定的动画效果。

选择“仿真”选项卡，单击“I/O 仿真器”，选择“SC_InFeeder”，单击“播放”按钮 ，单击 diStart（仅一次，以防出错），复制品运动到传送链末端，限位面传感器检测到接触后停止。

接下来，切换到“基本”选项卡，利用手动移动工具  将末端复制品移走，使其与面传感器不接触，则传送链前端会自动再次产生一个复制品，进入下一次循环。验证结束后，保留产品源 Product_Source（不要误删该项），同时删除其复制品（Product_Source_1、Product_Source_2 等）。

为避免仿真中不停地产生大量复制品而导致运行不流畅，以及完成后手动删除等问题，可重新编辑组件 Source 的属性，将其设置成临时复制品（勾选“Transient”，单击“应用”按钮，如图 3-45 所示），仿真结束后，所生成的复制品自动消失。确定无误后保存文件。

二、用 Smart 组件创建动态夹具

在上述操作的基础上进行夹具动态效果创建，包括在传送链末端拾取产品、搬运产品至垛板、释放产品至垛板、置位/复位垛板空反馈信号。

1. 设定夹具属性

打开前述文件 SC_Practise. rsstn，在“建模”选项卡上单击“Smart 组件”，右击将其重命名为“SC_Gripper”。

将 tGripper 从机器人末端拆除下来，以便独立处理。右击“布局”窗口中的“tGripper”，选择“拆除”，在弹出的“更新位置”对话框中单击“否”，保持当前位置。将“tGripper”添加到 Smart 组件“SC_Gripper”中。在组件编辑器窗口的“组成”选项卡中，右击“tGripper”，勾选“设定为 Role”（见图 3-46）。用左键点住“SC_Gripper”，将其拖至机器人“IRB460”上松开，将 Smart 工具安装到机器人末端。在弹出的“更新位置”对话框中单击“否”，不更新 SC_Gripper 位置，在“toolData 已存在”对话框中单击“是”，替换掉原有的工具数据。

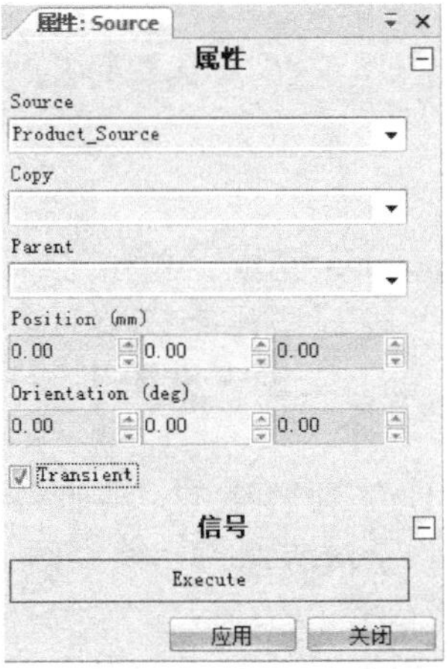

图 3-45　将复制品设为“暂时性”

图 3-46　设定夹具属性

上述操作目的是将 Smart 夹具 SC_Gripper 当作机器人的夹具。夹具 tGripper 包含一个工具坐标系，将其设为“Role”，则 SC_Gripper 继承了工具坐标系属性，可完全当作机器人的工具来处理。

2. 设定线传感器

单击“添加组件”，在组件编辑器窗口的“组成”选项卡中，选择“传感器”列表中的“LineSensor”。在“属性：LineSensor”选项卡中设定线传感器的始末端“Start”和“End”：选择合适的捕捉方式，单击 Start 栏第一个输入框，捕捉夹具底面中心点（见图 3-47）。在当前工具姿态下，终点 End 只是相对于始点 Start 在大地坐标系 Z 轴负向偏移一定的距离，所以可参考 Start 点直接输入 End 点坐标值（见图 3-48）。在左侧“布局”或“建模”选项卡中右击添加的线传感器，选择“安装到”→“tGripper”，将传感器安装于夹具 tGripper 上，使之随夹具运动。

虚拟传感器的使用有一项限制，即当物体与传感器接触部分完全覆盖了整个传感器时，传感器不能检测到与之接触的物体。因此，要想准确检测到物体，必须保证在接触时传感器的一部分在物体的内部，一部分在物体的外部。为了避免吸盘在拾取产品时该线传感器完全浸入产品内部，人为将起始点 Start 的 Z 值增大，保证拾取时该传感器满足上述要求，能够准确检测到产品，具体设置为 Start 和 End 的 X、Y 值不变，Z 值从 1327.89mm 适当加大至 1350mm，并设置传感器半径 Radius 为 3mm，Active 设为 0，暂时关闭传感器检测（见图 3-49）。

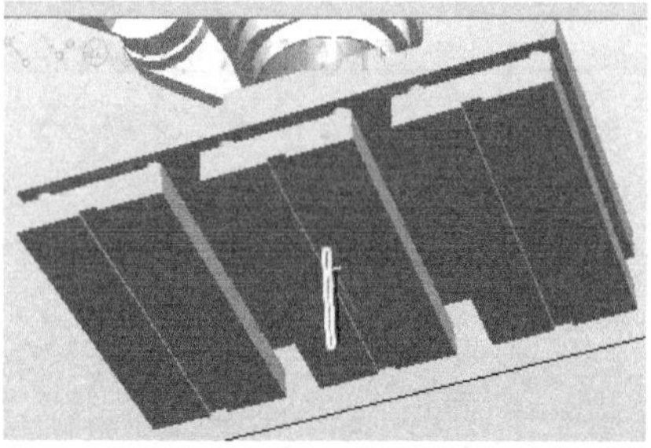

图 3-47　捕捉夹具底面中心点

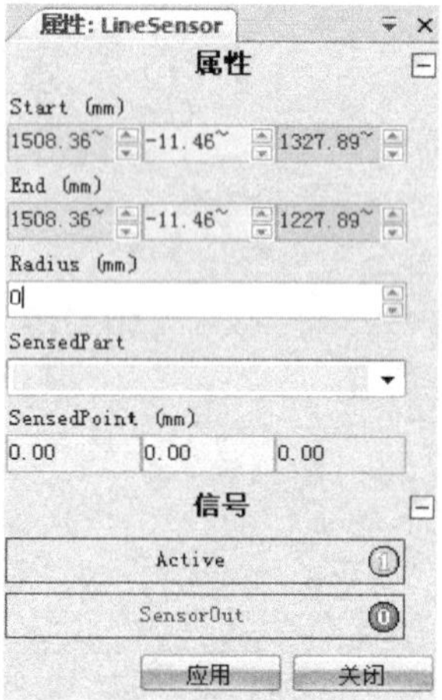

图 3-48　传感器始末端坐标

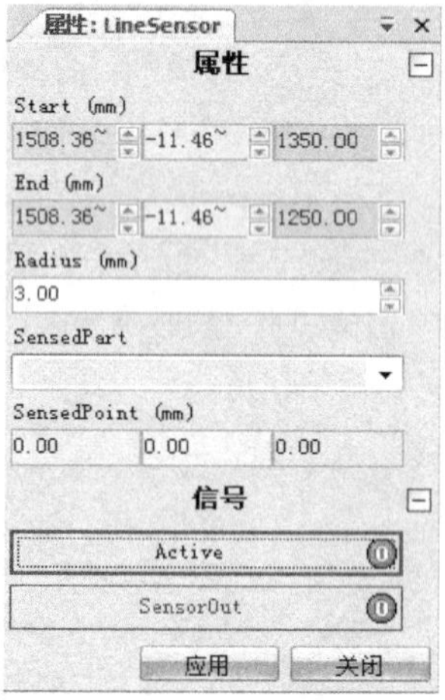

图 3-49　加大始末端坐标 Z 值

最后，将工具设为“不可由传感器检测”，以免发生干涉。

3. 设定拾取、释放动作

首先设定拾取动作效果，使用“动作”子对象组件中的 Attacher 完成：单击“添加组件”，选择“动作”列表中的“Attacher”，在“属性：Attacher”窗口中设定安装对象的父对象（Parent）为 Smart 工具组件 SC_Gripper，子对象（Child）暂不设定（见图 3-50），单击“应用”按钮完成设定。

接下来设定释放动作效果：单击“添加组件”，选择“动作”列表中的“Dettacher”，在“属性：Detacher”窗口中勾选“KeepPosition”，确保释放后，子对象保持当前空间位置，子对象暂不设定（见图 3-51）。

上述设置过程中，拾取动作 Attacher 和释放动作 Detacher 的子对象暂时未作设定，是因为本任务中处理的工件不是同一个产品，而是产品源生成的各个复制品，无法在此处指定，需要在“属性与连结”里设置此项属性的关联。

按步骤一（用 Smart 组件创建动态传送链）中的方法创建一个非门。单击“添加组件”，选择“信号和属性”列表中的“LogicSRLatch”，添加一个置位/复位子对象组件（见图 3-52）。

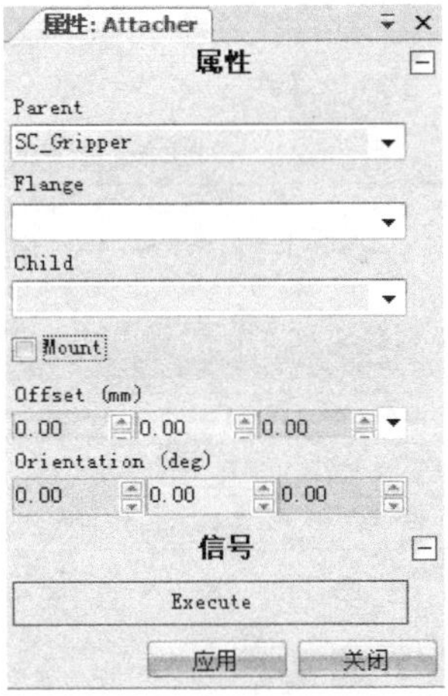

图 3-50　设置拾取动作

图 3-51　设置释放动作

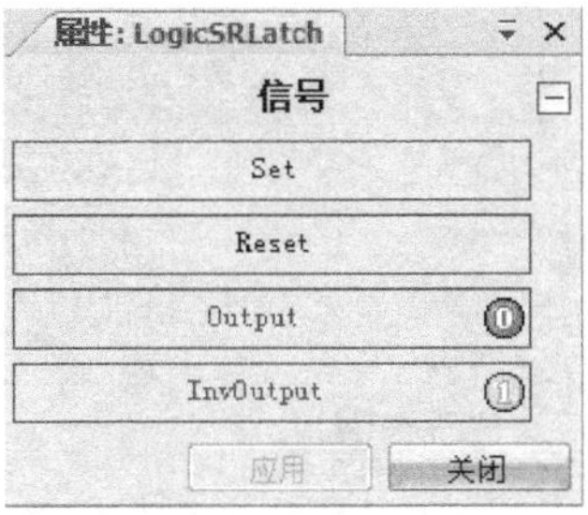

图 3-52　添加置位/复位组件

4. 创建属性连结

创建属性连结，就是将工具拾取和释放动作的操作对象设定为线传感器检测到的物体。在“属性与连结”选项卡中单击“添加连结”，按图 3-53 设置，单击“确定”按钮。单击“添加连结”，按图 3-54 设置，单击“确定”按钮。

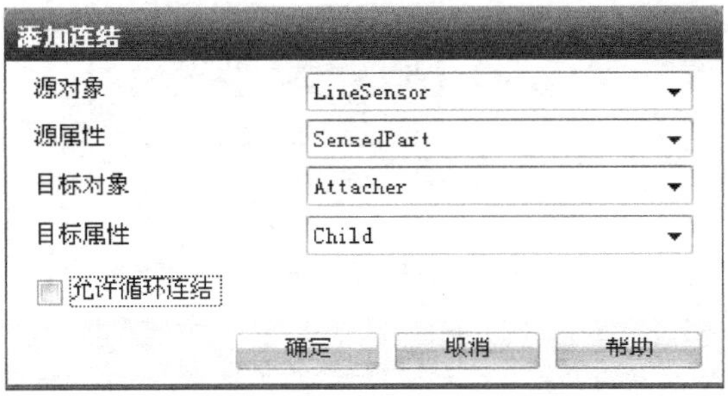

图 3-53　检测到产品时触发拾取动作

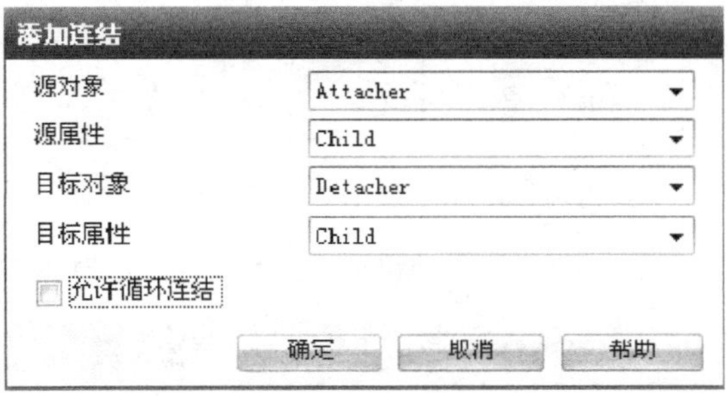

图 3-54　设置释放和拾取为同一对象

5. 创建信号和连接

选择“信号和连接”选项卡，单击“添加 I/O Signals”，创建一个数字输入信号 diGripper（见图 3-55），用于夹具动作控制，信号值置 1 表示打开真空夹具夹取，置 0 表示关闭真空夹具释放。

单击“添加 I/O Signals”，创建一个数字输出信号 doVacummOK（见图 3-56），用于真空反馈信号，信号值置 1 表示已建立真空，置 0 表示真空消失。

单击“添加 I/O Connection”，按图 3-57 建立信号连接，使开启真空（夹具夹取）动作信号 diGripper 触发传感器开始执行检测。

单击“添加 I/O Connection”，使传感器检测到物体后触发拾取动作开始执行（见图3-58）。

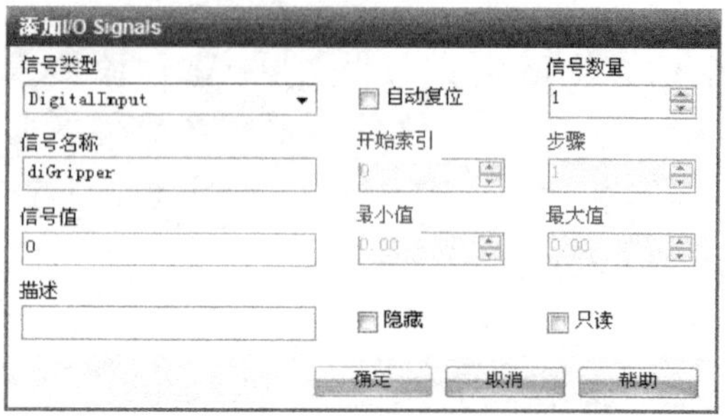

图 3-55　创建夹具动作信号 diGripper

图 3-56　创建真空反馈信号 doVacummOK

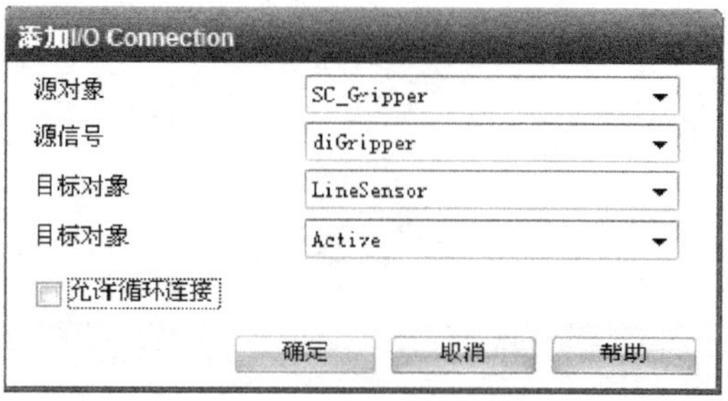

图 3-57　diGripper 触发传感器执行检测

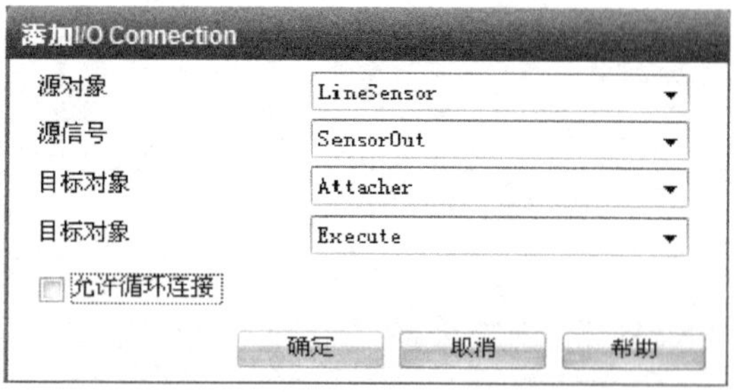

图 3-58　传感器输出信号触发拾取动作

按上述方法添加 I/O Connection 建立信号连接，关闭真空（信号 diGripper 经非门反相后的输出信号）时释放动作执行（见图 3-59、图 3-60）。

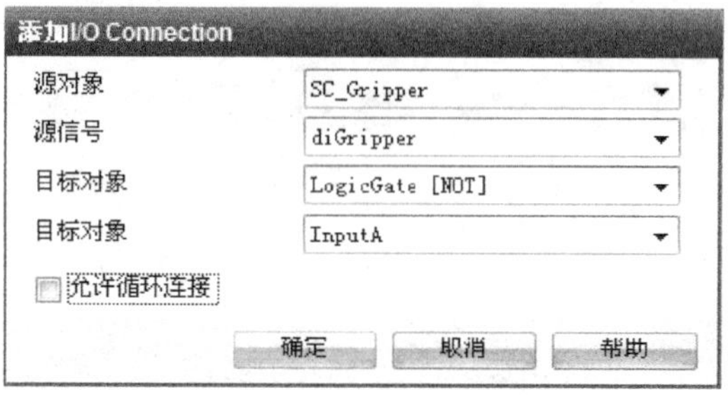

图 3-59　diGripper 连接非门输入端

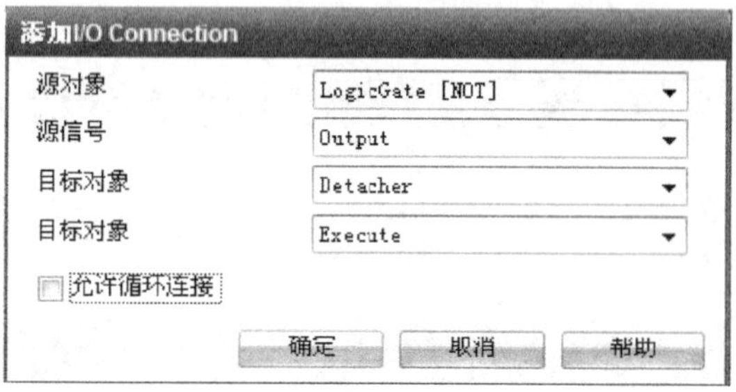

图 3-60　关闭真空时触发释放动作

添加信号连接，拾取动作完成后触发置位/复位组件执行“置位”动作（见图 3-61）。

添加信号连接，释放动作完成后触发置位/复位组件执行“复位”动作（见图 3-62）。

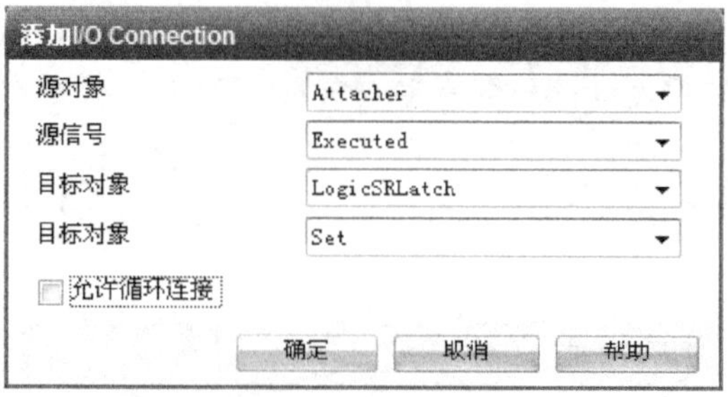

图 3-61　拾取完成触发“置位”动作

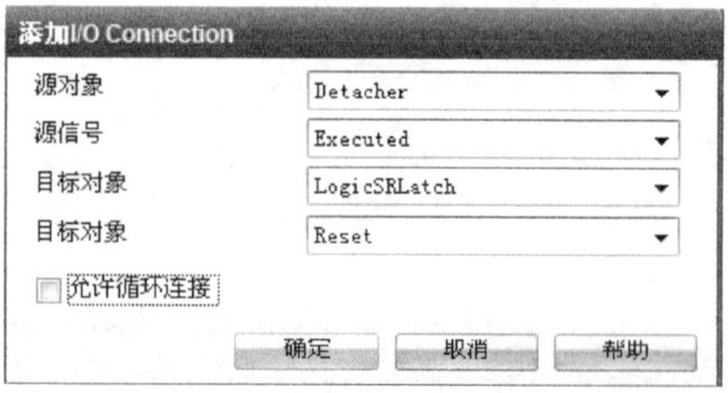

图 3-62　释放完成触发“复位”动作

置位/复位组件的动作触发真空反馈信号“置位/复位”动作，确保当拾取动作完成后将 doVacummOK 置 1，当释放动作完成后将 doVacummOK 置 0（见图 3-63）。各 I/O 信号连接完成后，切换至“设计”选项卡查看信号连接关系，如图 3-64 所示。

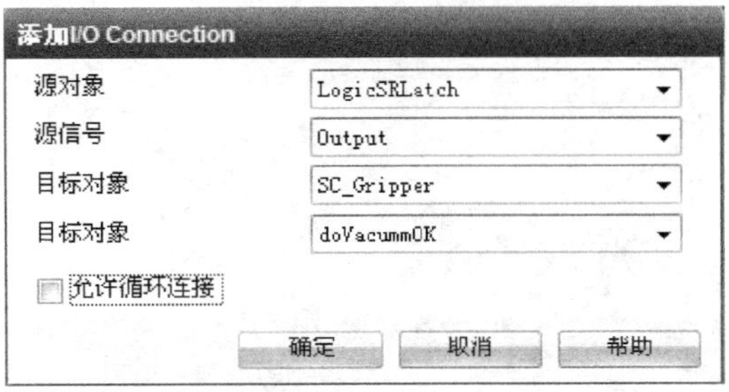

图 3-63　拾取动作完成置位 doVacummOK

设置完成后，夹具动作过程如下：夹具运动到拾取位置，打开真空，线传感器开始检测，当检测到产品与其接触时，则执行拾取动作，夹取完成后将真空反馈信号置 1，运动夹具至放置位置，关闭真空执行释放动作，然后将真空反馈信号置 0，再运动到拾取位置进行下一轮动作。

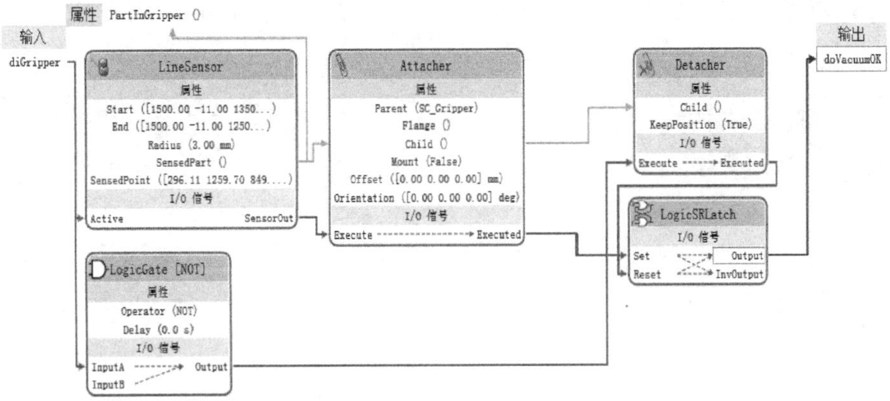

图 3-64　动态夹具 Smart 组件信号连接关系

6. 仿真测试

切换至“布局”窗口，在“Product_Teach”上单击鼠标右键，勾选“可由传感器检测”，并设为“可见”。在“基本”选项卡中选取“手动线性”按钮，单击机器人法兰盘末端（见图 3-65），出现坐标框架后，用鼠标点住坐标轴进行线性拖动，将夹具移到产品拾取处，单击“仿真”功能选项卡中的“I/O 仿真器”，选择系统为“SC_Gripper”，将 diGripper 置为 1。再次拖动坐标框架进行线性移动，此时夹具已将产品拾取并随之运动（见图 3-66），真空反馈信号 doVacummOK 自动置 1。

释放动作仿真：拖动坐标框架至释放位置，将 diGripper 置为 0，夹具释放产品，同时真空反馈信号 doVacummOK 自动置 0。验证完成后，取消用于演示的产品“Product_Teach”的“可由传感器检测”及“可见”属性设置。

三、工作站逻辑设定

1. 查看机器人程序及 I/O 设定

在“控制器”功能选项卡下，单击“配置编辑器”，选择“I/O”（见图 3-67）。在出现的“CONFIG/EIO”窗口中单击 Signal，右侧将显示前面已定义的信号。

在左侧“控制器”窗口依次展开“RAPID”和“T_ROB1”，双击“MainMoudle”，打开 RAPID 主程序模块（见图 3-68），即可进行程序查看和编辑。

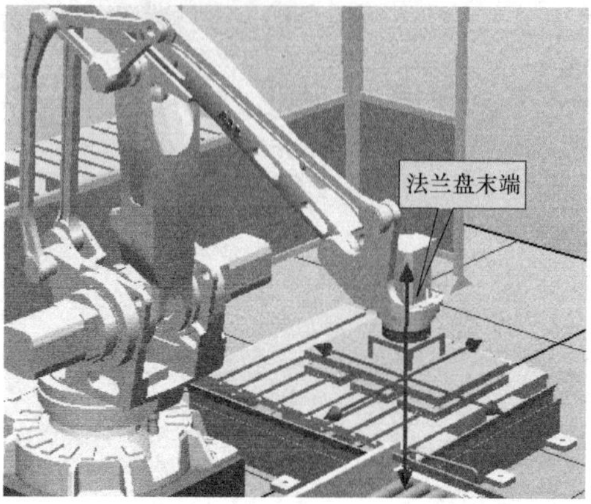

图 3-65　手动线性操作机器人法兰盘末端

图 3-66　拾取产品

图 3-67　配置编辑器菜单

图 3-68　控制器窗口

2. 设定工作站逻辑

在"仿真"功能选项卡中单击"工作站逻辑"，进入"信号和连接"选项卡，单击"添加 I/O Connection"，设置如图 3-69 所示，使真空吸盘动作信号（doGripper）与 Smart 夹具的动作信号（di Gripper）关联。此处需要注意的是：源对象选择下拉列表尾部的 SC_Practise，即机器人系统，而默认的列表首部的 SC_Practise 则为机器人工作站（见图 3-70）。

图 3-69　关联信号 do Gripper 和 di Gripper

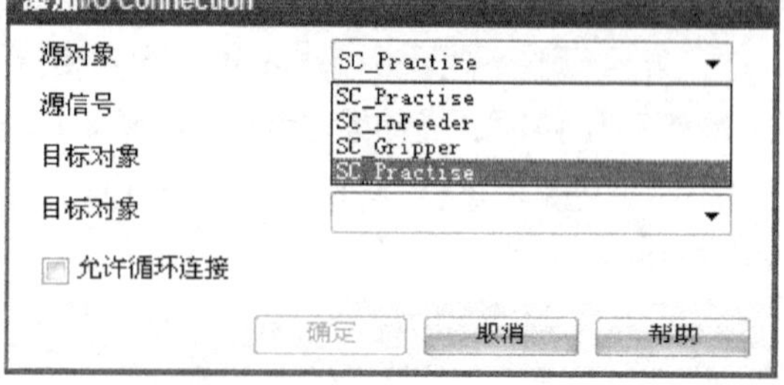

图 3-70　源对象 SC_Practise 选择

按上述方法继续添加 I/O 连接，将传送链的产品到位信号（doBoxInPos）与机器人端到位信号（diBoxInPos）相关联（见图 3-71）。Smart 夹具的真空反馈信号（doVacummOK）与机器人端的真空反馈信号（diVacummOK）相关联（见图3-72）。设定完成后的各信号连接关系如图3-73所示。

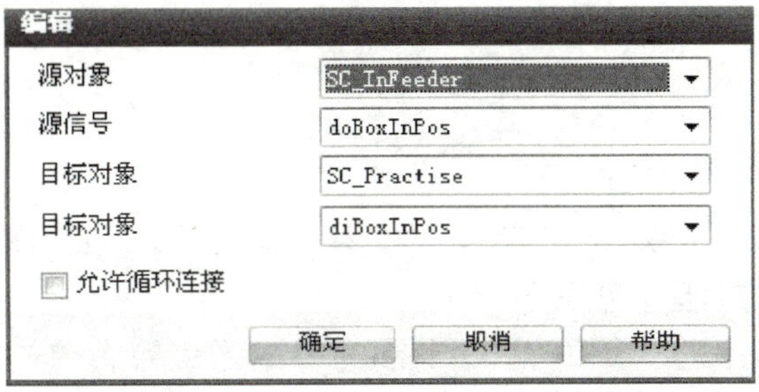

图3-71　关联信号 doBoxInpos 和 diBoxInPos

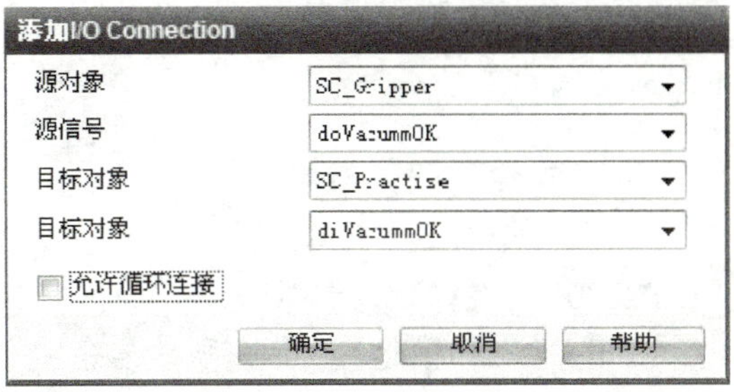

图3-72　关联信号 doVacummOK 和 diVacummOK

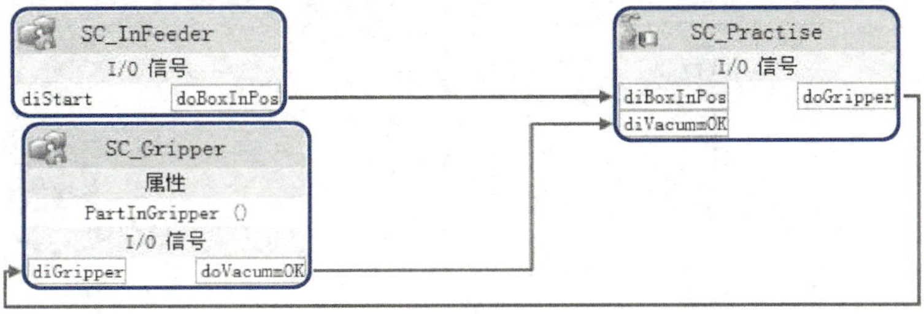

图3-73　工作站逻辑信号连接图

3. 仿真运行

选择“仿真”功能选项卡，单击“I/O仿真器”，在右侧窗口中将“选择系统”设为“SC_InFeeder”，单击“播放”，单击diStart。此时传送链前端产生产品的复制品，并沿传送链运动。

复制品到达传送链末端，被传感器检测到并告知机器人，机器人执行拾取动作并将之搬运至垛板相应位置放置。循环10次后机器人回到等待位置，单击“停止”，仿真结束，所有复制品自动消失。可将设置好的工作站打包以供在其他计算机上使用：选择“文件”功能选项卡的“共享”选项，选择“打包”可将建立的工作站打包，即将所有相关文件如库文件、几何体、信号设置和连接等信息打包捆绑，以便跨平台使用。

任务三　简易机器人系统创建与仿真

【任务目标】

1. 认知机器人系统
2. 掌握虚拟机器人系统创建
3. 掌握运动轨迹的创建与仿真

【背景知识】

用机器人工作站及配套的工装、工具、设备，可组建不同用途的机器人系统，如焊接机器人、涂装机器人、装配机器人等。

利用 Robot Studio 软件自带的 ABB 模型库及相关工装模型，或导入自制模型，可实现虚拟机器人系统组建与仿真。

【任务实施】

一、创建机器人系统

新建一个空白工作站，在“基本”功能选项卡中单击“ABB 模型库”，选择“IRB2600”，选择默认参数设置，单击“确定”按钮（见图 3-74）。

单击“ABB 模型库”，选择“变位机”列表中的“IRBP A”，选择默认参数设置，单击“确定”按钮（见图 3-75）。另存文件为“ex1. rsstn”。

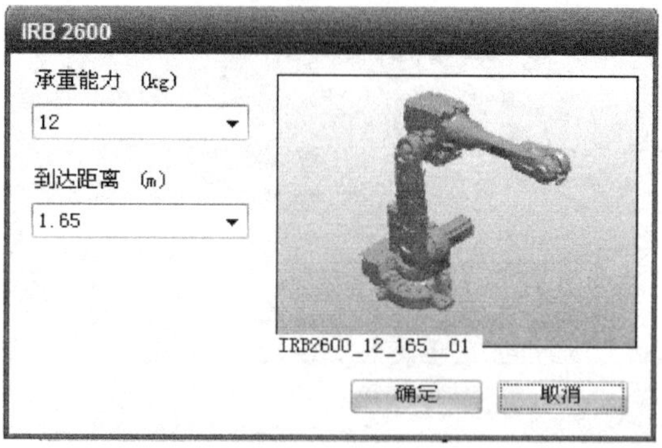

图 3-74　导入 IRB2600 机器人

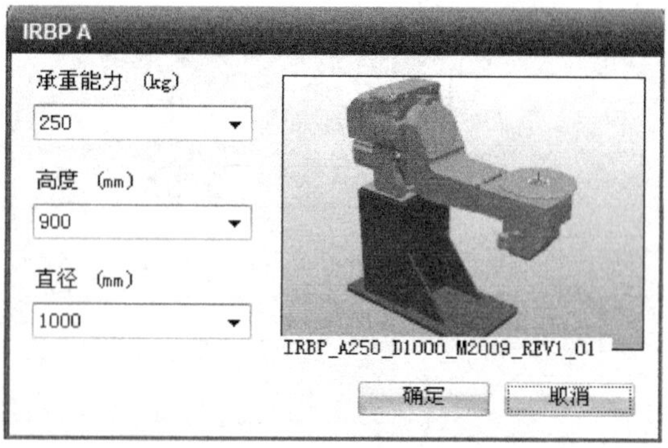

图 3-75　导入 IRBP A 变位机

在“布局”窗口中，右击“IRBP_A250_D1000_M2009_REV1_01”，选择“设定位置”，按图 3-76 进行参数设定，单击“应用”按钮。在“基本”功能选项卡中单击“导入模型库”，在“设备”中的 Tools 类型里面选择“Binzel water 22”（见图 3-77）。

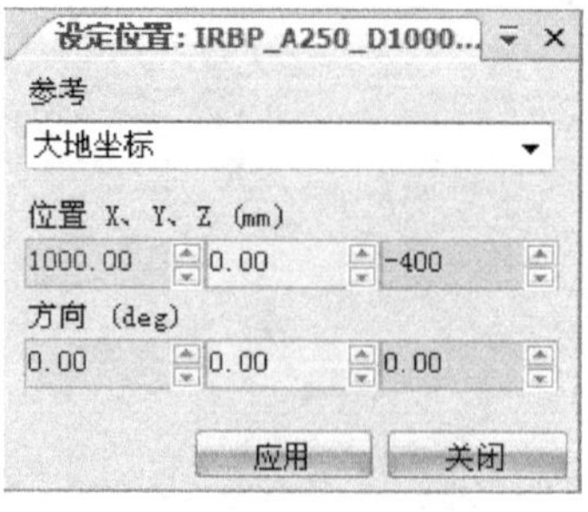

图 3-76　设定变位机位置

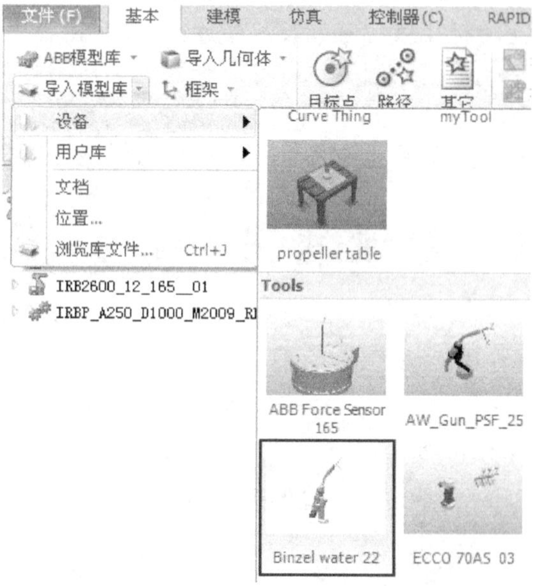

图 3-77　添加工具 Binzel water 22

在“布局”窗口中的“Binzel_water_22”上右击，选择“安装到”列表中的“IRB2600_12_165_01”，在“更新位置”窗口中单击“是”更新工具的位置（见图3-78），即可将工具安装到机器人法兰盘上（见图3-79）。

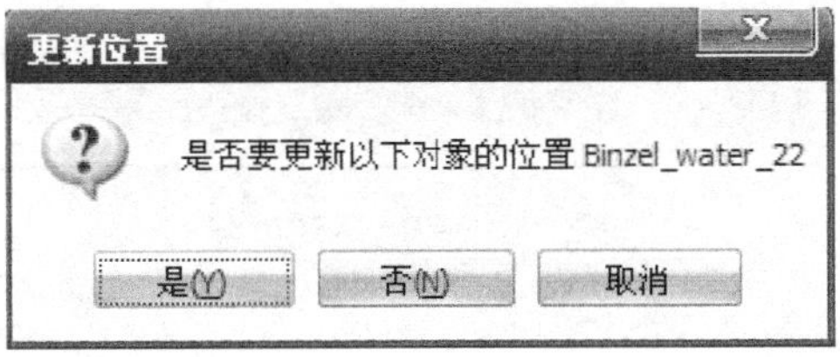

图3-78　安装工具并更新位置

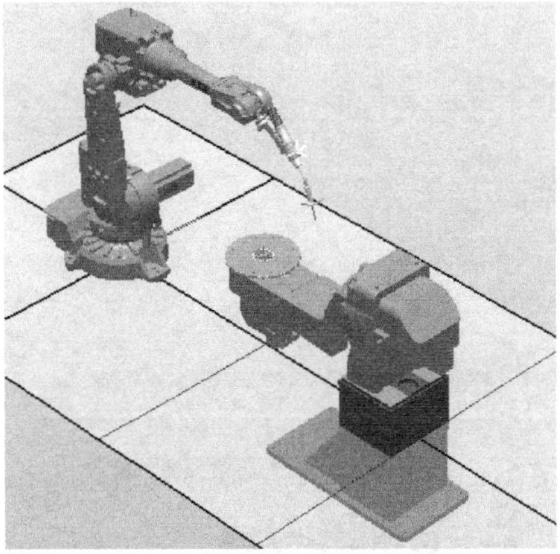

图3-79　工具安装完成

找到“我的文档\RobotStudio\Library”文件夹，将随书资料中的Fixture_EA（焊接工件）文件拷入其中，单击“导入模型库”，选择“浏览库文件”，找到文件“Fixture_EA”，选中后单击“打开”按钮。在“布局”窗口中用鼠标左键点住“Fixture_EA”，将其拖至“IRBP_A250_D1000_M2009_REV1_01”上松开，在弹出的“更新位置”窗口上单击“是”按钮，更新其位置（见图3-80），将工件安装于变位机。单击“机器人系统”，选择“从布局...”，在弹出的窗口中将系统名称改为“PositionerPractise”，单击“下一个”按钮（见图3-81）。

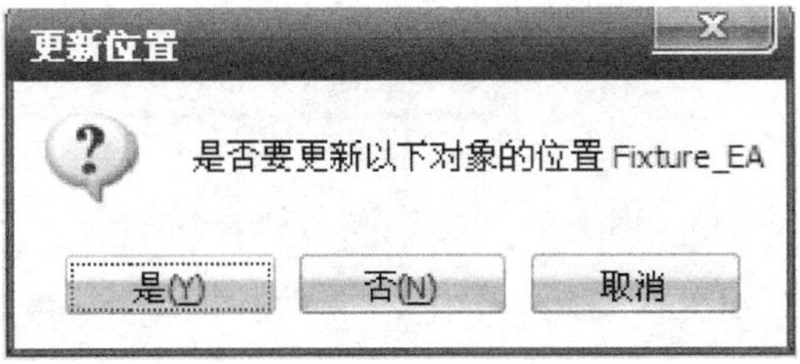

图3-80　安装并更新Fixture_EA的位置

图3-81　从工作站布局创建系统

确保勾选“IRB2600_12_165_01”和“IRBP_A250_D1000_M2009_REV1_01”（见图3-82）；单击“下一个”按钮，不做修改直接单击“下一个”按钮；如需添加其他配置，可单击“选项...”进行设定，单击“完成”按钮，结束系统创建（见图3-83）。

如需更改虚拟示教器为中文显示，可单击“选项...”（见图3-83）按钮进行进一步设置。

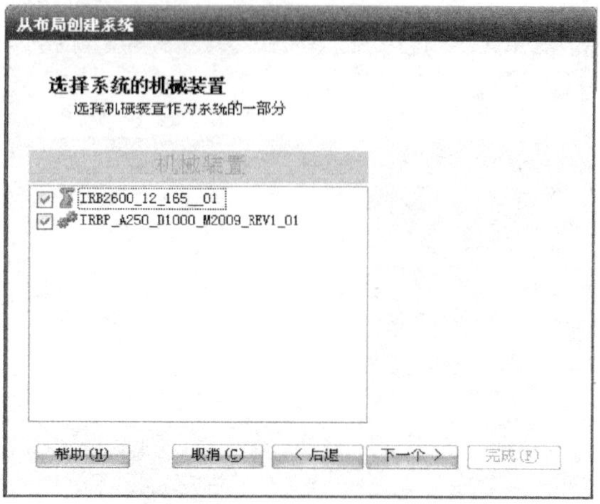

图 3-82　选择系统的机械装置

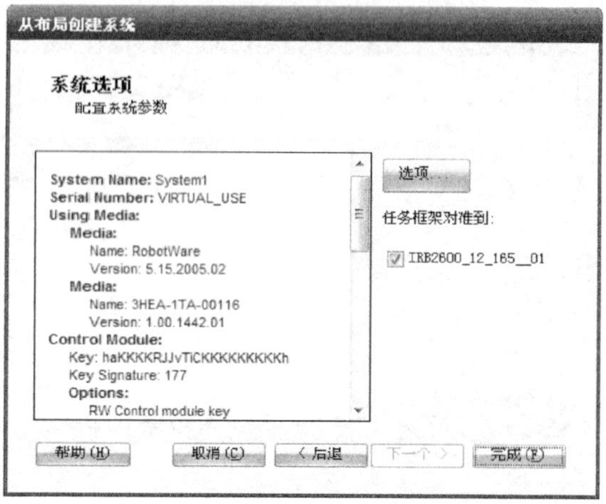

图 3-83　完成系统创建

二、创建运动轨迹

在“仿真”功能选项卡中单击“激活机械装置单元”，勾选“STN1”，以保证变位机“IRBP A”处于激活状态，使系统在示教目标点时的同时将变位机数据记录下来（见图 3-84）。在“基本”功能选项卡中，将“工具”设置为“tWeldGun”（见图 3-85），利用手动操作（FreeHand）中的“手动线性”以及“手动重定位”，将机器人运动到图示中的位置（见图 3-86），避开变位机旋转工作范围以防干涉，并将工具末端调整成大致垂直于水平面的姿态。单击“示教目标点”，记录该位置（Target_10）。

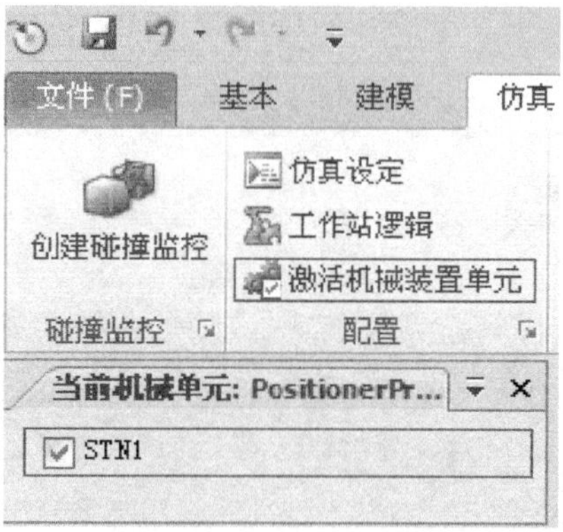

图 3-84　激活变位机 IRBP A

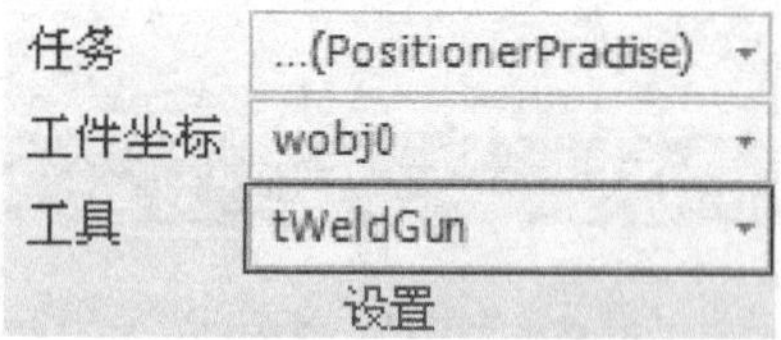

图 3-85　设置工具为 tWeldGun

在“布局”窗口中右击变位机“IRBP_A250_D1000_M2009_REV1_01”，移动至列表中的“机械装置手动关节”并单击。在“手动关节运动”单击第一个滑动条，输入其角度调至“90.00”，即将此关节运动至 +90°位置（见图 3-87）。单击“示教目标点”，将此位置记录下来（Target_20）。

选取捕捉点工具为“捕捉对象” 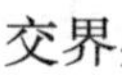，利用 FreeHand 中的“手动线性”工具移动机器人，到达工件表面焊接位置处（灰白交界处，见图 3-88），单击“示教目标点”，将此位置记录下来（Target_30）。

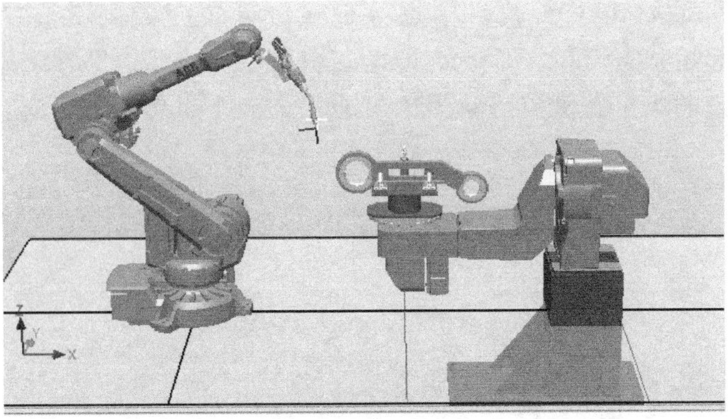

图 3-86　手动调节机器人初始位置

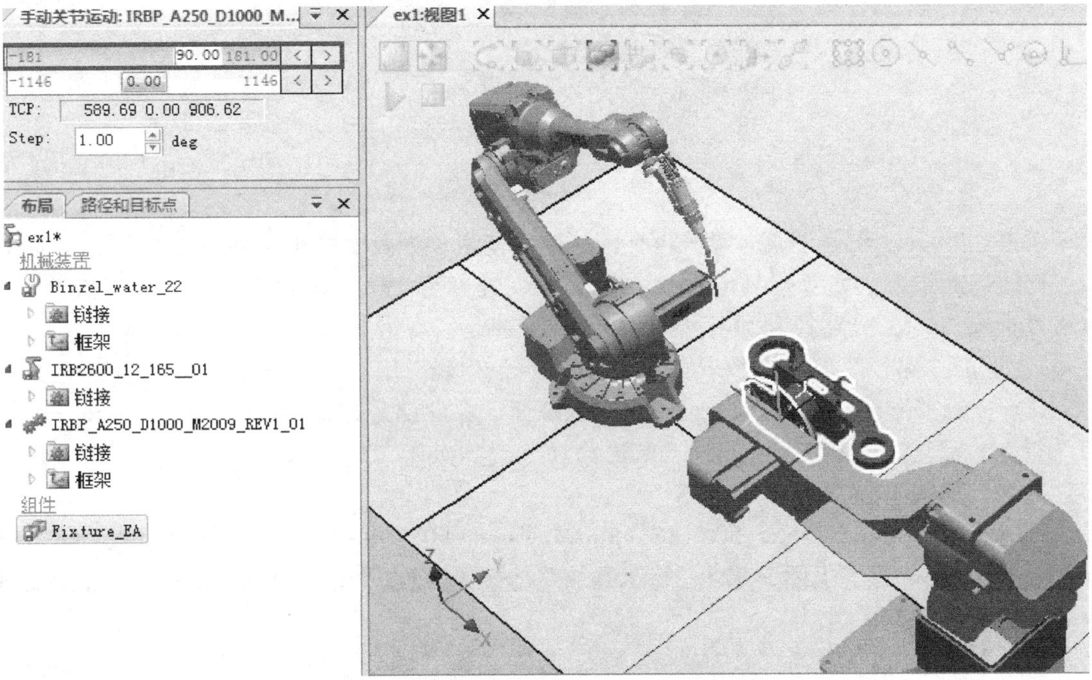

图 3-87　设置变位机关节初始位置

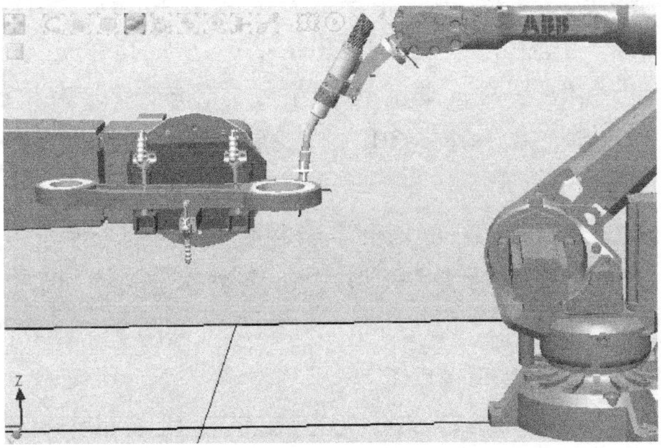

图 3-88　设置机器人焊接轨迹起始点位

按图 3-89 所示添加 5 个示教目标点并记录。示教完成后共有 7 个目标点，其中，Target_10为工作站起始状态点位，Target_20 为工件正上方点位，Target_30 至 Target_70 为工具在工件上运动轨迹的 5 个关键点。从图中可看出，点 1、点 2 之间为直线，而点 3 到点 5 之间为圆弧。

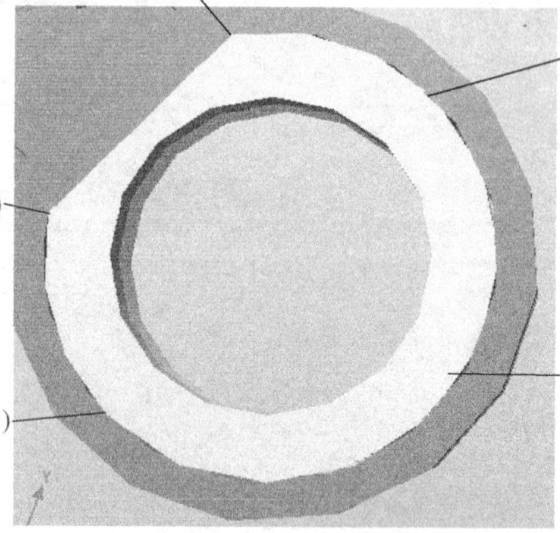

图 3-89　焊缝轨迹关键目标点

右击“Target_10”，选择“跳转到目标点”，使机器人及变位机回到初始点位 Target_10。

修改运动指令，类型为 MoveL（直线运动），速度为 v300，转弯半径为 z5。切换至“基本”功能窗口，在“路径和目标点”中选中所有点，右击并选择“添加新路径”（见图 3-90）。单击“路径”下的“Path_10”打开其目录列表，用鼠标左键点住 wobj0_of 下的 Target_30 点，将其拖至“MoveL Target_70”上松开，在此路径末端增加一条“MoveL Target_30”指令。重复上述操作，在路径末端再添加上“MoveL　Target_20 ”和“MoveL　Target_10”指令，如图 3-91 所示。

同时选中“MoveL Target_50”和“MoveL Target_60”并右击，在弹出的快捷菜单中选择“转换为 MoveC”（见图 3-92），将工具从 Target_40 经过 Target_50 到 Target_60 点的运动改为圆弧运动。

重复上述操作，将其后的“MoveL Target_70”和“MoveL Target_30”也转换成 MoveC 指令，将工具从 Target_60 经过 Target_70 到 Target_10 点的运动方式改为圆弧运动。

分别在前后两条“MoveL Target_10”指令上右击，选择“修改指令”，将其动作类型改为“Joint”（关节运动），单击“应用”按钮（见图 3-93），从而指令变为“MoveJ Target_10”。

将工件表面轨迹起点和终点处运动的转弯半径（Zone）设为“fine”，即右击“MoveL Target_30”和“MoveC Target_70 Target_30”，选择“修改指令”，将其中的 Zone 选项设为“fine”（见图 3-94）。

添加外轴控制指令 ActUnit 和 DeactUnit，控制变位机的激活与失效。在“Parh_10”上单击鼠标右键，选择“插入逻辑指令”，将“创建逻辑指令”窗口中“指令模板”设为“ActUnit Default”，“指令参数”设为默认的“STN1”（见图 3-95），单击“创建”按钮，在 Path_10 的第一行添加指令“ActUnit STN1”。

右击最后一条指令“MoveJ Target_10”在弹出的快捷菜单中，选择“插入逻辑指令”，重复上述操作，加入“DeactUnit STN1”至尾行，完成后的指令列表如图 3-96 所示。

图 3-90　添加新路径

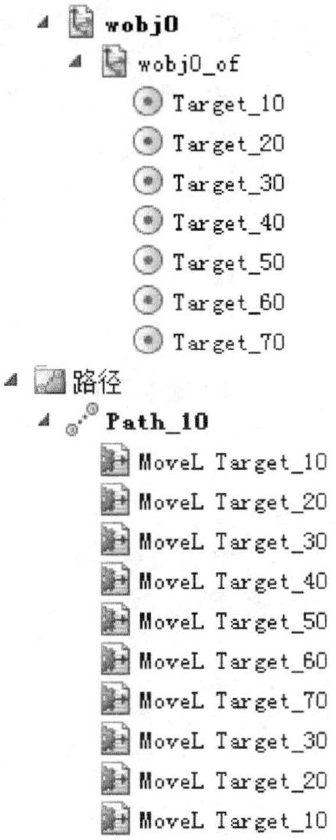

图 3-91　添加指令

图 3-92　更改动作指令

图 3-93　更改动作类型

在“Parh_10”上右击，单击“配置参数”中的“自动配置”。在“Parh_10”上右击，选择“同步到 VC”，勾选“Positioner Practise”和“T_ROB1”，单击“确定”按钮（见图 3-97）。

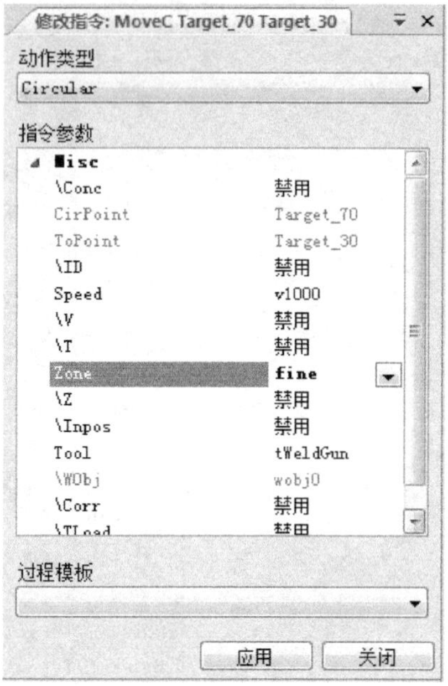

图 3-94　设置转弯半径

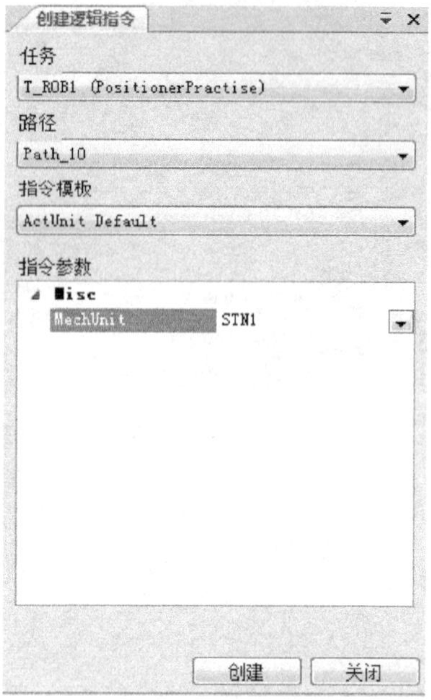

图 3-95　创建逻辑指令

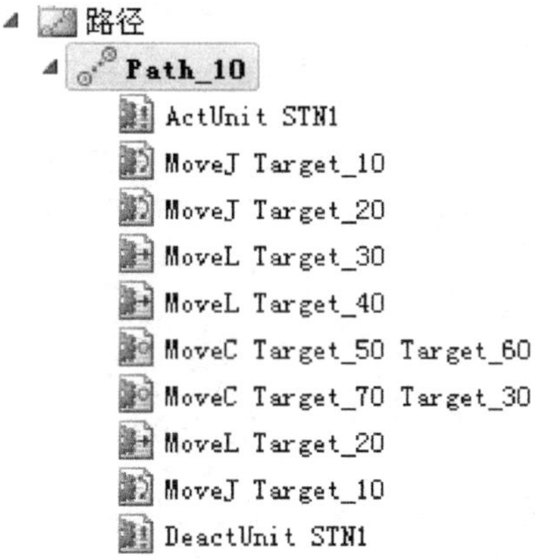

图 3-96　完成后的指令列表

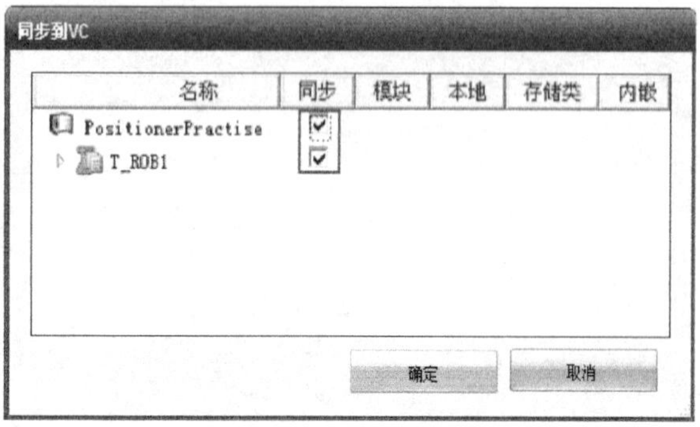

图 3-97　同步到 VC

三、仿真测试

在“仿真”功能选项卡中选择“仿真设定”，选中“Path_10”，单击左方向键，将其导入到主序列框中，再单击“应用”按钮，然后单击“确定”按钮（见图 3-98）。

单击“播放”按钮，观察机器人与变位机的运动轨迹。

【拓展练习】

一、创建动态夹具

导入随书资料中文件“L1. sat”和“L2. sat”，编辑 L1 的位置、L2 位置（见图 3-99、图 3-100）。创建机械装置，设置链接，将 L1 设为“BaseLink”。

建立接点，将 L1 设为父链接，L2 作为子链接，关节类型设置为“往复的”，第一个位

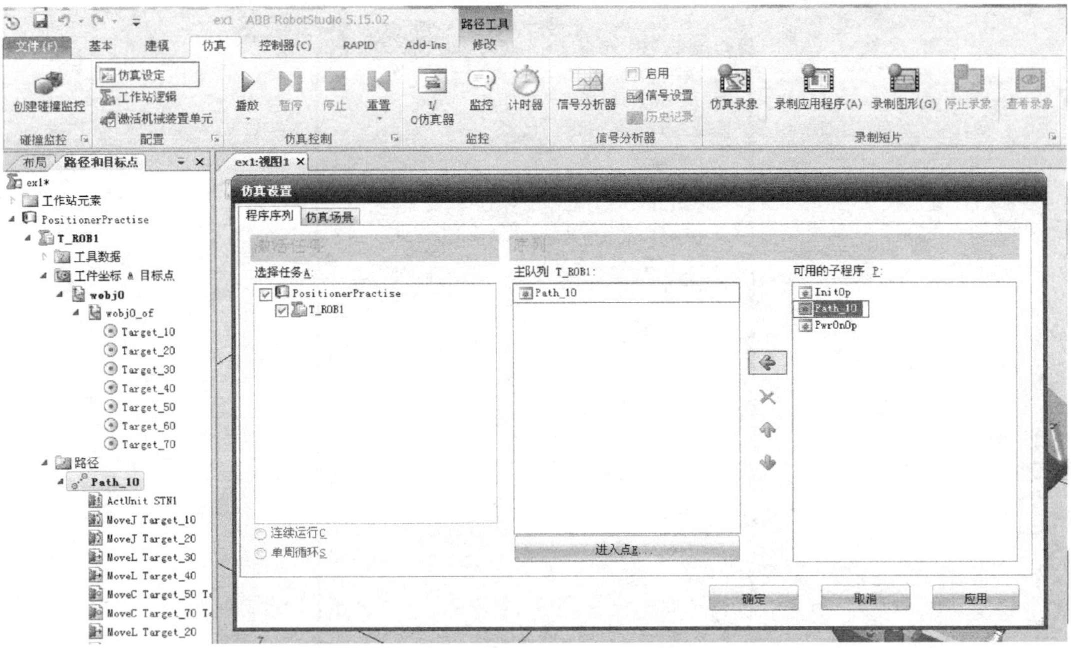

图 3-98　仿真设置

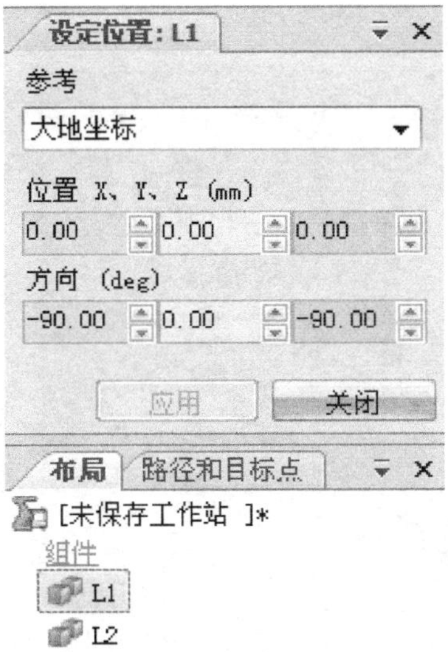

图 3-99　夹具主体 L1 位置设置

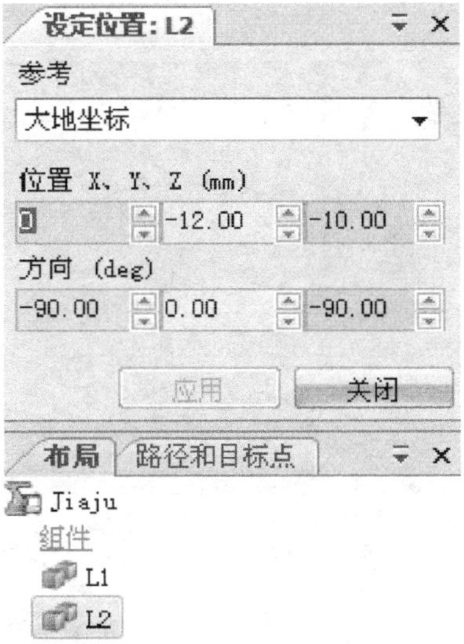

图 3-100　夹具活动爪 L2 位置设置

置设置为 0.00、0.00、0.00。第二个位置设置为 0.00、12.00、0.00，关节限值最小设为 0.00，最大设为 12.00，如图 3-101 所示。

将“机械装置类型”选为“设备”，编译机械装置，设置转换时间。完成后导出为库文件并保存（参照 Jiaju.rslib 文件）。

创建完成后的机械装置如图 3-102 所示，此时，可利用机械装置“手动关节运动”观看运动结果，即拖动图 3-102 左上角“手动关节运动”滑块，则夹具夹爪相应运动，其当前位移值也在滑块中显示。

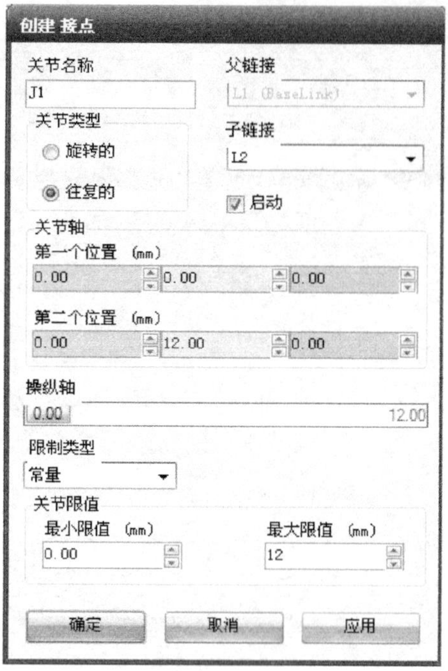

图 3-101　设置活动爪运动方式及行程

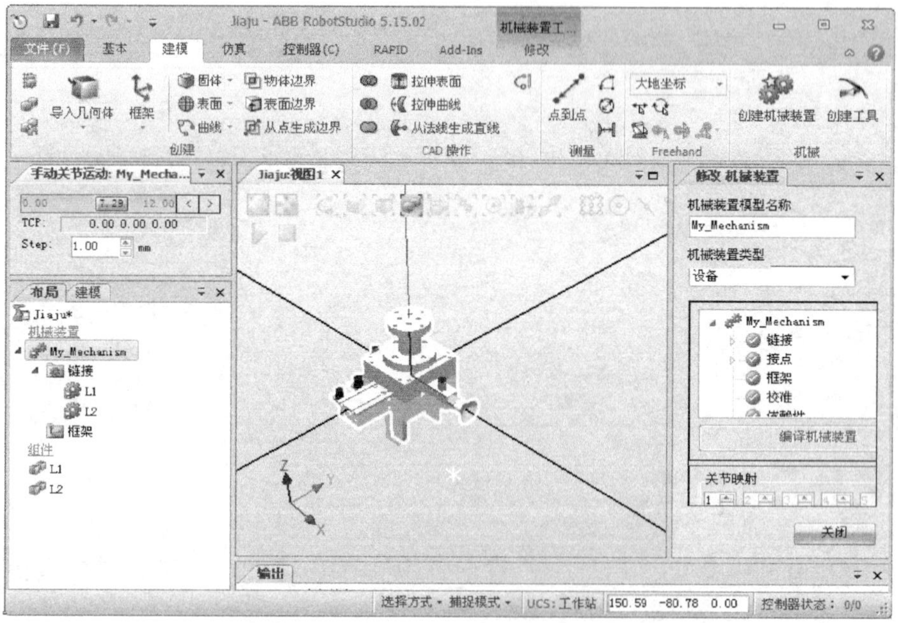

图 3-102　夹具手动操作

二、创建工具

利用随书资料中文件“Binzel_water_22. sat”，参照文件“Binzel_water_22. rslib”创建机器人工具并保存为库文件。

三、Smart 组件练习

解压随书资料中的文件“ShiXunTai. rspag”，打开搬运及压铸综合实训台模型（见图3-103）。为实训台传输带创建 Smart 组件和夹具，添加相应传感器，并进行信号设定及连接，使之能自动产生产品复制品并随传送带运动，到达位置后，夹具能夹取物体并搬运至相应位置，要求能进行至少 4 次产品摆放。

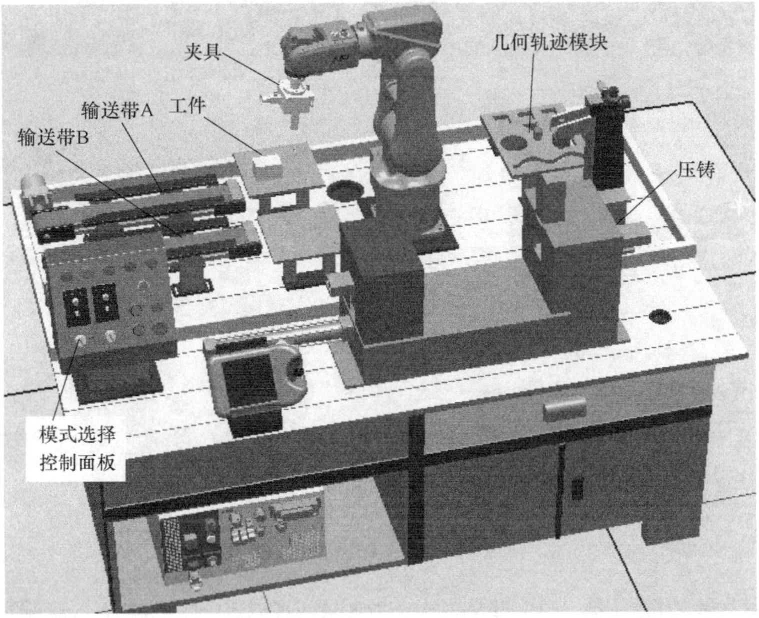

图 3-103　实训台模型

四、运动轨迹练习

利用上述模型进行机器人系统创建、目标点示教及运动指令设定练习，设置运动轨迹分别为矩形、圆形及圆弧（见图 3-104）。

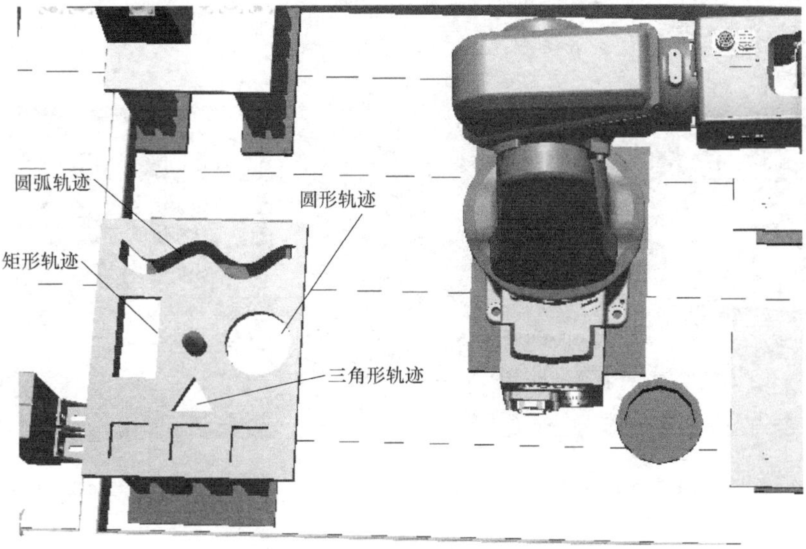

图 3-104　设置运动轨迹

项目四 搬运机器人

任务一 多功能机器人实训台认识

【任务目标】

1. 了解多功能实训台的组成
2. 了解 ABB IRB120 型机器人和三菱 FX_{3U}-48MR 型 PLC 的基本参数和结构
3. 了解多功能实训台的输送带模块的基本组成

【背景知识】

图 4-1 所示为多功能机器人实训台，包括 ABB IRB120 型机器人，三菱 FX_{3U}-48MR 型 PLC，模式选择控制面板模块，送料模块，模拟压铸模块，输送带模块，物料检测模块，搬运、码垛模块和几何轨迹模块等，其模型及各部分说明如图 3-103 所示。在本项目中主要介绍实训台的输送带模块以及机器人的搬运应用。

a) 多功能机器人实训台实物图　　b) 模式选择控制面板

图 4-1　多功能机器人实训台

【任务实施】

一、认识 ABB IRB120 型机器人

多功能机器人实训台选用的是 ABB IRB120 型机器人。ABB IRB120 型机器人是 ABB 公司第四代机器人家族的最新成员，也是 ABB 公司制造的最小机器人，具有敏捷、紧凑、轻便的特点，控制精度与路径精度俱优，适用于物料搬运、装配等应用，如图 4-2、图 4-3 所示。

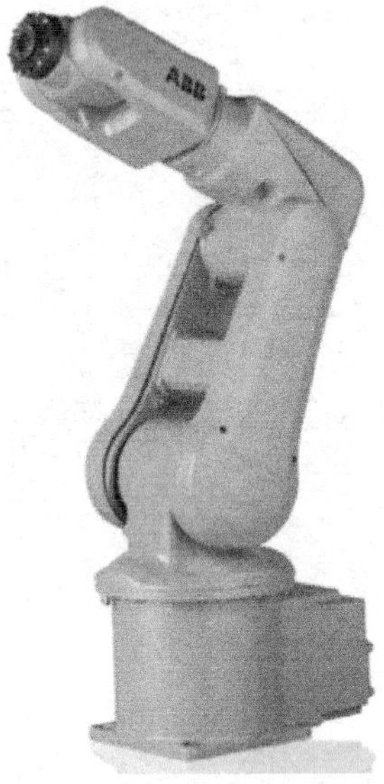

图 4-2　ABB IRB120 型机器人本体

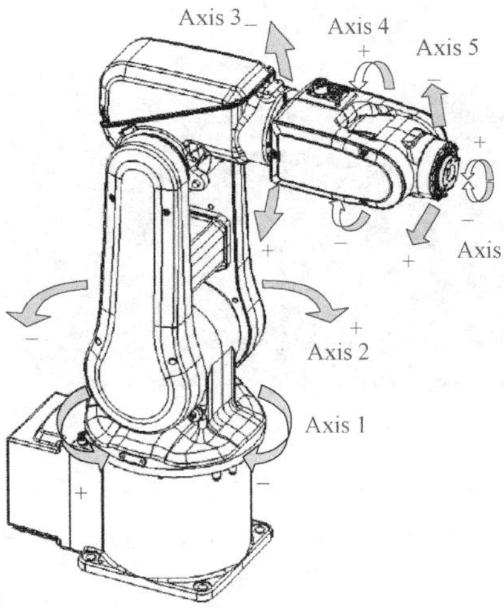

图 4-3　ABB IRB120 型机器人的六轴及运动方向

ABB IRB120 型机器人是具有六自由度的机器人，其主要技术参数如表 4-1 所示。

表 4-1　ABB IRB120 型机器人的主要技术参数

自由度		六	
安装方式		地面安装、墙壁安装、悬挂安装	
质量		25kg	
承重能力		3kg	
重定位精度		0. 01mm	
各轴动作类型及范围	轴 1	旋转动作	−165° ~ +165°
	轴 2	手臂动作	−110° ~ +110°
	轴 3	手臂动作	−110° ~ +70°
	轴 4	手臂动作	−160° ~ +160°
	轴 5	弯曲动作	−120° ~ +120°
	轴 6	转向动作	−400° ~ +400°
各轴最大速度	轴 1	250°/s	
	轴 2	250°/s	
	轴 3	250°/s	
	轴 4	320°/s	
	轴 5	320°/s	
	轴 6	420°/s	

1. ABB IRB120 型机器人的基本组成

ABB IRB120 型机器人由机器人本体、控制柜、示教器（见项目一）三部分组成。

机器人控制柜的开关和按钮如图 4-4 所示。其名称和功能如下 Emergency stop 按钮，机器人紧急停止按钮；Motor on 开关，机器人电动机上电；Mode switch 开关，机器人手动模式及自动模式切换开关；Brake release 按钮，用于机器人 IRB 120 的制动闸释放；Power switch 开关，机器人主电源开关。其余接口如图 4-5 所示。

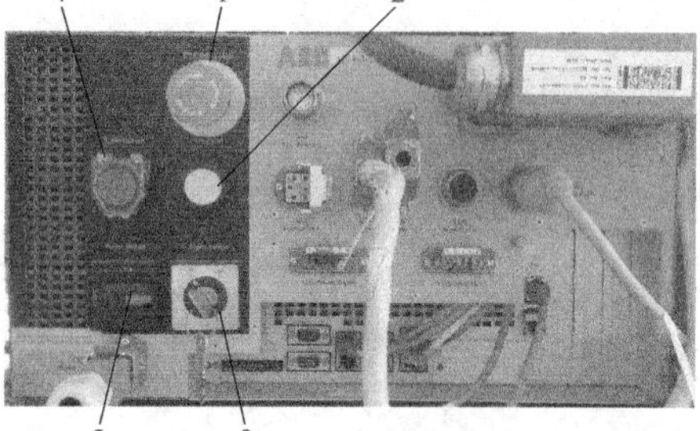

图 4-4　控制柜的开关和按钮

1—急停按钮 Emergency stop　2—电动机上电开关 Motor on
3—模式选择开关 Mode switch
4—制动闸释放按钮 Brake release
5—电源开关 Power switch

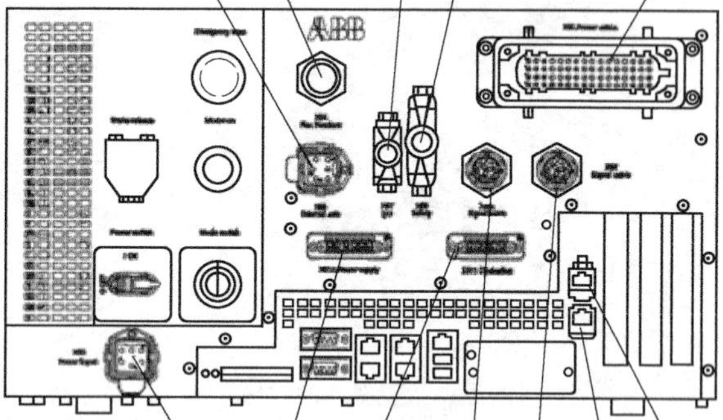

图 4-5　控制柜接口

表 4-2　控制柜接口功能

接口	功　能	接口	功　能
A	XS8 附加轴，电源电缆插接器（不能用于此版本）	G	XS10 电源插接器
B	XS4 FlexPendant 插接器	H	XS11 DeviceNet 插接器
C	XS 7I/O 插接器	I	XS41 信号电缆插接器
D	XS9 安全插接器	J	XS2 信号电缆插接器
E	XS1 电源电缆插接器	K	XS13 轴选择器插接器
F	XS0 电源输入插接器	L	XS12 附加轴，信号电缆插接器（不能用于此版本）

2. 机器人电气接口部分

如图 4-6 所示为机器人本体基座后方，R1. MP 为电动机动力连接电缆；R1. SMB 为机器人转速计数器信号电缆；R1. CP 为机器人 10 路集成电路电缆接口；A1、A2、A3、A4 为机器人 4 路集成电气接口。

3. 机器人控制柜 I/O 接口

如图 4-7 所示，机器人控制柜上 XS10 端为机器人 I/O 板电源选择端，其中选择 2、3、4 号端。2、4 号端输入 0V，3 号端输入 24V，为机器人外部供电模式，且机器人输入 DI 低电平有效，输出 DO 高电平有效。XP9 端为机器人安全信号输入端，其中 7、8 端分别为 ES1-A、ES2-B，15、16 端分别为 ES2-A、ES2-B，表示机器人外部急停信号。XP7 端子则是机器人 I/O 信号端。

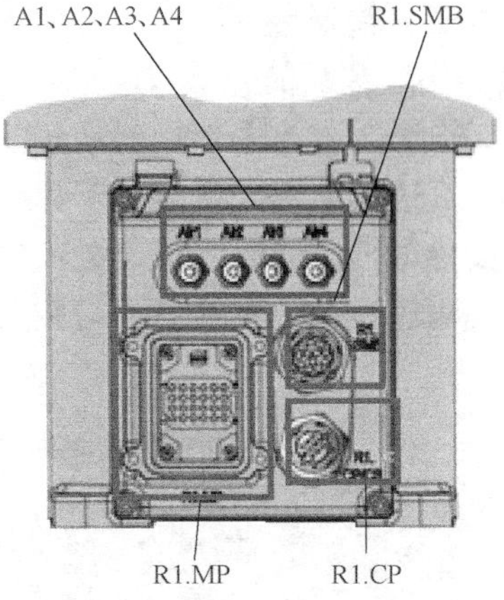

图 4-6　机器人电气接口部分

二、三菱 PLC

多功能机器人实训台的整体控制是由 PLC 完成的，作为设备的总逻辑控制器，选用三菱 FX_{3U} 系列 FX_{3U}-48MR 的 PLC，如图 4-8 所示。FX_{3U} 系列 PLC 是三菱电机公司推出的 FX 系列中 CPU 性能最高，使用网络控制的小型 PLC，其主要规格参数如表 4-3 所示。PLC 采用外部供电模式，由开关电源向 PLC 以及外围的传感器、执行机构及气缸等进行供电。

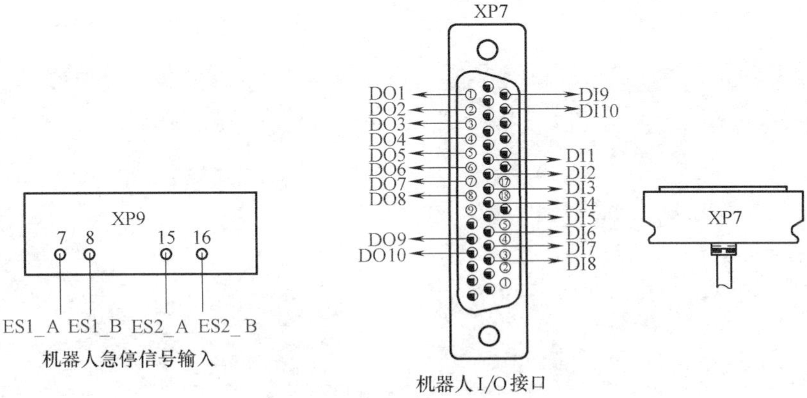

图 4-7　机器人控制柜 I/O 接口

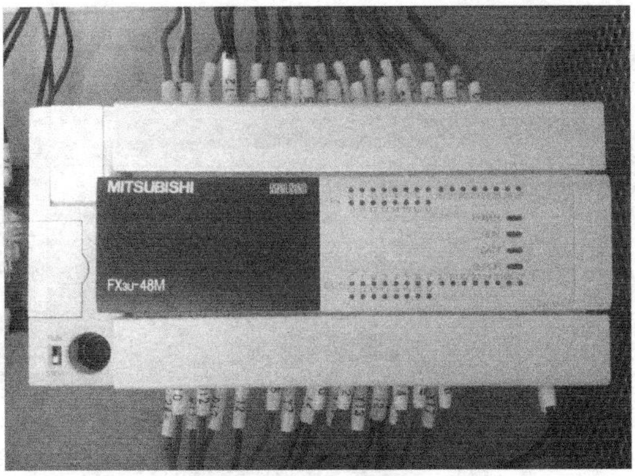

图 4-8　FX_{3U}-48MR 型 PLC 的外形

表 4-3　FX_{3U}-48MR 型 PLC 的主要规格参数

电源	DC24V	输入点数	24
程序容量	64kB	输出点数	24
基本单元最大可扩展点数	384	输出类别	继电器输出

三、输送线

1. 输送线简介

输送线主要进行物料的输送，与机器人相配合，可以非常方便地组成各种自动化生产线。输送线系统广泛应用于各种手工装配流水线及自动化生产线等。输送线主要分为以下几种：传送带输送线、倍速链输送线、滚筒输送线、链板线输送线，如图 4-9 ~ 图 4-12 所示。

输送线系统主要由输送装置、驱动装置、传动装置、张紧装置、检测装置等组成。

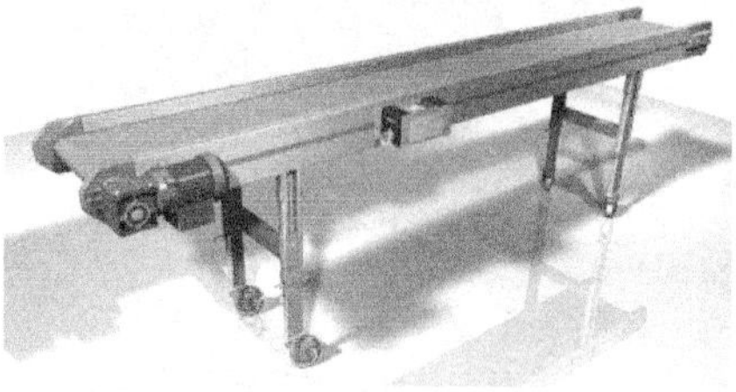

图 4-9　传送带输送线

图 4-10　倍速链输送线

图 4-11　滚筒输送线

图 4-12　链板线输送线

2. 实训台输送带模块组成

多功能机器人实训操作台的输送带模块如图 4-13 所示，包括位置传感器和单相调速电

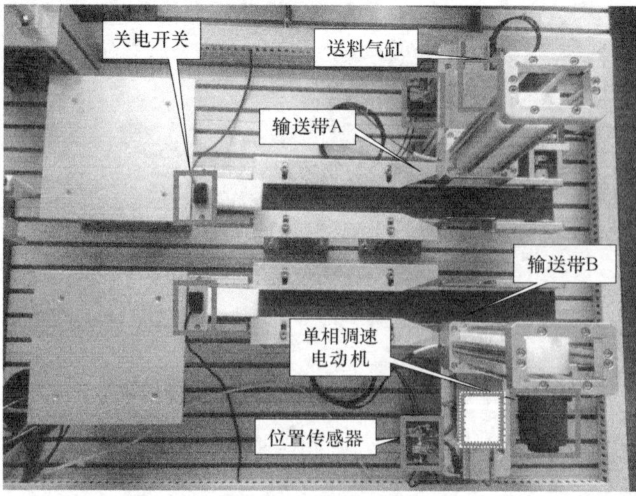

图 4-13　输送带模块

动机等。

3. 位置传感器

位置传感器是能感受被测物的位置并转换成可用输出信号的传感器。位置传感器可用来检测位置，反映被测物体的位置状态。它所测量的不是一段距离的变化量，而是通过检测，确定是否已达到某一位置。根据检测方式分类，位置传感器主要有接触式和接近式两种，接近式位置传感器也叫作接近开关。

常见接触式传感器，有行程开关、二维矩阵式位置传感器等，如图4-14、图4-15所示。

图4-14　行程开关

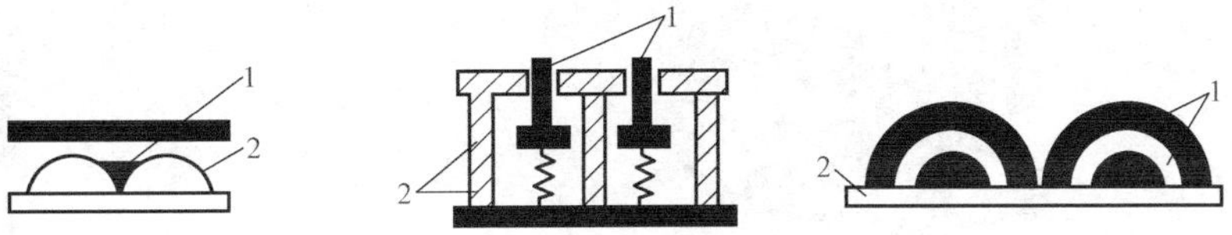

图4-15　二维矩阵式位置传感器

1—柔性电极　2—柔软绝缘体

常见的接近式传感器主要是接近开关。接近开关是指当物体与其接近到设定距离时就可以发出动作信号的开关，它无须和物体直接接触。接近开关有很多种类，主要有电磁式、光电式、差动变压器式、电涡流式、电容式、霍尔式等，举例如图4-16和图4-17所示。

图4-16　电磁式接近开关

图4-17　光电式接近开关

多功能机器人实训操作台输送带模块末端安装的欧姆龙光电式接近开关E3Z-D61（见图4-18），用来检测工件是否传送到位。欧姆龙E3X-NA光纤传感器（见图4-19）用来检测工件推送位置。

4. 单相调速电动机

通过单相调速电动机和调速器调节输送带的运行速度，实训台选用的是台湾OPG公司的31K15RGN-C单相调速电动机（见图4-20），使用的调速器如图4-21所示。表4-4为单相调速电动机的基本参数。

图 4-18　欧姆龙光电式接近开关 E3Z-D61

图 4-19　欧姆龙光纤传感器 E3X-NA

图 4-20　31K15RGN-C 单相调速电动机

图 4-21　调速器

表 4-4　单相调速电动机的基本参数

额定电压	220V	级数	4
额定功率	15W	额定转速	1250r/min

任务二　工件抓放

【任务目标】

1. 掌握搬运机器人夹具抓放动作控制
2. 掌握 ABB 机器人示教器可编程键的使用
3. 掌握数字信号置位和复位等指令

【背景知识】

一、抓放工具

搬运机器人的末端执行器也叫工具，它是装在机器人手腕上用于抓取和握紧工件或执行作业的专用装置。

工具按夹持原理分为机械类、磁力类和真空类三种。机械类工具包括依靠摩擦力和吊钩承重两种。产生夹紧力的驱动源可分为气动式、液动式、电动式和电磁式四种；磁力类工具主要有电磁吸盘和永磁吸盘两种；真空类工具主要包括真式空吸盘。实训台采用的是机器人专用双功能气动夹具，如图 4-22 和图 4-23 所示。

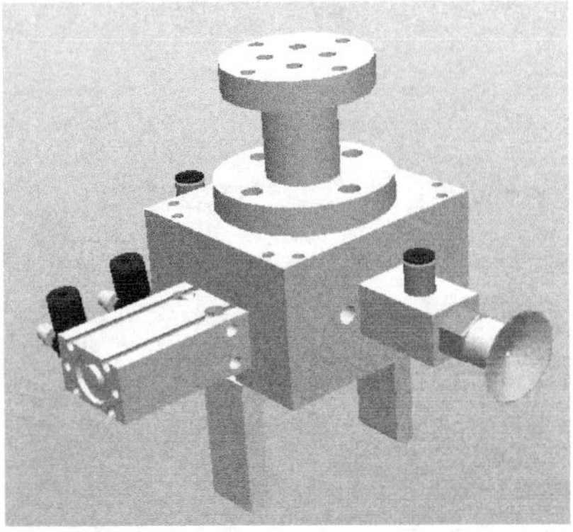

图 4-22　双功能夹具模型

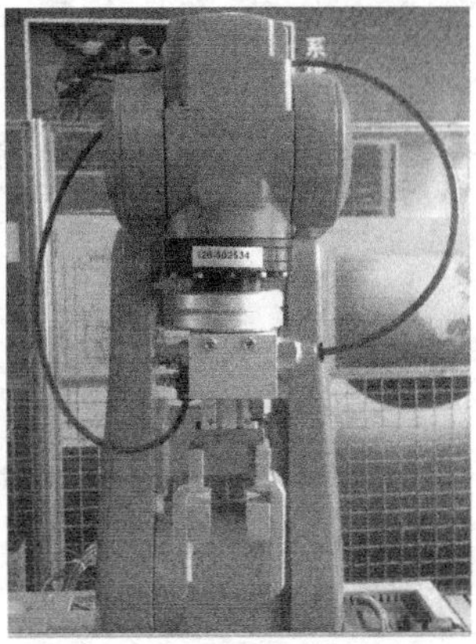

图 4-23　双功能夹具实物

二、抓放动作控制

气动夹具又叫气动夹爪，是利用压缩空气作为动力，能实现各种抓取功能，用来抓取物体，气动夹具常用于搬运机器人抓取、拾放物体。搬运机器人抓取工件前，利用压缩空气作为动力，打开夹具，夹具到达工件所在位置后，闭合夹具，开始抓取工件。

实训台选用电磁阀和静音无油空气压缩机配合机器人抓取工件，如图 4-24 和图 4-25 所示。空气压缩机的工作原理是：由一对相互平行啮合的阴阳转子（或称螺杆）在气缸内转动，使转子齿槽之间的空气不断地产生周期性的容积变化，空气则沿着转子轴线由吸入侧输送至输出侧，实现螺杆式空气压缩机的吸气、压缩和排气的全过程。空气压缩机的进气口和出气口分别位于壳体的两端，阴转子的槽和阳转子齿被主电动机驱动而旋转。

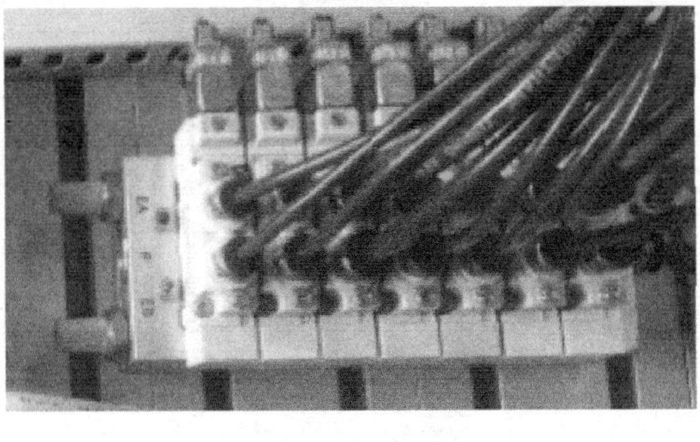

图 4-24　电磁阀

图 4-25　静音无油空压机

三、相关指令

1. Set 数字信号置位指令

Set：将数字输出信号设置为 1。

指令示例：Set DO10_3；　！将数字输出信号 DO10_3 设置为 1。

2. Reset 数字信号复位指令

Reset：将数字输出信号设置为 0。

指令示例：Reset DO10_3；　！将数字输出信号 DO10_3 设置为 0。

3. WaitDI 数字输入信号判断指令

WaitDI：等待一个输入信号状态为设置值。

指令示例：WaitDI DI10_1，1；　！等待数字输入信号为 1，之后才执行下面的命令。

4. WaitDO 数字输出信号判断指令

WaitDO：等待一个输出信号状态为设置值。

指令示例：WaitDO DI10_1，1；　！等待数字输出信号为 1，之后才执行下面的命令。

5. WaitTime 等待指令

WaitTime：让机器人程序运行停顿相应时间，单位是 s。

指令示例：WaitTime，1；　！停顿 1s，之后才执行下面的命令。

【任务实施】

一、I/O 设置

在虚拟示教器中，配置系统的输入信号、输出信号、I/O 单元、I/O 信号。

1. 与 PLC 的通信

DeviceNet 现场总线是 ABB 机器人常用的总线协议，采用 DeviceNet 现场总线与 PLC 进行通信。ABB 标准 I/O 板 DCSQC651、DCSQC652、DCSQC653 等也是通过 DeviceNet 现场总线连接的。DCSQC651 包括 8 个数字输入、8 个数字输出、2 个模拟输出；DCSQC652 包括 16 个数字输入、16 个数字输出；DCSQC653 包括 8 个数字输入、8 个数字继电器输出。多功能实训台的机器人选用的是 ABB 标准 I/O 板 DSQC652，提供 16 个数字输入信号接口和 16 个数字输出信号接口如表 4-5 所示。

表 4-5　ABB 标准 I/O 板 DSQC652 数字输入、输出端子

数字输入端子		使用定义	地址分配	数字输出端子		使用定义	地址分配
X3	1	INPUT CH1	0	X1	1	OUTPUT CH1	0
	2	INPUT CH2	1		2	OUTPUT CH2	1
	3	INPUT CH3	2		3	OUTPUT CH3	2
	4	INPUT CH4	3		4	OUTPUT CH4	3
	5	INPUT CH5	4		5	OUTPUT CH5	4
	6	INPUT CH6	5		6	OUTPUT CH6	5
	7	INPUT CH7	6		7	OUTPUT CH7	6
	8	INPUT CH8	7		8	OUTPUT CH8	7
	9	0V			9	0V	
	10	24V			10	24V	
X4	1	INPUT CH9	8	X2	1	OUTPUT CH9	8
	2	INPUT CH10	9		2	OUTPUT CH10	9
	3	INPUT CH11	10		3	OUTPUT CH11	10
	4	INPUT CH12	11		4	OUTPUT CH12	11
	5	INPUT CH13	12		5	OUTPUT CH13	12
	6	INPUT CH14	13		6	OUTPUT CH14	13
	7	INPUT CH15	14		7	OUTPUT CH15	14
	8	INPUT CH16	15		8	OUTPUT CH1	15
	9	0V			9	0V	
	10	未使用			10	24V	

2. 配置 I/O 板 DSQC652 的总线连接

配置 I/O 板 DSQC652 的总线连接具体操作如下：

1）在 Robot Studio 软件控制器选项卡中，打开虚拟示教器，设置机器人的运行模式为“手动”模式，如图 4-26 所示；如不在软件中操作，可直接打开示教器，将机器人通过 Mode Switch 切换开关，设置机器人为“手动”模式。

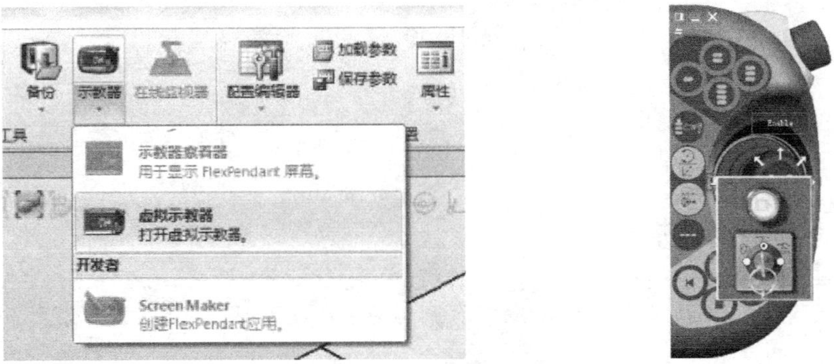

a) 打开虚拟示教器　　　　b) 切换“手动”模式

图 4-26　虚拟示教器

2）依次按照下述步骤操作，如图 4-27 ~ 图 4-30 所示，单击打开“控制面板”，再单击“配置”，然后单击“Unit”，最后单击“添加”按钮，创建一个单元。

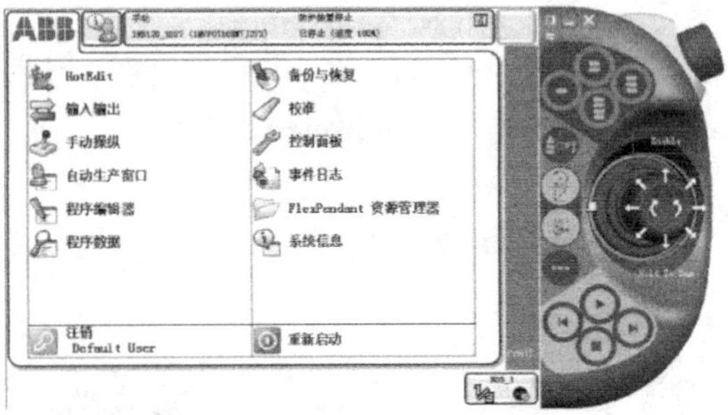

图 4-27　主界面

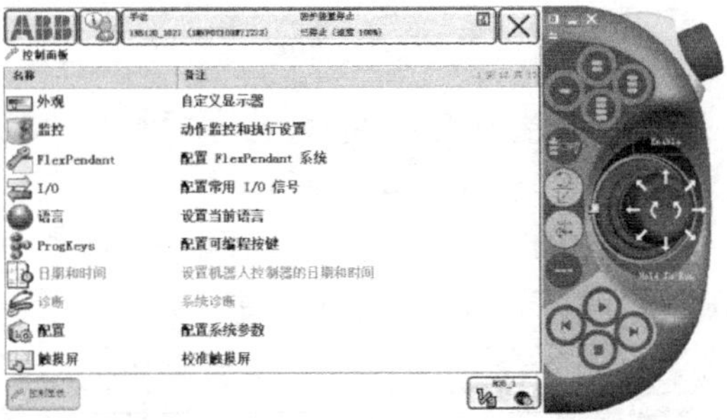

图 4-28　“控制面板”界面

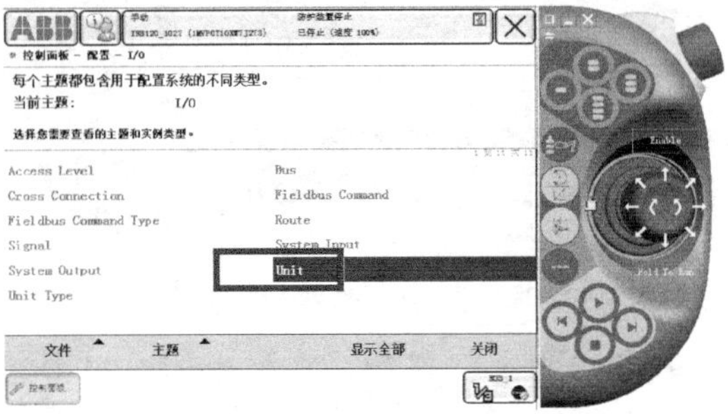

图 4-29　“配置”界面 I/O 主题

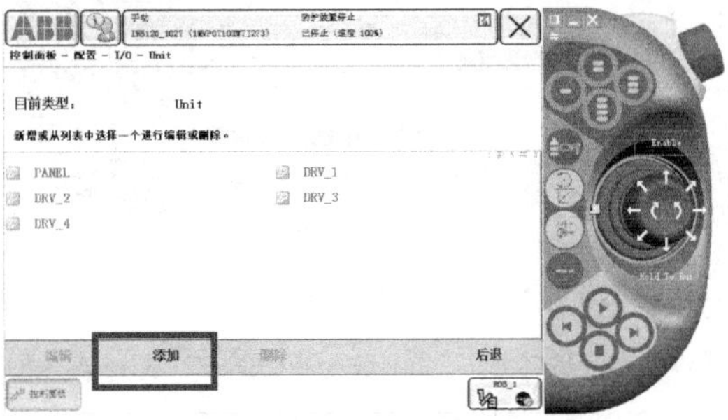

图 4-30　“Unit”单元界面

3）对新创建的单元配置参数，重命名为“board10”。双击“Name”，使用触摸屏键盘输入“board10”，单击“确定”按钮，如图 4-31 和图 4-32 所示。

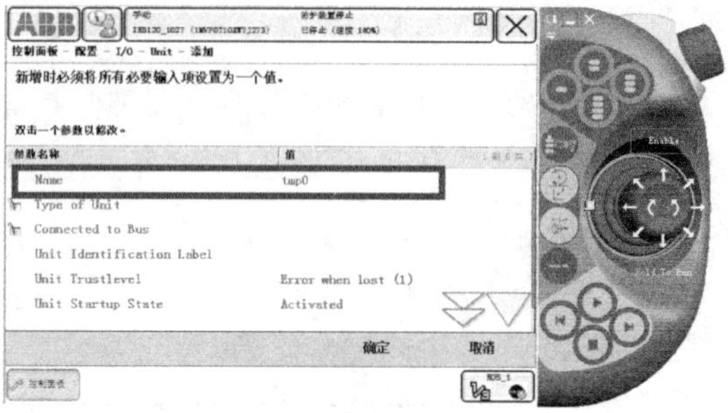

图 4-31　双击“Name”

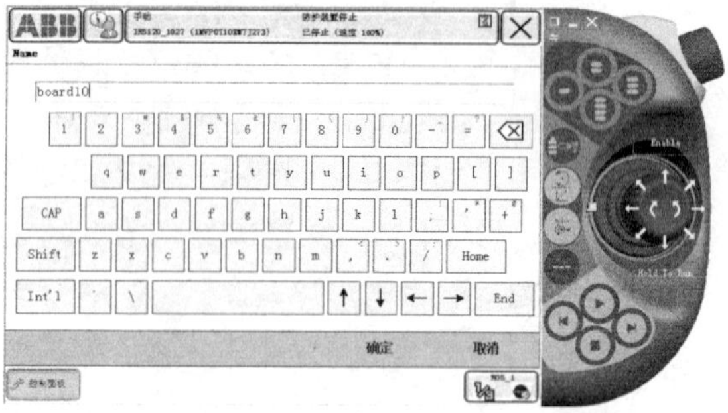

图 4-32　使用触摸屏键盘输入“board10”

4）设置 I/O 板类型为“d652”。单击“Type of Unit”，选中“d652”，单击“确定”按钮，如图 4-33 和图 4-34 所示。

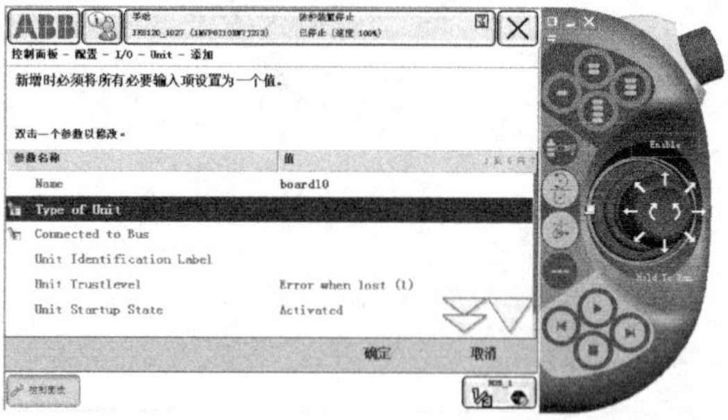

图 4-33　单击“Type of Unit”

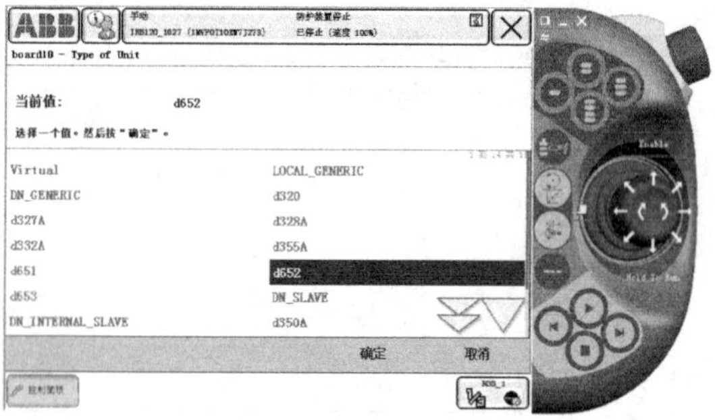

图 4-34　单击“d652”

5）设置 I/O 板的总线连接为“DeviceNet”。单击“Connected to Bus”，选中“DeviceNet1”，如图 4-35 所示。

6）设置 I/O 板在总线中的地址为“10”。单击“DeviceNet Address”，输入总线地址“10”，单击“确定”按钮，如图 4-36～图 4-38 所示。

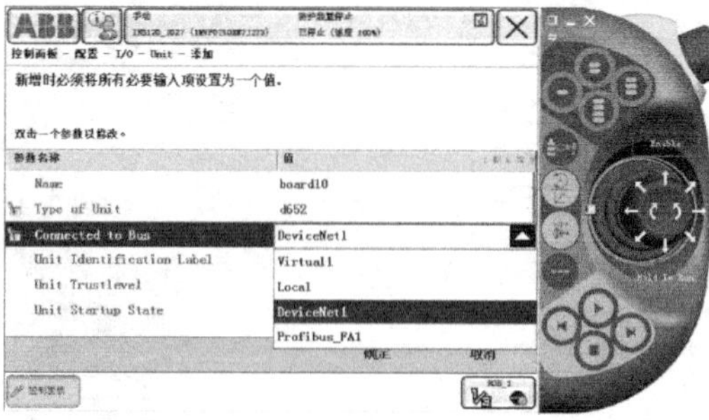

图 4-35　单击“Connected to Bus”

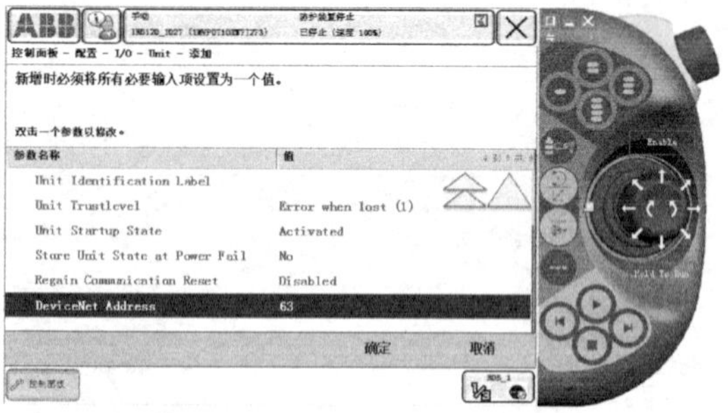

图 4-36　单击“DeviceNet Address”

7）新建单元“board10”的参数配置完成。单击“确定”按钮，在弹出的窗口中选择“是”按钮重新启动，如图 4-39 所示。

3. 配置 I/O 板 DCSQC652 数字输入信号

1）进入“控制面板”，单击“配置”，再单击“Singal”，然后单击“添加”按钮，定义一个数字输入信号（见图 4-40）。

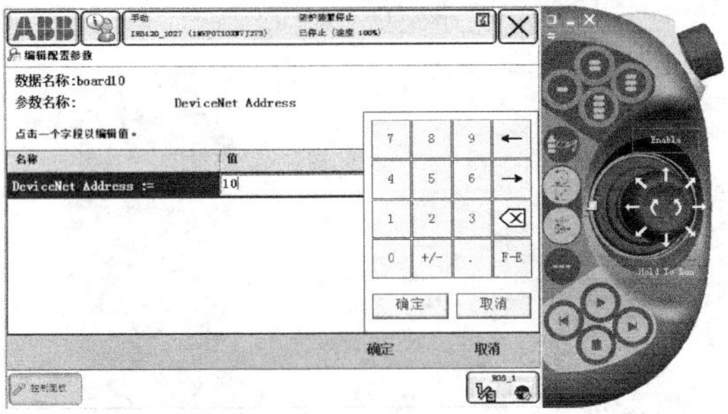

图 4-37　使用触摸屏键盘输入“10”

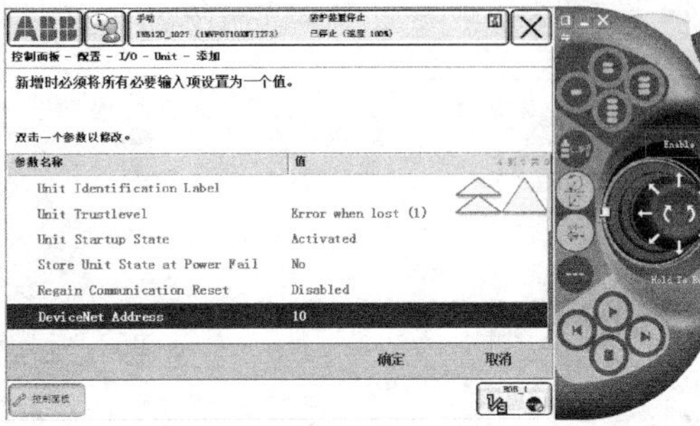

图 4-38　配置完成

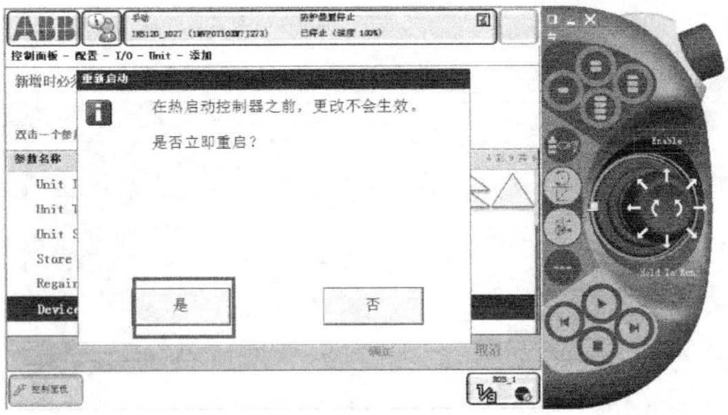

图 4-39　重新启动

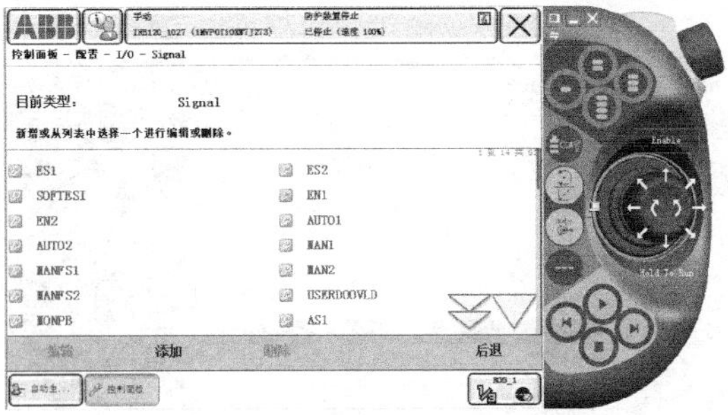

图 4-40　“Singal”单元界面

2）将新创建的数字输入信号重命名为“DI10_1”。双击“Name”，使用触摸屏键盘输入“DI10_1”，单击“确定”按钮，如图 4-41 和图 4-42 所示。

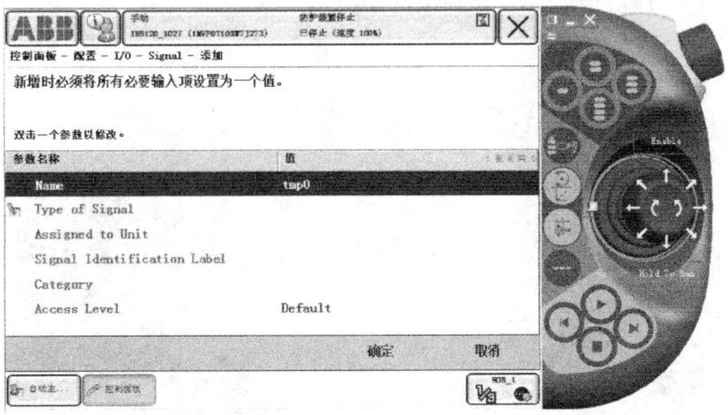

图 4-41　双击“Name”

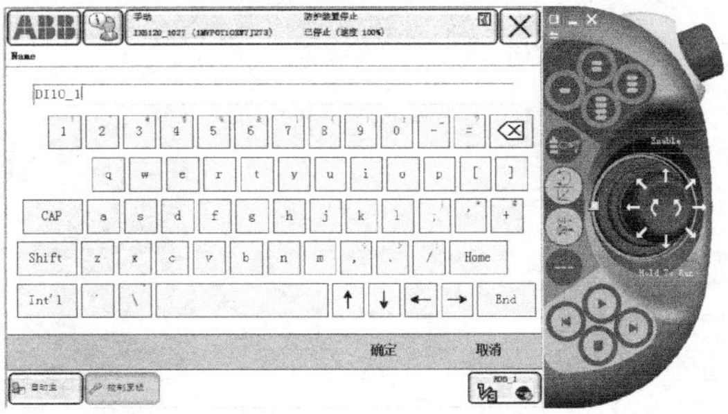

图 4-42　输入“DI10_1”

3）设置数字输入信号“DI10_1”的类型。单击信号类型“Type of Singal”，选择“Digital Input”，如图 4-43 所示。

4）设置数字输入信号“DI10_1”所在 I/O 模块为“board10”。单击“Assigned to Unit”，选择“board10”模块，如图 4-44 和图 4-45 所示。

5）设置数字输入信号“DI10_1”所占用的地址“0”。单击“Unit Mapping”，使用

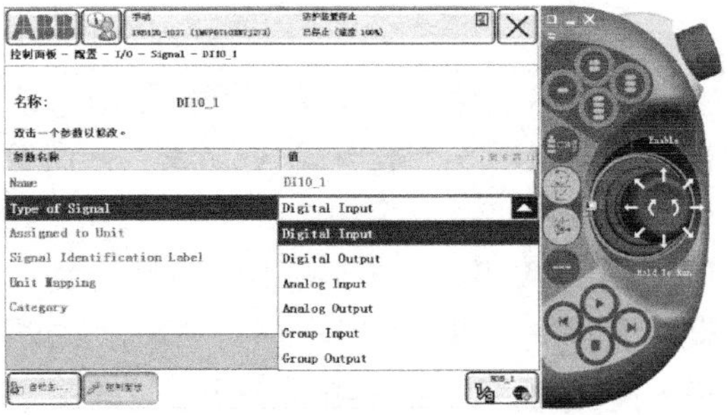

图 4-43　单击“Type of Singal”

触摸屏键盘输入“0”，单击“确定”按钮，如图 4-46 和图 4-47 所示。

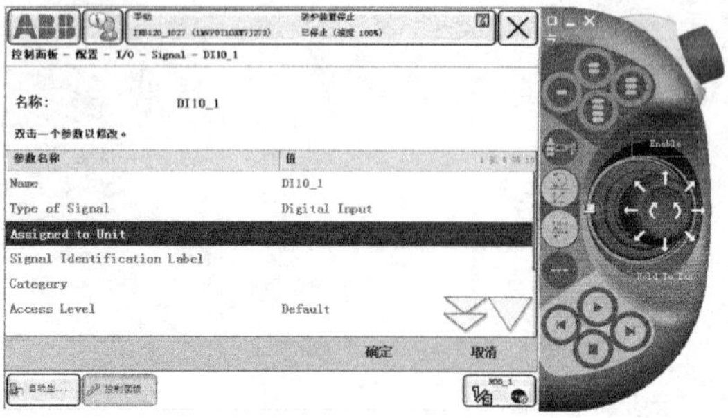

图 4-44　单击“Assigned to Unit”

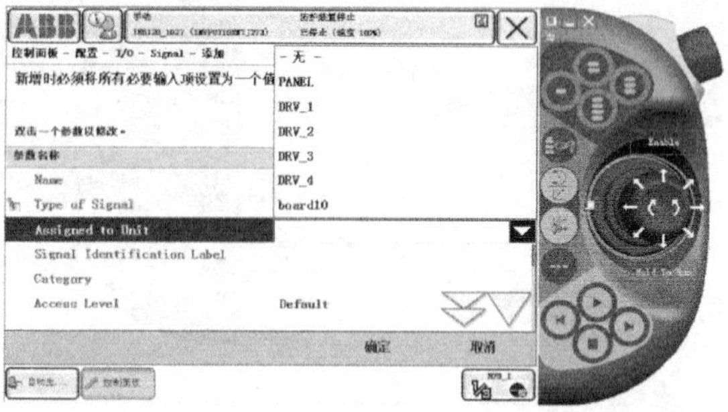

图 4-45　选择“board10”模块

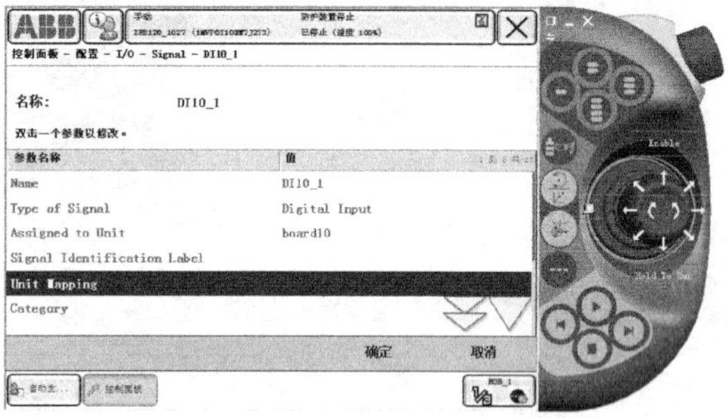

图 4-46　单击“Unit Mapping”

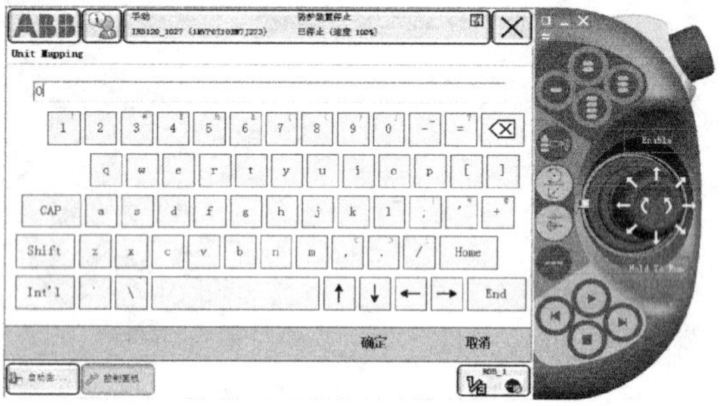

图 4-47　输入“0”

6）新建数字输入信号“DI10_1”的参数配置完成。单击“确定”按钮，在弹出的窗口中选择重新启动（“是”），如图 4-48、图 4-49 所示；也可选择不重新启动（“否”），在创建完成所有数字输入信号后，再重新启动。

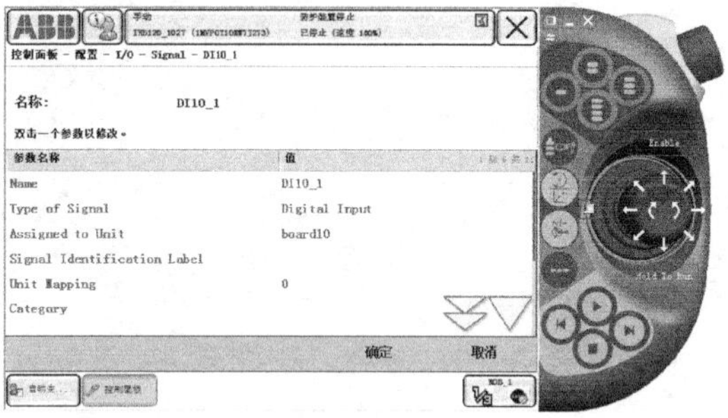

图 4-48　配置完成

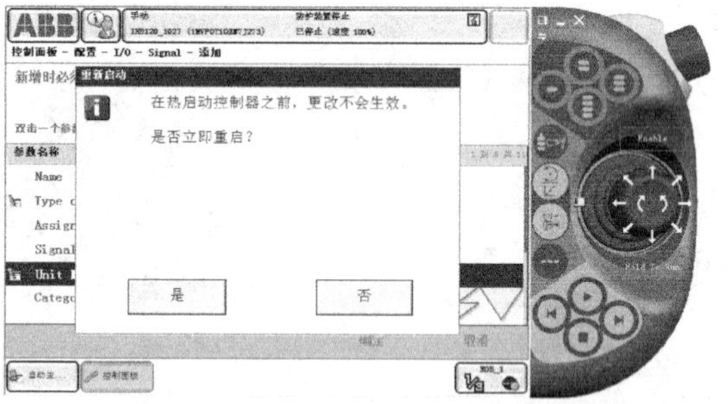

图 4-49　重新启动

按照上述创建数字输入信号“DI10_1”的步骤，再创建 5 个数字输入信号，分别重命名为“DI10_2”“DI10_3”“DI10_4”“DI10_5”“DI10_6”；所占用的地址分别对应设置为“1”“2”“3”“4”“5”，如图 4-50 ~ 图 4-54 所示。其中，DI10_1 为第一条传送带的工件到位信号，DI10_2 为第二条传送带的工件到位信号。

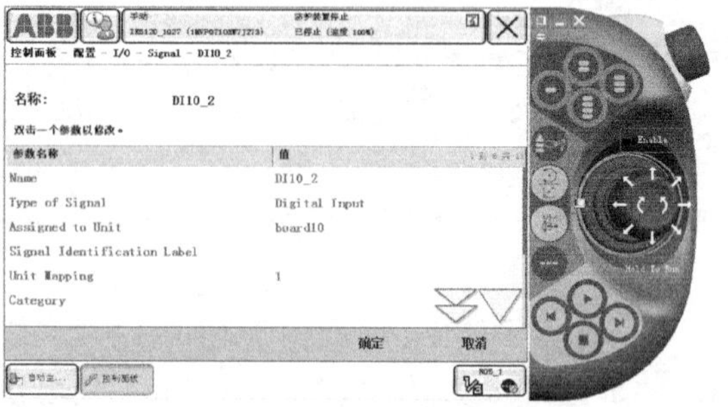

图 4-50　“DI10_2”参数

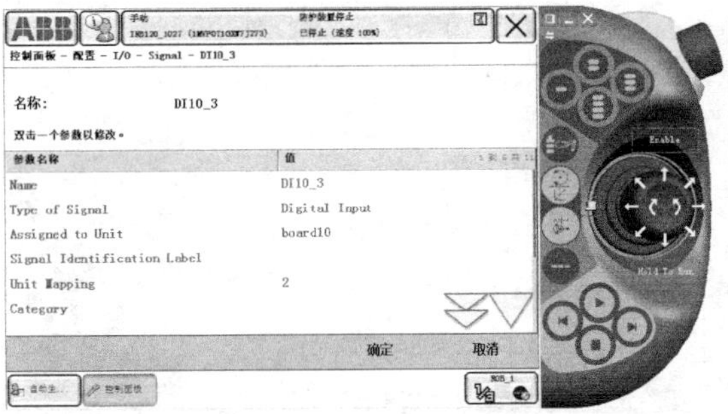

图 4-51 “DI10_3” 参数

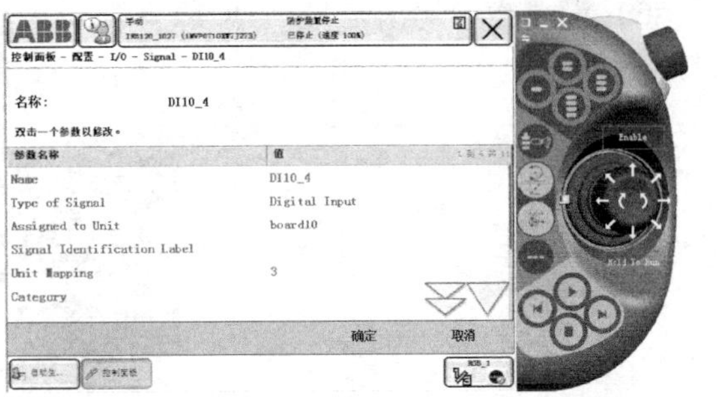

图 4-52 “DI10_4” 参数

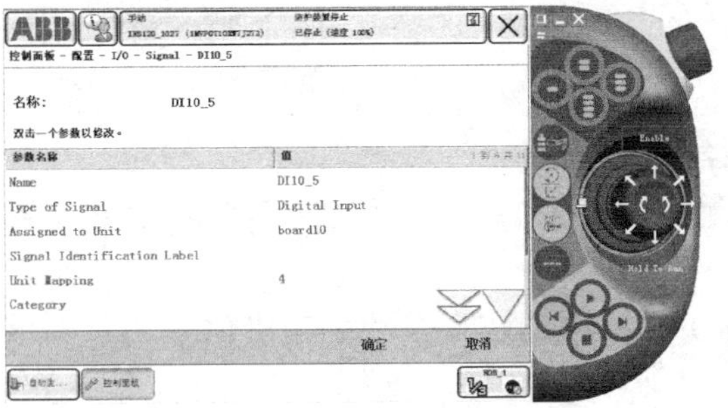

图 4-53 “DI10_5” 参数

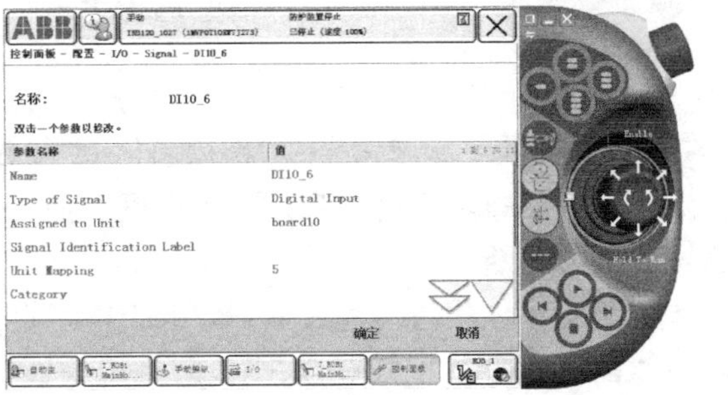

图 4-54 “DI10_6” 参数

4. 配置 I/O 板 DSQC652 的数字输出信号

1）单击打开“控制面板”，单击“配置”，再单击“Singal”，然后单击“添加”按钮，定义一个数字输出信号。

2）将新创建的数字输出信号重命名为“DO10_1”。双击“Name”，使用触摸屏键盘输入“DO10_1”，单击“确定”按钮。

3）设置数字输出信号“DO10_1”的类型。单击信号类型“Type of Singal”，选择“Digital Output”，如图 4-55 所示。

4）设置数字输出信号“DO10_1”所在 I/O 模块为“board10”。单击“Assigned to Unit”，选择“board10”模块，如图 4-56 和图 4-57 所示。

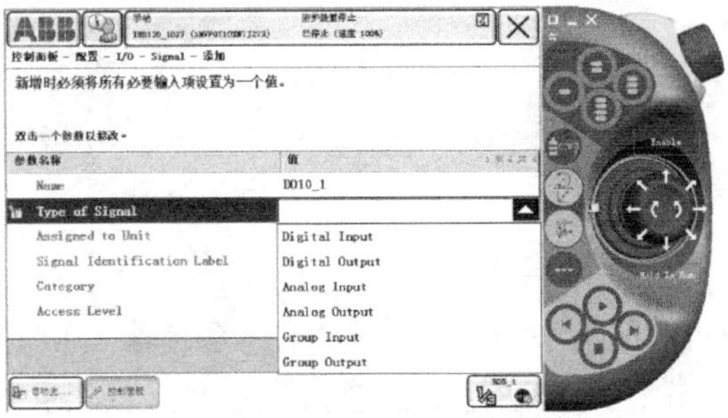

图 4-55 单击“Type of Singal”

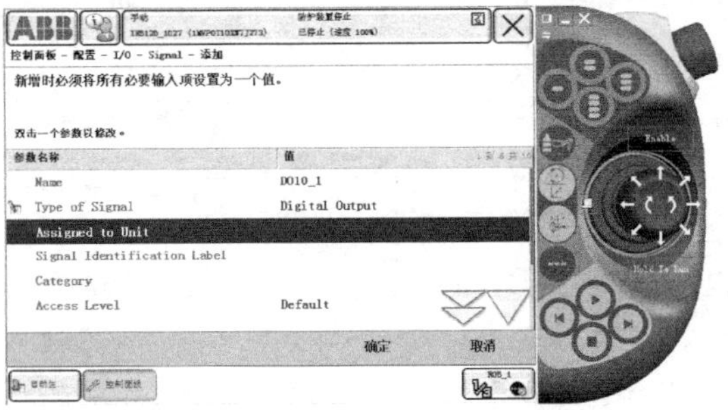

图 4-56 单击“Assigned to Unit”

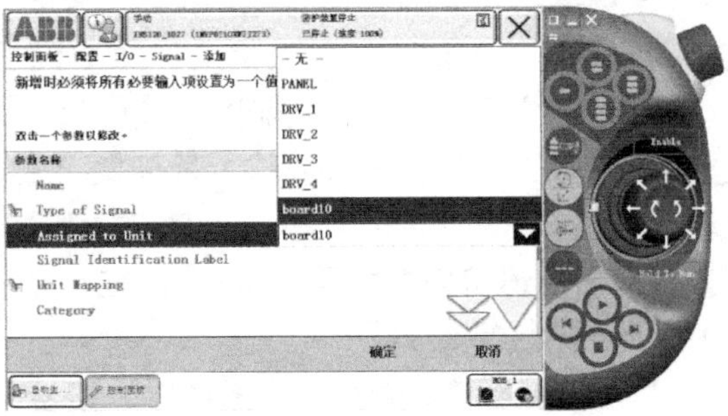

图 4-57 选择“board10”模块

5）设置数字输出信号“DO10_1”所占用的地址“0”。单击“Unit Mapping”，使用触摸屏键盘输入“0”，单击“确定”按钮，如图 4-58 和图 4-59 所示。

图 4-58　输入“0”

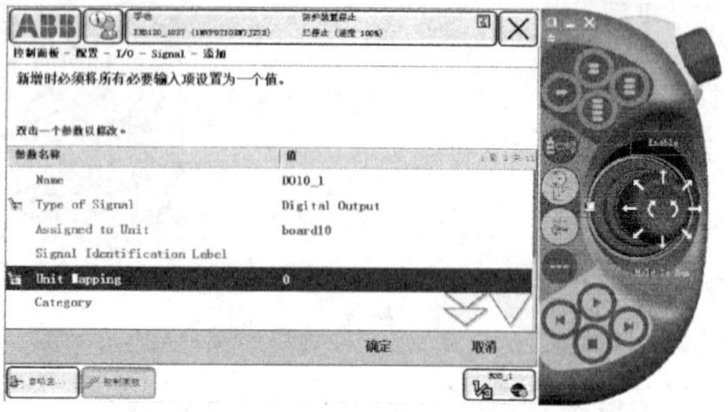

图 4-59　配置完成

6）新建数字输出信号“DO10_1”的参数配置完成以后，单击“确定”按钮，在弹出的窗口中选择重新启动（“是”）；也可选择不重新启动（“否”），在创建完成所有数字输入信号后，再重新启动。

按照上述创建数字输入信号“DI10_1”的步骤，再创建 2 个数字输出信号，分别重命名为“DO10_2”和“DO10_3”；所占用的地址分别对应设置为“1”和“2”，如图 4-60 和图 4-61 所示。

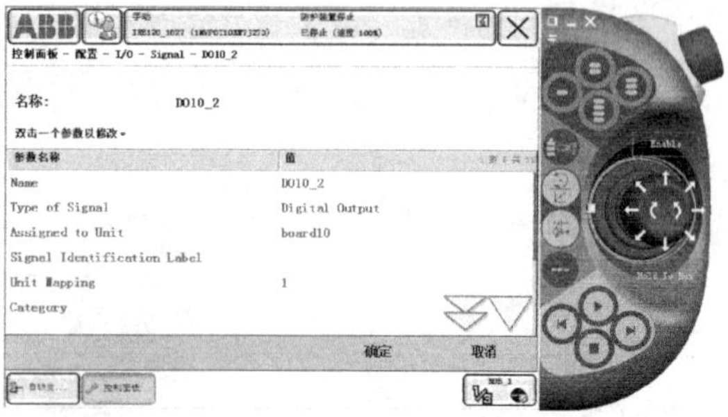

图 4-60　“DO10_2”参数

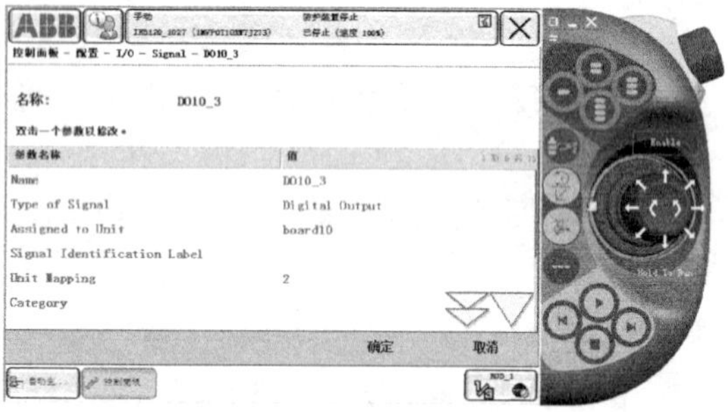

图 4-61　“DO10_3”参数

5. 配置 I/O 板 DSQC652 的系统输入和输出信号

控制系统通过系统输入信号与机器人系统的控制信号相关联。通过系统输出信号与机器人系统的状态信号相关联，将系统的状态输出给外围设备。

配置系统输入信号 System Input 的具体操作步骤如下：

1）单击打开“控制面板”，单击“配置”→“System Input”，然后单击“添加”按钮，定义一个系统输入信号，如图 4-62、图 4-63 所示。

2）将系统输入信号与机器人系统的数字输入信号“DI10_3”相关联，作为外接电动机上电信号，双击“Signal Name”，选择数字输入信号“DI10_3”；双击“Action”，选择外接电动机上电“Motors On”，单击“确定”按钮，信号关联设置完成，如图 4-64 ~ 图 4-66 所示。在弹出的窗口中选择重新启动（“是”）；也可选择不重新启动（“否”），在完成所有信号关联后，再重新启动。

3）重复步骤 1）定义一个系统输入信号，将此系统输入信号与机器人系统的数字输入信号“DI10_4”相关联，作为程序启动信号，双击“Signal Name”，选择数字输入信号

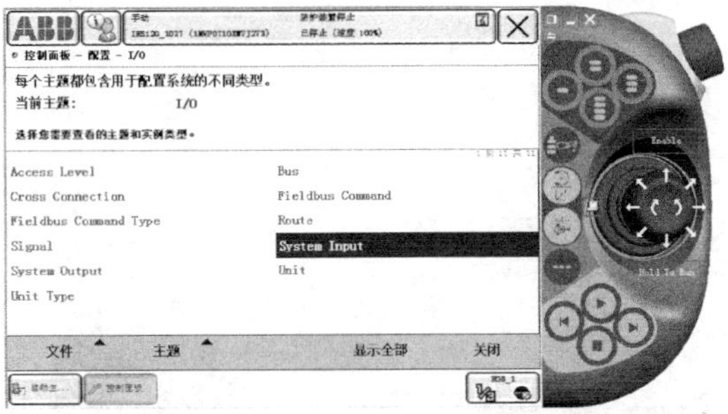

图 4-62　“配置”界面 I/O 主题

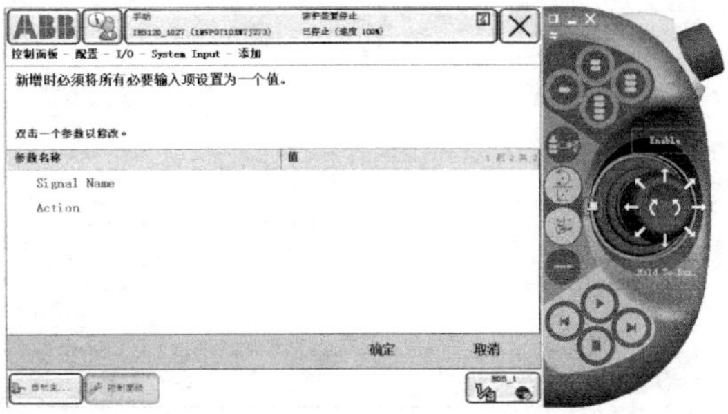

图 4-63　定义的系统输入信号

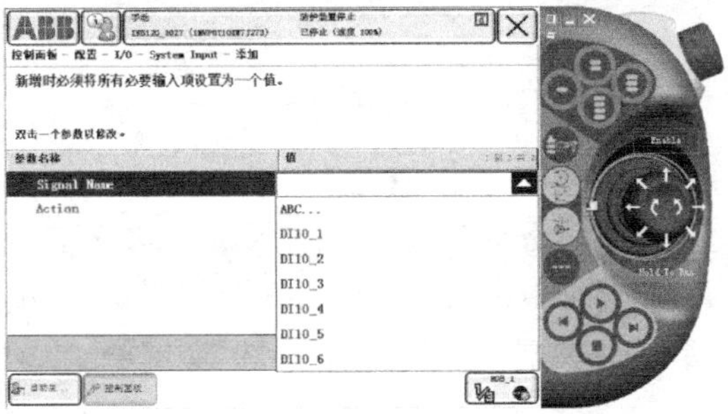

图 4-64　选择信号“DI10_3”

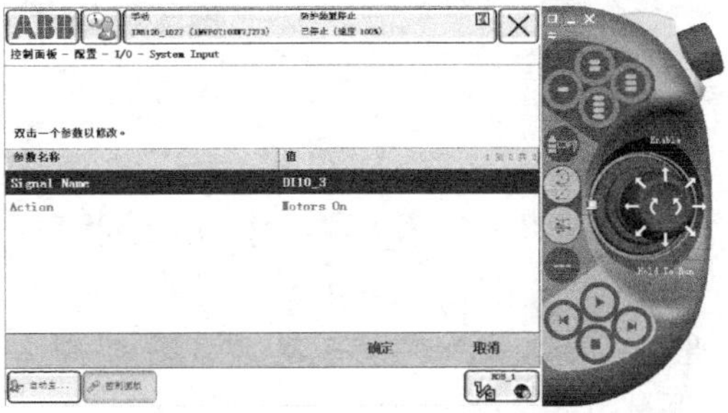

图 4-65　选择“Motors On”

“DI10_4”；双击“Action”，选择程序启动“Start”，双击“Argument1”，选择循环方式为单周循环“Cycle”，单击“确定”按钮，信号关联设置完成，如图 4-67 ~ 图 4-69 所示。

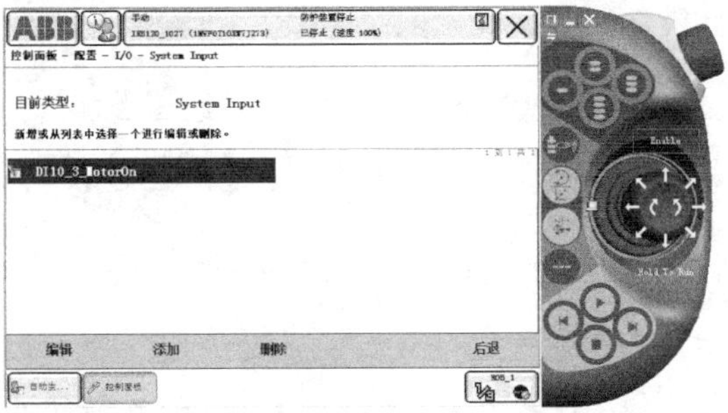

图 4-66　信号关联设置完成

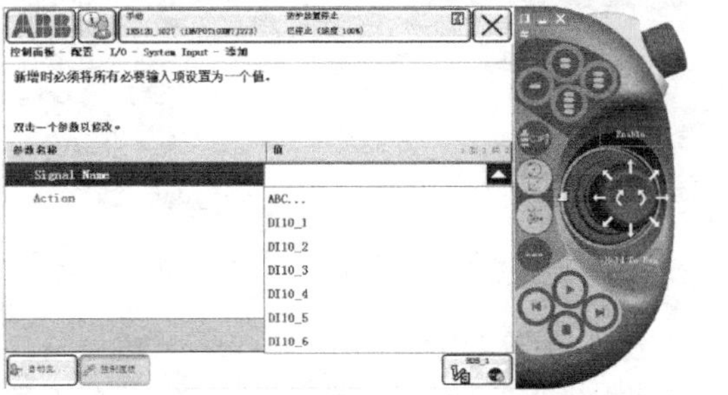

图 4-67　选择信号“DI10_4”

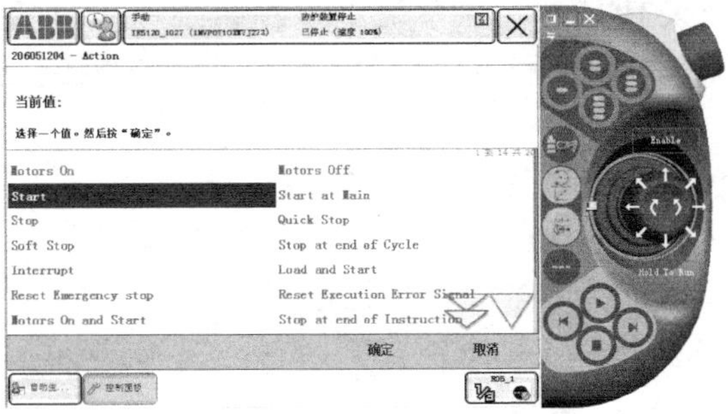

图 4-68　选择“Start”

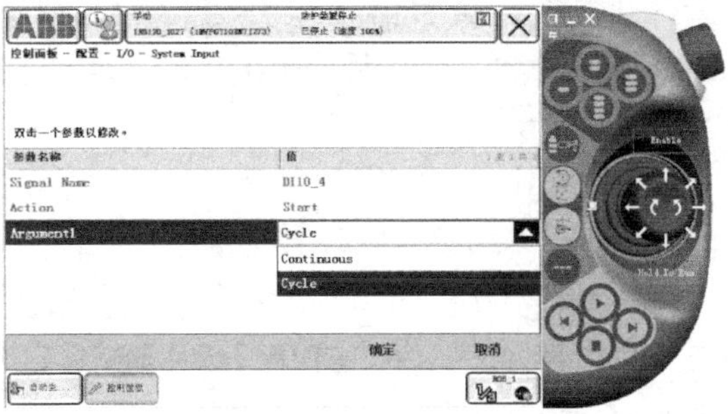

图 4-69　选择单周循环“Cycle”

4）重复步骤1）定义一个系统输入信号，将此系统输入信号与机器人系统的数字输入信号“DI10_5”相关联，作为程序停止信号，双击“Signal Name”，选择数字输入信号“DI10_5”；双击“Action”，选择程序停止“Stop”，单击“确定”按钮，信号关联设置完成，如图4-70、图4-71所示。

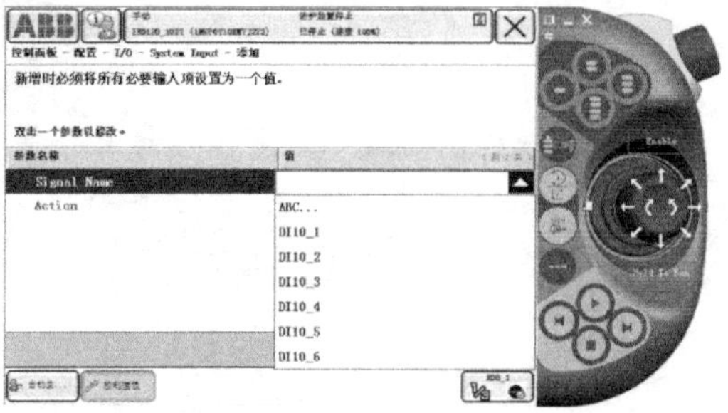

图4-70 选择信号“DI10_5”

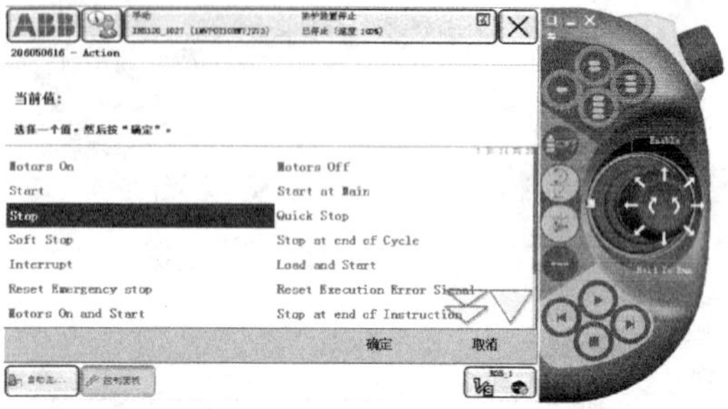

图4-71 选择“Stop”

5）重复步骤1）定义一个系统输入信号，将此系统输入信号与机器人系统的数字输入信号“DI10_6”相关联，作为急停状态恢复信号，双击“Signal Name”，选择数字输入信号“DI10_6”；双击“Action”，选择急停状态恢复“Reset Emergency stop”，单击“确定”按钮，信号关联设置完成，如图4-72、图4-73所示，在弹出的窗口中选择重新启动（“是”）。

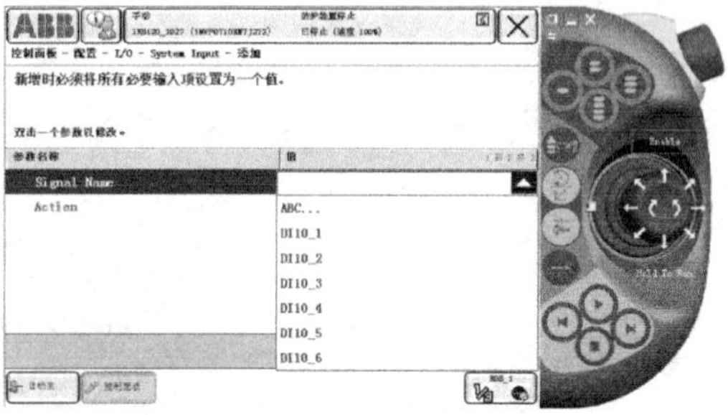

图4-72 选择信号“DI10_6”

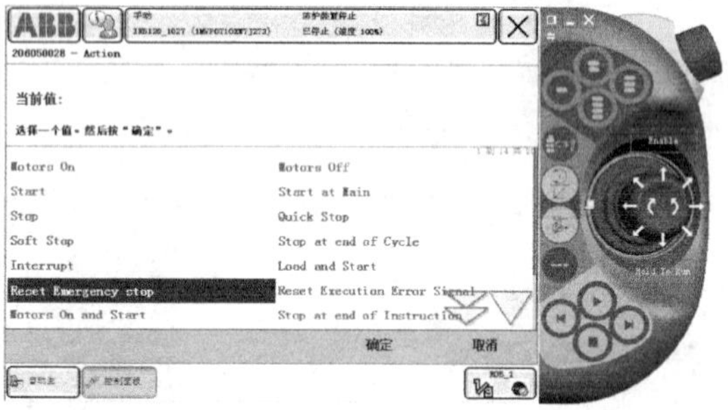

图4-73 选择“Reset Emergency stop”

二、仿真调试

搬运机器人的六轴末端添加了一个气动夹具，利用压缩空气作为动力，实现各种抓取功能。当机器人运行到输送带末端需要抓取工件时，采用气动控制使气动夹具闭合；当机器人运行到工作台位置需要松开工件时，则把气动夹具打开。在系统中采用机器人I/O板DSQC652的数字输出量DO10_3控制真空信号，常用Reset和Set两个指令将DO10_3复位为1或置位为0，指令如下：

Set DO10_3；将真空信号置为1，打开真空设备，控制夹具闭合，抓取工件。

Reset DO10_3；复位真空信号，关闭真空设备，控制夹具打开，放下工件。

在示教器中，可以对I/O信号的状态进行仿真和强制操作。具体操作步骤如下：

在主界面中，单击打开“输入输出”，单击“视图”（见图4-74），选择“I/O单元”，进入I/O单元窗口（见图4-75）。

单击“board10”I/O单元，单击“信号”按钮，在打开的界面中显示定义的数字输入

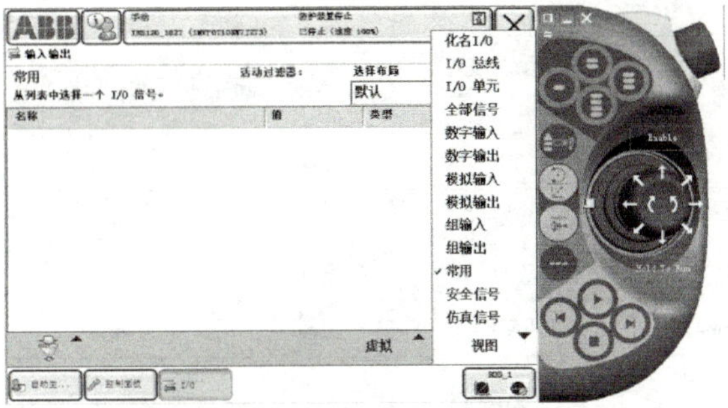

图 4-74　选择“I/O 单元”

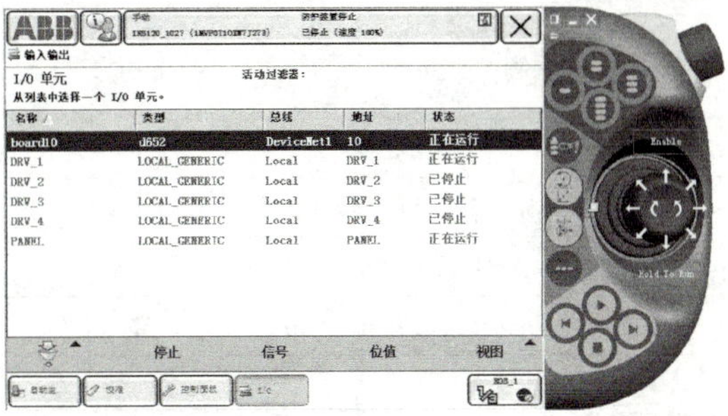

图 4-75　I/O 单元窗口

量和数字输出量，如图 4-76 所示。选择数字输出量 DO10_3 真空信号进行仿真，单击“DO10_3”，单击“仿真”按钮，即可对该信号进行仿真。单击“1”，将真空信号置为 1，打开真空设备，控制夹具开启；单击“0”，复位真空信号，关闭真空设备，控制夹具打开，如图 4-77 所示。

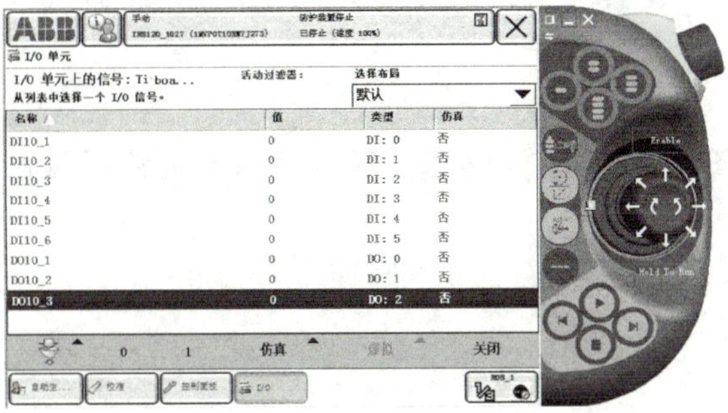

图 4-76　单击“DO10_3”信号

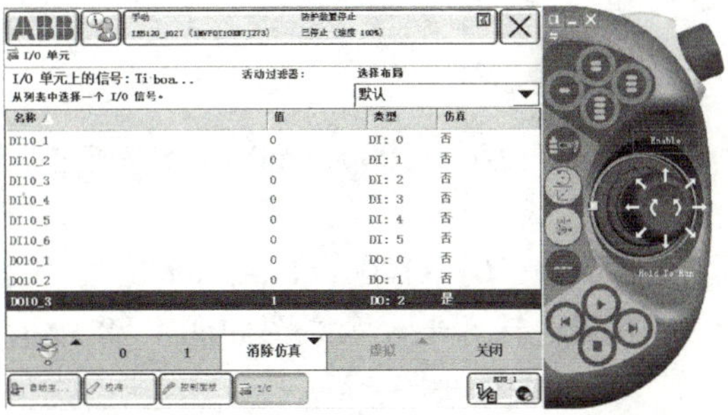

图 4-77　仿真 DO10_3 信号

任务三　搬运轨迹设计

【任务目标】

1. 学会使用机器人基本运动指令编写程序
2. 掌握搬运机器人的工作流程
3. 学会编写搬运机器人程序

【背景知识】

一、基本运动指令

基本运动指令有：直线运动 MoveL、关节轴运动 MoveJ、圆周运动 MoveC 和绝对位置运动指令 MoveAbsJ。

基本运动指令格式：运动方式　目标位置，运行速度，转弯半径，工具中心点。

各运动指令示例及参数说明如表 4-6 所示。

表 4-6　基本运动指令例句

例　　句	运动方式	目标位置	运行速度/（mm/s）	转弯半径/mm	工具中心点
MoveL　p10,v50,z50,tool1;	MoveL	p10	50	50	tool1
MoveJ　p30,v200,fine,tool1;	MoveJ	P30	200	fine	tool1
MoveC　p40,p60,v200,fine,tool1;	MoveC	P40,p60	200	fine	tool1
MoveA bsJ　jpos1,v100,z10,tool;	MoveJ	jpos1	100	10	tool

运行速度是指机器人运动时的线速度（mm/s），Base 模块中定义的最大速度 vmax 为 v5000，但是机器人不一定能达到最大速度。

转弯半径指转变区的大小，单位是 mm，可设置为 fine、zone 等，zone 可设置不同的数值，如 z1、z10、z50 等。fine 指机器人 TCP 到达目标点时速度降为零，机器人动作有所停顿然后继续运动。zone 指机器人 TCP 不达到目标点，而是在距离目标点所设置的数值长度处圆滑绕过目标点。一般情况下，一段路径的最后一个点，设置转弯区尺寸为参数 fine。焊接编程时，也必须设置转弯区尺寸为 fine 参数。转弯区数值越大，机器人的动作路径就越圆滑与流畅。

指令示例：

MoveL p10，v1000，z50，tool0；！机器人 TCP 到达距离目标点 p10 的 50mm 处绕过目标点

MoveL p20，v1000，fine，tool0；！机器人 TCP 到达目标点 p20 时速度降为零

机器人转弯半径示意图如图 4-78 所示。

1. 直线运动指令 MoveL

常用于线性运动，机器人 TCP 从起始点到目标点之间的路径保持为直线，如图 4-79 所示，指令常用于焊接、涂胶等应用。

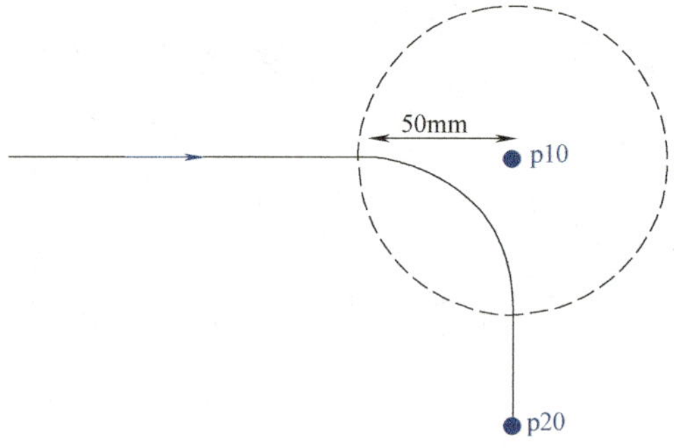

图 4-78　转弯半径示意图

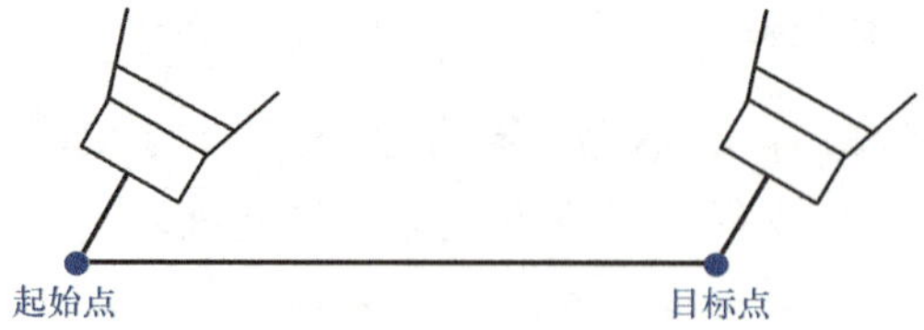

图 4-79　直线运动

指令示例：MoveL p10，v50，z50，tool1；

MoveJ p20，v100，fine，tool1；

执行上述指令，机器人运行轨迹如图 4-80 所示（图中从起始点到 p20 点）。机器人 TCP 从前一位置以直线运动到达距离目标点 p10 的 50mm 处绕过目标点，即距离目标点 p10 处 50mm 处开始转弯，运行速度为 50mm/s，使用的工具是 tool1。机器人运行速度增大为

100mm/s，机器人 TCP 以直线运动到达目标点 p20 时速度降为零，使用的工具仍然是 tool1。

2. 关节运动指令 MoveJ

机器人 TCP 从起始点到目标点，两个点之间的路径不一定是直线（见图 4-81），常用于对路径精度要求不高的情况，适合于机器人大范围运动。

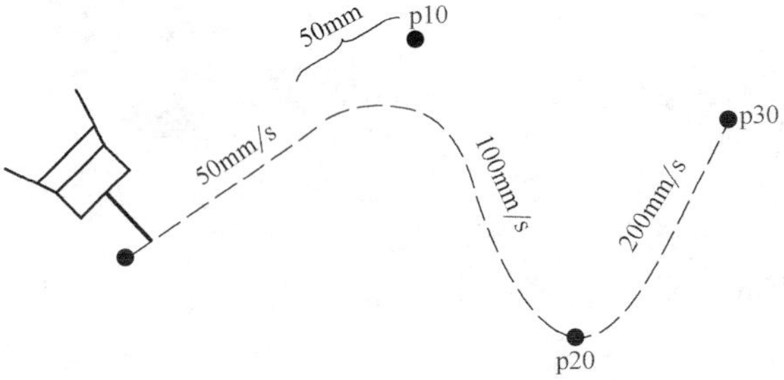

图 4-80　机器人直线运动和关节运动

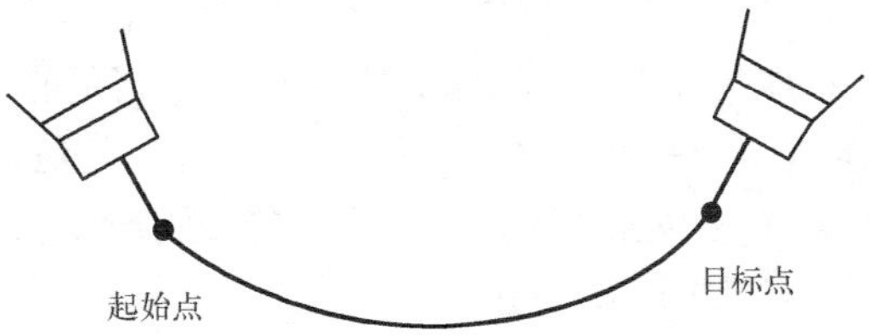

图 4-81　关节运动

指令示例：MoveJ　p30，v200，fine，tool1；

运行轨迹如图 4-80 所示，机器人 TCP 以关节运动到达目标点 p30，运行速度为 200mm/s，转弯区半径是 fine，使用的工具是 tool1。

3. 圆弧运动 MoveC

机器人在本体工作空间内定义三个位置点，第一个点是圆弧的起点（p40），第二个点（p50）定义圆弧的曲率，第三个点是圆弧的终点（p60），如图 4-82 所示。

指令示例：MoveC p40，p60，v200，fine，tool1；

机器人 TCP 从起始点 p40 到终点 p60 做圆弧运动，运行速度为 200mm/s，转弯区半径是 fine，使用的工具是 tool1。

4. 绝对位置运动指令 MoveAbsJ

机器人的运动使用六个轴和外轴的角度值来定义目标位置数据，常用于机器人六个轴回到机械零点的位置。

指令示例：MoveAbsJ jpos1，v100，z10，tool；！绝对位置运动，其他参数与上述指令基本相同。

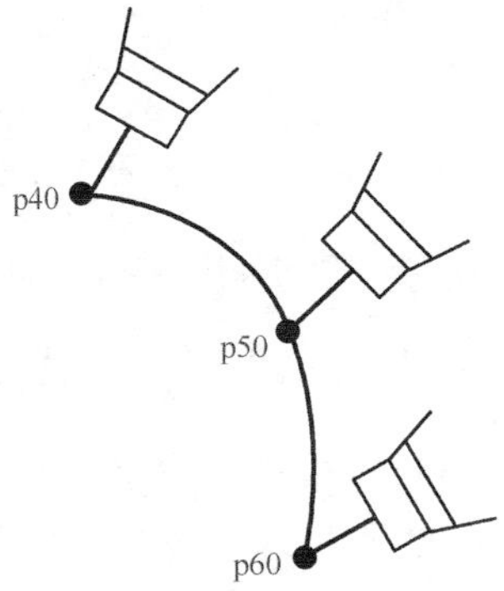

图 4-82　圆弧运动

二、新建程序与编写基本指令

1. ABB 机器人程序存储器

ABB 机器人程序存储器包含应用程序（Program）和系统模块（System modules）两部分。应用程序包括主模块（Main modules）和程序模块（Program modules）。主模块由主程序（Main routine）、程序数据（Program data）和例行程序（Routine）三部分组成。程序模块由程序数据（Program data）和例行程序（Routine）两部分组成。

系统模块包括系统数据（System data）和例行程序（Routine）。ABB 机器人自带 USER 和 BASE 两个系统模块，使用时不能修改这两个模块。

2. 新建程序、加载程序和编写基本指令

以编写直线运动指令 MoveL 为例进行说明，其具体步骤如下：

1）在主界面下，单击“程序编辑器”，如图 4-83 所示。

图 4-83　程序编辑器

2）单击“任务与程序”（见图 4-84），在“任务与程序”窗口中，单击“文件”，如果创建新程序，则单击“新建程序”；如果编辑已有程序，则单击“加载程序”（见图 4-85）。

3）在新建程序中，编写基本指令，单击“添加指令”，在右侧窗口选择要编写的指令，通过“上一个”和“下一个”按钮可以选择不同的指令，如图 4-86 所示。

4）单击“添加指令”，在右侧窗口选择 MoveL 指令，窗口中根据上一次操作显示默认值，如图 4-87 所示。

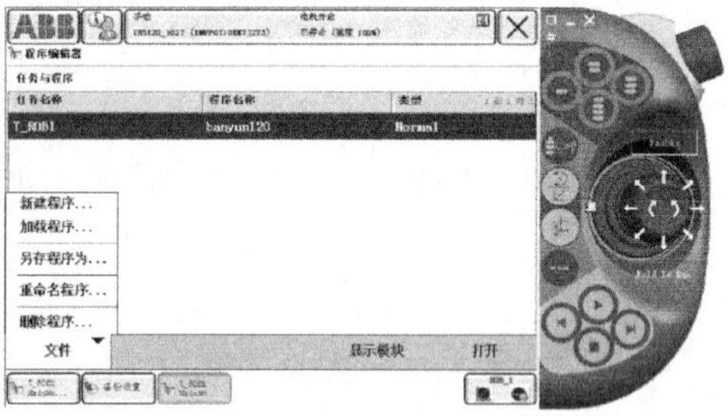

图 4-84　“任务与程序”窗口

图 4-85　新建程序

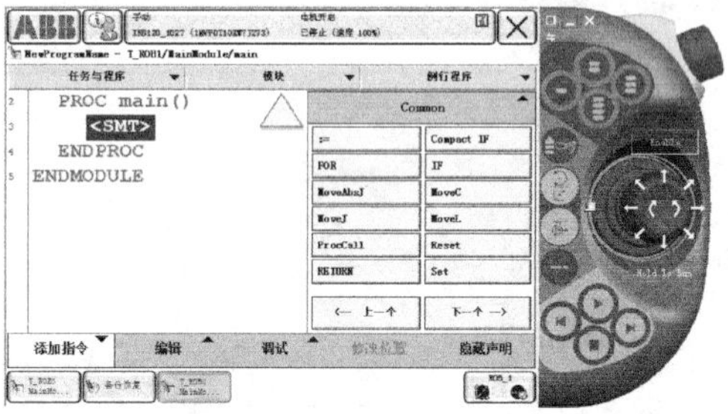

图 4-86　编写基本指令

图 4-87　MoveL 指令

5）单击指令中的“ * ”，可新建位置数据参数，如名字、类型、范围等，如图 4-88 ~ 图 4-90 所示，单击“新建”，重命名为“p90”，单击“确定”按钮。

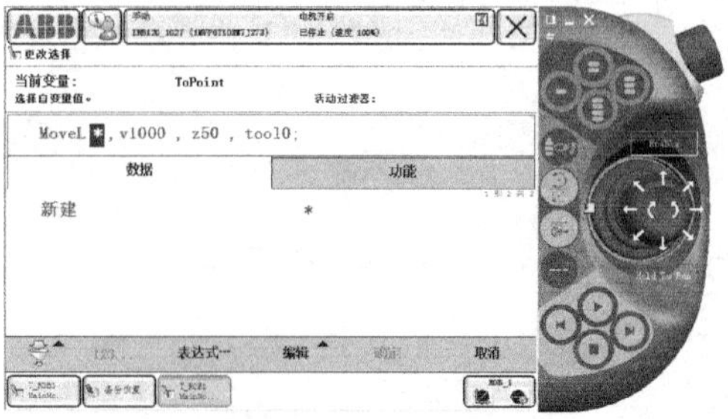

图 4-88　单击“ * ”

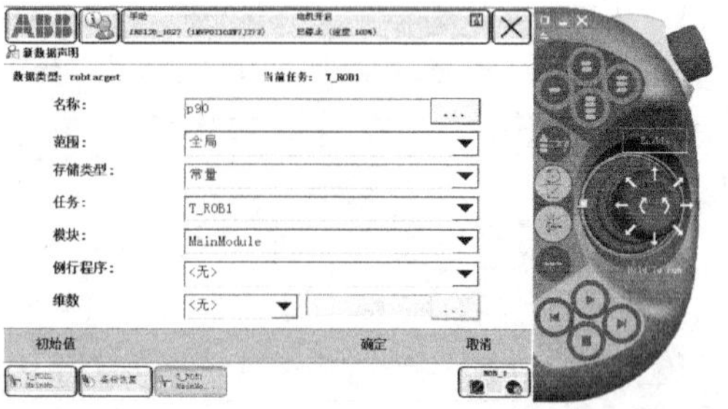

图 4-89　p90 可修改的参数

6）单击“MoveL”指令的不同参数，都可进行参数修改，如速度、转弯数据和工具坐标等（见图4-91）。

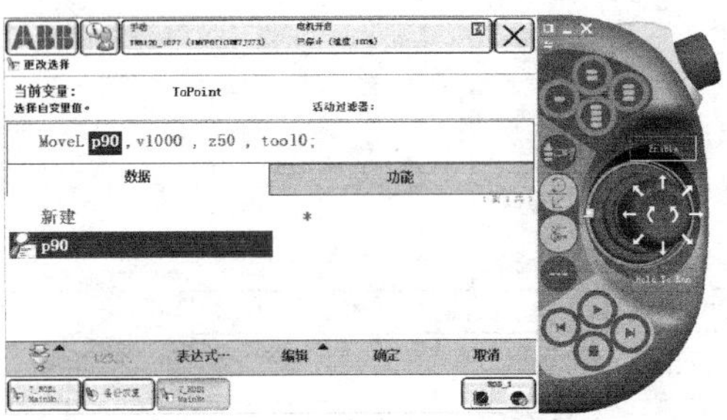

图4-90　单击“确定”按钮

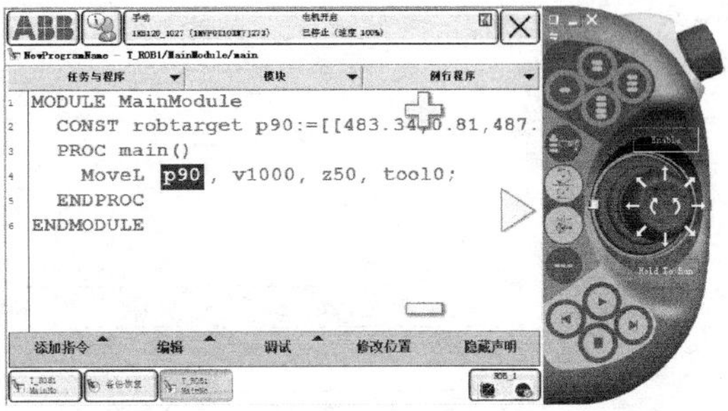

图4-91　修改后的“MoveL”指令

【任务实施】

一、搬运机器人系统PLC的输入和输出分配

搬运机器人系统的FX_{3U}-48MR型PLC的I/O分配如表4-7所示；系统硬件接线如图4-92所示。

表4-7　PLC的I/O分配

输入		输出	
输入点	功能	输出点	功能
X0	启动	Y0	机器人接线端子
X1	停止	Y1	
X2	复位	Y4	红灯
X3	急停	Y5	绿灯
X5	三模式选择	Y6	蜂鸣器
X6		Y7	电磁阀01,压铸合模气缸
X10	压铸气缸归位	Y10	电磁阀02,压铸出料气缸
X11	输送带A推料归位	Y11	电磁阀03,压铸进料气缸
X12	压铸进料归位	Y12	输送带A启动
X13	工件检测	Y13	输送带B启动
X14	输送带A光电开关(料到位)	Y14	模式指示01
X15	输送带B光电开关(料到位)	Y15	模式指示02
X16	输送带A光纤传感器(有料)	Y16	运行指示灯
X17	输送带B光纤传感器(有料)	Y17	送料气缸1
X20	压铸出料归位	Y20	送料气缸2
X21	输送带B推料归位		

二、搬运机器人程序设计

1. 搬运机器人控制要求

抓取工件过程，机器人启动，机器人检测工作原点位置，以500mm/s的速度运动到传送带末端工件所在位置p90的正上方50mm处，打开夹具（DO10_3＝0），等待工件到达（DI10_1＝1），减速为50mm/s，运动到工件所在位置p90点，抓取工件（DO10_3＝1）。

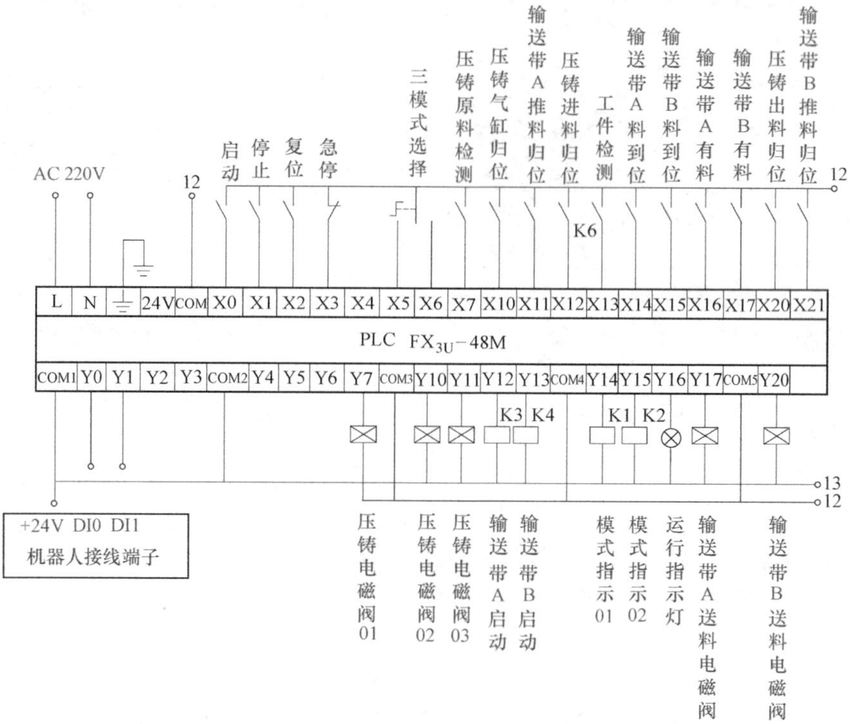

图 4-92 PLC 硬件接线图

放下工件过程，机器人以 50mm/s 的速度运动到 p90 正上方 100mm 处，增速为 300mm/s 运动到 p100 正上方 100mm 处，减速为 50mm/s，运动到工作台上的 p100 位置，打开夹具，放下工件，返回到 p100 正上方 100mm 处，最后返回至工作原点（见图 4-93）。

图 4-93 机器人多功能实训台

p90—抓取工件位置 p100—放置工件位置

2. 搬运机器人工作流程

搬运机器人详细工作流程如图 4-94 所示。

3. 搬运机器人程序及注释

MODULE MainModule

CONST robtarget

p90: = [[71.94, -501.49, 292.27], [0.00195519, -0.704798, -0.709404, -0.00155926], [-1,0,0,0], [9E+09,9E+09,9E+09,9E+09,9E+09,9E+09]];

CONST robtarget

p100: = [[211.66, -372.81, 304.94], [0.00195502, -0.704802, -0.7094, -0.00156055], [-1,0,0,0], [9E+09,9E+09,9E+09,9E+09,9E+09,9E+09]];

PROC main()

MoveAbsJ[[0,0,0,0,90,0], [9E+09,9E+09,9E+09,9E+09,9E+09,9E+09]]\NoEOffs, v500, z50, tool0;

Reset DO10_3;! 信号初始化,复位真空信号,关闭真空

WaitDI DI10_1, 1;! 等待工件到位信号 DI10_1 变为1,即工件已到位

MoveJ Offs(p90,0,0,50), v500, z10, tool0;! 利用关节运动指令 MoveJ 将机器人移至抓取工件位置 p90 正上方 50mm 处,运行速度设为 500mm/s

MoveL p90, v50, fine, tool0; ! 利用直线运动指令 MoveL 将机器人移至抓取工件位置 p90 处,并减速为 50mm/s

WaitTime 1;! 等待 1s

Set DO10_3;! 将真空信号置为1,打开真空,控制夹具开启,抓取工件

WaitTime 1; ! 等待 1s

MoveL Offs(p90,0,0,100), v50, fine, tool0; ! 利用直线运动指令 MoveL 将机器人移至抓取工件位置 p90 正上方 100mm 处,运行速度不变

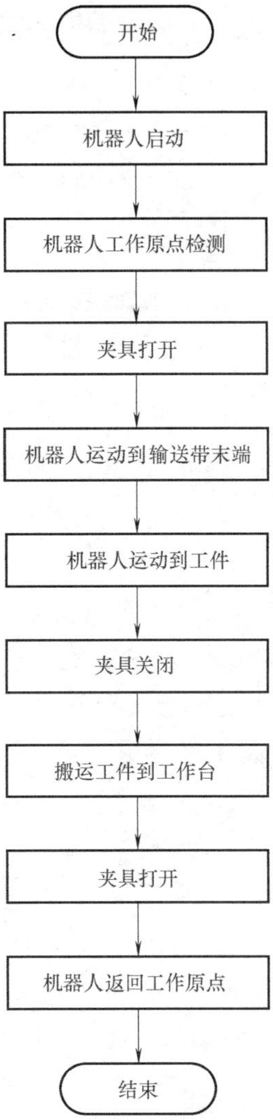

图 4-94 搬运机器人工作流程图

MoveJ Offs(p100,0,0,100), v300, fine, tool0; ! 利用关节运动指令 MoveJ 移至放置工件位置 p100 正上方 100mm 处,并增速为 300mm/s

MoveL p100, v50, fine, tool0; ! 利用直线运动指令 MoveL 搬运工件到达位置 p100 处

WaitTime 1; ! 等待 1s

Reset DO10_3; ! 复位真空信号,关闭真空,控制夹具打开,放下工件

WaitTime 1; ! 等待 1s

MoveL Offs(p100,0,0,100), v50, fine, tool0; ! 利用直线运动指令 MoveL 移至放置工件位置 p100 正上方 100mm 处

ENDPROC

ENDMODULE

三、仿真调试

1. 程序编写

打开前述任务建立的模型，在示教器中调试编写好的程序，将机器人切换至“手动”

模式，单击ABB进入主界面，单击“程序编辑器”，进入程序编辑界面，编写程序。

2. 程序调试

在程序编辑器界面，单击“调试”按钮，单击“检查程序”判断程序是否有错误，若未出现任何错误，则单击“确定”按钮，如图4-95和图4-96所示。

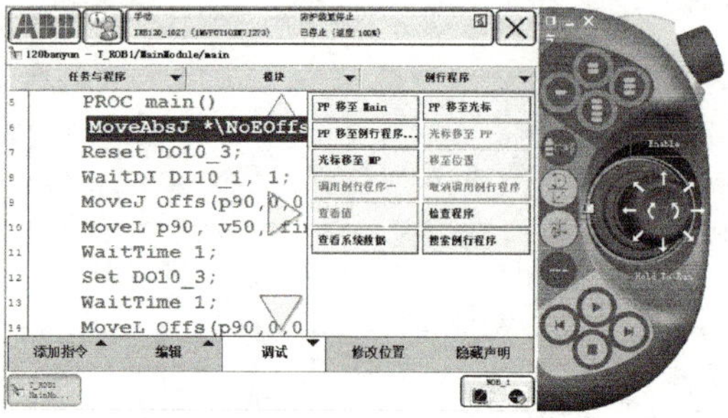

图4-95　调试程序界面

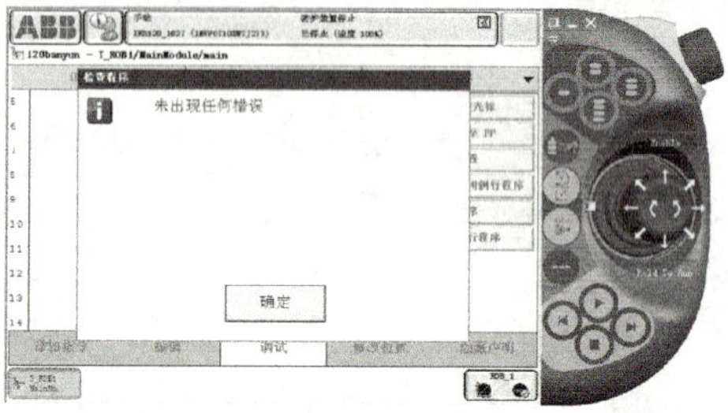

图4-96　检查程序

3. 仿真运行

按下使能键“Enable”，电动机开启，单击“PP移至Main”指针移至Main程序，调试程序，按下步进运行按键，即单步运行程序；也可按下启动按键，运行整个程序，如图4-97和图4-98所示。

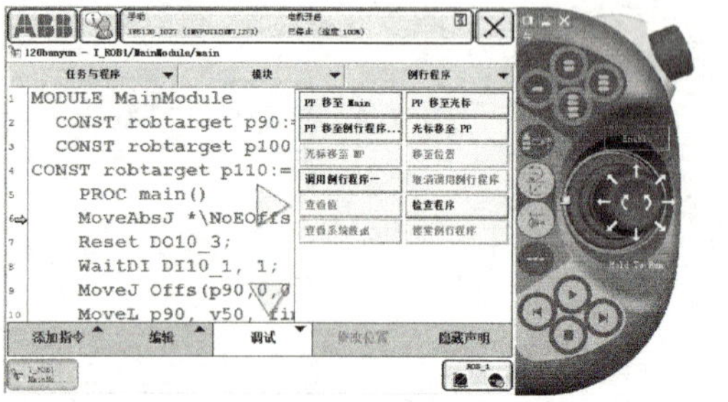

图4-97　单击“PP移至Main”

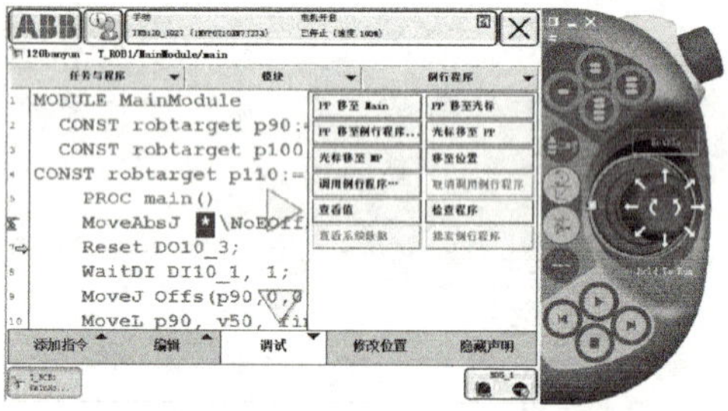

图4-98　按下步进运行按键

在示教器或虚拟示教器中，没连接气泵时，可以令“DI10_ 1”信号为1，单击“是”按钮，如图4-99所示，即工件已到达输送带末端，可以搬运工件。

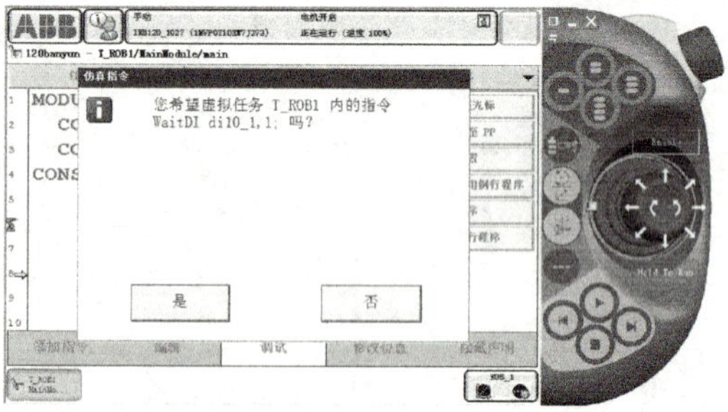

图4-99　虚拟“DI10_ 1”信号

四、实际运行

打开综合实训台电源，按下机器人启动按钮，切换至“手动”模式，打开气泵，调试程序，手动运行程序，如符合搬运机器人的控制要求，即可切换至“自动”运行模式。

【拓展提高】　编写双线传送搬运机器人程序

在机器人多功能实训台（见图4-1a）上，配置搬运机器人系统参数和编程，实现搬运机器人交替搬运两条输送带的工件，并分别放置到对应的工作台上。

项目五 压铸机器人

任务一 压铸工艺及压铸机器人编程

【任务目标】

1. 认知压铸工艺参数、要求及一般工艺流程
2. 熟悉工业机器人在压铸系统中的应用
3. 掌握机器人压铸系统的 I/O 点设置
4. 会进行简易压铸机器人程序编写

【背景知识】

压铸是利用模具腔对融化的金属施加高压，将熔融金属在高压高速下充填铸型，并在高压下结晶凝固形成铸件的过程。模具通常是用强度更高的合金加工而成的，过程有些类似于注塑成形。大多数压铸铸件都是不含铁的，例如锌、铜、铝、镁、铅、锡及铅锡合金，以及它们的合金。根据压铸类型的不同，需要使用冷室压铸机或者热室压铸机。

一、压铸工艺参数及要求

压铸工艺是将压铸机、压铸模和合金三大要素有机地组合而加以综合运用的过程。而压铸是熔融金属在高压高速下填充型腔的过程，是将压力、速度、温度以及时间等工艺因素得到统一的过程。在压铸过程中不仅要重视铸件结构的工艺性，压铸模的先进性，压铸机性能和结构的优良性，压铸合金选用的适应性和熔炼工艺的规范性；更应重视压力、温度和时间等工艺参数对铸件质量的重要作用。在压铸过程中应重视对这些参数进行有效的控制。

压铸工艺的主要参数有压力参数（压射力、压射比压）、速度参数（内浇道速度、压射速度）、温度参数（金属液温度、模具温度）、时间参数（填充时间、持压时间、留模时间）、余料饼厚度、合金液用量等。

高压和高速充填成型是压铸的两大特点。常用的压射比压是从几千至几万 kPa，甚至高达 2×10^5kPa。充填速度为 10 ~ 50m/s，有时甚至可达 100m/s 以上。充填时间很短，一般在 0.01 ~ 0.2s 范围内。

二、压铸工艺流程

一般压铸工艺流程包括模具安装、调试、清理预热模具、喷脱模剂、合模、进料、融化、压射、冷却与凝固、开模、顶出铸件、质量检验、成品下线、废品回收融化等过程。图 5-1 所示为典型压铸工艺流程。

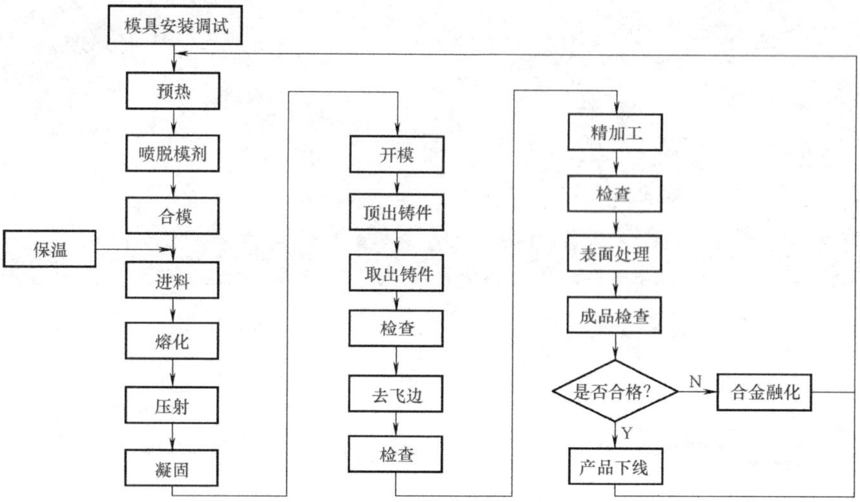

图 5-1　典型压铸工艺流程

三、压铸机器人

工业机器人的加入使得现代压铸工艺更加方便，免去了人工取件所面临的高温、劳动强度大等恶劣工作环境，还可以配合后续工作站进行打磨、组装等一系列自动化作业，让人更轻松地完成压铸机取件工作。图 5-2 为某压铸机器人工艺流程，图中，虚线表示开模、合模

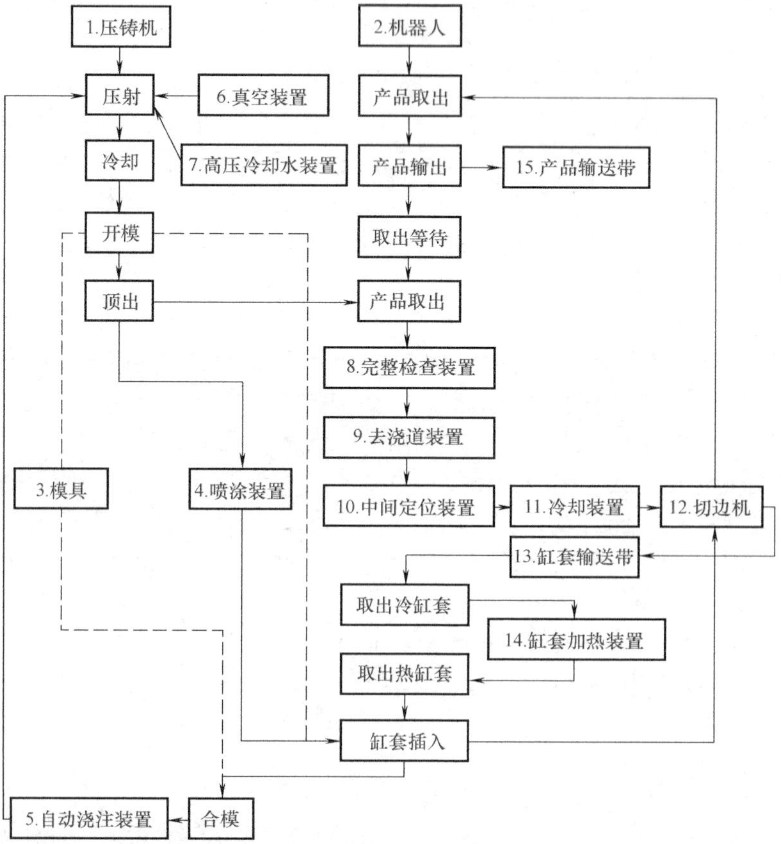

图 5-2　压铸机器人工艺流程

操作对象均为模具。

【任务实施】

一、压铸机器人硬件构成

本任务使用康尼多功能机器人综合实训平台完成压铸程序编制及调试，该实训平台由PLC控制系统、机器人系统、压铸机构、光电检测等构成，如图5-3所示。

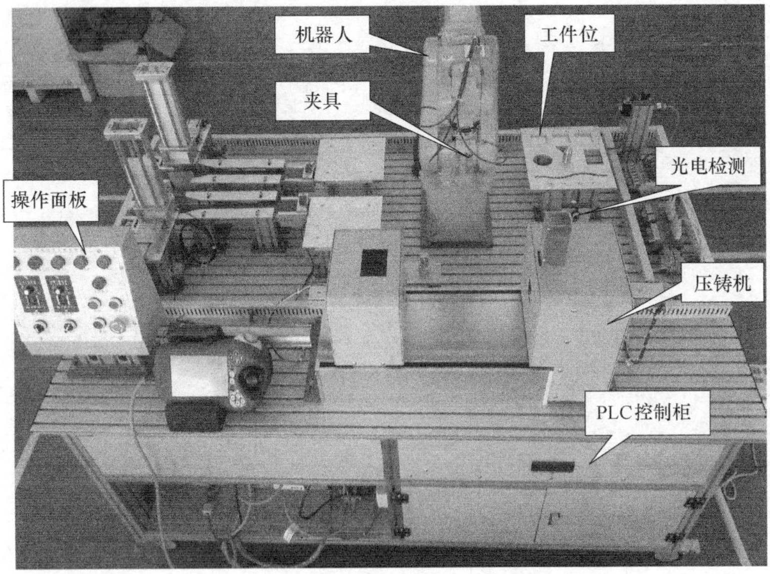

图5-3　多功能实训台压铸机器人系统

1. PLC控制系统

PLC控制系统完成进料、合模、压铸及产品检测工作，并与机器人通信，确保安全及同步。多功能实训台压铸系统PLC的I/O分配及说明如表5-1所示，其硬件接线图见项目四图4-92。

表5-1　PLC压铸系统I/O分配表

输入	元件名称/功能	输出	元件名称/功能
X0	启动开关	Y0	机器人输入D10
X1	停止开关	Y1	机器人输入D11
X2	复位开关	Y7	压铸电磁阀01,合模气缸
X3	急停开关	Y10	压铸电磁阀02,出料气缸
X5	模式选择开关	Y11	压铸电磁阀03,进料气缸
X6	模式选择开关	Y14	模式指示灯控制
X7	压铸料斗原料检测(光电开关)	Y15	模式指示灯控制
X10	合模气缸(合模)归位	Y16	运行指示灯
X12	压铸进料气缸归位(磁开关)		
X13	工件检测		
X20	压铸出料气缸归位(磁开关)		

多功能实训台PLC控制系统的主电路如图5-4所示。实训台可按模式A（压铸）、模式B（双输送带双垛板搬运码垛）及模式C（机器人轨迹运动，该模式不需PLC参与）三种模式工作，通过模式选择开关来选择具体工作方式，其对应关系如表5-2所示。

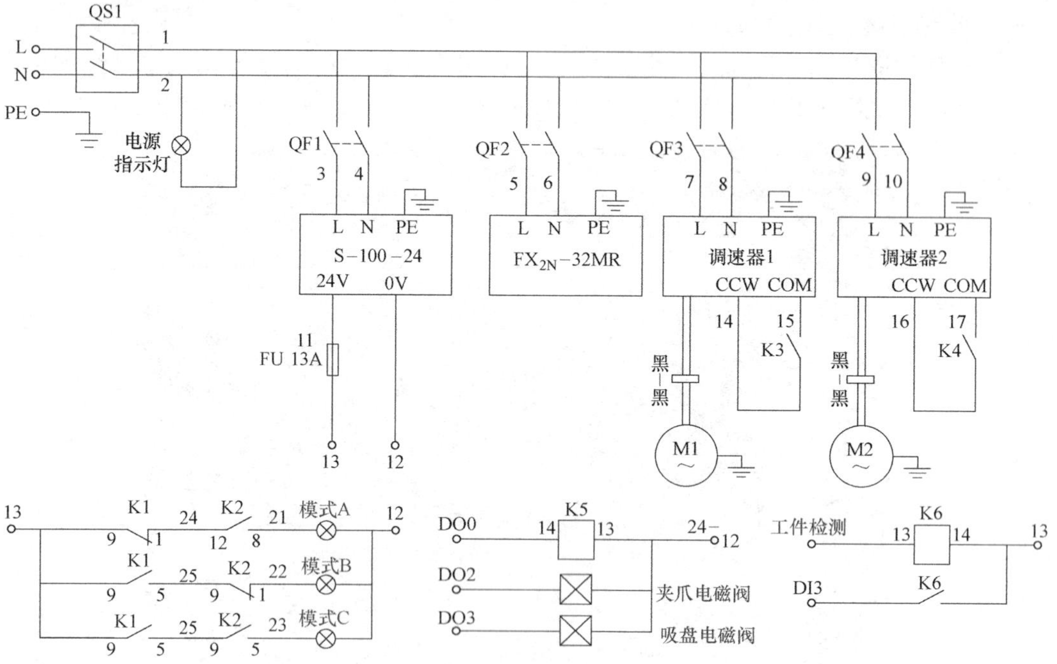

图5-4　多功能实训台主电路

表5-2　工作模式选择

模式选择输入端		工作模式输出		模式状态灯		
X5	X6	Y14	Y15	灯A	灯B	灯C
1	0	0	1	亮	灭	灭
0	0	1	0	灭	亮	灭
0	1	1	1	灭	灭	亮

2. 压铸送料模块

压铸送料模块由合模气缸、送料气缸、出料气缸、料斗、模具等构成（见图5-5），各配一个磁开关，用于检测相应气缸原位信息。

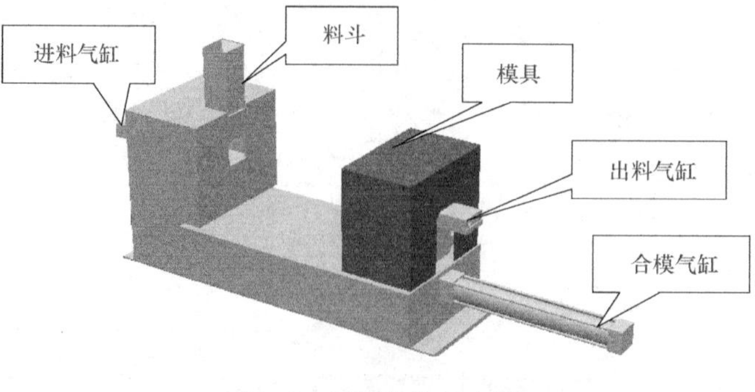

图5-5　压铸机构示意图

二、PLC 程序设计

按压铸工艺，PLC 工作过程包括压铸合模、进料、开模、出料、等待机器人取件等步骤，具体程序流程如图 5-6 所示。其对应的状态转移图如图 5-7 所示。

初始化过程包括启动、急停、停止、模式状态输出（点亮相应的模式指示灯）、各气缸的状态位置分析、相应变量及标志位的初始值赋值等。完整的程序见随书资料中的文件“压铸 PLC 程序 . gxw”。

三、机器人压铸取件程序设计

压铸取件通过安装于机器人前端的夹具和真空吸盘（见图 5-8）共同完成，运行前需将吸盘安装于夹具内并夹紧，连接吸盘的气路。

压铸过程中涉及的输入/输出信号如表 5-3 所示。

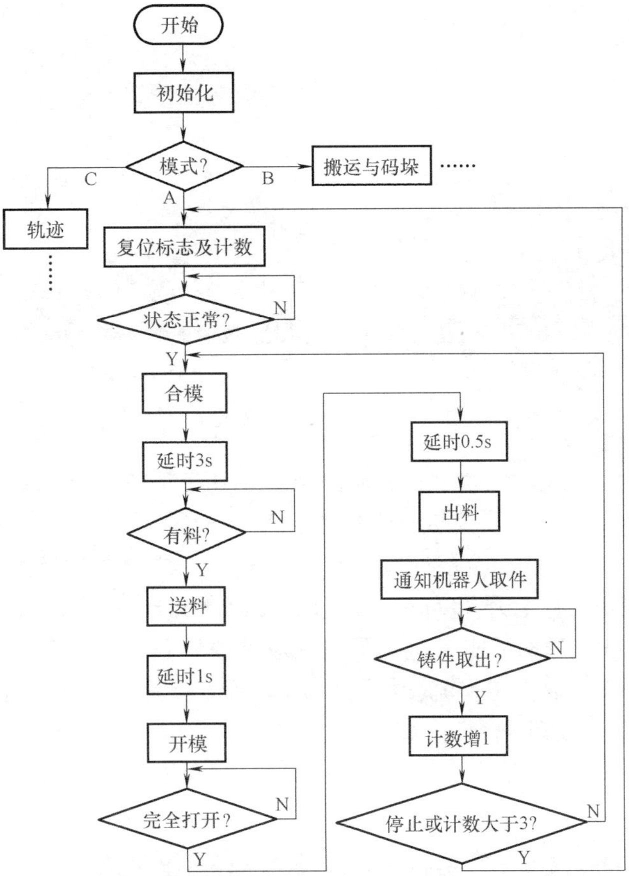

图 5-6　压铸控制流程图

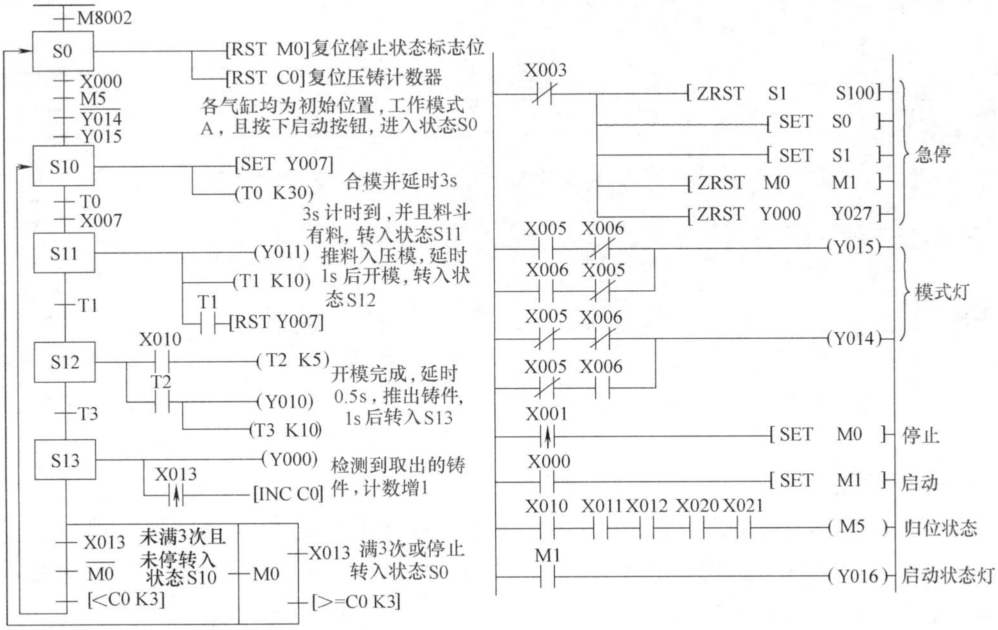

图 5-7　压铸控制状态转移图

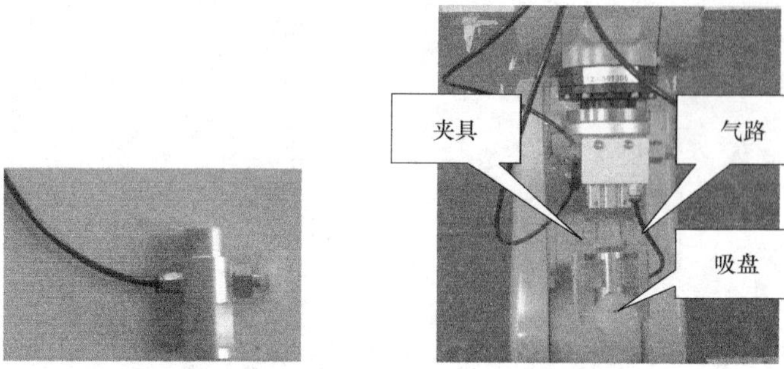

a) 真空吸盘　　b) 真空吸盘的安装

图 5-8　夹具及真空吸盘

表 5-3　机器人 I/O 信号

信号名称	类型	说明
DI10_1	输入	PLC 输出 Y000
DO10_3	输出	夹具控制信号
DO10_4	输出	真空吸盘控制信号

机器人运动轨迹：先回原点，当压铸完成开模后铸件已推出时，线性移至压铸台中间位置（p10），下降至与取件位置齐高（p20），缓慢运动至取件位置（p30）取件，返回 p20，返回 p10，运动至接近检测区域（p40），线性通过检测区域（确保能被光电传感器检测到）至 p50 点，上升 200mm，运动至放置位上方 100mm 处，下降至放置点，放置后返回，上升 100mm，返回原点，进行下一次取件或停止，如图 5-9 所示。

压铸取件工作流程如图 5-10 所示。参考程序见随书资料中的“综合实训台机器人程序 . MOD”文件。

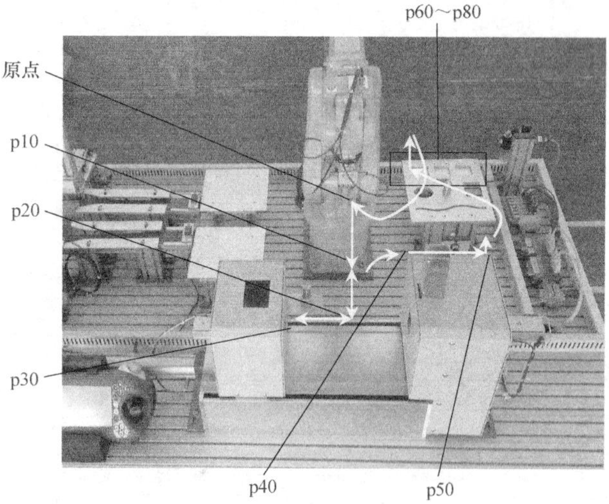

图 5-9　压铸取件轨迹

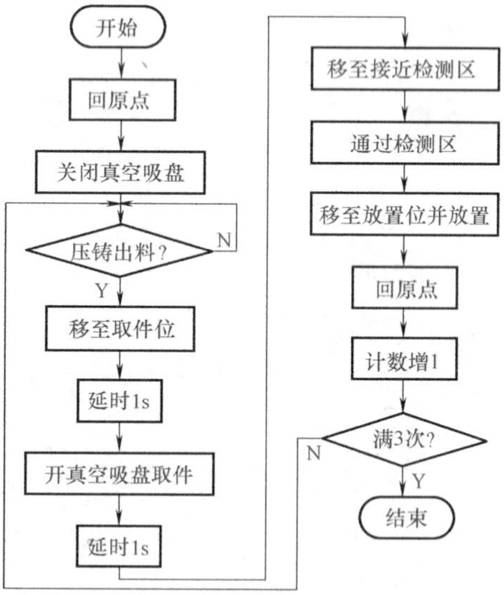

图 5-10　机器人压铸取件流程图

四、运行调试

分别编写 PLC 程序及机器人取件程序，上电后检查各状态指示，确保急停按钮没有按下，将真空吸盘安装于夹具内并夹紧，连接气路。将操作面板模式选择开关调至模式 A，运行并检验结果。由于实训台安装位置可能存在偏差，各点位（尤其是取件位及放置位）需要根据实际情况，利用示教器进行手动微调并修改，确保运行正常。

任务二　压铸系统仿真设计

【任务目标】

1. 掌握机器人 WorldZones 安全区域设置
2. 掌握机器人软伺服指令的应用
3. 掌握 Smart 子组件 PoseMover、Sink 的应用
4. 熟悉事件例程 Event Routine 及其应用

【背景知识】

一、压铸机器人工作站

压铸机器人工作站如图 5-11 所示，包含压铸机、机器人、夹具、CCD 检测系统、冷却台、传输链、废料收集桶、工作区域围挡、控制柜等。

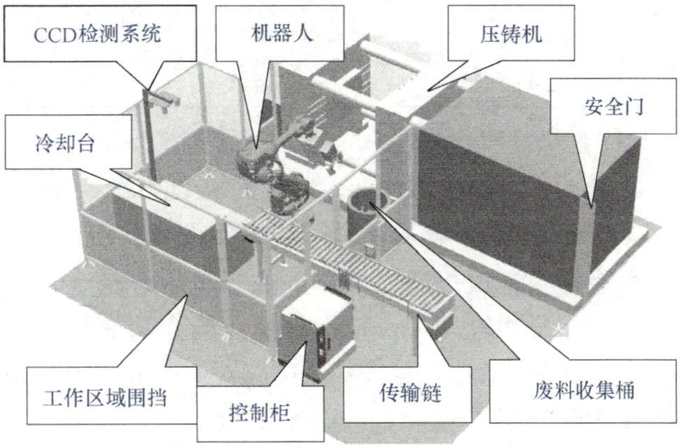

图 5-11　压铸工作站的组成

二、安全区设置

区域检测（WorldZones）选项用于设定一个空间直接与 I/O 信号关联。在此工作站中，将压铸机开模后的空间进行设定，当机器人进入此空间时，I/O 信号立即变化并与压铸机互锁（由压铸机 PLC 编程实现），禁止压铸机合模，保证机器人安全。

使用 WorldZones 指令选项时，关联一个数字输出信号，该信号设定时，在一般的设定基础上需要增加 I/O 信号的存储级别参数 AccessLevel 设定，该参数共有以下三个选项：

All：最高存储级别，自动状态下可修改。

Default：系统默认级别，在一般情况下使用。

ReadOnly：只读，在某些特定情况下使用。

在 WorldZones 功能选项中，当机器人进行区域检测时输出的 I/O 信号为自动设置，不允许人为干预，所以需要将此数字输出信号的存储级别设定为 ReadOnly。

使用 WorldZones 指令要求创建机器人工作站时必须勾选选项 608-1 WorldZones，否则无法调用该指令。

1. 矩形体区域设定指令 WZBoxDef

WZBoxDef 是与 WorldZones 相关的应用指令，用在大地坐标系下设定矩形体的区域检测，设定时需要定义该虚拟矩形体的两个对角点，如图 5-12 所示。

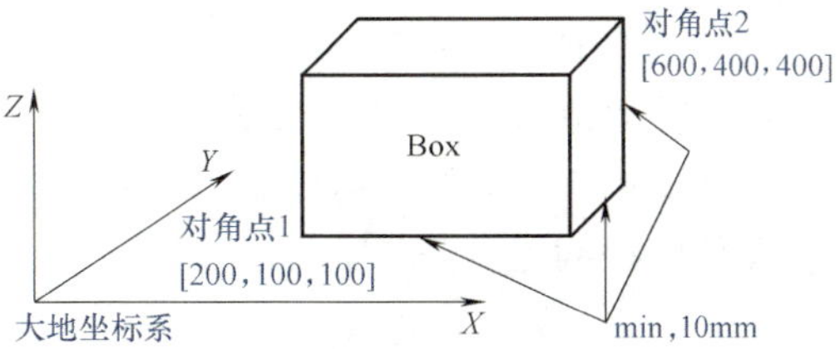

图 5-12　虚拟矩形体大地坐标示意图

指令使用示例如下：

```
VAR shapedata volume;
CONST pos Corner1: = [200, 100, 100];
CONST pos Corner2: = [600, 400, 400];
……
WZBoxDef \ Inside, volume, corner1, corner2;        ! 设置监控区域的矩形对角点
```

WZBoxDef 指令说明如表 5-4 所示。

表 5-4 WZBoxDef 指令说明

指令变量名称	说明
[\Inside]	矩形体内部有效值
[\Outside]	矩形体外部有效值(与[\Inside]二者必选其一)
Shape	形状参数
LowPoint	左下对角点
HighPoint	右上对角点

注意：两个对角点必须有不同的 *X*、*Y*、*Z* 坐标值。

2. 区域检测激活输出信号指令 WZDOSet

WZDOSet 是与 WorldZones 相关的指令，用于区域检测被激活时输出设定的数字输出信号，当该指令被执行后，机器人的工具中心点（TCP）接触到设定区域检测的边界时，设定好的输出信号将输出一个特定的值。指令示例如下：

```
WZDOSet \Temp, service \Inside, volume, do_service, 1; ! 设置区域进入触发信号
```

WZDOSet 指令说明如表 5-5 所示。

表 5-5 WZDOSet 指令说明

指令变量名称	说明
[\Temp]	开关量，设定为临时区域检测
[\Stat]	开关量，设定为固定区域检测，与上一项二者选其一
WorldZone	wztemporary 或 wzstationary
[\Inside]	开关量，当 TCP 进入设定区域时输出信号
[\Before]	开关量，当 TCP 或指定轴无限接近设定区域时输出信号，与上一项二者选其一
Shape	形状参数
Signal	输出信号名称
SetValue	输出信号设定值

注意：一个区域不能被重复设定，临时区域检测可以多次激活、失效或删除，但固定的区域检测则不可以。

3. 事件例程 Event Routine

当机器人进入某一事件时触发一个或多个设定的例行程序，这样的程序称为事件例程（Event Routine），例如可以设定当机器人打开主电源开关时触发一个设定的例行程序。

事件例程的触发条件如下：

PowerOn：打开主电源；

Start：程序启动；

Stop：程序停止；

Restart：系统重启。

Event Routine 设定注意事项如下：

1）可以被一个或多个任务触发，且任务之间无须相互等待，只需满足条件即可触发该程序。

2）如果是关联到 Stop 的 Event Routine 将会在重新按下示教器的启动按钮或调用启动 I/O 时被停止。

3）当关联到 Stop 的 Event Routine 在执行中发生问题时，再次按下停止按钮，系统将在 10s 后离开该例程。

Event Routine 设定参数说明如表 5-6 所示。

表 5-6　事件例程 Event Routine 参数说明

参数名称	参数说明
Routine	需要关联的例行程序名称
Event	机器人系统运行的系统事件，如启动、停止等
Task	事件例程所在的任务
All Tasks	该事件程序是否在所有任务中执行，YES 或 NO
All Motion Tasks	该事件程序是否在所有单元的所有任务中执行，YES 或 NO
Sequence Number	程序执行的顺序号，范围为 0～100，0 最先执行，默认值为 0

Event Routine 的设定步骤如下；

1）根据控制要求编写好例行程序。

2）在控制面板中，选择“Controller”主题。

3）选择“Event Routine”。

4）添加一个“Event Routine”。

5）配置完成后，单击“确定”按钮，系统重启后配置生效。

图 5-13 所示为互锁区域检测程序 rPowerON（）例程的 Event Routine 设置界面。

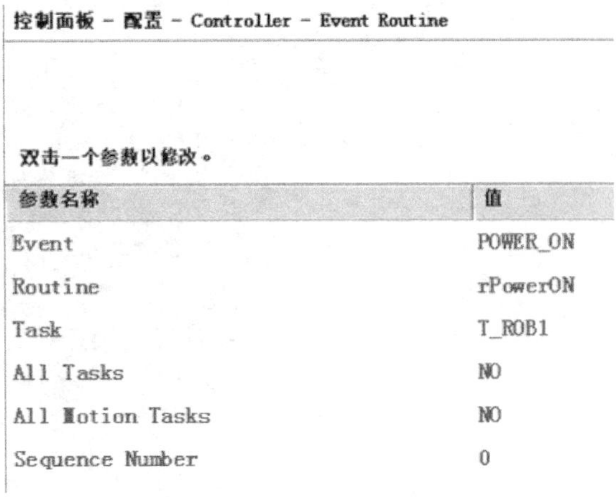

图 5-13　Event Routine 设置界面

三、软伺服指令

1. 软伺服激活指令 SoftAct

SoftAct 软伺服激活指令用于激活任意一个机器人或轴或外部机械装置的“软”伺服，激活后轴具有一定的柔性。

SoftAct 指令只能应用于系统主任务 T_ROB1 中，即使是在 MultiMove 系统中也不例外。

指令示例：

SoftAct 3，90 \ Ramp：=150；

SoftAct \ MechUnit： =orbit1， 1， 50 \ Ramp： =120；

SoftAct 指令具体说明如表 5-7 所示。

表 5-7 SoftAct 指令说明

指令变量名称	说明
[\MechUnit]	机械单元名称
Axis	轴名称
Softness	软化值(0% ~100%)
Ramp	软化坡度(≥100%)

2. 软伺服关闭指令 SoftDeact

SoftDeact 指令用来关闭机械单元软伺服，一旦该指令执行，程序中所有机械单元的软伺服将失效。

指令示例：

SoftDeact \ Ramp： =150；

指令说明：参数 Ramp 为软化坡度（≥100%）。

通过对每个轴设定一定的软化值，可以适应模具顶针顶出的力量，使机器人更具柔性。SoftDeact 关闭时可一次关闭所有的软化设置。

【任务实施】

一、解压压铸机器人工作站

解压压铸机器人工作站文件 yazhu. rspag（随书资料），如图 5-14 所示。

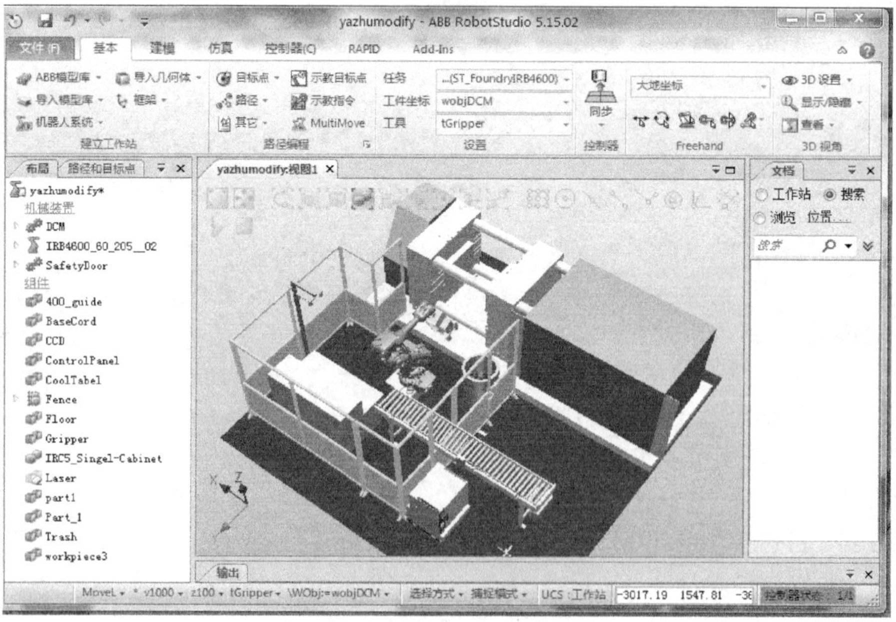

图 5-14 压铸机器人虚拟工作站

其中，布局窗口栏中各部件/模型说明如表 5-8 所示。

表 5-8　压铸工作站仿真系统部件说明

名称	说明	名称	说明
IRB4600_60_205__02	机器人工作站	BaseCord	机器人工作站基座
IRC5_Singel-Cabinet	机器人控制柜	DCM	压铸机开/合模机构，机械装置
ControlPanel	压铸机操作面板	SafetyDoor	压铸机安全门，机械装置
CoolTabel	压铸件冷却台	Gripper	夹具，用于夹取工件
workpiece_Source	压铸件	Fence	工作区域围挡
400_guide	传输链	Trash	不合格铸件收集桶
workpiece3	不合格铸件	Part_1	压铸开模、合模导轨
Floor	地板	CCD	图像传感器
part1	模具	Laser	图像检测光束

二、压铸机 Smart 组件创建

1. 光电传感器检测 Smart_ CCD 组件创建

在“建模”窗口中单击“Smart 组件”按钮，创建一个空白 Smart 组件，修改名称为“Smart_ CCD”，将部件/模型“Laser”拖放入“Smart_ CCD”组件中，利用 Smart_ CCD 组件控制光束（Laser）的动态出现和隐藏，模拟光电传感器工件的检测过程。

在此组件的编辑窗口中单击“添加组件”，分别加入“信号和属性”中的 LogicGate、“动作”菜单下的 Show 和 Hide 子组件，将 LogicGate 的“Operator”属性设为 NOT，即非门。

在“布局”窗口中，将部件/模型“CCD”和“Laser”拖放入“Smart_ CCD”组件中，确保“Laser”设置为不可见，即正常情况下不显示。

在组件编辑窗口中，选择“信号和连接”创建输入、输出信号：单击“添加 I/O Signals”添加数字输入信号“diLaserShow”（见图 5-15）和数字输出信号“doPartOK”（见图 5-16）。

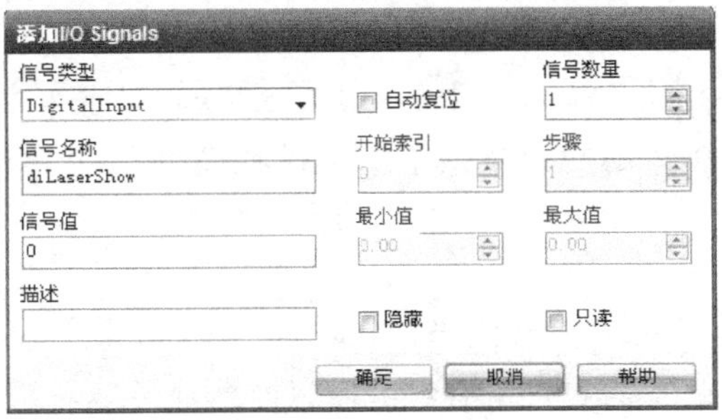

图 5-15　diLaserShow 信号设置

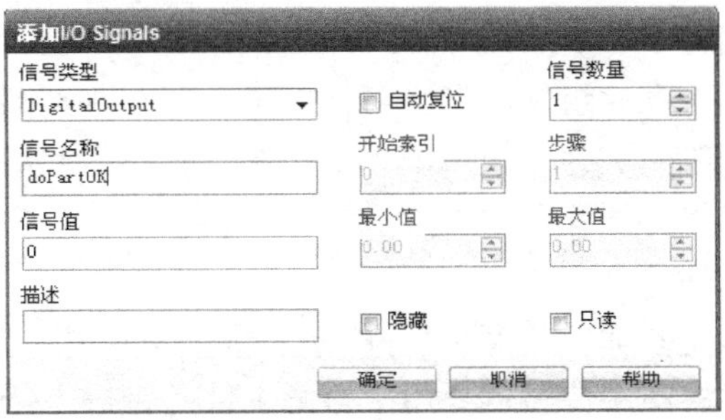

图 5-16　doPartOK 信号设置

单击“添加 I/O Connection”，分别如图 5-17 ~ 图 5-20 所示。

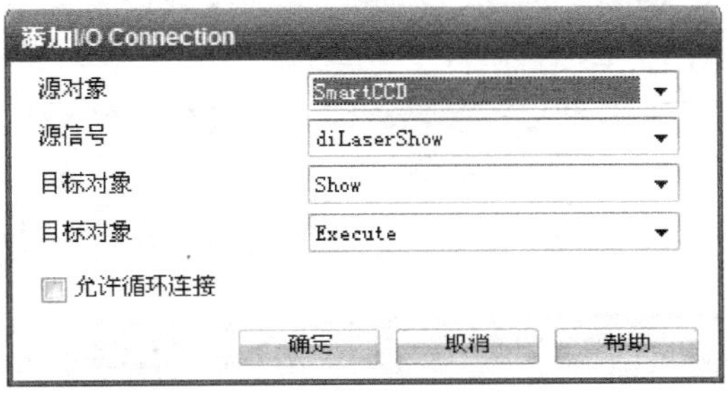

图 5-17　diLaserShow 为真显示 Smart_ CCD

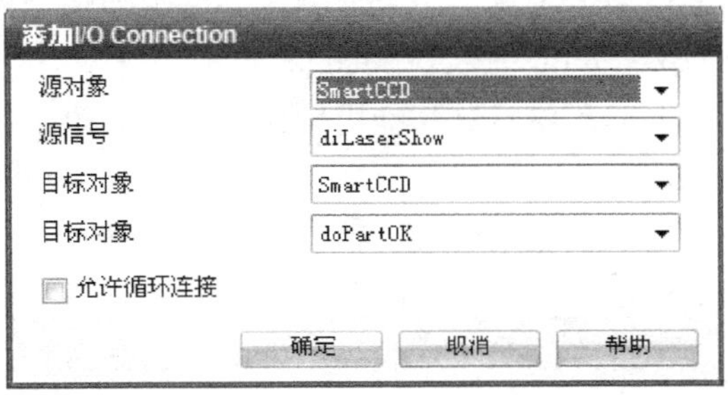

图 5-18　连接 diLaserShow 和 doPartOK

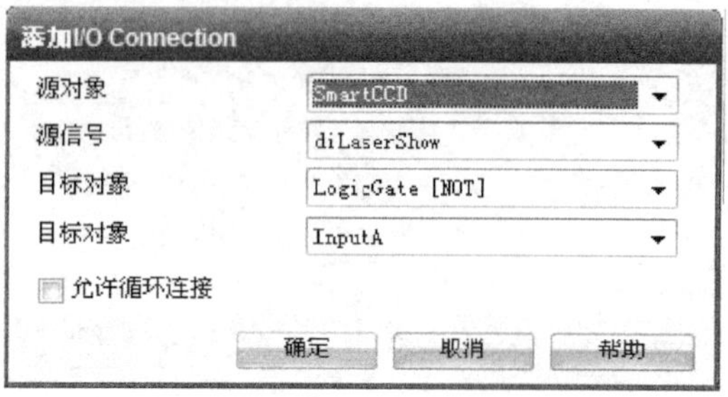

图 5-19　连接 diLaserShow 至非门输入端

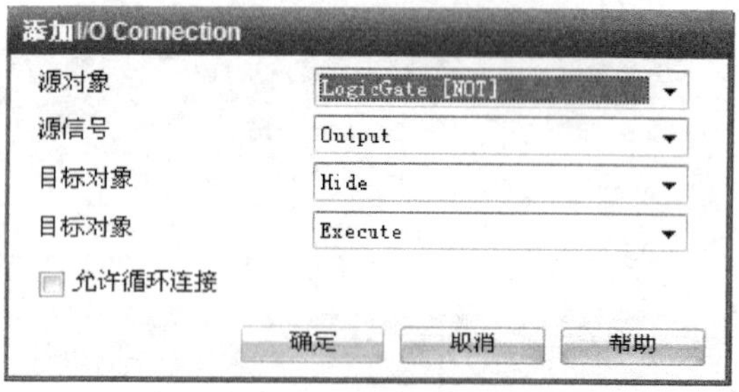

图 5-20　diLaserShow 为假隐藏 Smart_ CCD

进入“设计”选项卡，可看到 Smart_ CCD 组件最终的信号连接如图 5-21 所示，其工作原理为：当 diLaserShow = 1 时，显示光束 Laser，并使输出信号 doPartOK = 1；否则隐藏光束，输出信号 doPartOK = 0（即工件合格）。

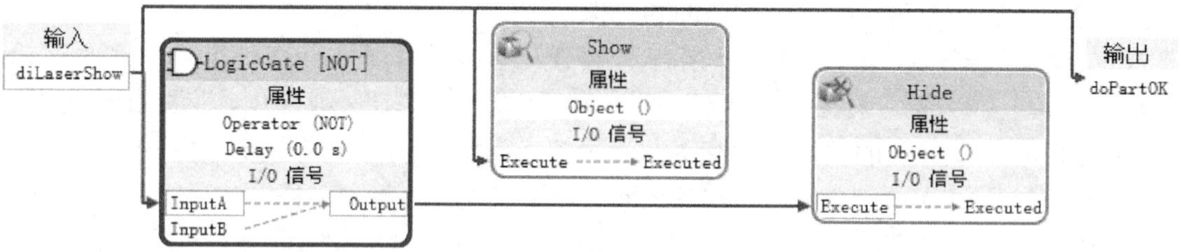

图 5-21　Smart_ CCD 组件信号连接

2. 传输链 Smart_CNV 组件创建

在“建模”窗口中单击“Smart 组件”按钮创建一个空白 Smart 组件，修改名称为“Smart_CNV”。在左侧“布局”窗口中，将部件/模型“400_guide”拖放入“Smart_CNV”组件中。

在此组件的编辑窗口中单击“添加组件”，添加“本体”中的“LinearMover”子组件，修改名称为“LinearMover_CNV”，右击此组件，在弹出的快捷菜单中选择“属性”，其属性设置如图 5-22 所示；添加“其它”中的“Queue”子组件；添加“动作”中的“Sink”子组件。

添加“传感器”中的“PlaneSensor”子组件，修改其名称为“PlaneSensor_Front”（传输链前端传感器，用于检测工件是否进入传输链），按图 5-23 所示进行属性参数设置，单击“应用”按钮完成设置。

添加“传感器”中的“PlaneSensor”子组件，修改其名称为“PlaneSensor_Back”（传输链末端传感器，用于检测工件是否传输至终点），按图 5-24 所示进行属性参数设置，单击“应用”按钮完成设置。

上述面传感器分别用于检测工件放置于传输链上启动传输及传输结束，其位置如图5-25 所示。

进入“信号和连接”选项卡，单击“添加 I/O Signals”添加数字输出信号“doCNVEmpty”，如图 5-26 所示。

单击“添加 I/O Connection”，分别如图 5-27 ~ 图 5-30 所示，进行 I/O 信号连接。完成后进入“设计”选项卡，其连接应如图 5-31 所示。

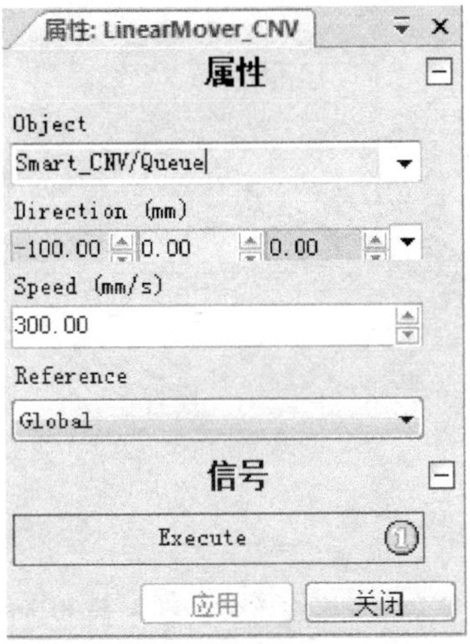

图 5-22　设置 LinearMover_CNV 属性

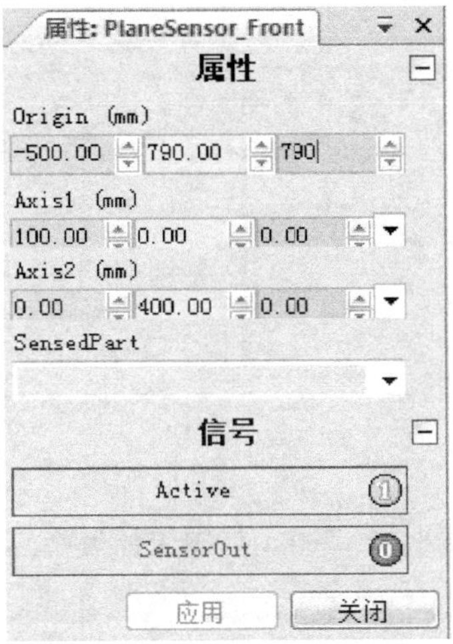

图 5-23　设置 PlaneSensor_Front 属性

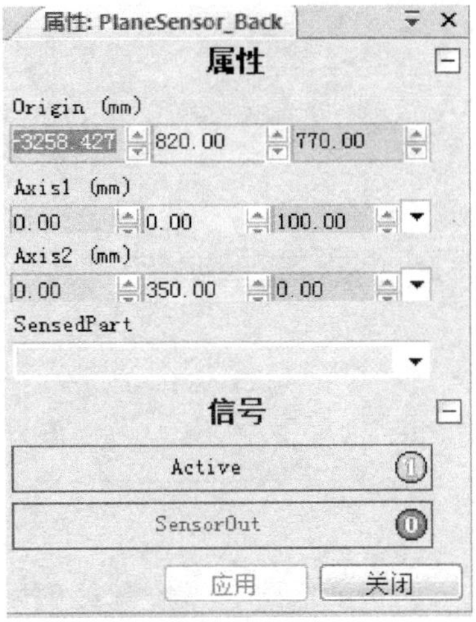

图 5-24　设置 PlaneSensor_Back 属性

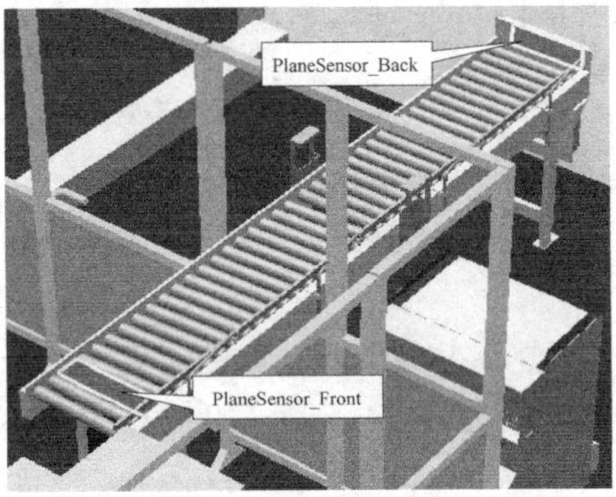

图 5-25　传感器位置示意图

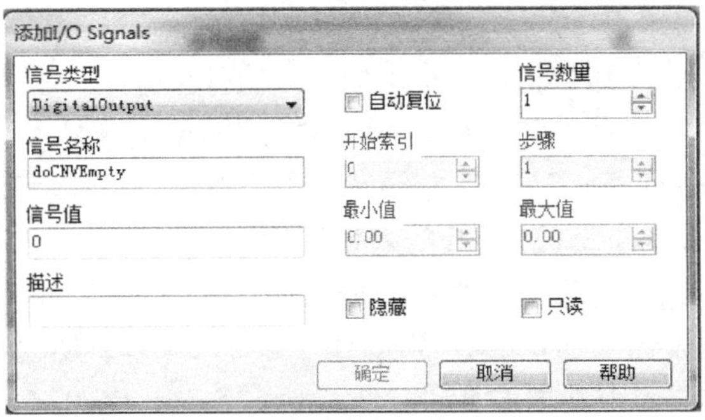

图 5-26　添加数字输出信号 doCNVEmpty

图 5-27　PlaneSensor_Front 触发工件入队列

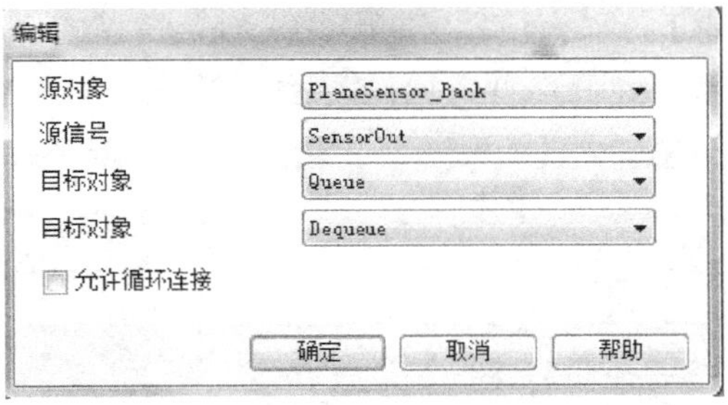

图 5-28　PlaneSensor_Back 触发工件出队列

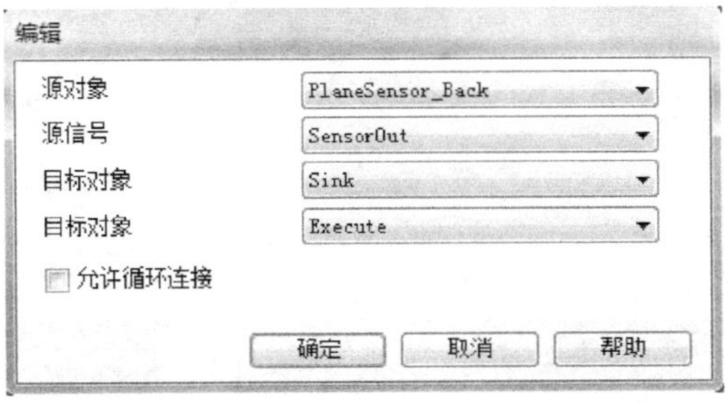

图 5-29　PlaneSensor_Back 触发删除工件

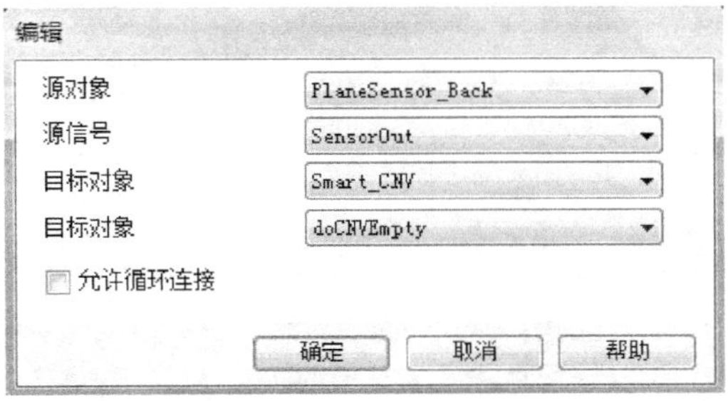

图 5-30　连接 PlaneSensor_Back 和 doCNVEmpty

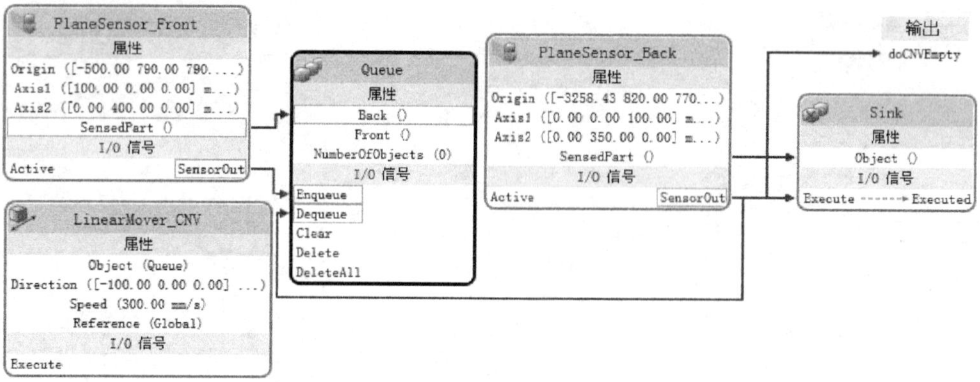

图 5-31　Smart_CNV 组件信号连接

功能说明：当传输链前端传感器 PlaneSensor_Front 检测到工件时，将工件加入到队列 Queue 的尾部，LinearMover_CNV 使之按 300mm/s 的速度线性运动。当工件运动至传输链末端时被传感器 PlaneSensor_Back 检测到，传感器输出信号将激活 Sink 组件删除该工件（表示已下线），并使输出信号 doCNVEmpty 置 1，该信号表明此时传输链已空，可再次放置已冷却工件于其上。

3. 压铸机构 Smart_ DCM 组件创建

在“建模”窗口中单击“Smart 组件”按钮创建一个空白 Smart 组件，修改名称为“Smart_DCM”，在左侧“布局”窗口中将部件/模型“part1”“DCM”“SaftyDoor”“workpiece_Source”均拖放入该组件中。

添加动作组件“Attacher”“Detacher”和“Source”，然后将 Attacher 组件属性中 Parent 项设为“Smart_DCM/part1”，如图 5-32 所示；Detacher 组件不做修改，属性选择默认；Source 组件中的 Source 项设为“Smart_DCM/workpiece_Source”，如图 5-33 所示。

添加 4 个本体中的“PoseMover”子组件，修改其名称为“Pose_DieOpen”（开模）、“Pose_DieClose”(合模)、“Pose_DoorOpen”（安全门开）和“Pose_DoorClose”（安全门关），分别按图 5-34 ~ 图 5-37 进行其属性设置。

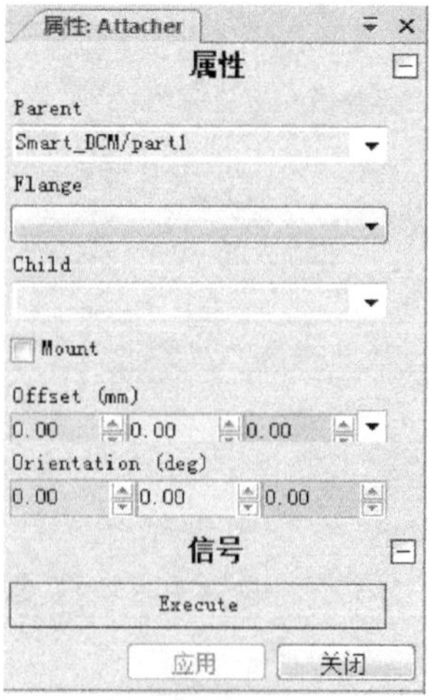

图 5-32　开模取件 Attacher 组件属性设置

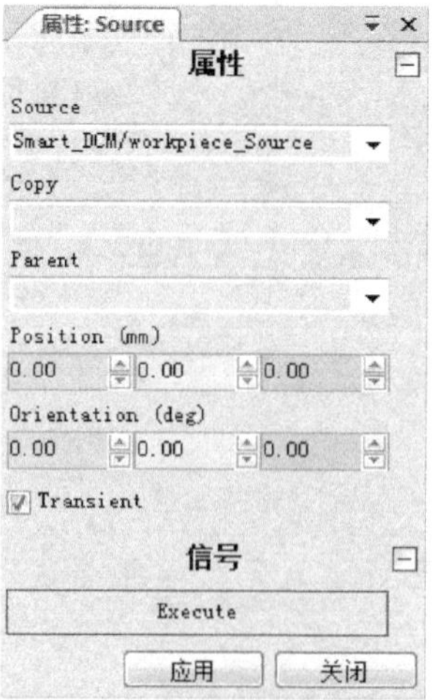

图 5-33　Source 组件属性设置

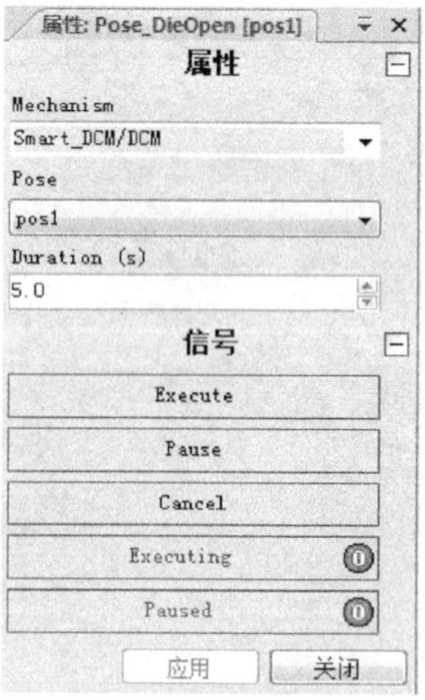

图 5-34　Pose_DieOpen 属性设置

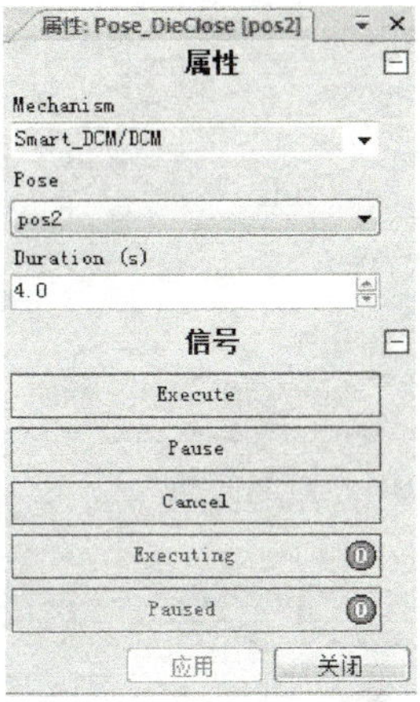

图 5-35　Pose_DieClose 属性设置

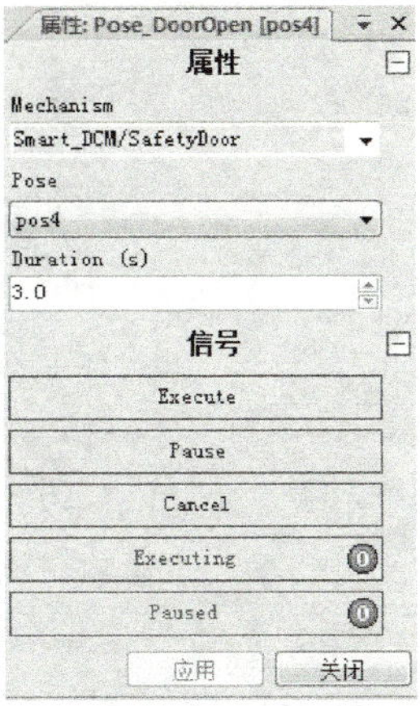

图 5-36　Pose_DoorOpen 属性设置

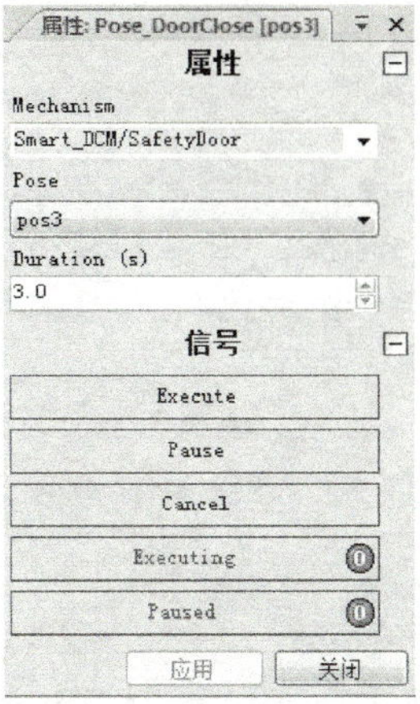

图 5-37　Pose_DoorClose 属性设置

说明：PoseMover 运动机械关节到一个已定义的姿态，其属性中的“pos”即为姿态；“Duration”为从其他姿态运动到该定义的姿态所需的时间。

Pose_DieOpen、Pose_DieClose 用于模拟压铸机构开模和合模动作，Pose_DoorOpen 和 Pose_DoorClose 为模拟压铸机构外罩上的安全门开关动作。机械装置的姿态定义，可通过右击该机械装置，选择“修改机械装置…”查看或重新定义其姿态。

添加“信号和属性”中的子组件 LogicGate（按图 5-38 进行属性设置，单击“应用”按钮）和 LogicSRLatch。

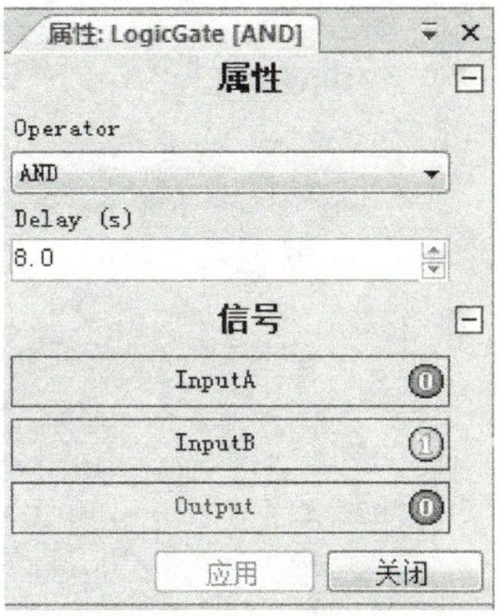

图 5-38　LogicGate 属性设置

进入“信号和连接”选项卡，单击“添加 I/O Signals”，分别添加数字输入信号 diDCMStart、diDelay 和数字输出信号 doDoorOpen。

单击“添加 I/O Connection”，按图 5-39 ~ 图 5-50 所示进行信号连接。

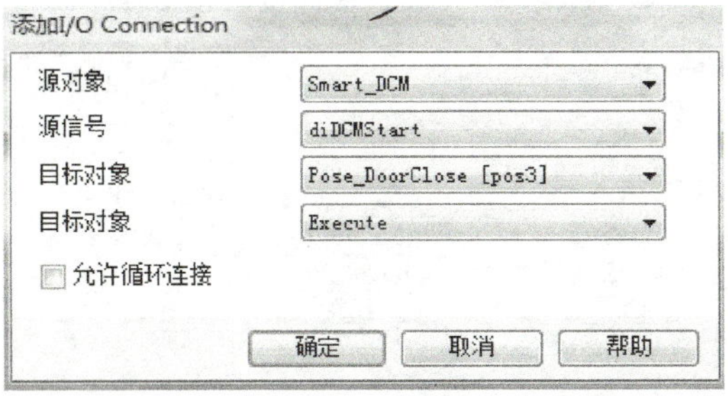

图 5-39　diDCMStart 触发安全门关闭

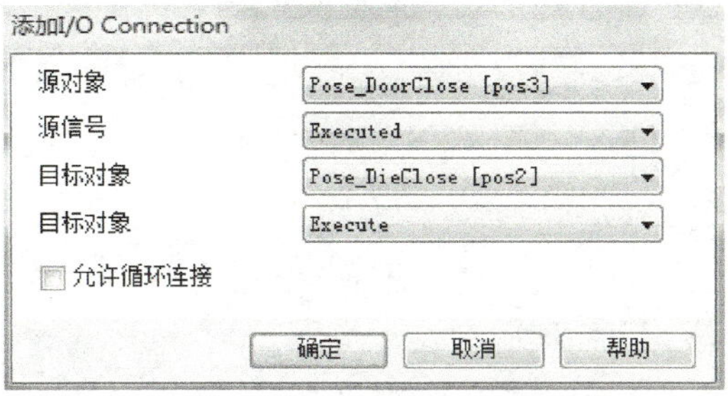

图 5-40　安全门关闭完成触发合模动作

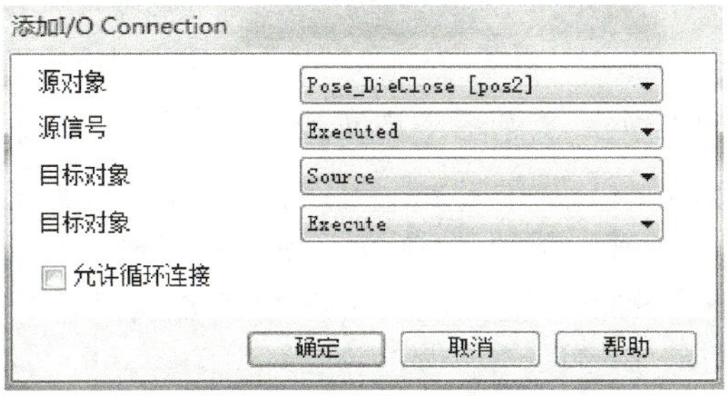

图 5-41　合模完成触发产生铸件复制品

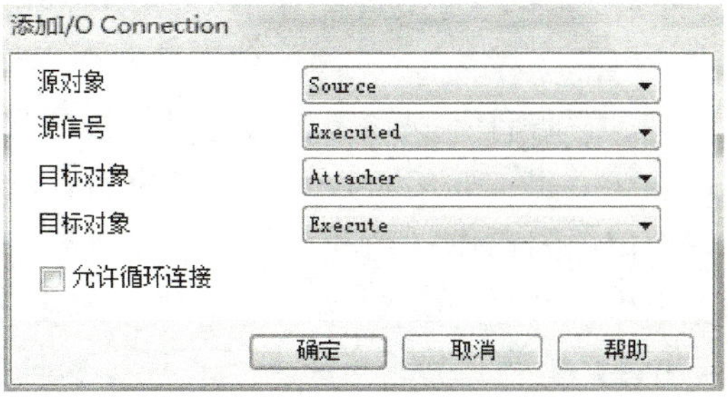

图 5-42　拾取铸件复制品

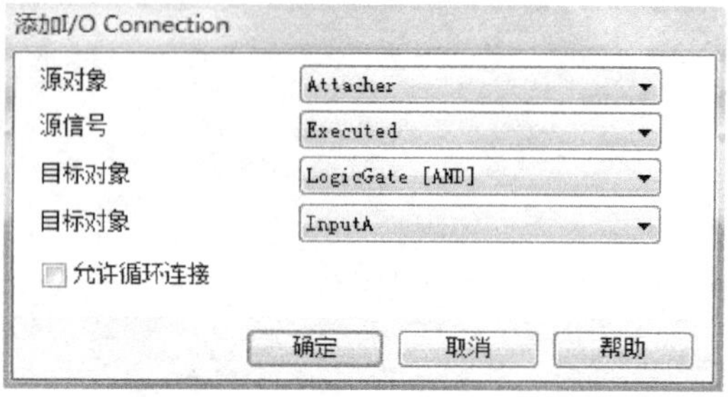

图 5-43　连接 Attacher 输出信号至与门输入端 A

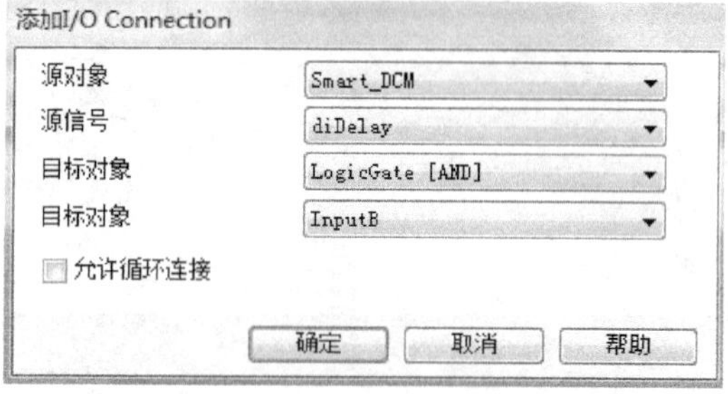

图 5-44　连接 diDelay 至与门输入端 B

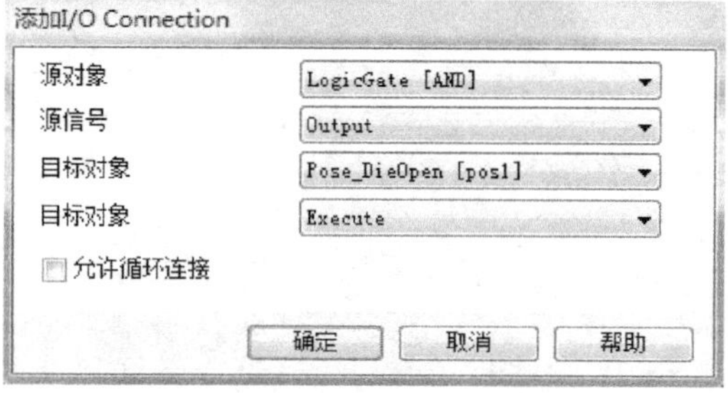

图 5-45　与门输出触发开模动作

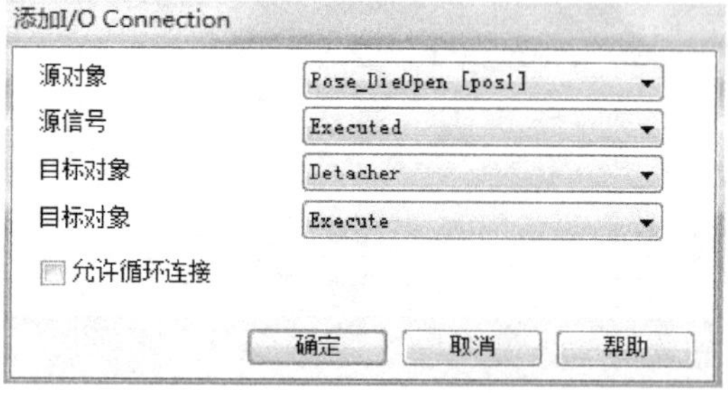

图 5-46　开模完成释放铸件复制品

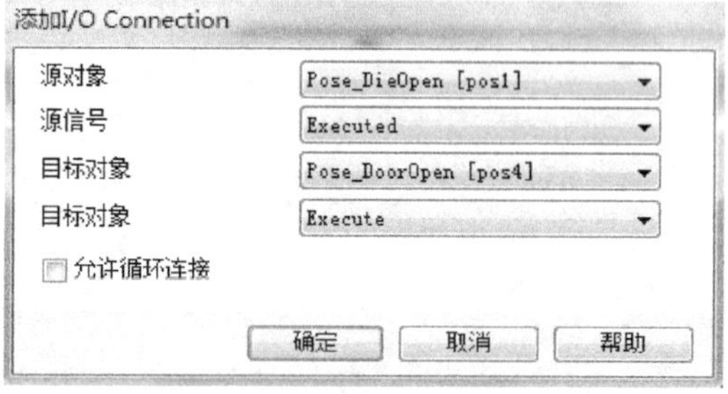

图 5-47　开模完成打开安全门

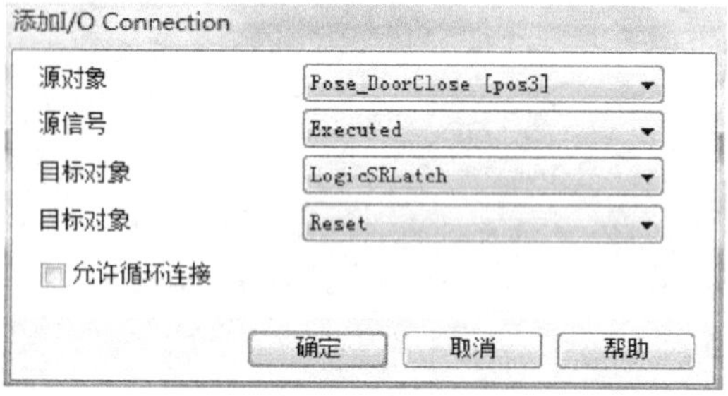

图 5-48　安全门关闭复位触发器

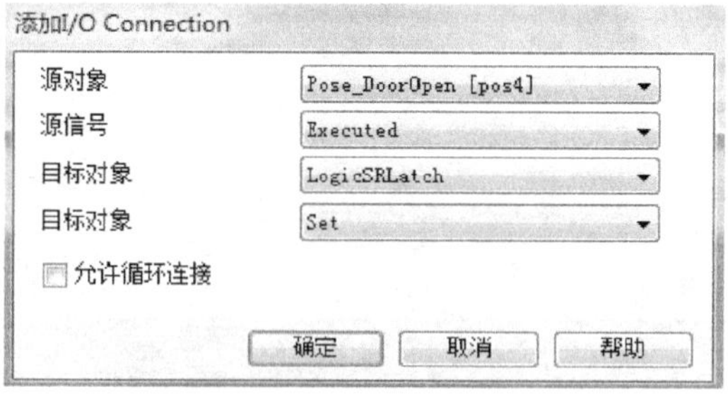

图 5-49　安全门打开置位触发器

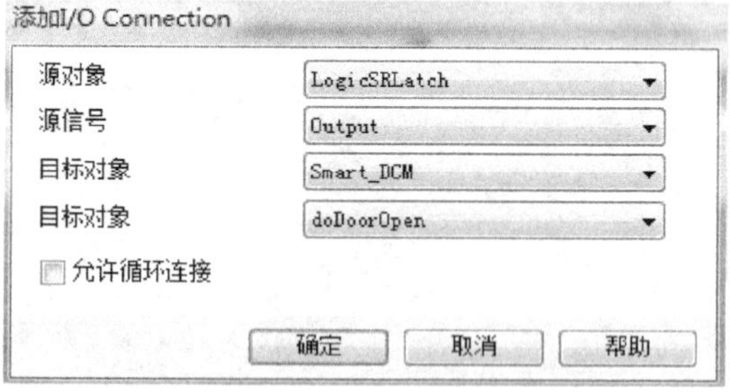

图 5-50　连接触发器输出至 doDoorOpen

进入“设计”选项卡，其信号连接应如图 5-51 所示（见图中粗实线）。

功能说明：diDCMStart = 1，复位 doDoorOpen 信号（doDoorOpen = 0），Pose_DoorClose 执行安全门关闭动作（运动至位置 pos3，耗时 3s），完成后执行压铸动作（Pose_DieClose，压铸上模板运动至 pos2 进行压铸，时间为 4s），然后 Source 组件产生一个铸件复制品，并执行 Attacher 动作，将工件安装于压铸上模板模具内，随之运动。如果此时 diDelay = 1，延时 8s 后，铸件随压铸上模板返回压铸前位置 pos1（Pose_ DieOpen，耗时 5s），到达后安全门

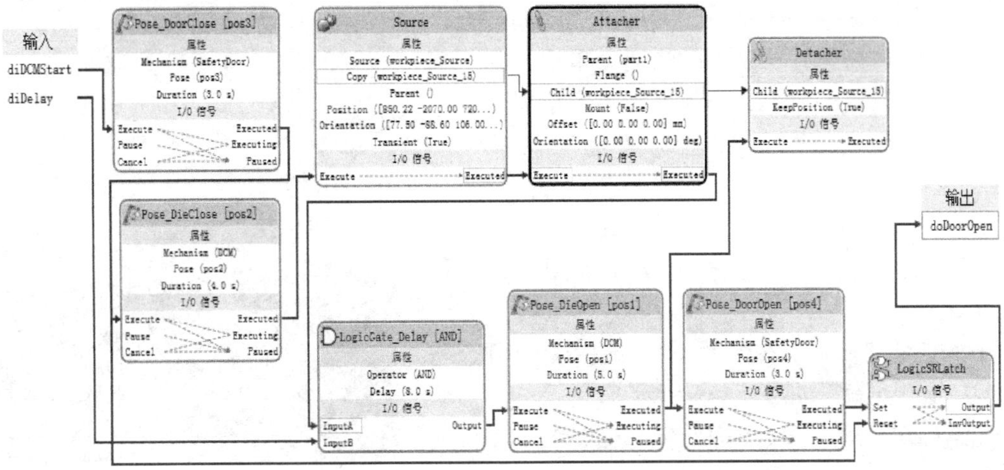

图 5-51　Smart_DCM 组件信号连接

打开（Pose_DoorOpen，运动至 pos4，耗时 3s），动作完成后置位doDoorOpen信号（doDoorOpen = 1），此信号可通知机器人取件。

4. 夹具 Smart_Gripper 组件创建

在“建模”窗口中单击“Smart 组件”按钮创建一个空白 Smart 组件，修改名称为“Smart_Gripper”，将部件/模型 Gripper 拖放入该组件中。右击 Gripper，选择“安装到”→“IRB4600_60_205_02”，将夹具安装至机器人末端，在弹出的“更新位置”中单击“否”，保留夹具当前位置不变。

添加数字输入信号 diAttach。添加动作组件“Attacher”和“Detacher”，然后将 Attacher 组件属性中的 Parent 项设为“Smart_Gripper”，如图 5-52 所示；Detacher 组件不做修改，属性选择默认。

添加“传感器”中的“PlaneSensor”子组件，按图 5-53 所示进行属性参数设置，单击“应用”按钮，创建一个 100mm × 100mm 的面传感器，通过线性移动和旋转工具将此面传感器移至夹具的夹爪中央位置（如图 5-54 所示，为便于观察，可将其他部分部件暂时设为不

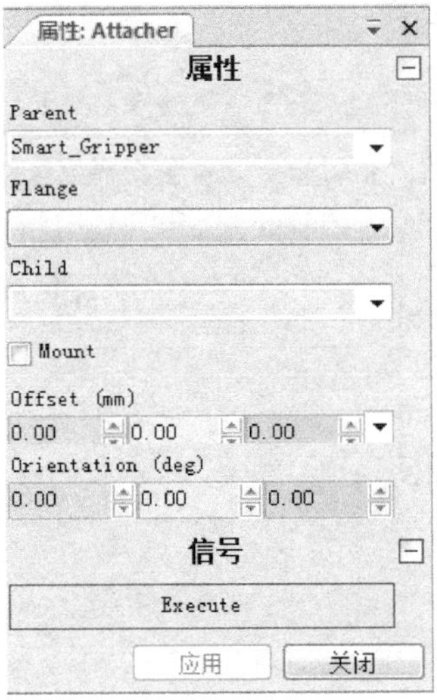

图 5-52　夹具取件 Attacher 属性设置

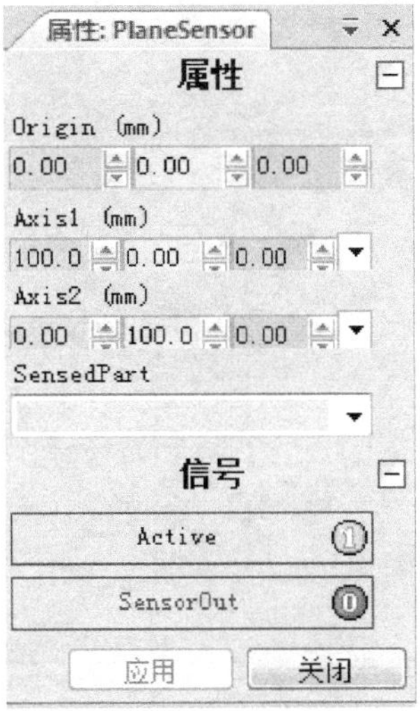

图 5-53　夹具传感器属性设置

可见)，用于检测工件是否处于夹爪可夹取的位置。

右击此组件名称，在弹出的快捷菜单中选择“安装到…”→“Gripper”，在弹出的“更新位置”窗口上单击“否”，安装后该传感器将随夹具 Gripper 运动。

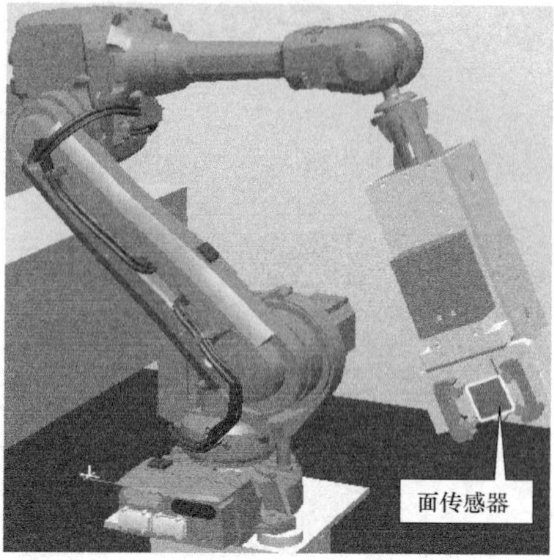

图 5-54 面传感器位置示意图

进入“信号和连接”选项卡，添加数字输入信号 diAttach。添加各信号之间的连接关系如图 5-55 ~ 图 5-58 所示。

信号连接完成后，在“设计”选项卡中可查看信号连接是否正确，如图 5-59 所示。

功能说明：设置于夹具中的传感器检测到工件时执行 Attacher 动作，夹取工件，diAttach = 1。当搬运到指定位置后，diAttach 置为 0，经非门使 Detacher 组件输入端 Execute 为 1，Detacher 组件动作，释放工件。

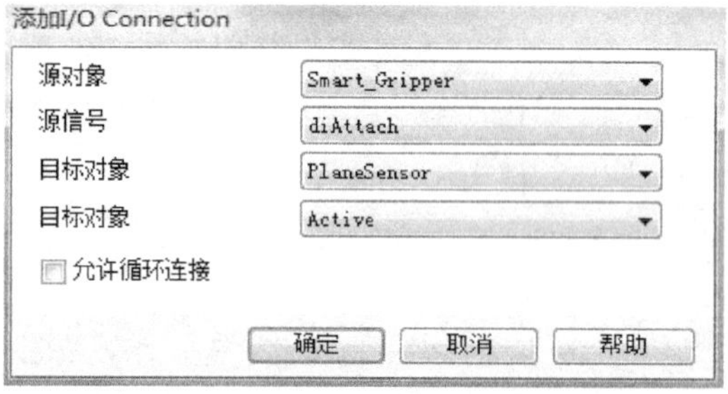

图 5-55 信号 diAttach 触发传感器工作

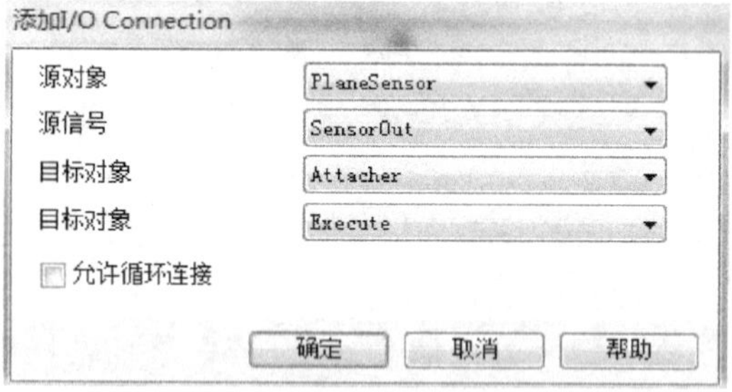

图 5-56 检测到铸件触发取件

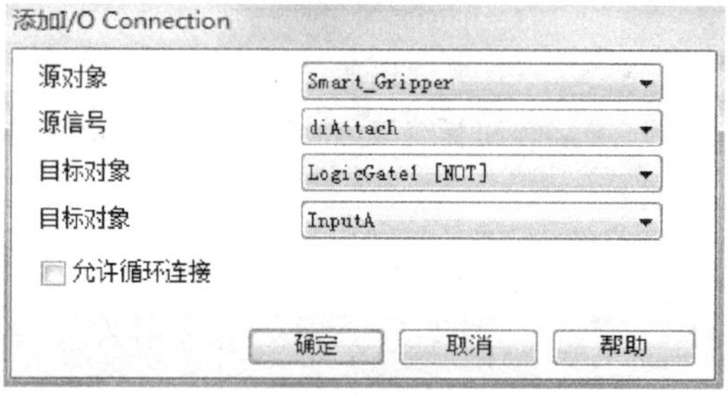

图 5-57 diAttach 连接至非门输入端

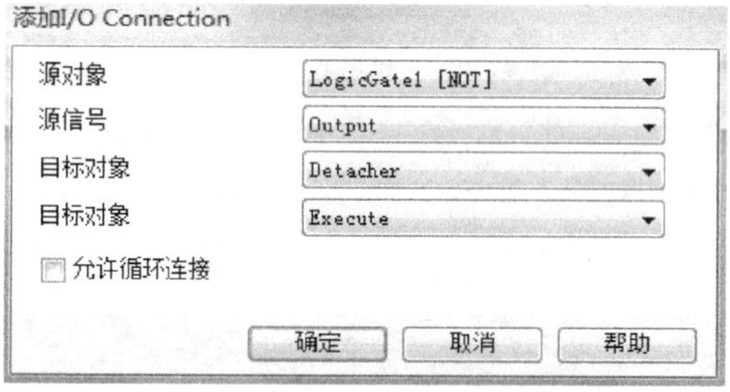

图 5-58 非门输出信号触发释放铸件

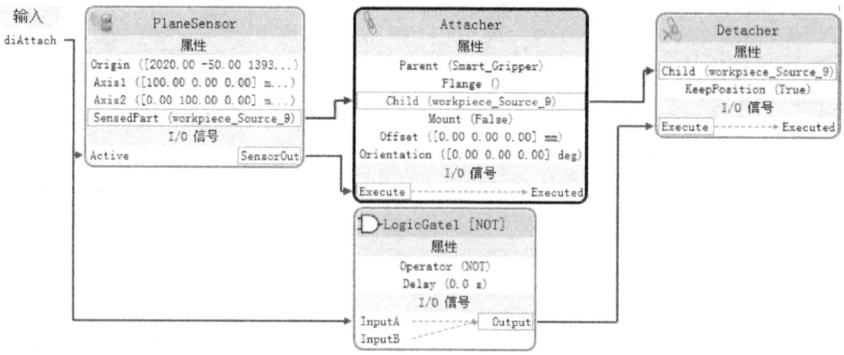

图 5-59 Smart_Gripper 组件信号连接

三、仿真

1. 工作站逻辑设定

进入“仿真”窗口，单击工具栏上“仿真逻辑”右侧的下拉箭头，选择“工作站逻辑”→“信号和连接”，为工作站添加数字输入信号“diDCMAuto”和数字输出信号“doEmpty”。添加信号连接如下：

1）将工作站（yazhu，与所保存的文件名称一致）输入信号 diDCMAuto 连接至机器人控制器 ST_FoundryIRB4600 的输入端口 di01DCMAuto 和 di05CNVEmpty，将 Smart_CNV 的输出信号 doCNVEmpty 与工作站输出信号 doEmpty 进行连接。

2）将 ST_FoundryIRB4600 的输出信号 do03GripperOFF 连接至 Smart_Gripper 输入端口 diAttach。

3）将 ST_FoundryIRB4600 的输出信号 do06AtPartCheck 连接至 Smart_CCD 输入端口 diLaserShow，并将 Smart_CCD 的输出端口 doPartOK 连接至 ST_FoundryIRB4600 输入端口 di04PartOK。

4）将 ST_FoundryIRB4600 输出端口 do04StartDCM 连接至 Smart_DCM 的输入端口 diDCMStart，Smart_DCM 的输出端口 doDoorOpen 连接至 ST_FoundryIRB4600 的输入端口 di02DoorOpen、di03DieOpen 和 di06LsEjectFWD。具体说明如表 5-9 所示，连接示意图如图 5-60 所示。

表 5-9　工作站逻辑信号连接

源对象	源信号	目标对象	目标对象①
yazhu	diDCMAuto	ST_FoundryIRB4600	di01DCMAuto
yazhu	diDCMAuto	ST_FoundryIRB4600	di05CNVEmpty
ST_FoundryIRB4600	do04StartDCM	Smart_DCM	diDCMStart
ST_FoundryIRB4600	do06AtPartCheck	Smart_CCD	diLaserShow
ST_FoundryIRB4600	do03GripperOFF	Smart_Gripper	diAttach
Smart_DCM	doDoorOpen	ST_FoundryIRB4600	di02DoorOpen
Smart_DCM	doDoorOpen	ST_FoundryIRB4600	di03DieOpen
Smart_DCM	doDoorOpen	ST_FoundryIRB4600	di06LsEjectFWD
Smart_CNV	doCNVEmpty	yazhu	doEmpty
Smart_CCD	doPartOK	ST_FoundryIRB4600	di04PartOK

① 这里的“目标对象”实际上是指“目标对象信号”，但在软件中，此处也显示为“目标对象”，例如，可参照图 5-57、图 5-58 等信号连接图。

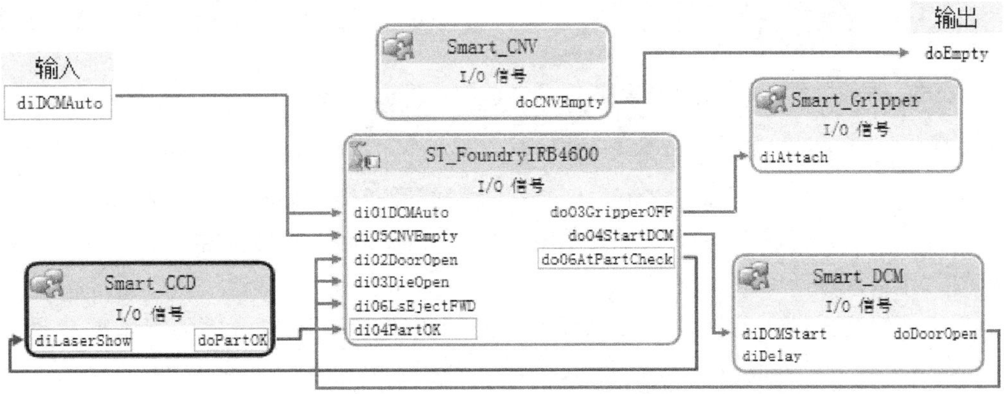

图 5-60　工作站信号连接图

2. 仿真运行

单击“I/O 仿真器”，在右侧窗口中将“选择系统”设为“工作站信号”，单击“播放”，单击 diDCMAuto，使 diDCMAuto = 1。将“选择系统”改为“ST_FoundryIRB4600”，此时 di01Auto = 1，di05CNVEmpty = 1，di01Auto = 1 表示压铸机自动工作状态，di05CNVEmpty = 1 表示传输链空，当冷却架放满工件时，可挑选已冷却工件送至传输链经传输下线。

四、压铸机器人程序

1. 工件坐标系和载荷数据

本工作站的工件坐标系 wobjDCM 和 wobjCool 如图 5-61 所示。

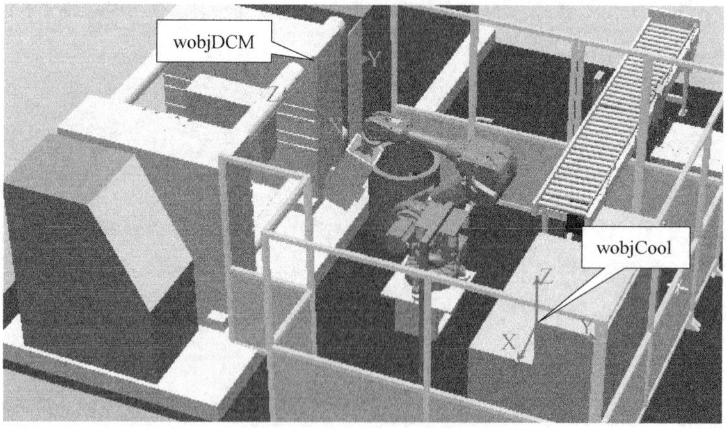

图 5-61　工件坐标系

载荷数据 LoadPart 如图 5-62 所示，其对应的各项参数如表 5-10 所示。

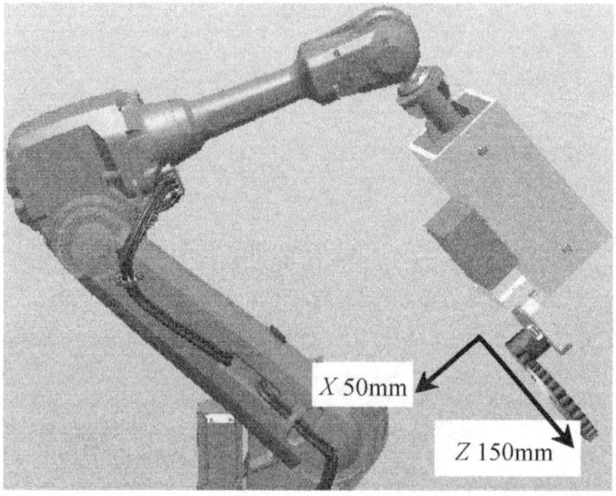

图 5-62　相对于夹具偏移的载荷数据

表 5-10　LoadPart 载荷数据参数设置

参数名称	参数值	
工作质量 mass/kg	5	
工作重心坐标 cog/mm	X	50
	Y	0
	Z	150
其余参数均为默认值		

2. 工作站 I/O 单元及信号配置

在机器人进入压铸机之前，必须与压铸机进行信号通信。需要知道的安全信号有：模具打开、模具关闭、产品检测、模具顶针顶出、模具顶针收回、机器人在检测位置、机器人在压铸机的工作区域中等。

由于压铸机与机器人的信号通信比较多，一般采用 PLC 作为整个工作站的总控，机器人只需要和 PLC 进行通信即可。本工作站选择 Profibus-DP 适配器和 PLC 进行通信，Profibus-DP可配置 64B 输入和 64B 输出，如果需要更多的信号，则需在单元型号中对 DP_

SLAVE_FA 进行修改，将字节数分别改为最大值 64。

压铸工作站 I/O 单元配置如表 5-11 所示，I/O 信号配置如表 5-12 所示。

表 5-11　工作站 I/O 单元配置

Name（I/O 单元名称）	Type of unit（I/O 单元类型）	Connected To Bus（I/O 单元所在的总线）	DeviceNet address（I/O 单元总线地址）
pBoard11	DP_SLAVE_FA	Profibus_FA1	11

表 5-12　工作站 I/O 信号配置表

Name（I/O 信号名称）	Type of Signal（I/O 信号类型）	Assigned to Unit（I/O 信号从属的 I/O 单元）	Unit Mapping（I/O 信号单元地址）	信号说明
do01RobInHome	Digital Output	pBoard11	0	机器人在 Home 点
do02GripperON	Digital Output	pBoard11	1	夹爪打开
do03GripperOFF	Digital Output	pBoard11	2	夹爪关闭
do04StartDCM	Digital Output	pBoard11	3	允许合模
do05RobInDCM	Digital Output	pBoard11	4	机器人在压铸机工作区域
do06AtPartCheck	Digital Output	pBoard11	5	机器人在检测位置
do07EjectFWD	Digital Output	pBoard11	6	模具顶针顶出
do08EjectBWD	Digital Output	pBoard11	7	模具顶针收回
do09E_Stop	Digital Output	pBoard11	8	机器人急停输出信号
do10CycleOn	Digital Output	pBoard11	9	机器人运行状态信号
do11RobManual	Digital Output	pBoard11	10	机器人处于手动模式信号
do12Error	Digital Output	pBoard11	11	机器人错误信号
di01DCMAuto	Digital Input	pBoard11	0	压铸机自动状态
di02DoorOpen	Digital Input	pBoard11	1	安全门打开状态
di03DieOpen	Digital Input	pBoard11	2	模具处于开模状态
di04PartOK	Digital Input	pBoard11	3	产品检测合格信号
di05CnvEmpty	Digital Input	pBoard11	4	传输链产品检测信号
di06LsEjectFWD	Digital Input	pBoard11	5	顶针顶出到位信号
di07LsEjectBWD	Digital Input	pBoard11	6	顶针收回到位信号
di08ResetE_Stop	Digital Input	pBoard11	7	紧急停止复位按钮
di09ResetError	Digital Input	pBoard11	8	错误报警复位信号
di10StartAt_Main	Digital Input	pBoard11	9	从主程序开始信号
di11MotorON	Digital Input	pBoard11	10	电动机上电信号
di12Start	Digital Input	pBoard11	11	启动信号
di13Stop	Digital Input	pBoard11	12	停止信号

为了提高 do05RobInDCM 信号的可靠性，将其设定为常闭信号，当机器人在压铸机外的安全空间时，输出为 1；当机器人在压铸机开模空间内时，输出为 0。如果发生 I/O 通信中断，输出也为 0，确保机器安全。在设定该 I/O 信号时，如表 5-13 所示。

表 5-13　信号 do05RobInDCM 设置

Name（信号名称）	Access Level（存储级别）	Default Value（默认值）
do05RobInDCM	ReadOnly	1

上述信号中，部分信号需关联机器人系统控制信号，作为系统的输入/输出信号，其配置如表 5-14、表 5-15 所示。

表 5-14 系统输入配置

Signal Name(信号名称)	Action(系统控制信号)	Argumentl(信号类型)	功能
di08ResetE_Stop	Reset Emergency Stop	无	急停复位
di09ResetError	Reset Execution Error	无	报警状态复位
di10StartAt_Main	Start at Main	Continuous	从主程序启动
di11MotorON	Motors On	无	电动机上电
di12Start	Start	Continuous	程序启动
di13Stop	Stop	无	程序停止

表 5-15 系统输出配置

Signal Name(信号名称)	Status(状态)	功能
do09E_Stop	Emergency Stop	急停状态输出
do10CycleOn	CycleOn	自动循环状态输出
do12Error	Execution Error	报警状态输出

3. 程序说明

(1) 程序流程

机器人工作过程如下：从压铸机将压铸完成的工件取出进行工件完好性检查，合格品放置在冷却台上冷却，或放置到废品收集桶内（废品）。合格品冷却后放到传输链传输下线，其大致流程如图 5-63 所示。

进入“Rapid”窗口，可查看压铸机器人程序。实现机器人逻辑和动作控制的主程序如下：

```
PROC main ()
    rIninAll; ! 初始化
      WHILE TRUE DO   ! 进入主循环
        IF di01DCMAuto = 1 THEN
          rExtracting; ! 压铸机处于自动状态，执行取件程序
          rCheckPart;! 产品检测及放置
          IF bFullOfCool = TRUE THEN
              rRelGoodPart; ! 冷却台产品放满，取走已冷却合格品
          ELSE
              rReturnDCM; ! 返回原点位置
          ENDIF
        ENDIF
        rCycleTime; ! 调用计时例程
        WaitTime 0.2; ! 延时
```

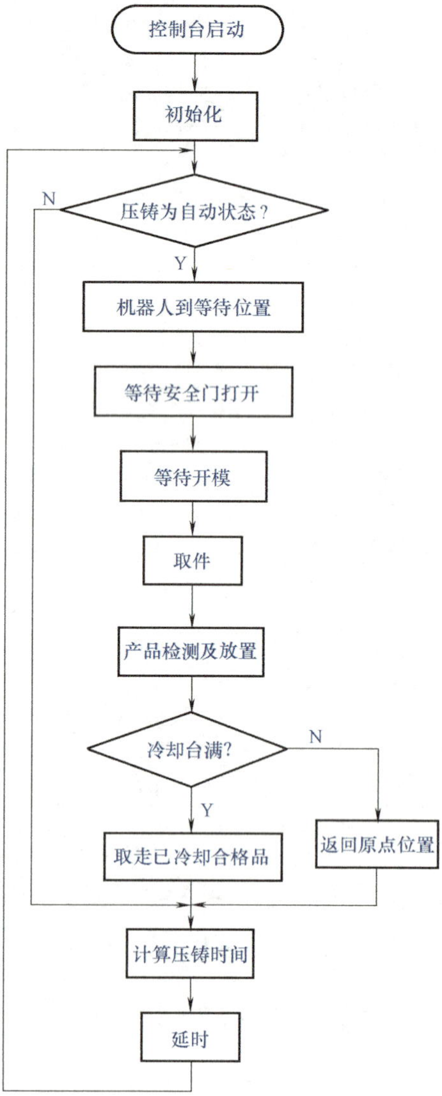

图 5-63 主程序流程图

```
    ENDWHILE
  ENDPROC
```

（2）程序数据

本程序所涉及的数据较多，各主要数据简要说明如表 5-16 所示。

表 5-16　程序数据

常量/变量名称	注解	常量/变量名称	注解
pHome	机器人工作原点	pRelPart1	冷却台放置位置 1
pWaitDCM	等待压铸位置	pRelPart2	冷却台放置位置 2
pPickDCM	取件位置	pRelPart3	冷却台放置位置 3
pRelCNV	传输链放料目标点	pRelPart4	冷却台放置位置 4
pMoveOutDie	压铸机目标点	pRelDaPart	废品放置点
pPosOK	机器人目标点变量	tGripper	夹具工具坐标
wobjDCM	压铸机工件坐标系	wobjCool	冷却台工件坐标系
PosExtRobSafe1	干涉区域对角点 1	PosExtRobSafe2	干涉区域对角点 2
shExtRobSafe	干涉区域形状参数	wzExtRobSafe	区域参数(临时/固定)
nCtime	计时	LoadPart	有效载荷参数
vFast	空载运行速度	vLow	负载运行速度
nPickOff_X	*X* 向取件目标点偏移值	nPickOff_Y	*Y* 向取件目标点偏移值
nPickOff_Z	*Z* 向取件目标点偏移值	bEjectKo	顶针状态
nErrPickPartNo	抓取错误变量	bDieOpenKO	开模状态
bPartOK	产品检测结果	nRelPartNo	冷却台工件计数
nCoolOffs_Z	冷却台 *Z* 向偏移值	bFullOfCool	冷却台满状态
bCool1PosEmpty	冷却台位置 1 空	bCool2PosEmpty	冷却台位置 2 空
bCool3PosEmpty	冷却台位置 3 空	bCool4PosEmpty	冷却台位置 4 空

（3）部分子程序注解

① 初始化程序 rIninAll( )

```
PROC rIninAll( )
    AccSet 100, 100;  ! 加速度设定
    VelSet 100, 3000;  ! 速度设定
    ConfJ\Off;  ! 关闭关节运动轴监控
    ConfL\Off;  ! 关闭线性运动轴监控
    rReset_Out;  ! 输出信号复位
    rHome;  ! 回 Home 点
    Set do04StartDCM;  ! 启动压铸机合模
ENDPROC
```

② 取件程序 rExtracting( )

```
PROC rExtracting( )
    MoveJ pWaitDCM, vFast, z20, tGripper\WObj: = wobjDCM;  ! 机器人运动到等待取
    件位
```

```
    waittime 1;  ! 延时
    WaitDI di02DoorOpen,1;  ! 等待安全门打开
    WaitDI di03DieOpen, 1\MaxTime: =6\TimeFlag: =bDieOpenKO;
    ! 等待开模信号,6s 内开模成功,则 TimeFlag 赋值 FALSE,否则为 TRUE
    IF bDieOpenKO = TRUE THEN
        nErrPickPartNo := 1; ! 开模出错,取件状态标志置 1,并跳至错误处理
        GOTO lErrPick;
    ELSE
        nErrPickPartNo := 0; ! 取件状态标志置 0
    ENDIF
    Reset do04StartDCM; ! 复位机器人取件信号
    MoveJ Offs(pPickDCM,nPickOff_X,nPickOff_Y,nPickOff_Z), vLow, z10, tGripper\
    Wobj: =wobjDCM;
    MoveJ pPickDCM, vLow, fine, tGripper\WObj: =wobjDCM; ! 移动到取件目标点
    rGripperClose; ! 关闭夹爪
    rSoftActive; ! 激活软伺服
    Set do07EjectFWD; ! 顶针顶出
    WaitDI di06LsEjectFWD, 1\MaxTime: =4\TimeFlag: =bEjectKo; ! 等待顶针到位,时
    间为 4s
    pPosOK := CRobT(\Tool: =tGripper\WObj: =wobjDCM); ! 记录顶出后的当前机
    器人位置
    IF bEjectKo = TRUE THEN ! 顶出失败
        rSoftDeactive; ! 关闭软伺服
        rGripperOpen; ! 打开夹爪
        MoveL Offs(pPosOK,0,0,100), vLow, z10, tGripper\WObj: =wobjDCM;
        ! 按之前记录的机器人目标点偏移
    ELSE
        WaitTime 0.5;
        rSoftDeactive; ! 关闭软伺服
        WaitTime 0.5;
        MoveL Offs(pPosOK,0,0,200), v300, z10, tGripper\WObj: =wobjDCM;
        ! 取件后按照之前记录的目标点偏移
        GripLoad LoadPart; ! 加载载荷参数
    ENDIF
    lErrPick: ! 取件出错处理
    MoveJ pMoveOutDie, vLow, z10, tGripper\WObj: =wobjDCM; ! 离开压铸机到安全
    位置
    Reset do07EjectFWD; ! 顶针收回
ENDPROC
```

③ 合格品放置程序 rRelGoodPart( )

```
PROC rRelGoodPart( )
    WaitDI di05CNVEmpty, 1; ! 等待传输链空
    IF bFullOfCool = TRUE THEN ! 冷却台满
        IF nRelPartNo = 1 THEN ! 判断从第几个位置取走工件
            MoveJ Offs(pRelPart1,0,0,nCoolOffs_Z), vLow, z20, tGripper\WObj: =
            wobjCool;
            MoveJ pRelPart1, vLow, fine, tGripper\WObj: =wobjCool;
            rGripperClose;
            MoveJ Offs(pRelPart1,0,0,nCoolOffs_Z), vLow, z20, tGripper\WObj: =
            wobjCool;
        ELSEIF nRelPartNo = 2 THEN
            MoveJ Offs(pRelPart2,0,0,nCoolOffs_Z), vLow, z20, tGripper\WObj: =
            wobjCool;
            MoveJ pRelPart2, vLow, fine, tGripper\WObj: =wobjCool;
            rGripperClose;
            MoveJ Offs(pRelPart2,0,0,nCoolOffs_Z), vLow, z20, tGripper\WObj: =
            wobjCool;
        ELSEIF nRelPartNo =3 THEN
            MoveJ Offs(pRelPart3,0,0,nCoolOffs_Z), vLow, z20, tGripper\WObj: =
            wobjCool;
            MoveJ pRelPart3, vLow, fine, tGripper\WObj: =wobjCool;
            rGripperClose;
            MoveJ Offs(pRelPart3,0,0,nCoolOffs_Z), vLow, z20, tGripper\WObj: =
            wobjCool;
        ELSEIF nRelPartNo = 4 THEN
            MoveJ Offs(pRelPart4,0,0,nCoolOffs_Z), vLow, z20, tGripper\WObj: =
            wobjCool;
            MoveJ pRelPart4, vLow, fine, tGripper\WObj: =wobjCool;
            rGripperClose;
            MoveJ Offs(pRelPart4,0,0,nCoolOffs_Z), vLow, z20, tGripper\WObj: =
            wobjCool;
        ENDIF
        WaitTime 0.2;
    ENDIF
    MoveJ Offs(pRelCNV,0,0,nCoolOffs_Z), vLow, z20, tGripper\WObj: =wobjCool;
    MoveL pRelCNV, vLow, fine, tGripper\WObj: =wobjCool; ! 送至传输链放置位
    rGripperOpen; ! 松开夹爪,放置工件
    MoveL Offs(pRelCNV,0,0,nCoolOffs_Z), vLow, z20, tGripper\WObj: =wobjCool;
```

```
    MoveL Offs(pRelCNV,0,0,300), vLow, z50, tGripper\WObj:=wobjCool;
    MoveJ Offs(pRelPart2,0,0,nCoolOffs_Z), vFast, z50, tGripper\WObj:=wobjCool;
    MoveJ pPartCheck, vFast, z100, tGripper\WObj:=wobjCool;
    MoveJ pHome, vFast, z100, tGripper\WObj:=wobjDCM; ! 返回 Home 点,开始下一轮取放
ENDPROC
```

④ 互锁区域检测程序 rPowerON()

PROC rPowerON()

！事件触发例程 EventRoutine,定义了机器人和压铸机的互锁工作区域,当机器人 TCP 进入该区域时,数字输出信号 Do05RobInDCM 被置为 0,此时压铸机不能合模。将此程序关联到系统 PowerOn 的状态,当开启系统总电源时,该程序即被执行一次,互锁区域设定生效。

```
    pos PosRobSafe1:=[-600,-1000,1450];
    pos PosRobSafe2:=[580,-2900,7];
    WZBoxDef\Inside,shRobSafe,PosRobSafe1,PosRobSafe2;
```

！机器人干涉区域的两个对角点,该位置参数只能是在 Wobj0 下的数据(将机器人手动模式移动到压铸机互锁区域内进行获取对角点数据)。

```
    WZDOSet\Stat,wzExtRobSafe\Inside,shRobSafe,do05RobInDCM,1;
```

！干涉区域启动指令,并关联到对应的输出信号。

ENDPROC

⑤ 软伺服激活程序 rSoftActive()

```
PROC rSoftActive() ! 软伺服激活例程,设定机器人 6 个轴的软化指数
    SoftAct 1, 99;
    SoftAct 2, 100;
    SoftAct 3, 100;
    SoftAct 4, 95;
    SoftAct 5, 95;
    SoftAct 6, 95;
    WaitTime 0.3;
ENDPROC
```

【拓展练习】

解压随书资料中“ShiXunTai. rspag”文件，参照本项目任务二完成夹具及压铸机构 Smart 组件设计；按任务一图 5-9 所示示教轨迹的各目标点，编写 RAPID 程序；利用虚拟示教器进行 I/O 单元配置、I/O 信号设置及系统输入/输出配置。

要求：机器人按图 5-9 所示的轨迹进行取件、经过检测区及放置工件，满 3 次停止，压铸机构进行压铸合模、开模及开模出料，具体可参照视频文件“压铸与搬运”中的压铸工作部分。

项目六 焊接机器人

任务一　建立焊接机器人系统

【任务目标】

1. 了解工业机器人焊接工作站的基本结构
2. 掌握 Robot Studio 软件建立焊接机器人系统的方法

【背景知识】

一、焊接机器人系统的组成

焊接机器人是指从事焊接（包括切割与喷涂）的工业机器人。焊接机器人就是在工业机器人的末轴法兰装接焊钳或焊（割）枪，使之能进行焊接、切割或热喷涂作业。

焊接机器人主要包括机器人和焊接设备两部分。机器人由机器人本体和控制柜（硬件及软件）组成。而焊接装备，以弧焊及点焊为例，则由焊接电源（包括其控制系统）、送丝机（弧焊）、焊枪（钳）、变位机及安全防护装置等部分组成。对于智能机器人还应有传感系统，如激光或摄像传感器及其控制装置等。典型的焊接机器人系统如图 6-1 所示。

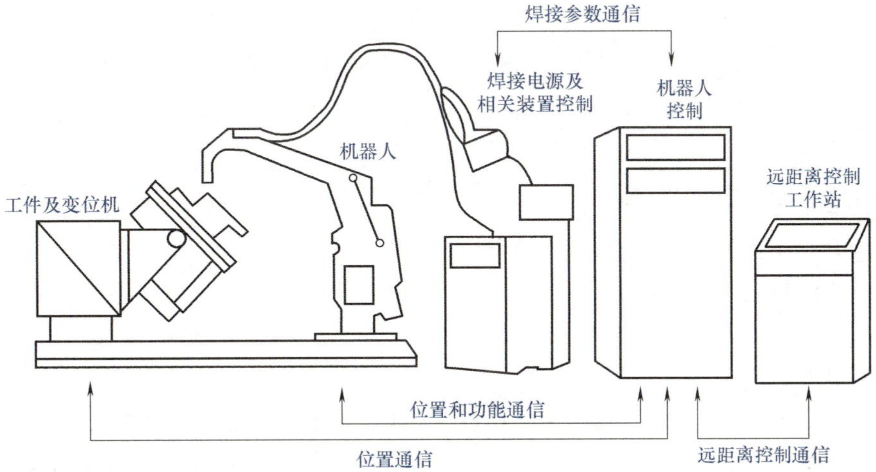

图 6-1　焊接机器人系统的基本组成

二、任务概述

基于 Robot Studio 软件实现一个基础的焊接控制系统，如图 6-2 所示。

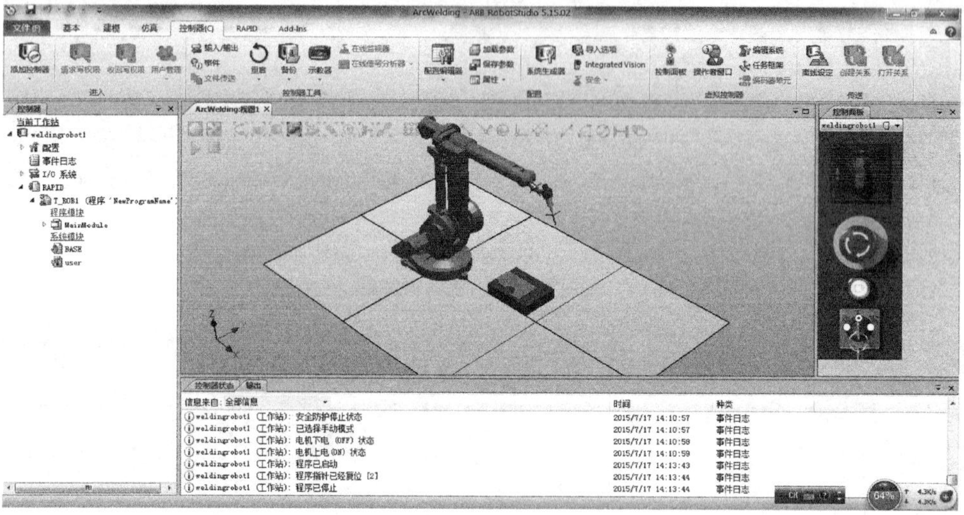

图 6-2　焊接机器人工作站

机器人运行轨迹与焊缝示意图如图 6-3 所示。机器人从起始点 P10 运行到 P20，并从此处开始起弧焊接，焊接到 P80 熄弧，停止焊接，但机器人继续运行到 P90，停止移动。

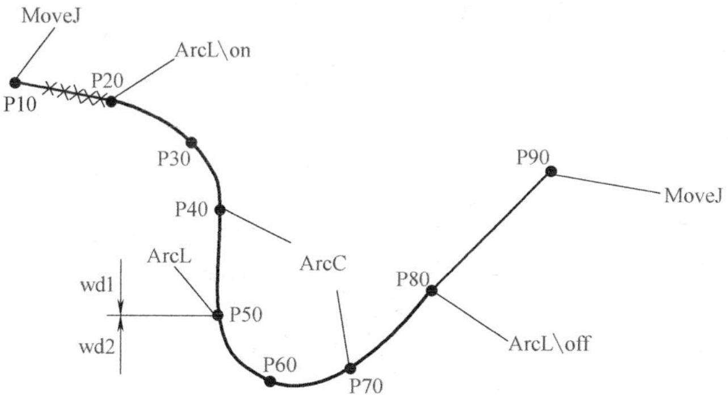

图 6-3　机器人运行轨迹与焊缝示意图

【任务实施】

一、创建工作站

1. 创建空白工作站

首先打开 Robot Studio 软件，首先单击“新建”菜单命令，然后单击空工作站“创建”，创建一个空工作站。

2. 导入机器人模型

单击“ABB 模型库”，选择“IRB1410”ABB 机器人，单击“导入模型库”，选择“设备”下的“Training objects”选项，单击下面的设备“MyTool”及“Curve_thing”，如图 6-4 所示。

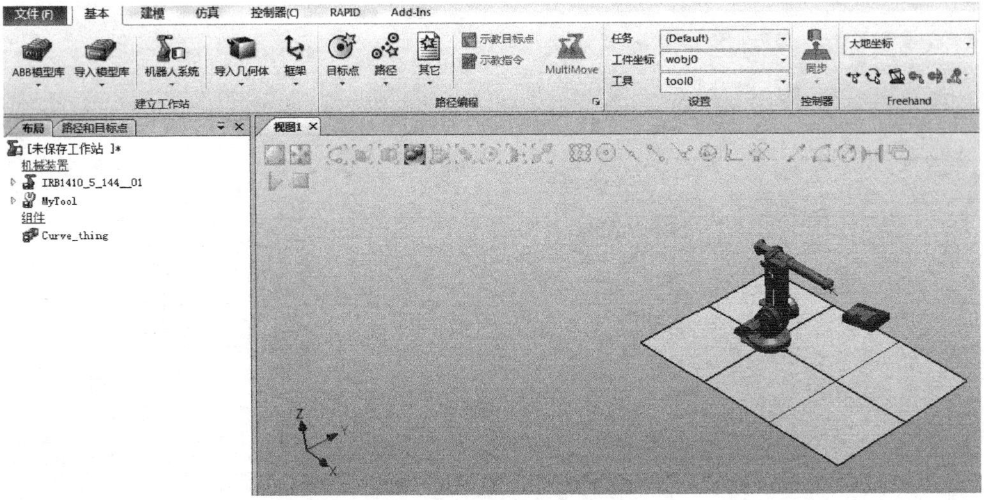

图 6-4　焊接机器人工作站

3. 安装工具、设定工件位置

右击“MyTool”选择“安装到”→“IRB1410_5_144_01”，如图 6-5 所示。右击“Curve_thing”选择“设定位置”，如图 6-6 所示。

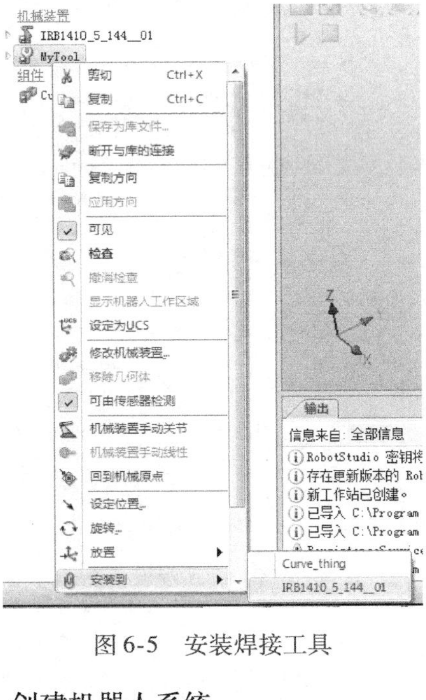

图 6-5　安装焊接工具

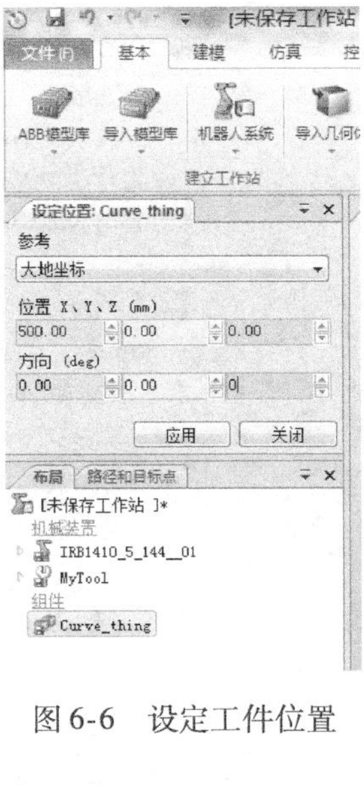

图 6-6　设定工件位置

4. 创建机器人系统

单击“机器人系统”，选择“从布局创建系统”，系统名称改为“weldingrobot”，再单击“下一个”按钮，出现图 6-7 所示的界面。

单击“选项”，其中“second language”选择 644-5“chinese”，“hardware”选择“709-x Deuice Net”，“Application Arc”选择“633-1 Arc”，如图 6-8 、图 6-9 所示，最后单击“确定”按钮，返回图 6-7 后，单击“完成”按钮。保存该工作站文件。

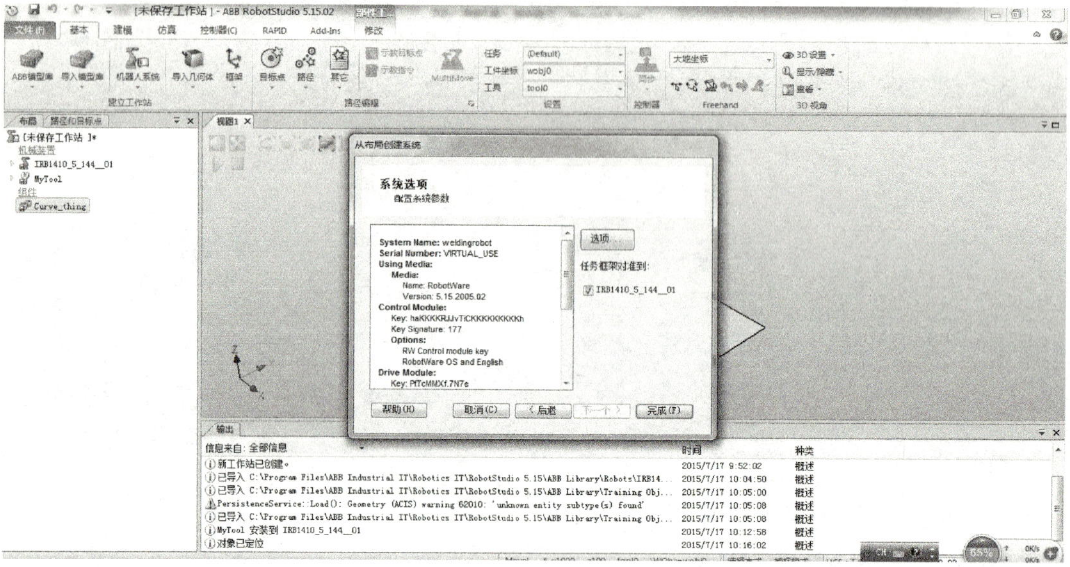

图 6-7 系统选项界面

图 6-8 通信设置

图 6-9 弧焊设备选择

任务二 焊接机器人的 I/O 配置

【任务目标】

1. 学会弧焊机器人 I/O 配置
2. 学会弧焊参数配置

【背景知识】

弧焊机器人系统的I/O配置

1. 配置基本方法

定义焊接电源的输入/输出（I/O）控制信号，将控制信号配置到系统中。

ABB机器人通常通过模拟量输出AO和数字量输出DO来控制焊接电源，通过数字量输入信号DI掌握被控对象的状态。I/O板卡通常选择D651板（8输入，8输出，2个模拟量输出AO），如表6-1所示。

表6-1　弧焊机器人的I/O分配

I/O名称	I/O类型	I/O地址	信号注释
AoWeldingCurrent	模拟量输出(AO)	0~15	焊接电流或送丝速度
AoWeldingVoltage	模拟量输出(AO)	16~31	焊接电压
doWeldOn	数字量输出(DO)	32	起弧控制
doGasOn	数字量输出(DO)	33	送气控制
doFeed	数字量输出(DO)	34	点动送丝控制
diArcEst	数字量输入(DI)	0	起弧建立信号(通知焊接机器人)

2. 配置步骤

1）定义输入/输出板。

2）定义D651 I/O板。

3）定义I/O信号。

4）定义模拟量（AO）信号。

【任务实施】

一、定义输入/输出板

单击菜单栏上的“控制器”，选择“控制面板”，选择手动方式及电动机上电，如图6-10所示。

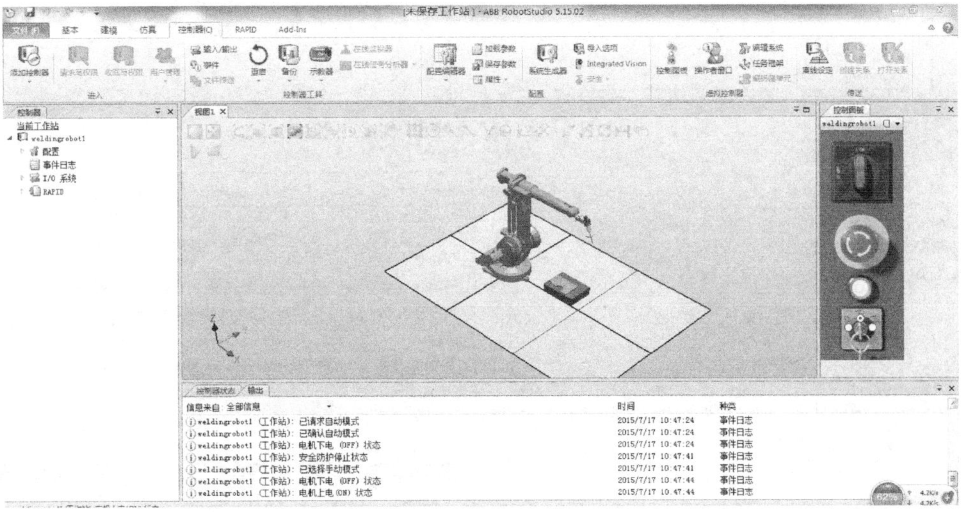

图6-10　手动上电

单击工具栏上的“示教器”，选择“虚拟示教器”，如图 6-11 所示。

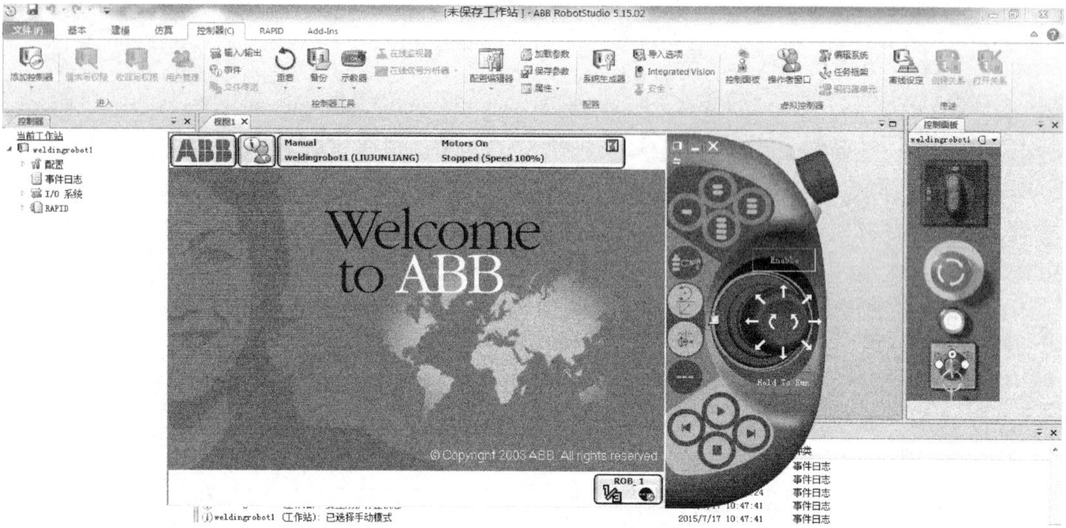

图 6-11　启动虚拟示教器

单击虚拟示教器上“ABB”按键，进入系统的主菜单，可按项目一关于示教器的操作，修改为中文显示模式。

二、定义 D651 I/O 板

进入“控制面板”（见图 6-12），选择“配置”（见图 6-13），单击“主题”（见图 6-14），选择“I/O”（见图 6-15）。

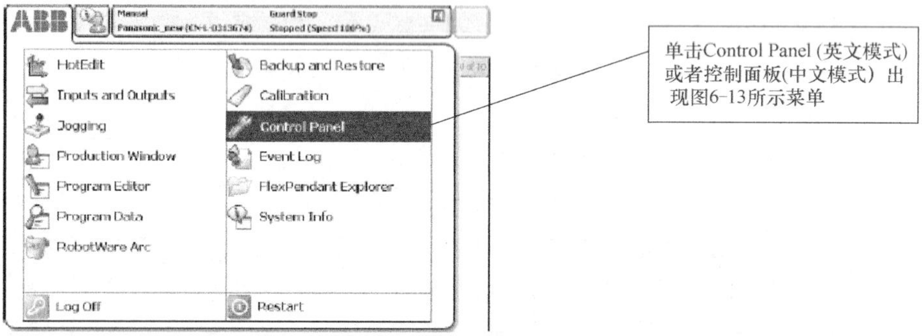

图 6-12　打开控制面板

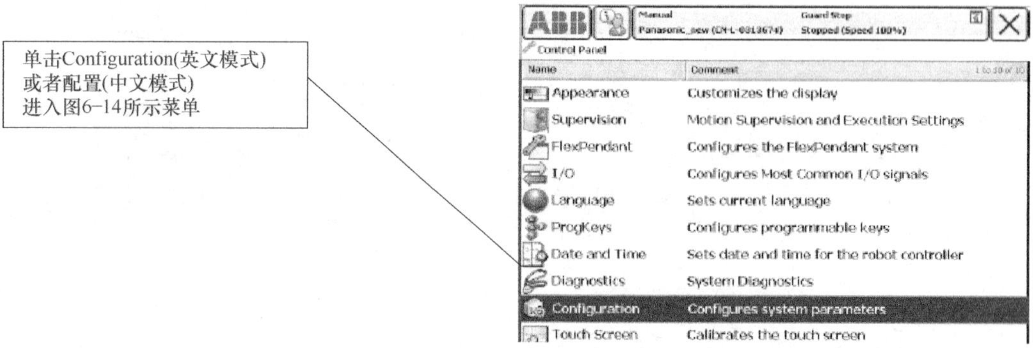

图 6-13　打开“配置”窗口

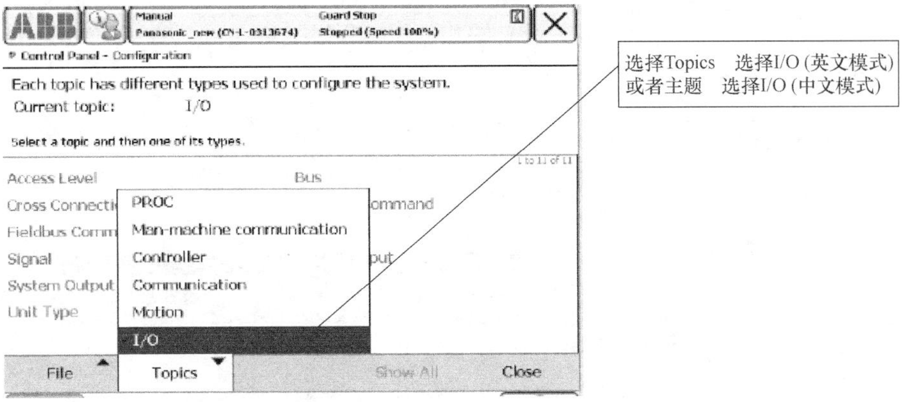

图 6-14　单击"主题"菜单

按图 6-16 ~ 图 6-20 进行操作，添加 I/O 板，并设置其型号、名称、总线形式及地址。

图 6-15　单击"Unit"

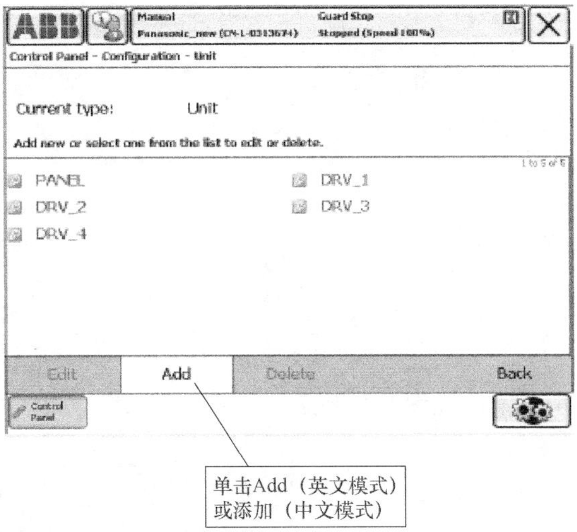

图 6-16　添加 I/O 板

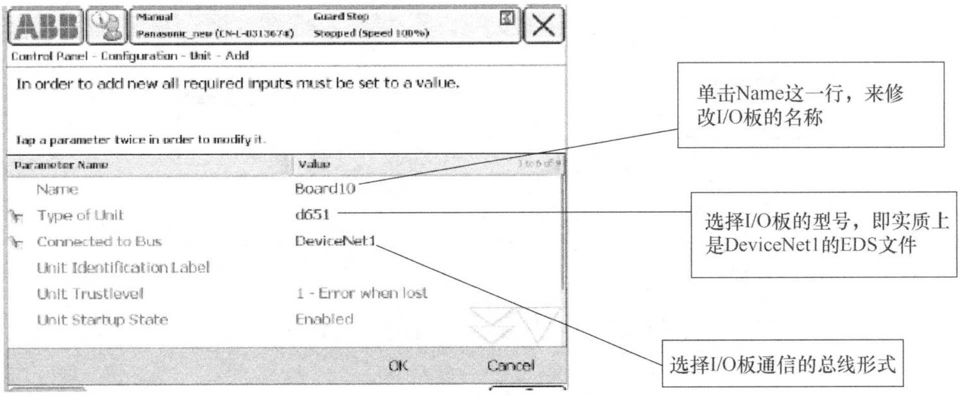

图 6-17　设置 I/O 板名称、型号及总线形式

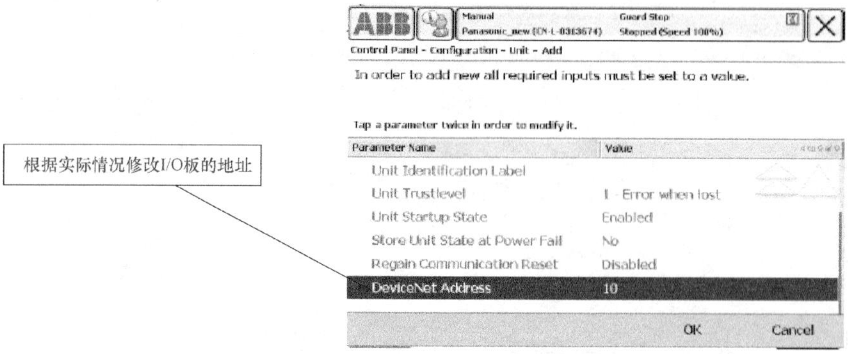

图 6-18 修改 I/O 板地址

图 6-19 设置完成后确定

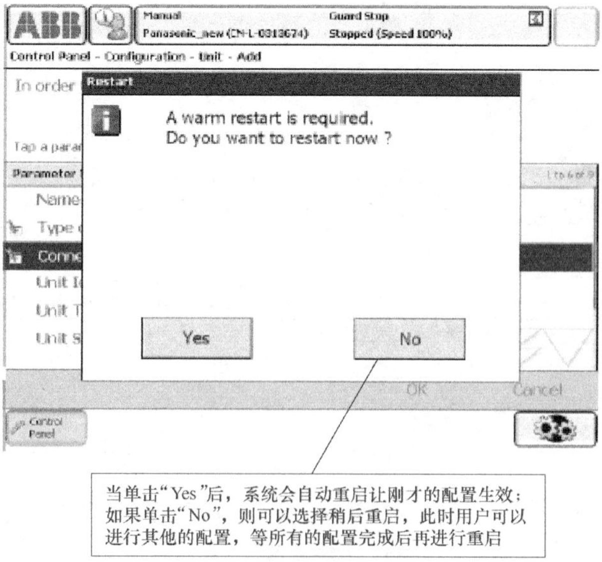

图 6-20 重启操作

三、定义 I/O 信号

按图 6-21 ~ 图 6-26 定义起弧控制信号 doWeldOn、送气控制信号 doGasOn、送丝控制信号 doFeedOn 和起弧建立信号 diArcEst，设置完成后按图 6-20 确定是否重启。

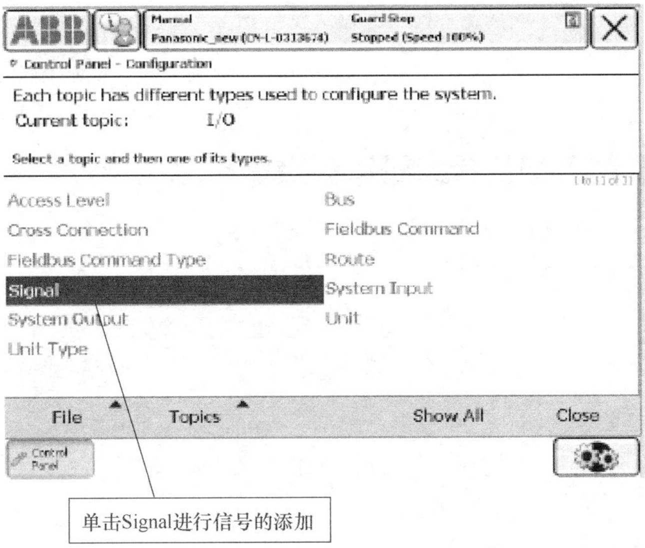

图 6-21　进入 Signal 界面

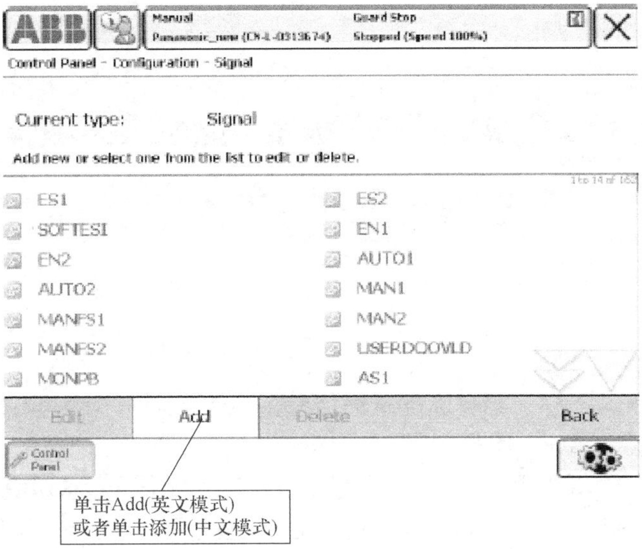

图 6-22　添加信号

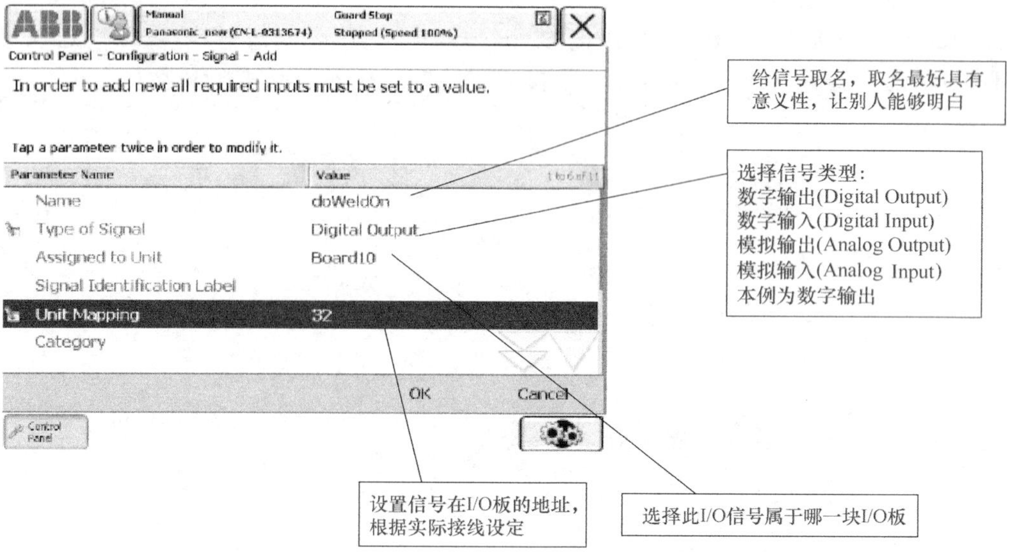

图 6-23　起弧控制信号 doWeldOn

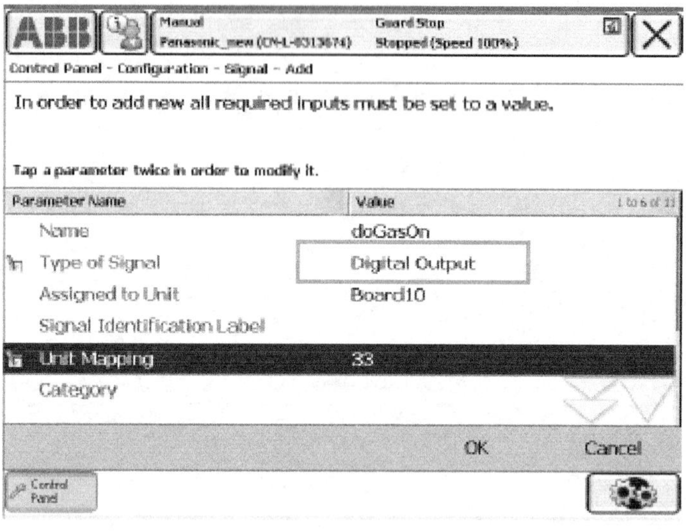

图 6-24　送气控制信号 doGasOn

可进入“输入输出”界面查看已配置的信号，如图 6-27 ~ 图 6-30 所示。

四、定义模拟量（AO）信号

定义模拟量（AO）信号用于产生焊接电压与电流控制信号，ABB 机器人板卡 I/O 的模拟量输出信号的输出范围为 0 ~ 10V，模拟量输出的精度是 16 位，也就是说，位值 65536 对应 10V，位值 0 对应 0V。

1. 定义电流控制信号 AoWeldCurrent

按图 6-31 ~ 图 6-34 进行电流控制信号 AoWeldCurrent 的创建和设置。

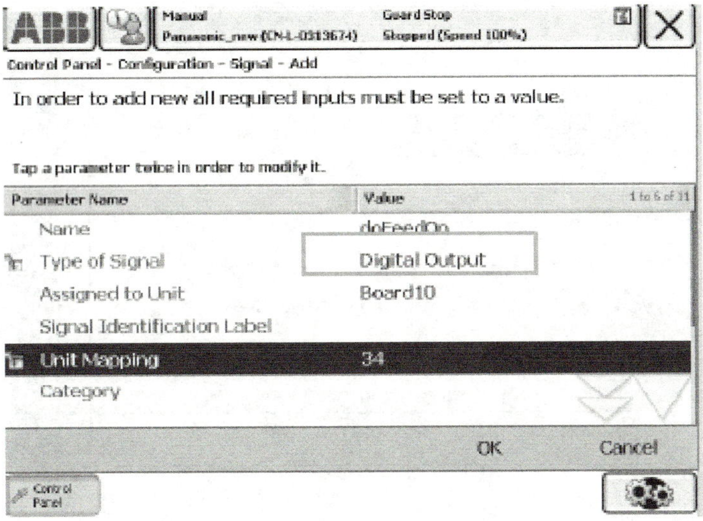

图 6-25　送丝控制信号 doFeedOn

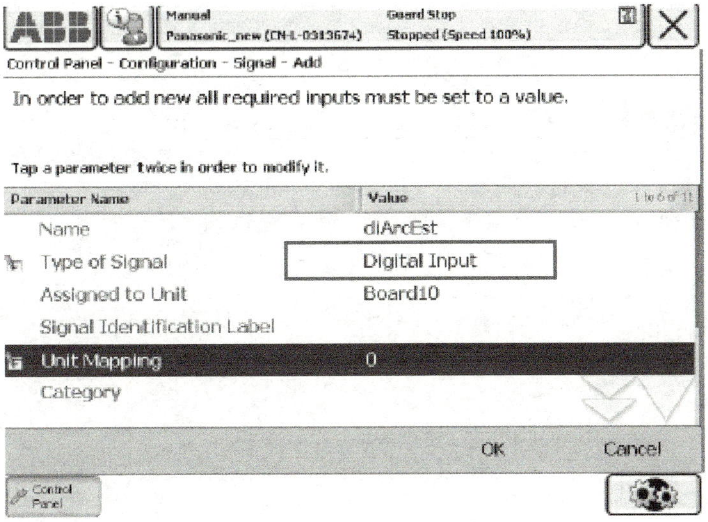

图 6-26　起弧建立信号 diArcEst

图 6-27　单击“输入输出”

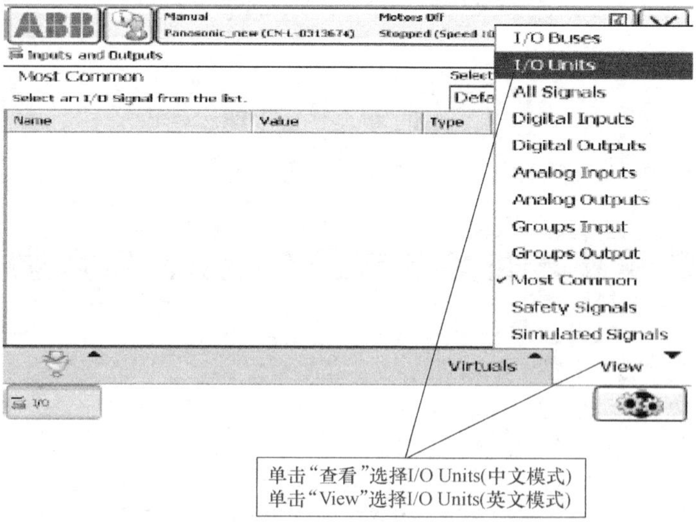

图 6-28　选择 I/O 单元

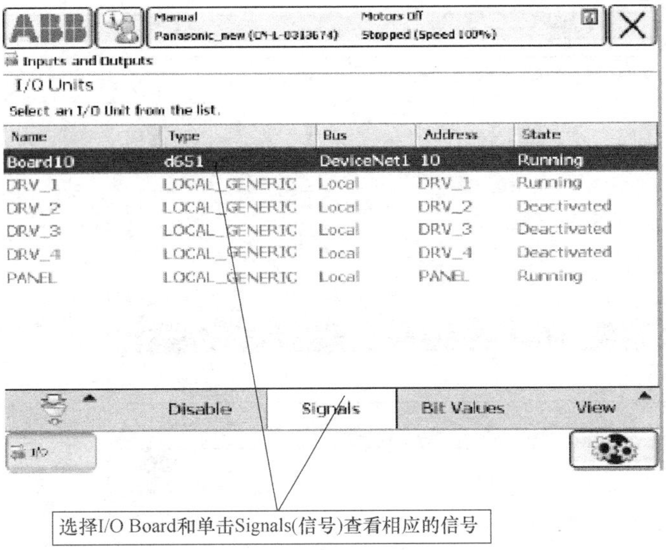

图 6-29　选择 I/O 板

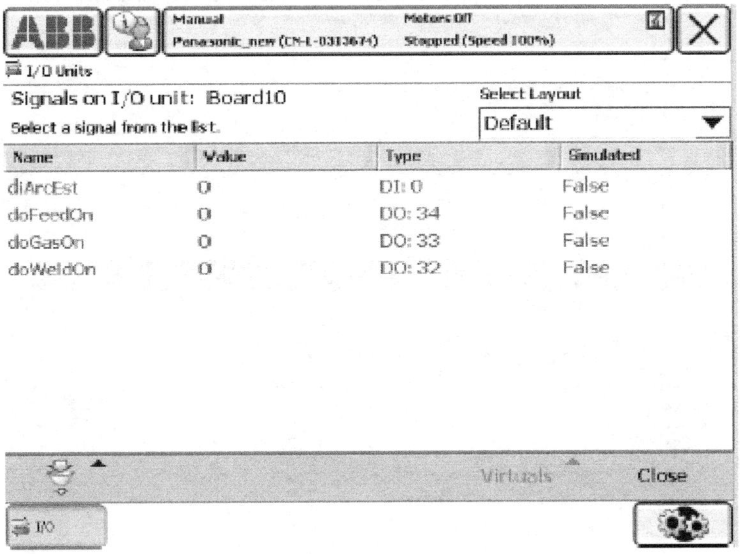

图 6-30　查看 I/O 信号

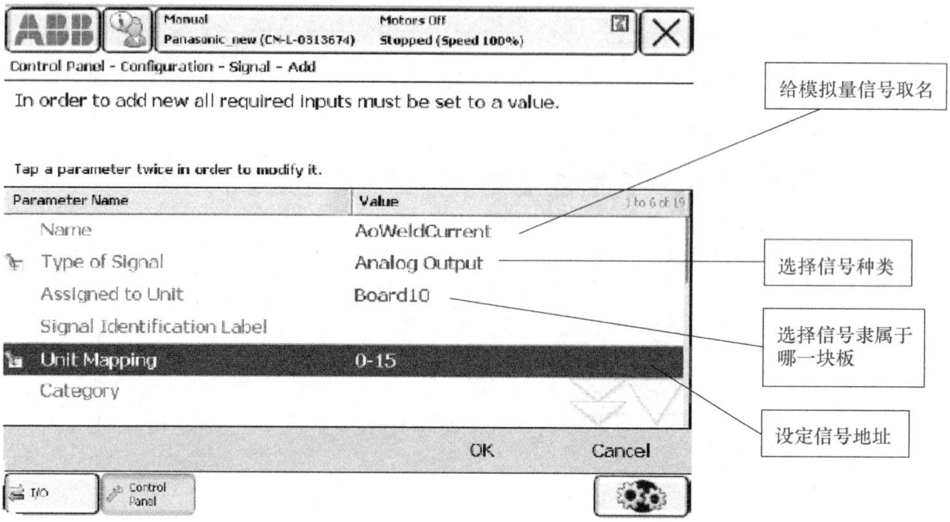

图 6-31　添加模拟输出信号 AoWeldCurrent

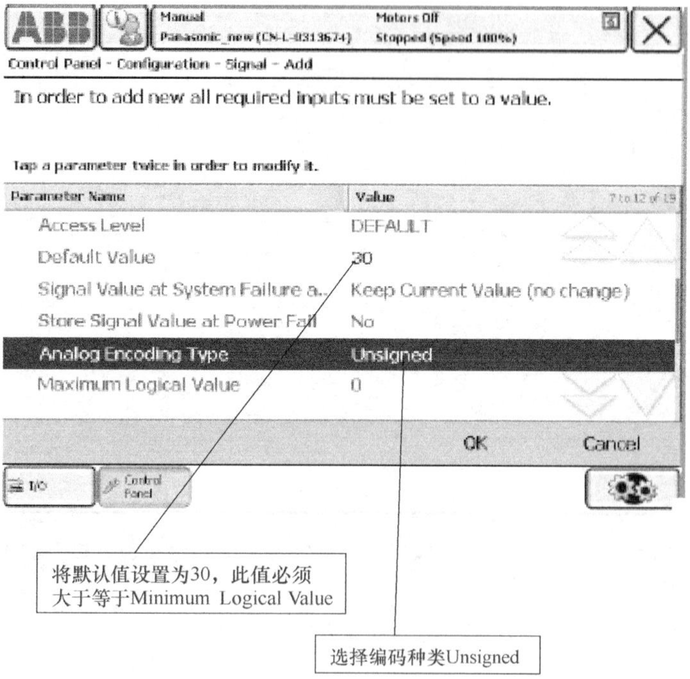

图 6-32　设置信号 AoWeldCurrent 默认值及类型

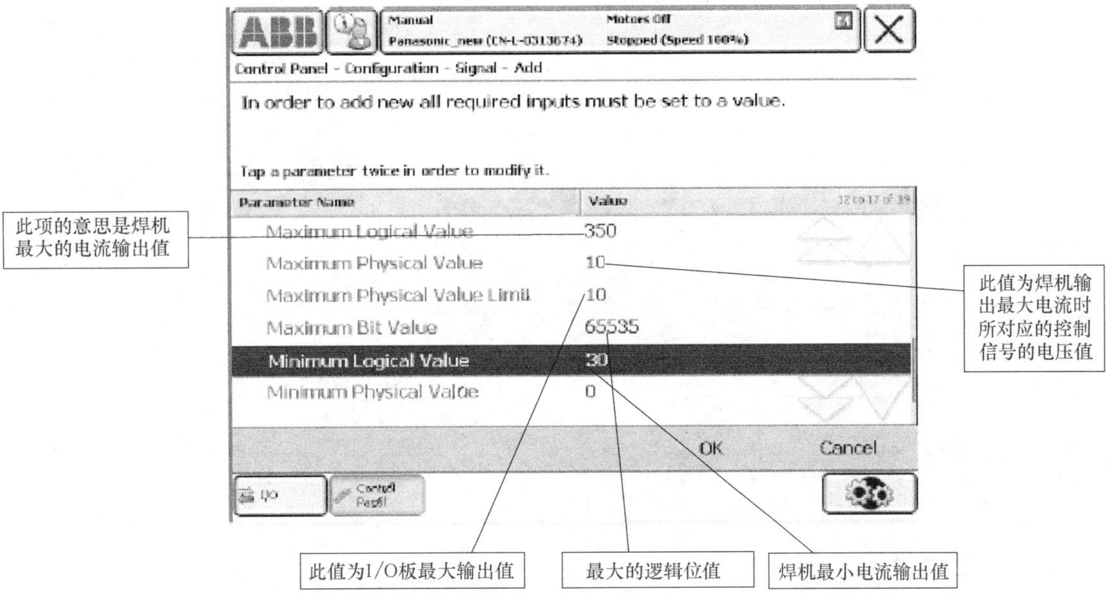

图 6-33　设置信号 AoWeldCurrent 最大电流、电压等参数

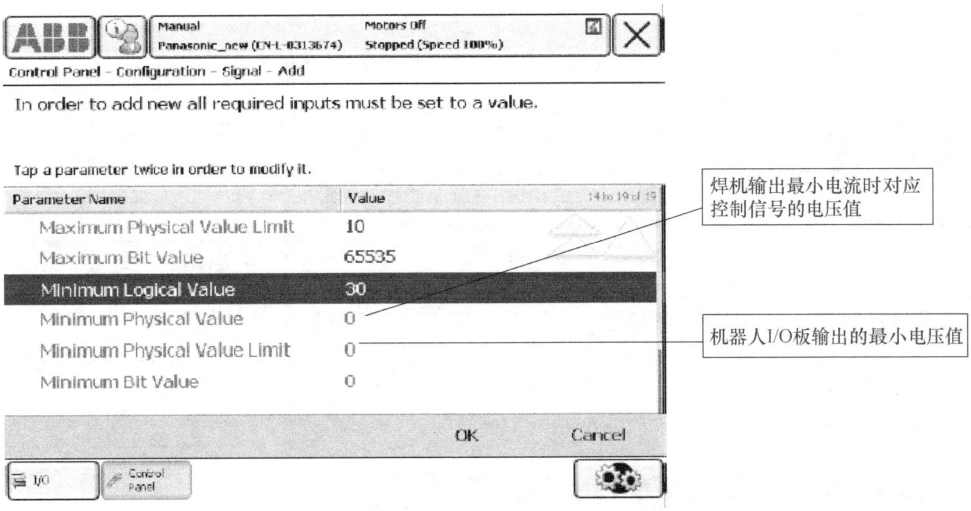

图 6-34　设置信号 AoWeldCurrent 最小电流控制电压等参数

2. 定义电压控制信号 AoWelding Voltage

按图 6-35 ~ 图 6-37 进行电压控制信号 AoWelding Voltage 的创建和设置。

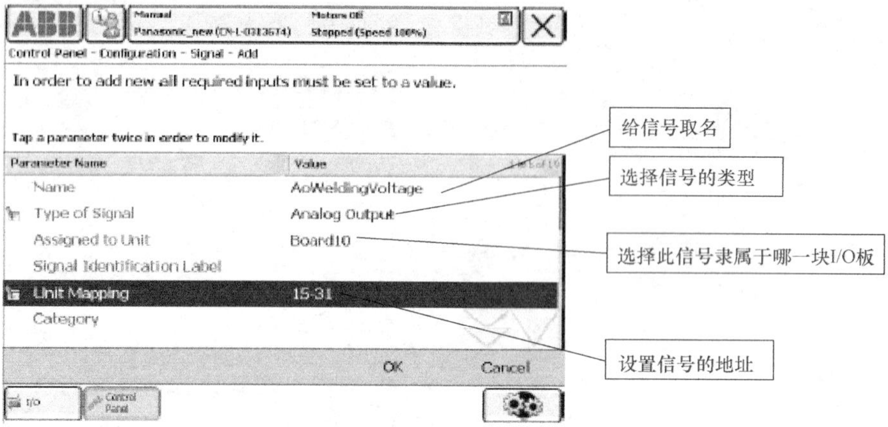

图 6-35　添加模拟输出信号 AoWeling Voltage

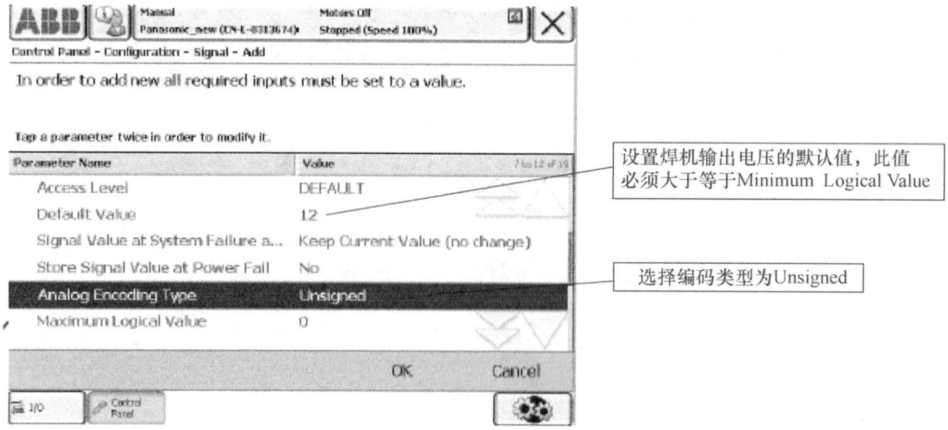

图 6-36　设置信号 AoWelding Voltage 的默认值及类型

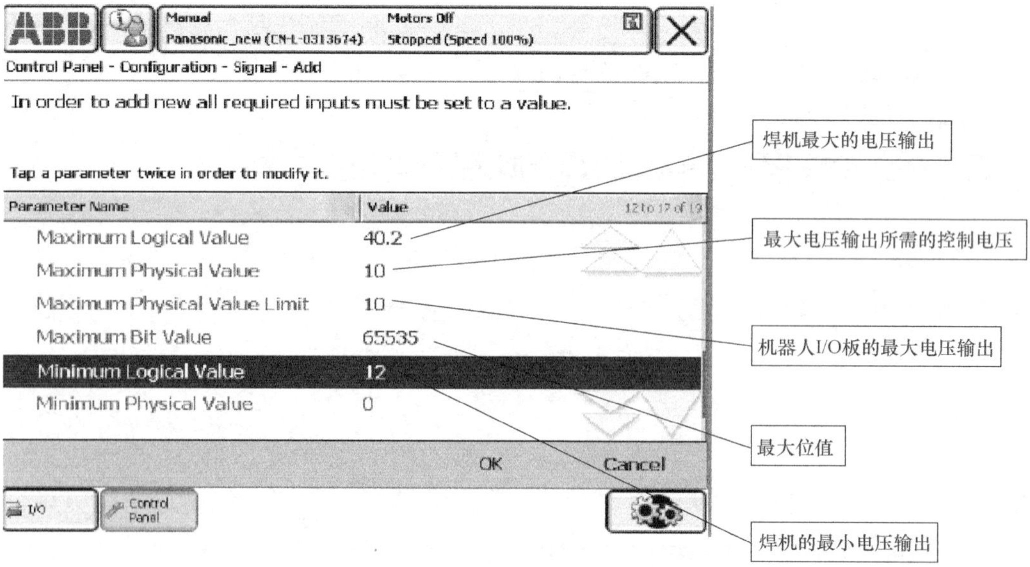

图 6-37　设置信号 AoWelding Voltage 其他参数

任务三 焊接指令编程

【任务目标】

1. 学会焊接目标点示教
2. 学会弧焊软件设定
3. 学会常用弧焊程序编写

【背景知识】

一、弧焊基本焊接指令要求

任何焊接程序都必须以 ArcLStart 或者 ArcCStart 开始，通常我们运用 ArcLStart 作为起始语句。任何焊接过程都必须以 ArcLEnd 或者 ArcCEnd 结束。焊接中间点可用 ArcL 或 ArcC。焊接语句的基本功能与普通“Mov”指令一样，可实现运动及定位。焊接过程中不同语句可以使用的焊接参数如 SeamData、WeldData。

1. ArcLStart（直线焊接开始指令）

指令示例：ArcLStart P1，V100，Seam1，Weld1，Weave1，Fine，Tool1；

ArcLStart 直线焊接开始指令，预先启动保护气。通常，程序中显示的是参数的简化形式，如 sm1、wd1、wv1 等。句中各参数说明如下：

P＊ 目标点的位置，同普通的 Mov 指令；

V100 单步运行时，焊枪速度，在焊接过程中被 Weld_ Speed 所取代；

Fine 转弯半径，同普通的 Mov 指令，在焊接指令中一般用 Fine；

Seam1 起弧收弧参数；

Weld1 弧焊参数；

Weave1 摆弧参数；

Tool1 ToolData，同普通的 Mov 指令，定义工具坐标系参数，一般不用修改。

2. ArcCStart（圆弧焊接开始指令）

指令示例：ArcCStart P1，V100，Seam1，Weld1，Weave1，Fine，Tool1；

3. ArcLEnd（直线焊接停止指令）

ArcLEnd P5，V100，Seam1，Weld1，Weave1，Fine，Tool1；

4. ArcCEnd（圆弧焊接停止指令）

ArcCEnd P5，V100，Seam1，Weld1，Weave1，Fine，Tool1；

5. ArcL（直线焊接指令）

ArcL P2，P3，V100，Seam1，Weld1 \ Weave ：=Weave1，z10，Tool1；

6. ArcC（圆弧焊接指令）

ArcC P2，P3，V100，Seam1，Weld1 \ Weave ：=Weave1，z10，Tool1；

二、弧焊常用焊接参数

1. 起弧收弧参数 SeamData

弧焊参数的一种，定义起弧与收弧时的焊接参数，控制焊接开始前和结束后的吹保护气的时间长度，以保证焊接时的稳定性和焊缝的完整性，其参数说明如表6-2所示。

表6-2 起弧收弧参数 SeamData

弧焊参数(指令)	指令定义的参数
Purge_time	保护气管路的预充气时间
Preflow_time	保护气的预吹气时间
Bback_time	收弧时焊丝的回烧量
Postflow_time	收弧时为防止焊缝氧化保护气体的吹气时间

2. 弧焊参数 WeldData

弧焊参数的一种，用来控制在焊接过程中机器人的焊接速度，以及焊机输出的电压和电流大小，其参数说明如表6-3所示。

表6-3 弧焊参数 WeldData

弧焊参数(指令)	指令定义的参数
Weld_speed	焊缝的焊接速度，单位是 mm/s
Weld_voltage	定义焊缝的焊接电压，单位是 V
Weld_wirefeed	定义送丝速度，单位是 m/min

3. 摆弧参数 WeaveData

弧焊参数的一种，定义摆动参数，控制机器人在焊接过程中焊枪的摆动，通常在焊缝宽度超过焊丝直径较多时通过焊枪的摆动去填充焊缝。该参数属于可选项，如果焊缝较小，在机器人线性焊接可以满足要求的情况下可不选用该参数，其含义如表6-4所示。

表6-4 摆弧参数 WeaveData

<table>
<tr><th>弧焊参数(指令)</th><th colspan="2">指令定义的参数</th></tr>
<tr><td rowspan="4">Weave_shape
焊枪的摆动方式</td><td>0</td><td>无摆动</td></tr>
<tr><td>1</td><td>平面锯齿形摆动</td></tr>
<tr><td>3</td><td>空间 V 字形摆动</td></tr>
<tr><td>3</td><td>空间三角形摆动</td></tr>
<tr><td rowspan="2">Weave_type
机器人的摆动类型</td><td>0</td><td>机器人所有的轴都参与摆动</td></tr>
<tr><td>1</td><td>仅手腕参与摆动</td></tr>
<tr><td>Weave_length</td><td colspan="2">摆动一个周期的长度</td></tr>
<tr><td>Weave_width</td><td colspan="2">摆动一个周期的宽度</td></tr>
<tr><td>Weave_height</td><td colspan="2">空间摆动一个周期的高度</td></tr>
</table>

【任务实施】

一、弧焊常用焊接参数定义

打开虚拟示教器，单击“ABB”进入主菜单，单击“Program Data”进入如图6-38所示的界面。

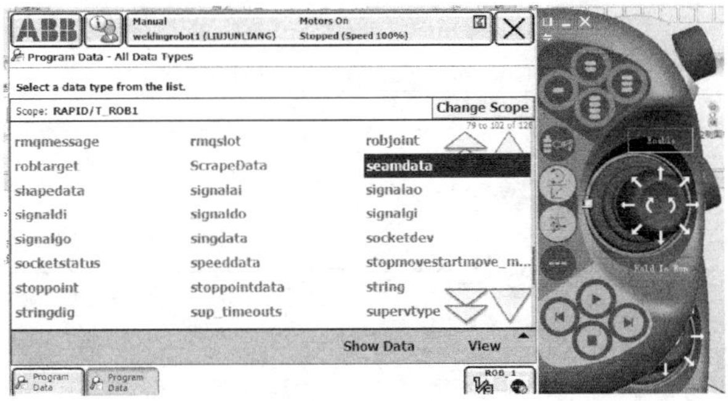

图 6-38　程序数据窗口

双击“seamdata”，再单击下方的“新建”，定义起弧收弧参数（见图 6-39）。

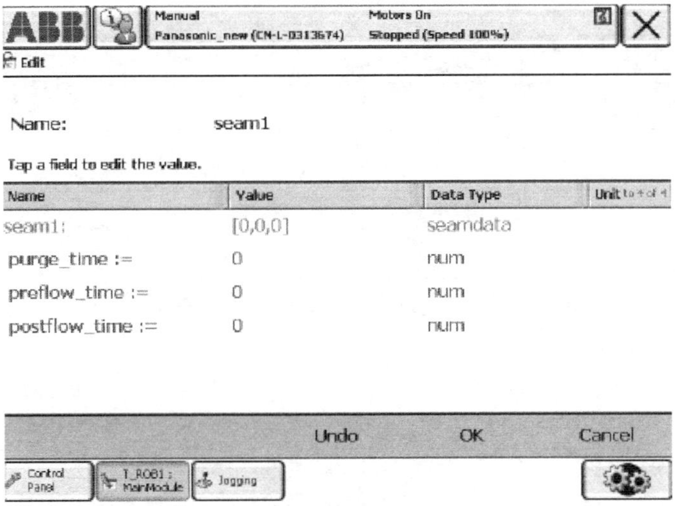

图 6-39　起弧收弧参数配置

依次完成弧焊参数及摆弧参数设置（见图 6-40、图 6-41）。

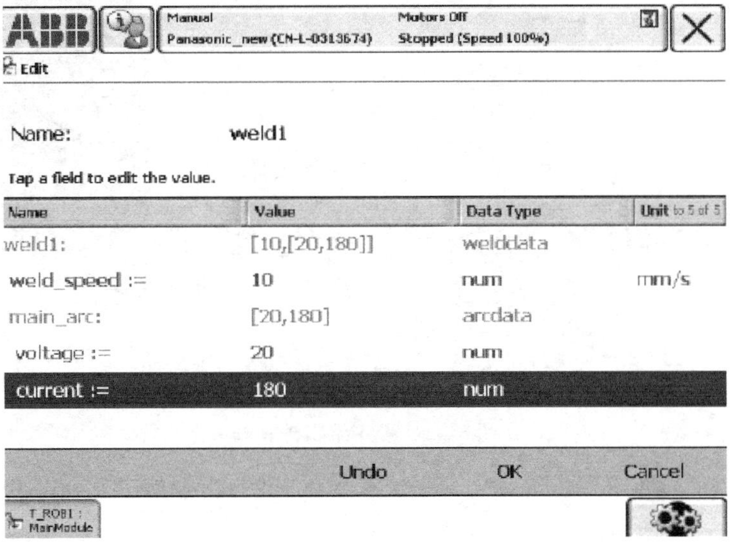

图 6-40　弧焊参数配置

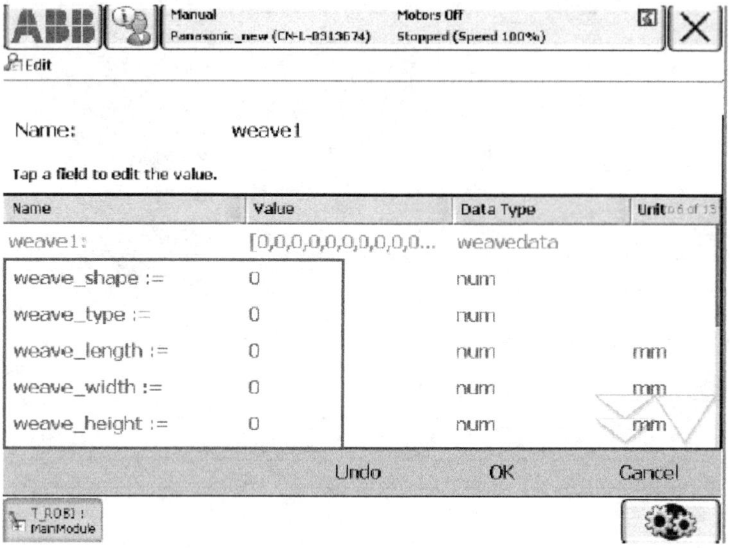

图 6-41　摆弧参数配置

二、编写焊接程序

单击虚拟示教器左上角“ABB”进入系统的主菜单，然后单击“Program Editor”进入程序编辑器窗口（见图 6-42）。

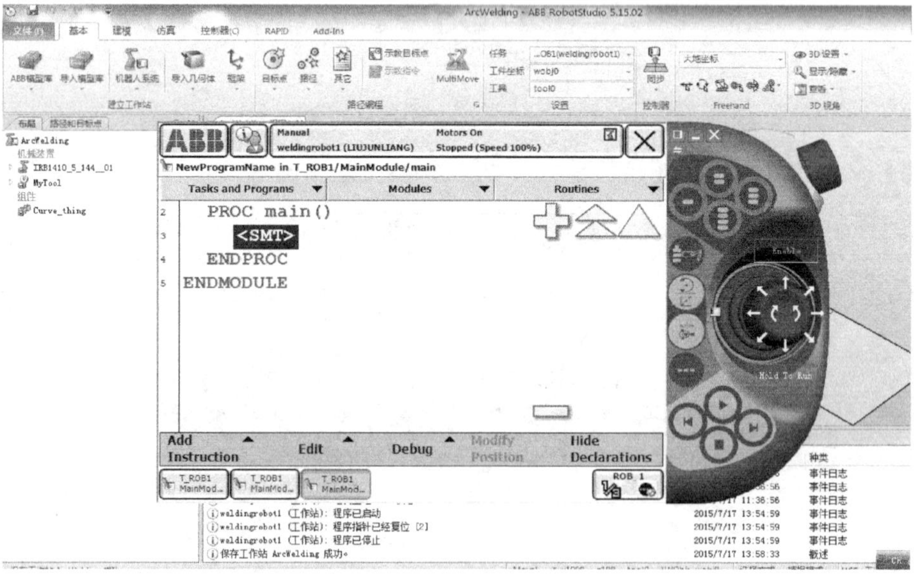

图 6-42　程序编辑器窗口

单击左下角的“Add Instruction”（添加指令），进入指令的编写（见图 6-43），编辑完成后的程序如图 6-44 所示。

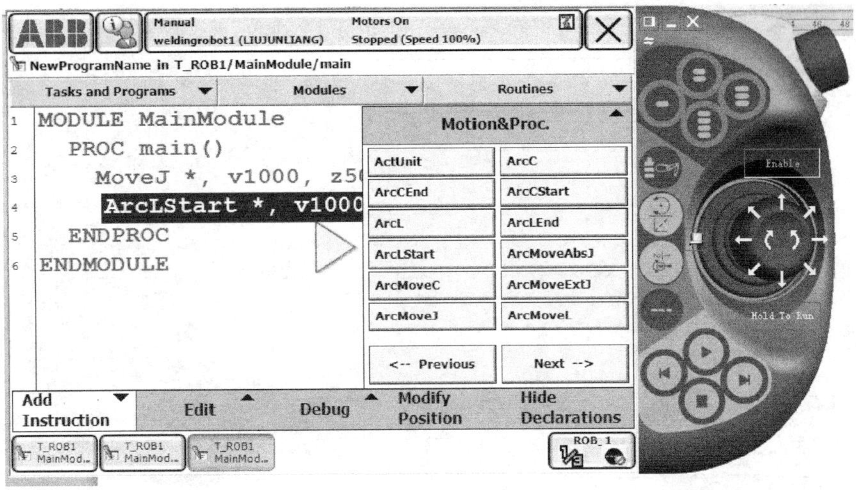

图 6-43　添加指令

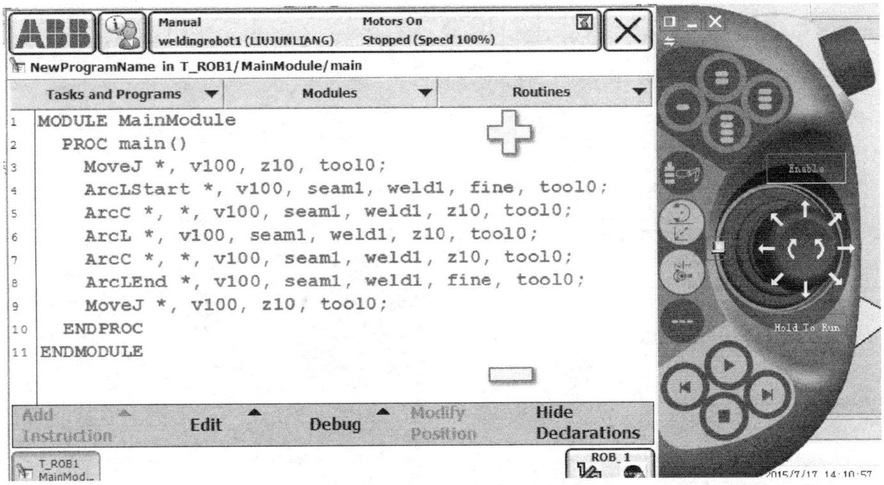

图 6-44　焊接机器人程序

单击 * 号，建立 p10 ~ p90 焊接示教点，如图 6-45 和图 6-46 所示。

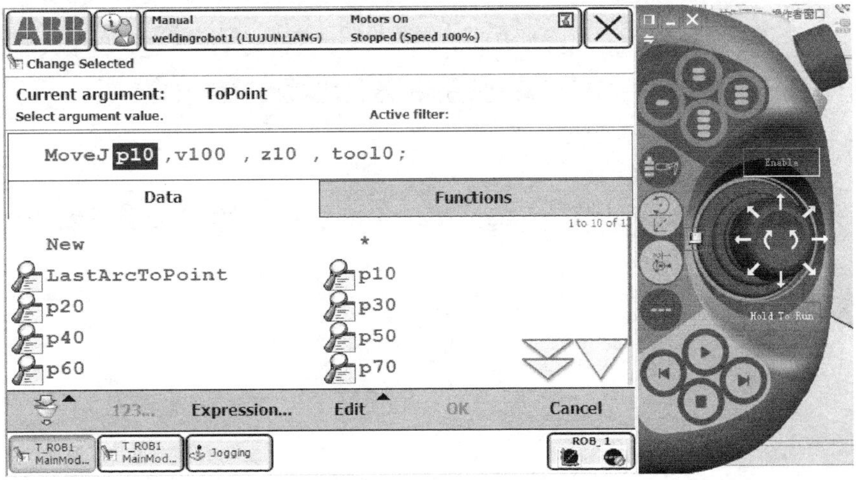

图 6-45　定义焊接轨迹目标点

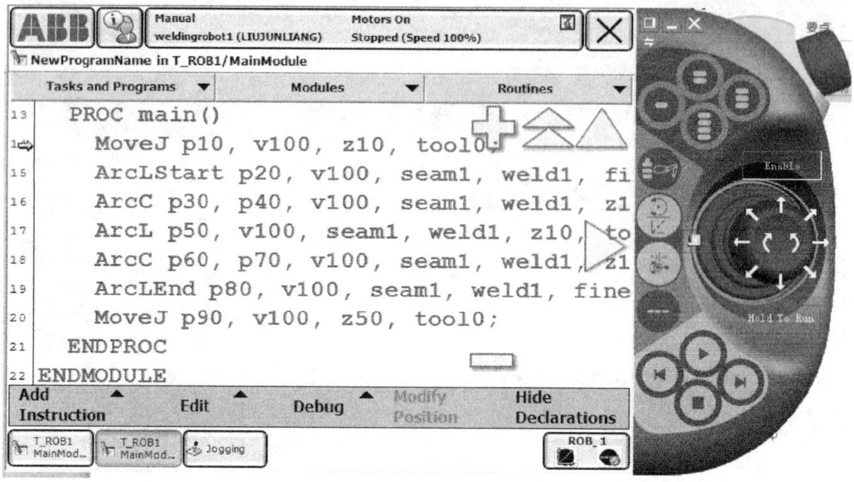

图 6-46　修改后的程序

在手动模式下，操作机器人至相应目标点进行示教，如图 6-47 所示。

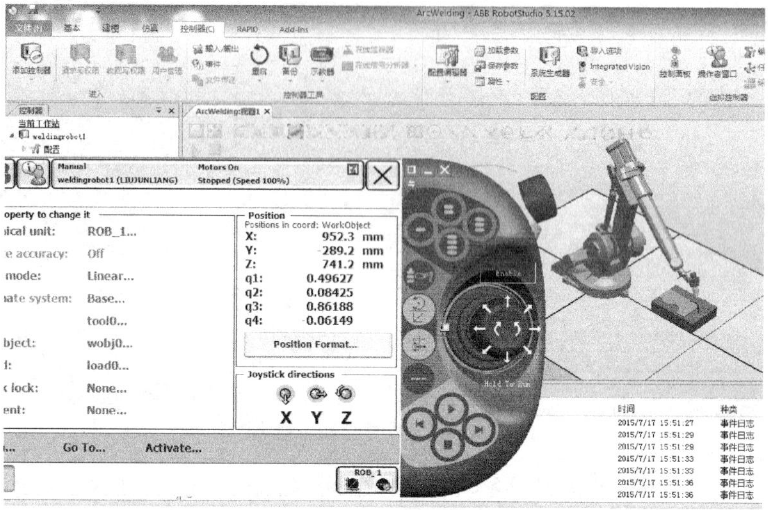

图 6-47　示教目标点

在自动模式下，运行程序，可以看到焊接机器人能够按照要求运行。

【拓展练习】

完成随书资料中的 SituationalTeaching_ Arc. rspag 模型文件的 I/O 配置及仿真运行。

项目七 立体仓库

任务一 传送带调速控制

【任务目标】

1. 会设定步进驱动器的参数，能用 PLC、步进驱动器对电动机进行控制
2. 会设置变频器的常用参数，能用 PLC、变频器对电动机进行控制

【背景知识】

一、系统构成

ABB 机器人智能视觉和立体仓库综合实训台（见图 7-1）由 ABB IRB120-3/0.58 六自由度 3kg 工业机器人系统、欧姆龙智能视觉检测系统、RFID 数据传输系统、工具换装单元、四工位供料单元、环形输送单元（见图 7-2）、直线输送单元、工件组装单元、立体仓库单元、各类工件、电气控制柜（包含三菱可编程序控制器系统、以太网无线路由器、变频器、步进驱动器等，如图 7-3 所示）等组成。

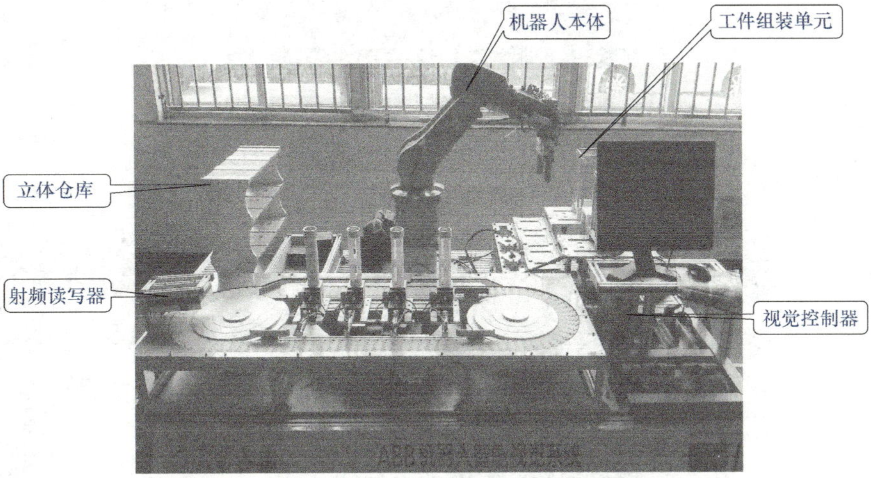

图 7-1 ABB 机器人智能视觉和立体仓库综合实训台

该系统高度体现了机电一体化装备智能制造的特征，其机器人部分负责工件夹取、装配、入库，智能视觉部分负责工件角度的检测，RFID 部分负责读写工件信息（颜色、编

号、高度），机械部分和电气部分通过 PLC 控制部分调度、密切协同，使工业机械手与智能视觉系统按工作要求高效可靠运行。

其中，三菱可编程序控制器系统（见图 7-4）由三菱 L26CPU-BT、电源模块、输入/输出模块、串行通信模块、以太网通信模块等构成，用于读取 RFID 系统的工件数据，控制机器人、电动机、气缸等执行机构动作，处理各单元检测信号，管理工作流程、数据传输等任务。

图 7-2　环形输送线

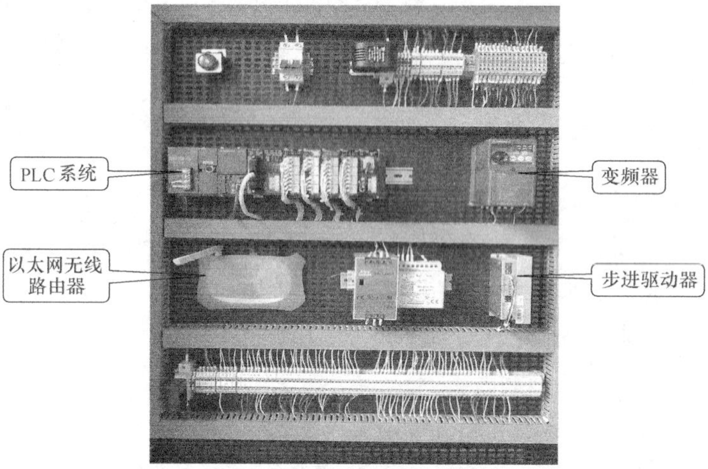

图 7-3　电气控制柜

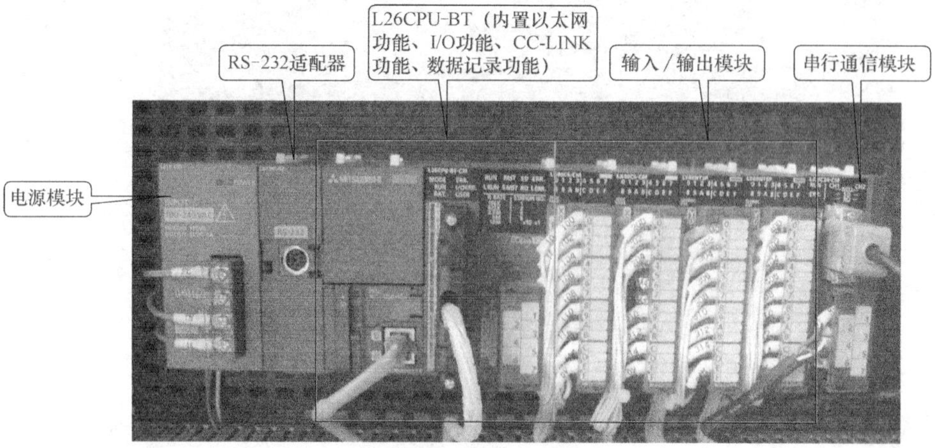

图 7-4　三菱可编程序控制器系统

二、可编程序控制器系统

1. 定位功能

定位功能是指通过工作台及机械将加工对象及工具等移动体（工件）以指定的速度移动，正确地停止在目的位置处。通过从 LCPU 输出脉冲执行定位控制，LCPU 内置的输出信号（引脚针）如表 7-1 所示，其实现的原理如图 7-5 所示。

表 7-1　LCPU 内置的输出信号

针编号		内部电路	信号名称
轴1	轴2		
B05	A05	绝缘元件	(在定位功能中不使用)
B04	A04	绝缘元件	偏差计数器清除信号(CLEAR□)
B03	A03	绝缘元件	CW/PULSE/A相输出(PULSE F□)
B02	A02	绝缘元件	CCW/SIGN/B相输出(PULSE R□)
B01	A01		输出公共端

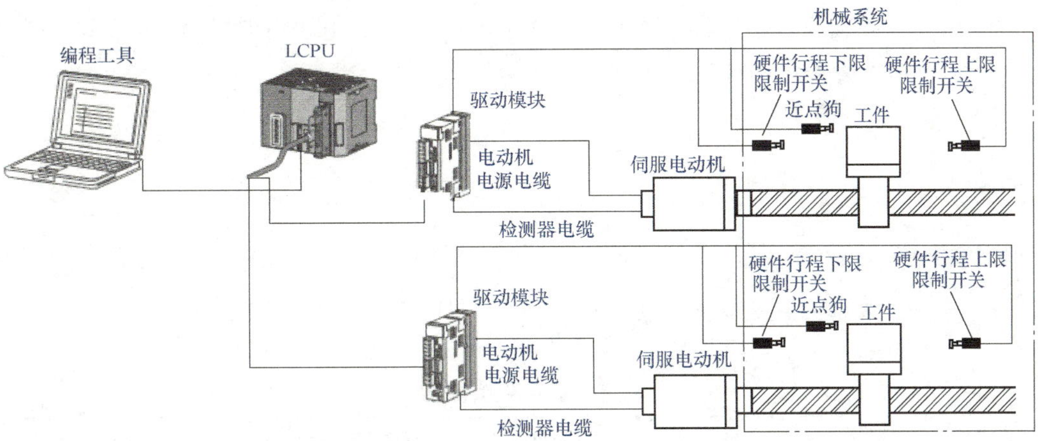

图 7-5　实现定位功能的原理图

三菱 L26CPU-BT 可编程序控制器的定位功能具体可以实现以下几个功能：

（1）2 轴控制

可以连接 2 个驱动模块（2 台电动机），对 2 个坐标进行分别或同时控制。

（2）原点回归功能

有 6 种类型的原点回归方式。使用近点狗（原点传感器）等，可以确立原点（各控制的起点位置）及位置的“地址”（机械原点回归）。此外，可以在上限限制开关及下限限制开关的范围内，自动进行原点回归（原点回归重试功能）。

（3） 目的位置及速度控制

包含以下功能：

1）位置控制：可以根据指定的地址或移动量，将工件移动至目标位置。

2）速度控制：可以对工件进行移动直至执行停止指令为止。

3）当前值更改功能：可以将当前的位置更改为指定的数值。

4）目标位置更改功能：可以在工件的移动过程中对目标位置进行更改。

5）速度更改功能：可以在工件的移动过程中对速度进行更改。

（4） 工件的移动范围限制

可以在无需开关的状况下将工件移动范围的逻辑上限及下限设置在任意位置处（软件行程限制功能）。

此外，也可设置使用了上限限制开关、下限限制开关的上限及下限范围（硬件行程限制功能）。

（5） JOG运行

可以在JOG运行指令的执行过程中继续进行脉冲输出，将工件移动至任意的位置处（JOG运行功能）。

（6） 绝对位置检测

使用带绝对位置检测器伺服电动机，可以在停电等情况下恢复当前位置（绝对位置恢复功能）。

2. 定位指令

（1） 指令详解

定位功能的控制通过专用指令执行。如IPJOG1（轴1）和IPJOG2（轴2），指令示例如图7-6所示，指令参数说明如表7-2和表7-3所示。

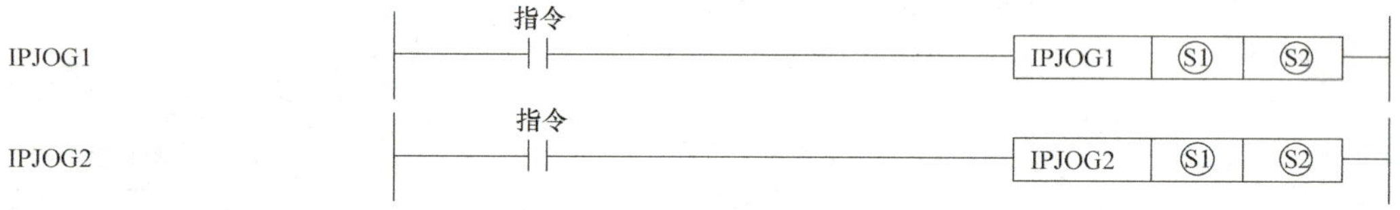

图7-6 定位指令

表7-2 设置数据

设置数据	设置内容	设置范围	数据类型
(S1)	存储控制数据的软元件的起始编号	指定软元件的范围内	软元件名
(S2)	JOG运行的方向指定 0:正转 1:逆转	0,1	位

表7-3 控制数据

软元件	设置数据	设置范围	设置方
(S1) (S1)+1	JOG速度	0～200000pulse/s①	用户

（续）

软元件	设置数据	设置范围	设置方
(S1)+2	JOG 加速时间	0～32767ms	用户
(S1)+3	JOG 减速时间		

① JOG 速度的设置值为 0～200000 以外时，有可能以速度限制值执行动作。

（2）特殊继电器、特殊寄存器

定位功能相关的特殊继电器（SM）、特殊寄存器（SD）的名称，如表 7-4 所示，名称中的□表示 1（轴 1）或 2（轴 2）。

表 7-4　特殊继电器、特殊寄存器

特殊继电器编号		名称	特殊寄存器编号		名称
轴 1	轴 2		轴 1	轴 2	
SM1840	SM1860	轴□BUSY	SD1840	SD1860	轴□进给当前值
SM1841	SM1861	轴□定位完成	SD1841	SD1861	
SM1842	SM1862	轴□原点回归请求	SD1842	SD1862	轴□当前速度
SM1843	SM1863	轴□原点回归完成	SD1843	SD1863	
SM1844	SM1864	轴□速度 0	SD1844	SD1864	轴□轴动作状态
SM1845	SM1865	轴□出错发生	SD1845	SD1865	轴□出错代码
SM1846	SM1866	轴□报警发生	SD1846	SD1866	轴□报警代码
SM1847	SM1867	轴□运行中始动	SD1847	SD1867	轴□外部输入/输出信号
SM1848	SM1868	轴□始动指令执行中	SD1848	SD1868	轴□近点狗 ON 后的移动量
SM1850	SM1870	轴□出错复位	SD1849	SD1869	
SM1851	SM1871	轴□原点回归请求 OFF 请求	SD1850	SD1870	轴□执行中定位数据 No.
SM1852	SM1872	允许轴□速度·位置切换	—		—

三、认识直线输送单元

直线输送单元包含一套直流调速系统，由步进电动机、步进电动机驱动器、PLC 运动控制器、传送带等组成，安装在型材实训桌上，用于传输工件（工件抓取时用）。

步进电动机驱动器采用 TE2606 两相步进电动机驱动器（见图 7-7），为基于 PID 电流控制算法设计的高性价比细分型驱动器，具有优越的性能表现，比如高速大力矩输出、低噪声、低振动、低发热等。

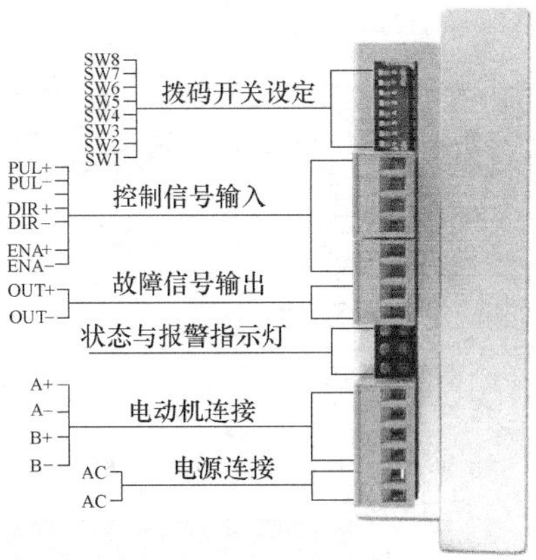

图 7-7　TE2606 驱动器

1. 拨码开关设定

TE2606 驱动器可通过拨码开关（SW1～SW8）选择运行电流、细分及自测模式是否开启，拨码开关的功能分配如图 7-8 所示。有 16 种细分，8 种电流供选择，具有过电压、欠电压、相电流和总电流过电流保护，其输入、输出控制信号均采用光电隔离。

（1）电流设定

TE2606 驱动器通过 SW6、SW7、SW8 拨码开关设

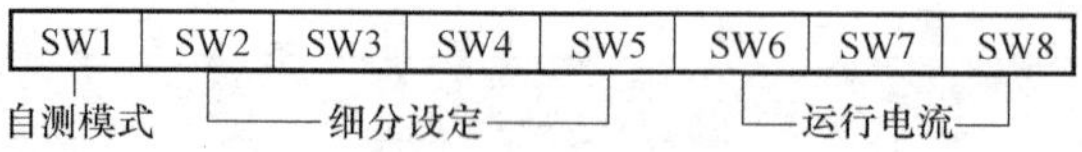

图 7-8　拨码开关的功能分配

定输出电流峰值，电流值可根据客户要求定制（见图 7-9）。通常情况下，电流设定为电动机的额定电流。如果用户的系统对发热的要求很高，可以适当减小电流以降低电动机的发热，但是电动机的输出力矩会同时降低。如果不是要求电动机连续运行，可适当增大运行电流以获得更大力矩，但是注意最大不要超过电动机额定电流的 1.5 倍。

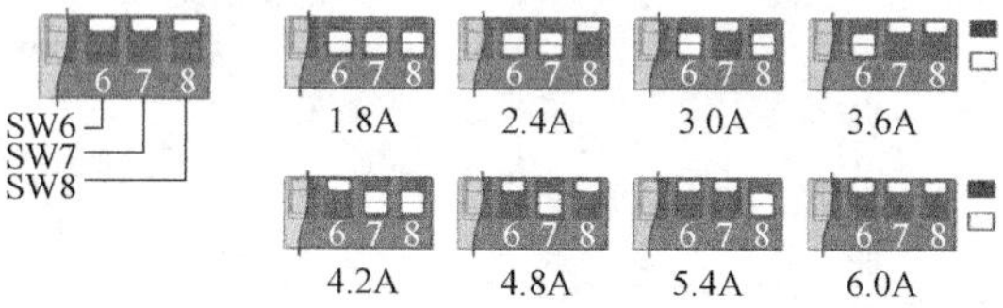

图 7-9　电流设定

（2）细分设定

TE2606 驱动器通过 SW2、SW3、SW4、SW5 拨码开关设定细分数，细分数可根据客户要求定制（见图 7-10）。细分数设定如表 7-5 所示，其中□表示对应位拨码开关下拨，■表示对应位拨码开关上拨。正常两相双极性步进电动机械角度为 1.8°，当选择细分后，则将机械步距角细分成相应的细分数，提供精确定位控制。

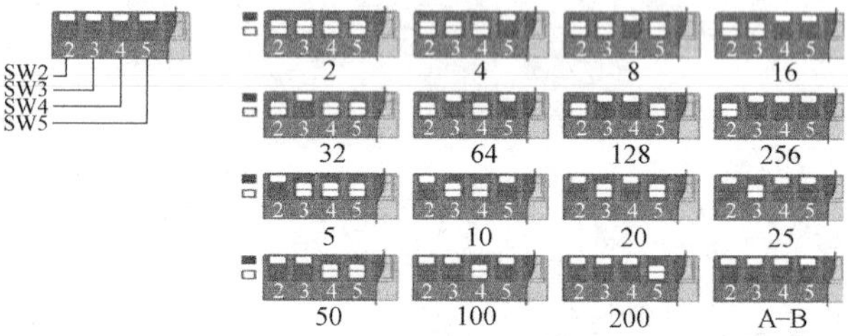

图 7-10　细分设定

表 7-5　细分设定一览表

拨码设定 D2 D3 D4 D5	细分数	分辨率/(脉冲/转)	步距角
□□□□	2	400	0.9°
□□□■	4	800	0.45°
□□■□	8	1600	0.225°
□□■■	16	3200	0.1125°
□■□□	32	6400	0.05625°
□■□■	64	12800	0.02812°
□■■□	128	25600	0.01406°
□■■■	256	51200	0.00703°

（续）

拨码设定 D2 D3 D4 D5	细分数	分辨率/(脉冲/转)	步距角
■□□□	5	1000	0.36°
■□□■	10	2000	0.18°
■□■□	20	4000	0.09°
■□■■	25	5000	0.072°
■■□□	50	10000	0.036°
■■□■	100	20000	0.018°
■■■□	200	40000	0.009°
■■■■	1	200	1.8°

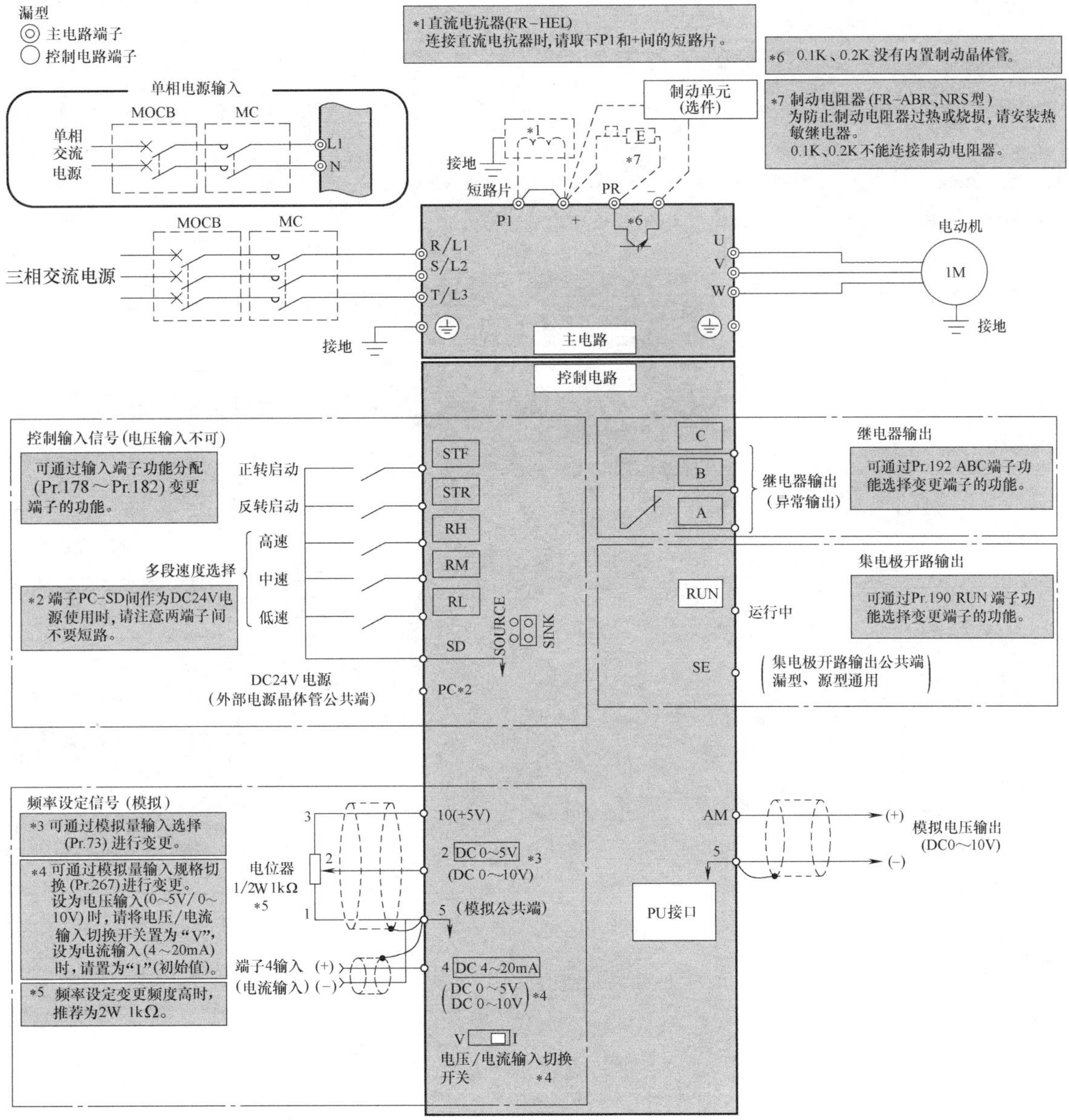

图 7-11　变频器端子图

（3）自测模式

开关 SW1 置为□，驱动器进入自测模式，运行电流即细分为开关设定值，驱动器内部提供 10kHz 脉冲驱动电动机旋转。SW1 置为■，关闭自测。自测功能可以用来检测电动机连接是否正确，系统功率部分是否正常等。

2. 脉冲输入及运转方向

TE2606 驱动器有 2 个高速输入口 PUL 和 DIR，具有光电隔离作用，可以接收 DC 5V 单端或差分信号，最高电压可达 28V，信号下降沿有效。信号输入口有高速数字滤波器，滤波频率为 2MHz。

脉冲信号为下降沿有效。电动机运转方向取决于 DIR 电平信号，当 DIR 悬空或为低电平时，电动机顺时针运转；当 DIR 信号为高电平时，电动机逆时针运转。

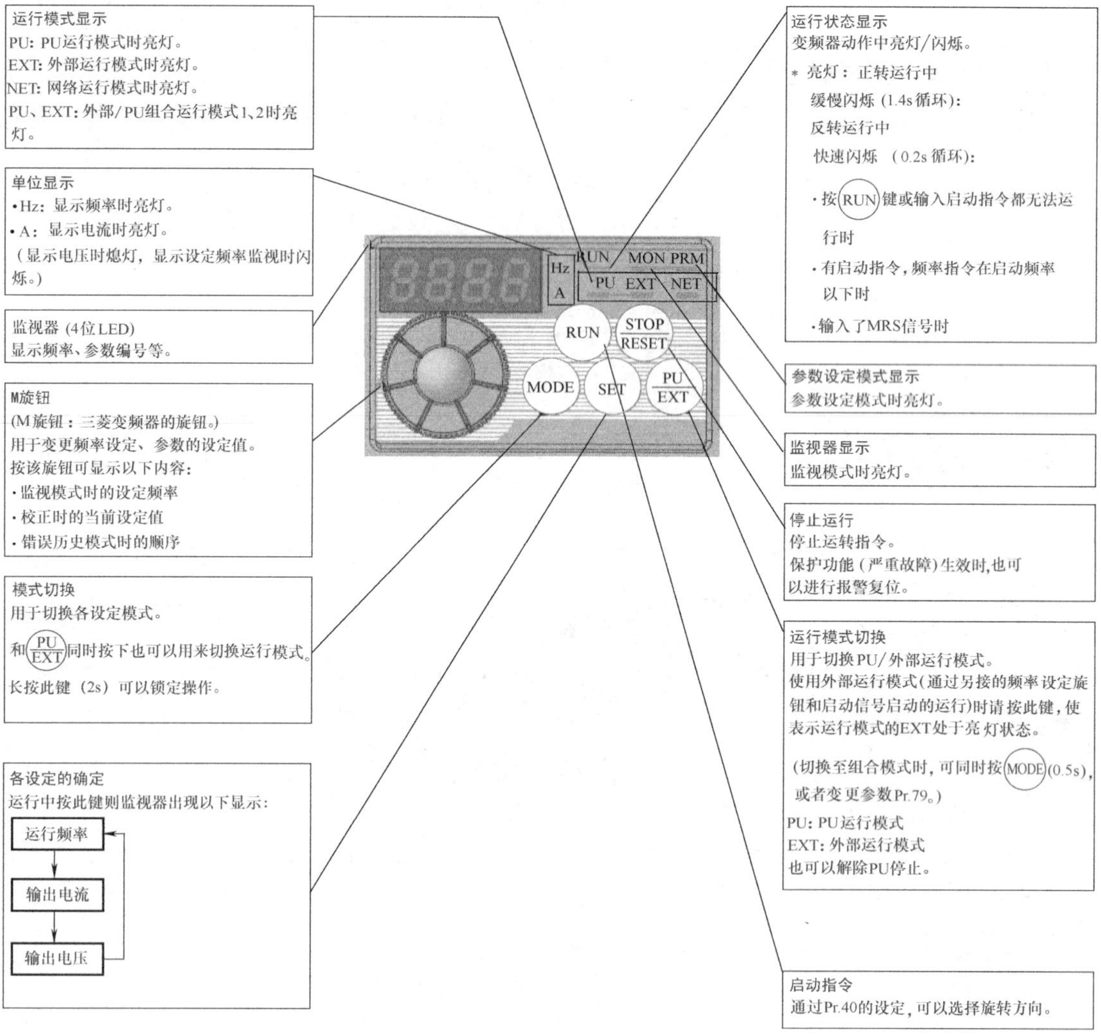

图 7-12　变频器操作面板

四、认识环行输送单元

环行输送单元包含一套交流调速系统，由三菱 D700 变频器、三相交流电动机、环形输送链（传送带）、对射传感器等组成，安装在型材实训桌上，用于传输工件。

1. 变频器端子

变频器各端子的功能及接线示意图如图 7-11 所示。

2. 变频器操作面板

变频器的参数设定可通过操作面板完成，其面板布置、按键操作及参数说明如图 7-12 所示。

3. 面板操作

1）参数清除。ALLC 为参数全部清除，设定为“1”时，所有的参数都恢复到初始值，操作步骤如表 7-6 所示。

表 7-6　参数清零

操作步骤		显示结果
1	按 PU/EXT 键，选择 PU 操作模式	PU显示灯亮。 0.00 PU
2	按 MODE 键，进入参数设定模式	PRM显示灯亮。 P. 0 PRM
3	拨动 设定用旋钮，选择参数号码 ALLC	ALLC 参数全部清除
4	按 SET 键，读出当前的设定值	0
5	拨动 设定用旋钮，把设定值变为 1	1
6	按 SET 键，完成设定	1 ALLC 闪烁

2）改变参数 P7。参数 P7 是设定加速时间的参数，出厂设定为 5s，设定范围为 0 ~ 3600/360s，具体操作如表 7-7 所示。

表 7-7　改变参数 P7

操作步骤		显示结果
1	按 PU/EXT 键，选择 PU 操作模式	PU显示灯亮。 0.00 PU
2	按 MODE 键，进入参数设定模式	PRM显示灯亮。 P. 0 PRM
3	拨动 设定用旋钮，选择参数号码 P7	P. 7
4	按 SET 键，读出当前的设定值	3.0

（续）

操作步骤		显示结果
5	拨动  设定用旋钮，把设定值变为 4.0	
6	按 (SET) 键，完成设定	 

3）查看输出电流。在 MON 模式，可以通过 SET 键查看输出的频率、电流和电压（见表7-8）。

表 7-8　查看输出电流

操作步骤		显示结果
1	按 (MODE) 键，切换到 MON 模式，这时显示输出频率	
2	按一下 (SET) 键，切换到输出电流	 A 灯亮

4）常用参数。变频器的常用参数如表 7-9 所示。

表 7-9　常用参数一览表

序号	参数代号	初始值	范围	功能说明
1	P1	120	0～120Hz	上限频率(Hz)
2	P2	0	0～120Hz	下限频率(Hz)
3	P3	50	0～400Hz	电动机额定频率
4	P4	50	0～400Hz	3 速设定(高速)
5	P5	30	0～400Hz	3 速设定(中速)
6	P6	10	0～400Hz	3 速设定(低速)
7	P7	5	0～3600s	加速时间设定
8	P8	5	0～3600s	减速时间设定
9	P79	0	0、1、2、3、4、6、7	操作模式选择
10	P160	9999	0、9999	扩展功能显示选择，可以限制通过操作面板或参数单元读取的参数

【任务实施】

一、直线输送单元的调试

控制要求：当按下启动按钮时进行正转，按下停止按钮时停止运行。

实现步骤如下：连接外部设备→进行参数设置→创建程序（专用指令）→执行程序。定位功能实现原理如图 7-13 所示。

1. I/O 分配

直线输送单元 I/O 分配如表 7-10 所示，其硬件接线如图 7-14 所示。

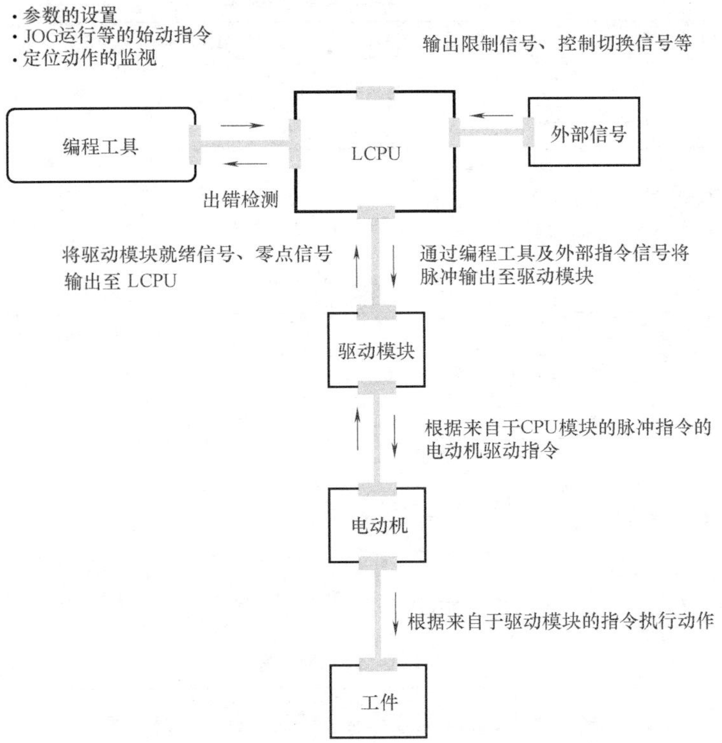

图 7-13　定位功能实现原理

表 7-10　直线输送单元 I/O 分配表

输入			输出		
元件	PLC 端子	功能	元件	PLC 端子	功能
SB0	X100	启动	步进驱动器 PUL－端子	B03	脉冲输出
SB1	X101	停止			

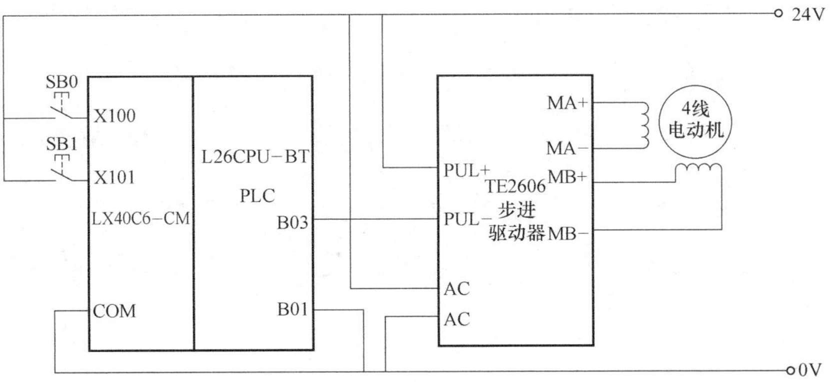

图 7-14　接线图

2. 参数设置

（1） 细分设置

将分辨率（脉冲/转）设定为 1600，相应拨码开关的设置如表 7-11 所示。

表 7-11　细分设置一览表

拨码开关				细分数	分辨率(脉冲/转)	步距角
SW2	SW3	SW4	SW5	8	1600	0.225°
ON	ON	OFF	ON			

（2）运行电流设置

将运行电流定为3A，拨码开关的设置如表 7-12 所示。

表 7-12　运行电流设置

拨码开关			运行电流
SW6	SW7	SW8	3A
ON	OFF	ON	

（3）自测设置

SW1 置为 OFF，关闭自测。

3. 程序设计

按表 7-13 进行软元件分配，编写如图 7-15 所示的程序。

表 7-13　软元件分配

使用软元件	项目	设置内容
D20，D21	JOG 速度	10000pulse/s
D22	JOG 加速时间	1000ms
D23	JOG 减速时间	

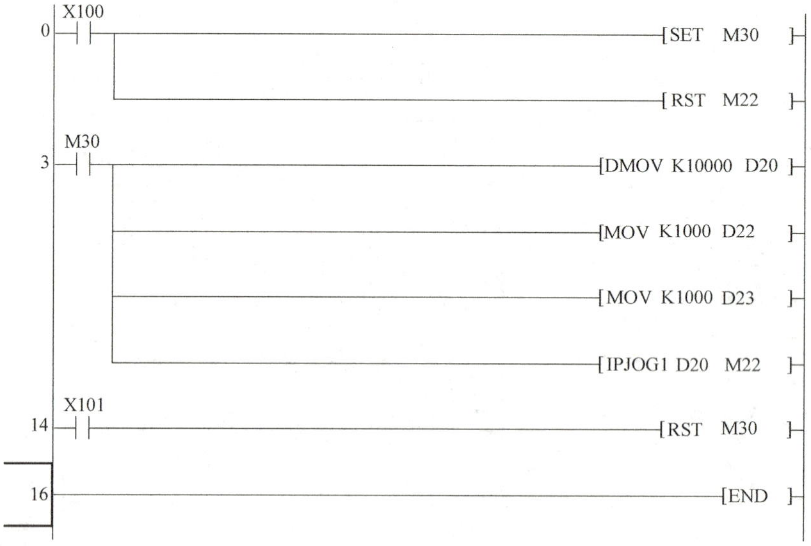

图 7-15　梯形图

4. 程序的调试

（1）参数设置、输入程序

操作过程：工程→参数→PLC 参数，进行各参数的设置，如图 7-16 ~ 图 7-20 所示。

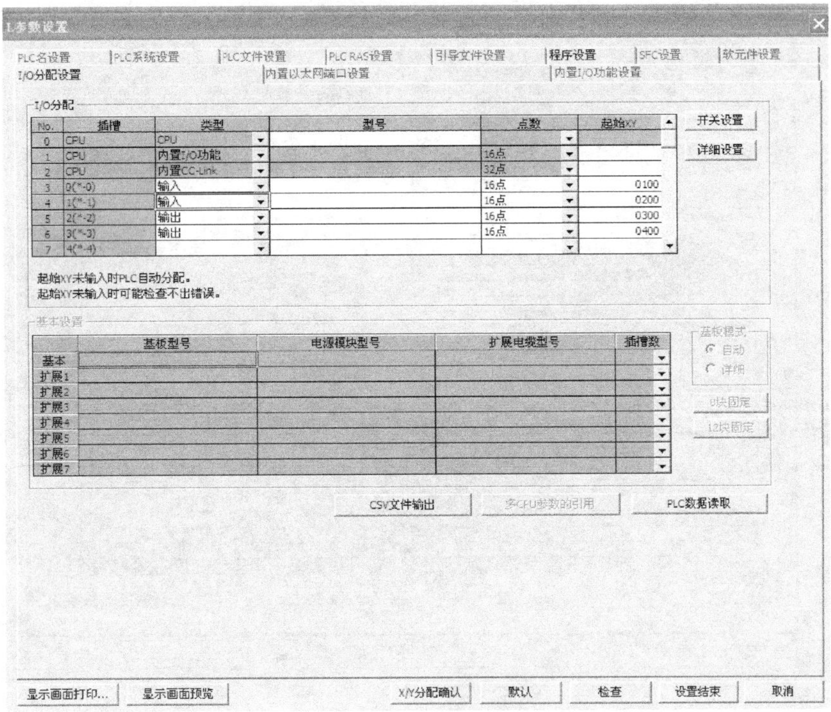

图 7-16　I/O 分配设置

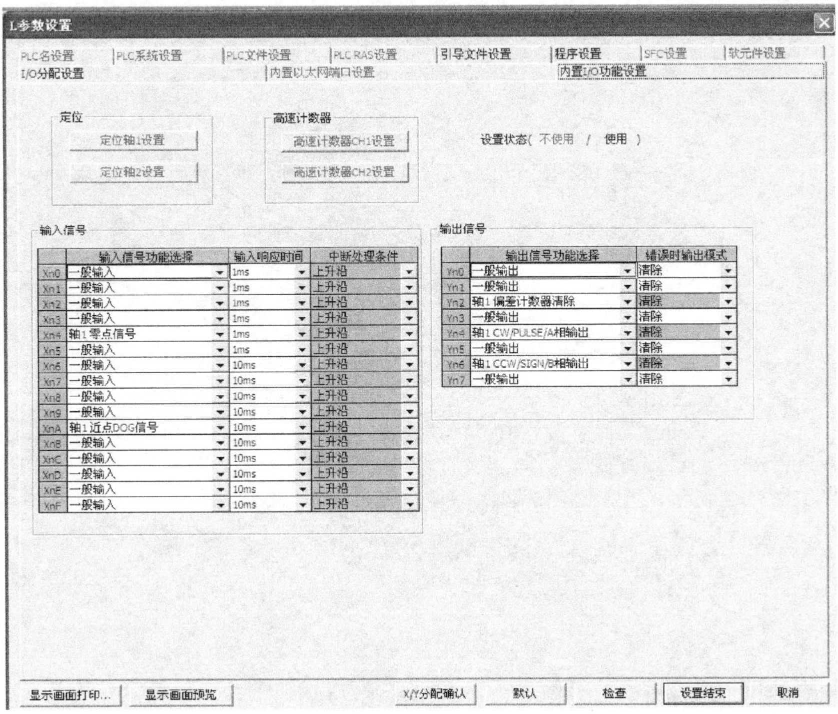

图 7-17　内置 I/O 功能设置

图 7-18　定位轴 1 设置

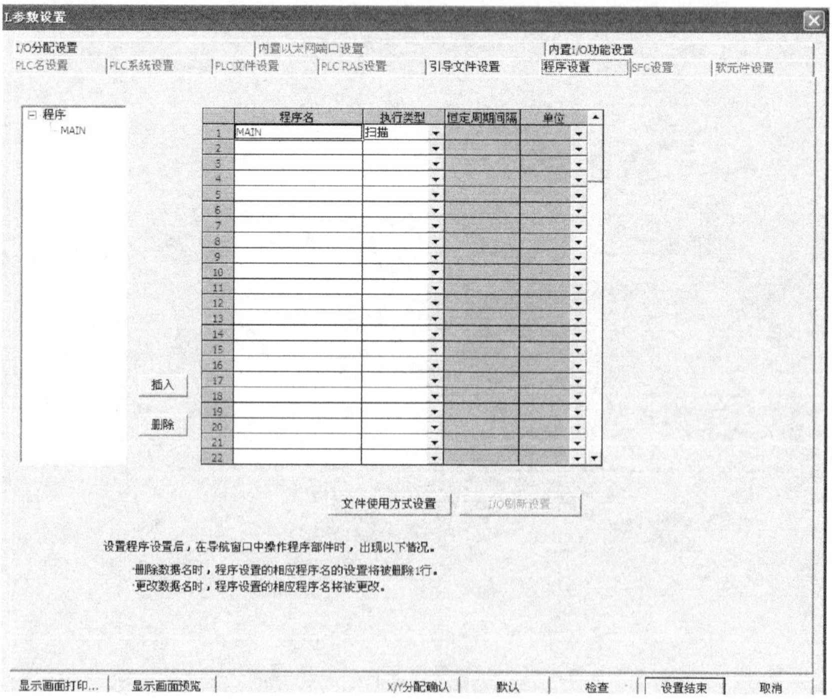

图 7-19　程序设置

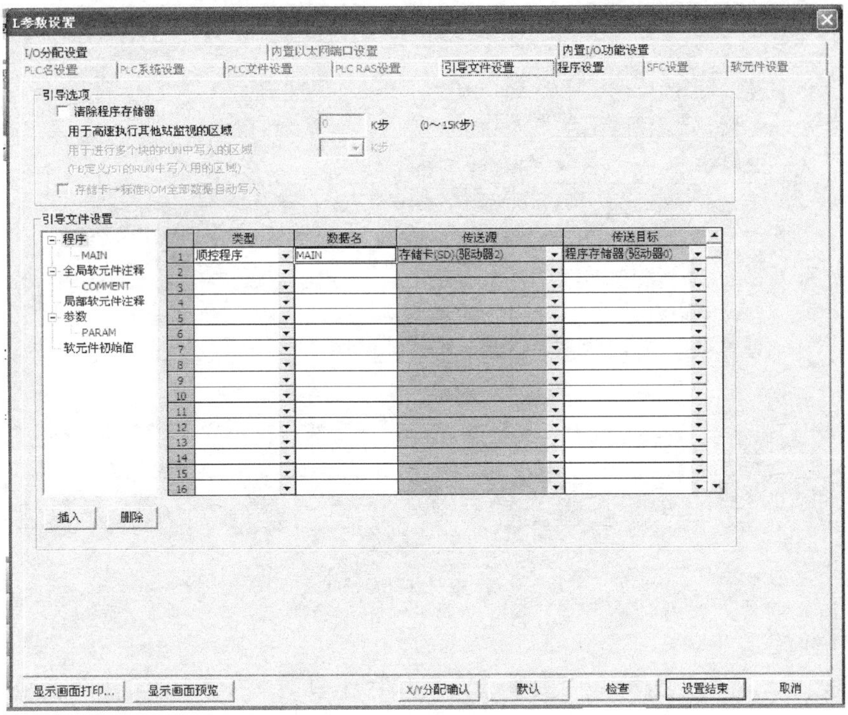

图 7-20　引导文件设置

（2）下载

下载前若弹出对话框，要求进行连接目标的设置，设置结果如图 7-21 所示，如使用其他的接口或端口，应根据实际进行设置。设置好后，通信测试成功，即可下载。在菜单栏中选择“在线”→“PLC 写入”→“CPU 模块”→“参数 + 程序”→“执行”选项，将程序下载到 PLC 中，下载界面如图 7-22 所示。

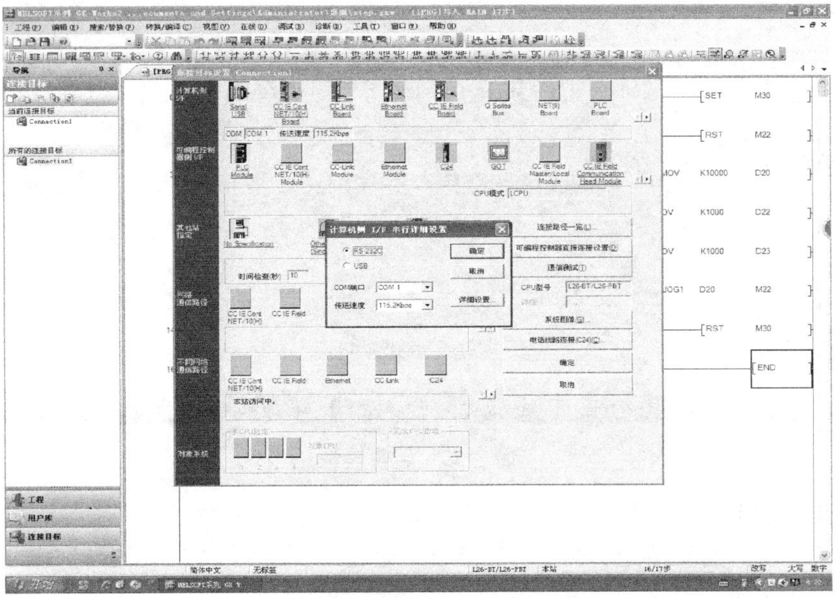

图 7-21　通信设置

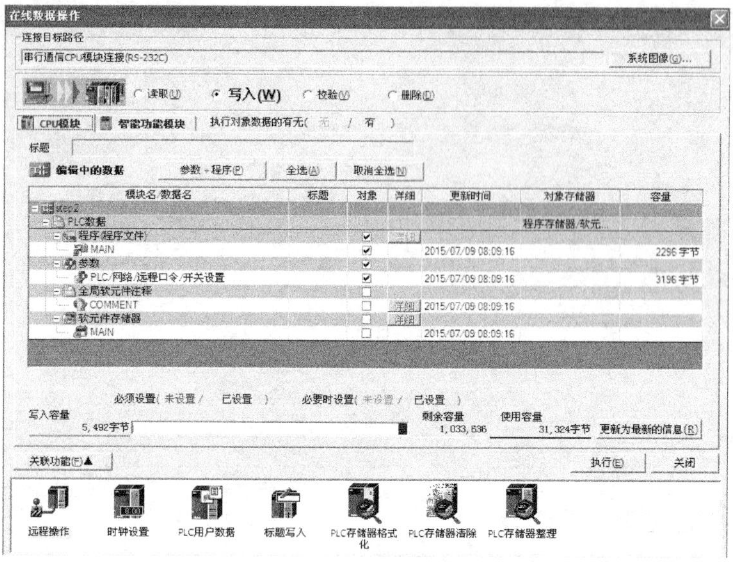

图 7-22　下载界面

（3）定位监视

操作过程：单击“工具”→“内置 I/O 模块用工具”→“定位监视”命令，如图 7-23 所示。

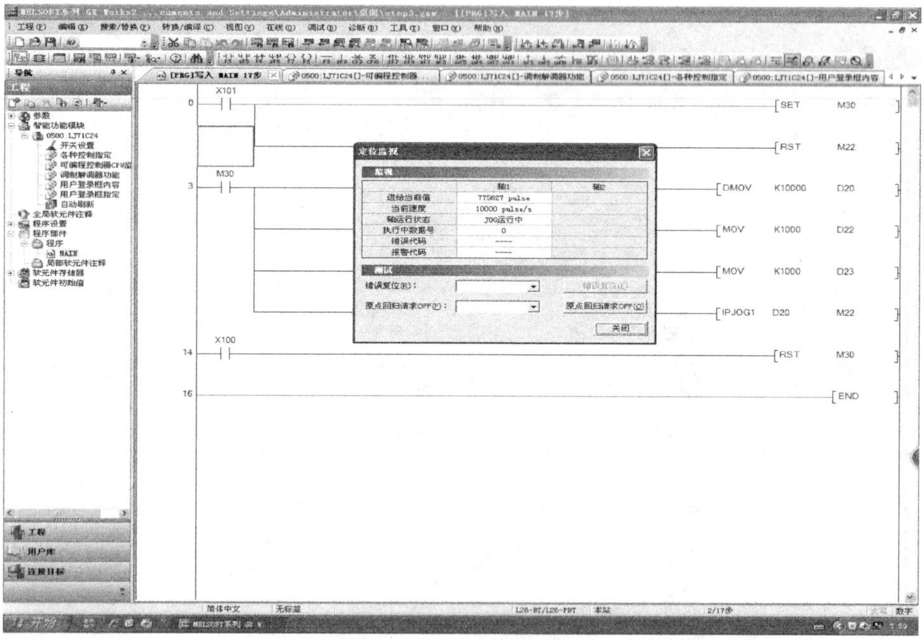

图 7-23　定位监视

二、环形传送带的调试

控制要求：按下启动按钮，传送带以 10Hz 运行 2s，之后以 20Hz 运行 3s，最后以 30Hz 运行。按下停止按钮，停止运行。

1. I/O 分配

环形传送带的 I/O 分配如表 7-14 所示，其硬件接线如图 7-25 所示。

表 7-14　环形传送带 I/O 分配

输入			输出		
元件	PLC 端子	功能	元件	PLC 端子	功能
SB0	X100	启动	变频器正转启动 STF	Y302	正转启动
SB1	X101	停止	变频器 RH 端子	Y303	高速
			变频器 RM 端子	Y304	中速
			变频器 RL 端子	Y305	低速

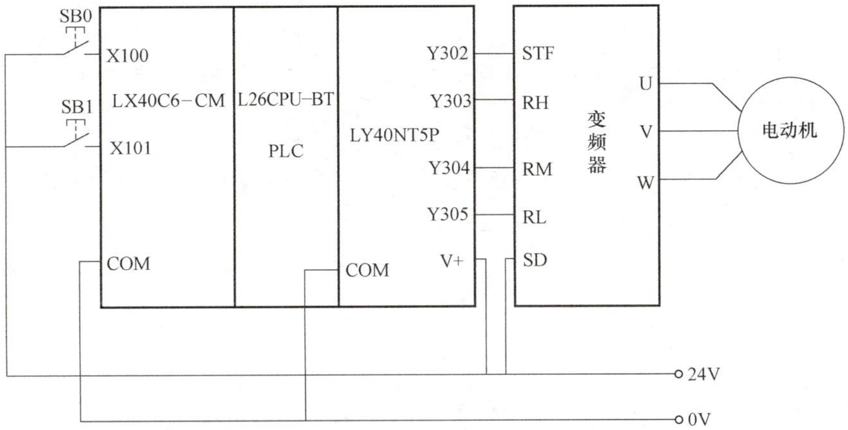

图 7-24　接线图

2. 变频器参数设置

变频器参数设置如表 7-15 所示。

表 7-15　变频器参数设置

序号	参数号	初始值	设置值	功能
1	Pr. 1	120	50	上限频率(Hz)
2	Pr. 2	0	0	下限频率(Hz)
3	Pr. 3	50	50	电动机额定频率
4	Pr. 4	50	30	多段速设定(高速)
5	Pr. 5	30	20	多段速设定(中速)
6	Pr. 6	10	10	多段速设定(低速)
7	Pr. 7	5	2	加速时间
8	Pr. 8	5	1	减速时间
9	Pr. 79	0	2	外部运行模式选择

3. 程序设计

按图 7-25 编制梯形图，并按上述方式进行程序调试。

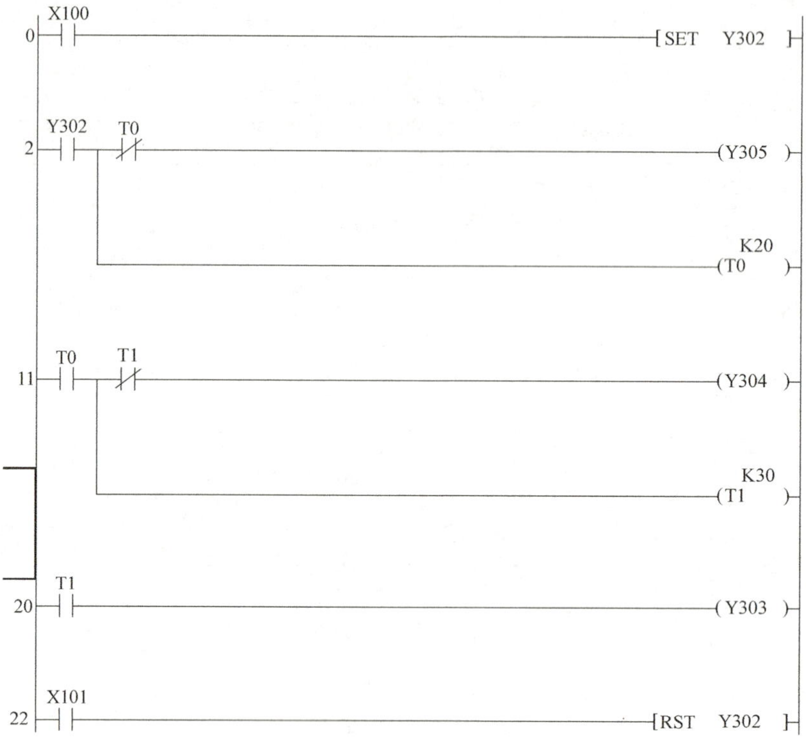

图 7-25 梯形图

任务二 工装的夹取与释放

【任务目标】

1. 会使用示教器进行编程及调试，使机器人完成要求的动作
2. 增强机器人工作时的安全意识

【背景知识】

一、认识工装单元

工装单元由大口气夹（抓手）、真空发生器、吸盘工装、视觉工装、定位工装、工装支架等机构组成（见图 7-26）。大口气夹、真空发生器安装在机器人本体上，受机器人控制，大口气夹不仅可以夹取工件，还可以夹取两种工装进行功能性操作。大口气夹一侧前端装有光纤传感器，用于检测前方有无物体，另一侧装有气动对接装置，用于将气动信号自动导入到气动工装（吸盘工装）上。

吸盘工装上装有真空吸盘和气动对接装置，当大口气夹夹取吸盘工装时，真空吸盘的动作由机器人控制，可以随之移动，吸取任意可到达位置内的工件。

视觉工装上装有视觉相机，当大口气夹夹取视觉工装时，视觉相机可以随着机器人的移

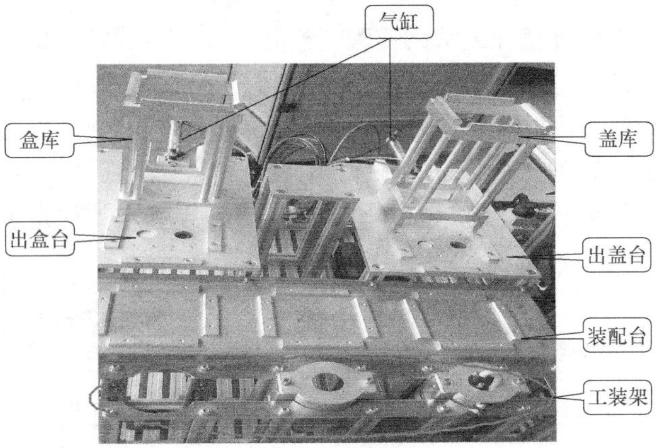

图 7-26　工装单元

动拍摄不同位置、不同方向的工件或场景。

工装支架安装在型材实训桌上，用于机器人自动放置和取用不同的工装。

1. 相关传感器

传感器是指能感受规定的被测量并按照一定的规律转换成可用信号的器件装置，通常由敏感元件和转换元件组成。传感器能感受到被测量的信息，并能将检测感受到的信息，按一定规律变换成为电信号或其他所需形式的信息输出，以满足信息的传输、处理、存储、显示、记录和控制等要求，它是当今控制系统中实现自动化、系统化、智能化的首要环节。

为便于获取工件的位置、姿态、执行部件工作状态等信息，立体仓库系统配有相应的传感器，具体如下：

（1）光电式传感器

光电式传感器是通过把光强度的变化转换成电信号的变化来实现检测物体有无的接近开关；集发射器和接收器于一体，当有被检测物体经过时，将光电开关发射器发射的足够量的光线反射到接收器，于是光电开关就产生了开关信号（见图 7-27）。本系统中可以用光电传感器来检测工件盒和盒盖的有无。

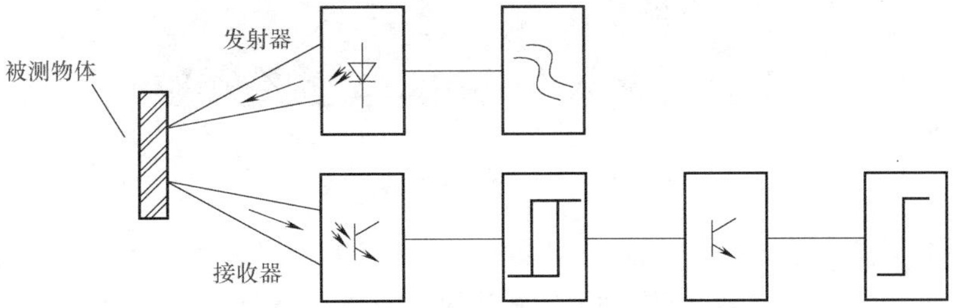

图 7-27　光电式传感器的工作原理

（2）磁性开关

本装置使用的气缸都是带磁性开关的气缸。这些气缸的缸筒采用导磁性弱、隔磁性强的材料，如硬铝、不锈钢等。在非磁性体的活塞上安装一个永久磁铁的磁环，这样就提供了一个反映气缸活塞位置的磁场。而安装在气缸外侧的磁性开关则是用来检测气缸活塞位置，即检测活塞的运动行程的。

有触点式的磁性开关如舌簧开关常用作磁场检测元件。舌簧开关成形于合成树脂块内，并且一般还有动作指示灯，过电压保护电路也塑封在内（见图 7-28）。当气缸中随活塞移动的磁环靠近开关时，舌簧开关的两根簧片被磁化而相互吸引，触点闭合；当磁环移开开关后，簧片失磁，触点断开（见图 7-29）。触点闭合或断开时发出电控信号，在 PLC 的自动控制中，可以利用该信号判断推料及顶料缸的运动状态或所处的位置，以确定工件是否被推出。

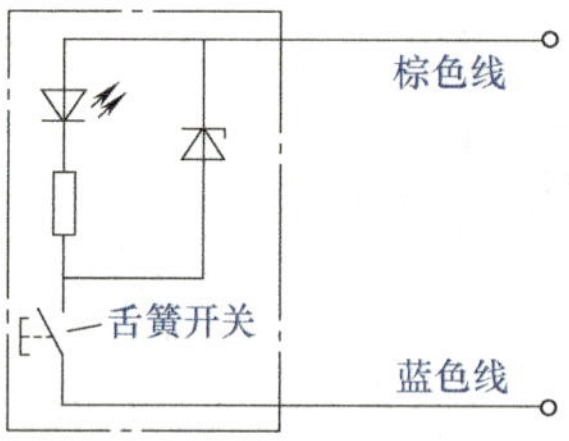

图 7-28　磁性开关的内部电路图

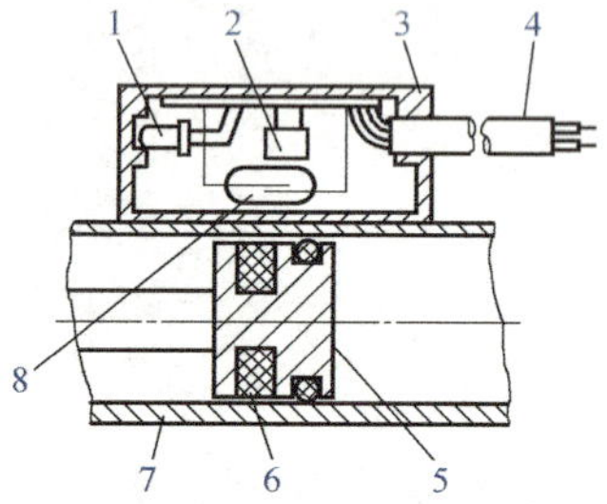

图 7-29　磁性开关工作原理图

1—动作指示灯　2—保护电路　3—开关外壳　4—导线　5—活塞　6—磁环（永久磁铁）　7—缸筒　8—舌簧开关

（3）光纤传感器

光纤传感器由光纤检测头、光纤放大器两部分组成，光纤放大器和光纤检测头是分离的两个部分，光纤检测头的尾端部分分成两条光纤，使用时分别插入放大器的两个光纤孔。光纤传感器组件如图 7-30 所示。

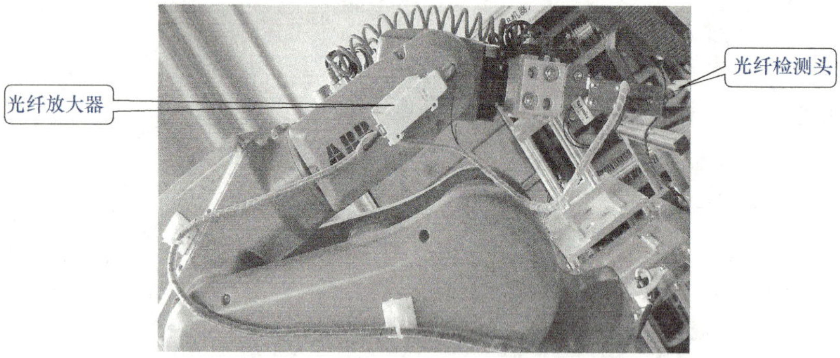

图 7-30　光纤传感器的组成及安装

光纤传感器具有下述优点：抗电磁干扰，可工作于恶劣环境，传输距离远，使用寿命长，此外，由于光纤头具有较小的体积，所以可以安装在很小空间的地方。

如图 7-31 所示，光纤传感器的基本工作原理是将来自光源的光经过光纤送入调制器，使待测参数与进入调制区的光相互作用后，导致光的光学性质（如光的强度、波长、频率、相位、偏正态等）发生变化，称为被调制的信号光，再经过光纤送入光探测器，经解调后，获得被测参数。

2. 气动执行元件

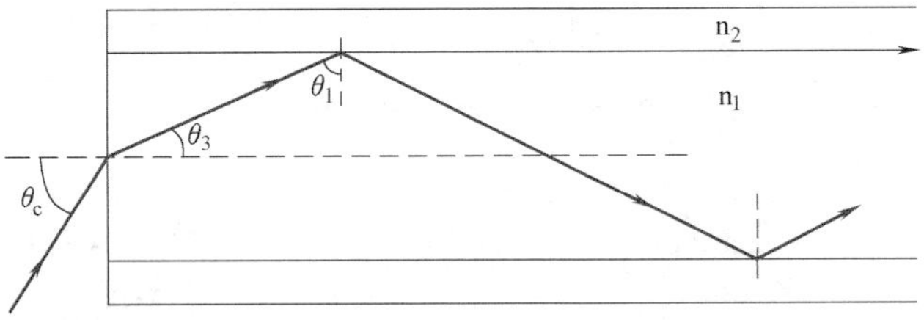

图 7-31 光纤传感器的工作原理

气动执行元件的种类有笔形气缸、滑块治具缸、回转气缸、气动手爪。本系统中用到的气动执行元件是笔形气缸。气动控制元件的种类有单电控电磁阀、双电控电磁阀。

（1）气缸及磁性开关的工作原理

气缸的正确运动使物料到达相应的位置，只要交换进、出气的方向（由电磁阀实现）就能改变气缸的伸出、缩回运动，气缸前端的磁性开关可以识别气缸是否已经推出到位（见图 7-32）。

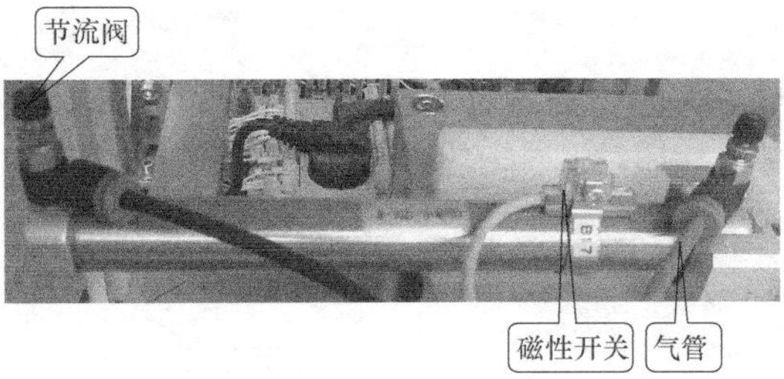

图 7-32 气缸和磁性开关的安装

（2）电磁阀

通过对驱动线圈通、断电，改变气动接头的进、出气方向，用以控制气缸的伸出、缩回运动，驱动线圈及气动接头如图 7-33 和图 7-34 所示。

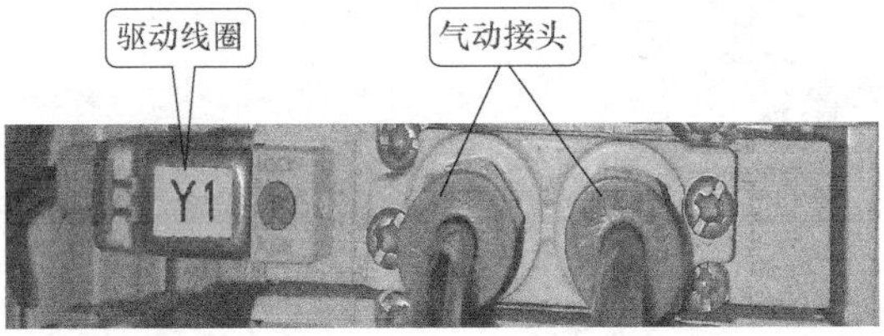

图 7-33 单电控电磁阀

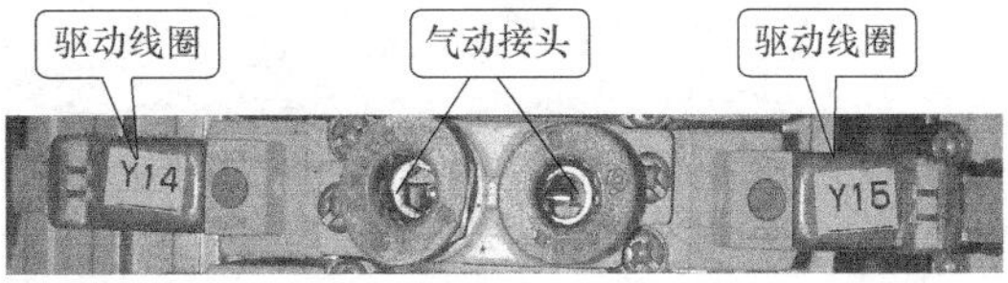

图 7-34 双电控电磁阀

（3）大口气夹的控制

大口气夹的夹紧或放松由双电控电磁阀控制（见图 7-35）。本系统中标记为 Y14 的线圈与 DO10_ 8 相连，标记为 Y15 的线圈与 DO10_ 9 相连，DO10_ 8 和 DO10_ 9 为机器人 I/O 板上的输出信号。当标记为 Y14 的线圈得电时，另外的线圈失电，则抓手夹紧；反之，则抓手张开。

（4）真空吸盘

真空发生器的工作原理是利用喷管高速喷射压缩空气，在喷管出口形成射流，产生卷吸流动，在卷吸作用下使喷管出口周围的空气不断被抽吸走，使吸附腔内的压力降至大气压以下，形成一定的真空度。由双电控电磁阀控制真空发生器（见图 7-36）。DO10_ 7 控制的电磁阀线圈得电，DO10_ 6 控制的电磁阀线圈失电，真空发生器通过气流从 A 到 B，P 处形成

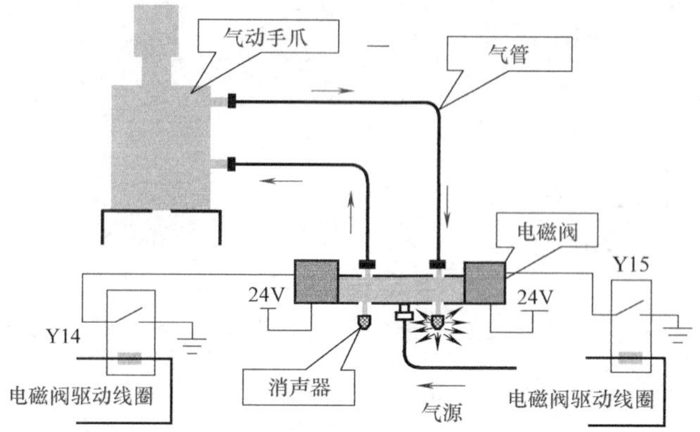

图 7-35　大口气夹的控制原理

真空，由真空吸盘吸取物体；反之，则物体将被放下（DO10_ 6 及 DO10_ 7 为机器人 I/O 板上的输出信号）。

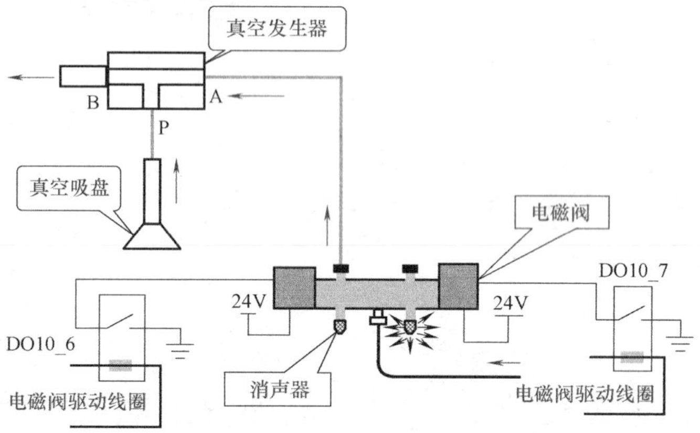

图 7-36　真空吸盘的工作原理

二、常用指令

1. 偏移函数 offs（p，x，y，z）

指令示例：

MoveL offs（p，x，y，z），v100，z100，tool1；！ offs（p，x，y，z）代表一个离 p1 点 X 轴偏差量为 x，Y 轴偏差量为 y，Z 轴偏差量为 z 的点。

例：如图 7-37 所示，机器人当前位置点为 p1，要求编写指令使机器人按 p1→p2→p3→p4→p1 运行。

可按两种方法实现上述运动轨迹，如表 7-16 所示。

分析：方法 1 中 p2、p3、p4 点需示教获得坐标值，定位可能不太准确。因为偏移量已知，为了精确确定 p1、p2、p3、p4 点，方法 2 中采用函数 offs 反馈一个参变量。

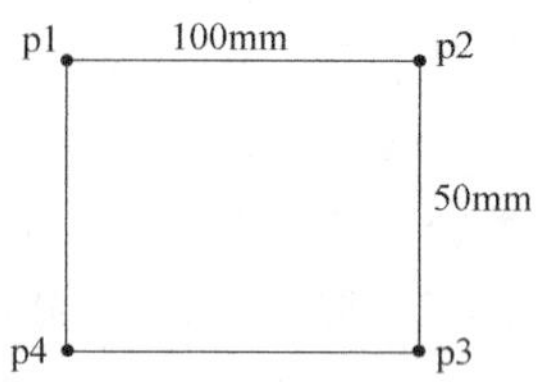

图 7-37　路径示意图

表 7-16 直接目标点与偏移函数指令对比

方法 1	方法 2
MoveL p1, v100, z100, tool1 MoveL p2, v100, z100, tool1 MoveL p3, v100, z100, tool1 MoveL p4, v100, z100, tool1 MoveL p1, v100, z100, tool1	MoveL p1, v100, z100, tool1 MoveL offs(p1,100,0,0), v100, z100, tool1 MoveL offs(p1,100,50,0), v100, z100, tool1 MoveL offs(p1,0,50,0), v100, z100, tool1 MoveL p1, v100, z100, tool1

2. 等待指令

指令示例：

Wait DI01, 1;! 等待输入信号为 1 时，向下执行，否则一直等待

Wait Time 1; ! 等待时间为 1s，双击时间可以进行更改

【任务实施】

完成编程设计调试的基本顺序是：分析课题要求、画出流程图、编程、示教定位、离线模拟调试。有时候这五个步骤要反复进行，确认完全符合功能要求后再在线调试。接下来我们就让机器人先进行吸盘的夹取吧！

程序设计了三个示教定位点 P1、P2 和 P3（以下机器人的位置均指的是机器人的工具中心点（TCP）的位置），其中 P1 为机器人的初始位置，P2 为机器人抓取吸盘等待位置（夹取吸盘正上方的位置），P3 为机器人取吸盘位置（夹取吸盘的位置），给出的位置点仅作为参考，实际中要示教确定。DO10_ 8 及 DO10_ 9 是机器人 I/O 板上的输出信号，控制机器人大口气夹（抓手）的放松与夹紧。

一、示教目标点

P1：= [[8.91, 364.76, 410.55], [0.0113732, -0.710962, 0.703039, 0.0118416], [0, 0, -1, 0], [9E+09, 9E+09, 9E+09, 9E+09, 9E+09, 9E+09]];

P2：= [[4.63, 368.13, 270.40], [0.00572422, -0.706393, 0.707767, 0.00649369], [0, 0, -1, 0], [9E+09, 9E+09, 9E+09, 9E+09, 9E+09, 9E+09]];

P3：= [[4.63, 368.13, 70.25], [0.00409769, -0.704219, 0.709954, 0.00492539], [0, 0, -1, 0], [9E+09, 9E+09, 9E+09, 9E+09, 9E+09, 9E+09]];

二、吸盘的夹取

其工作流程及程序如表 7-17 所示。

在上述程序中，机械手从初始位置 P1 运动到吸盘工装位置 P3 时不是直接到 P3 点，而是设置了一个 P2 点过渡，设置过渡点的好处是可以快速接近目标位置，再慢速到达目标，既讲究效率又确保安全，先快速到 P2 点，再降低速度到 P3 点上方，最后缓慢到达 P3 点。机械手与人手一样，受各自由度运动位置限制，从起始点到目标位置点时不能直接到达（出现报警信号）时可设置中间过渡点。

三、吸盘的放置

吸盘放置程序及流程如表 7-18 所示。

表 7-17 吸盘夹取程序及流程

流程图	程序	
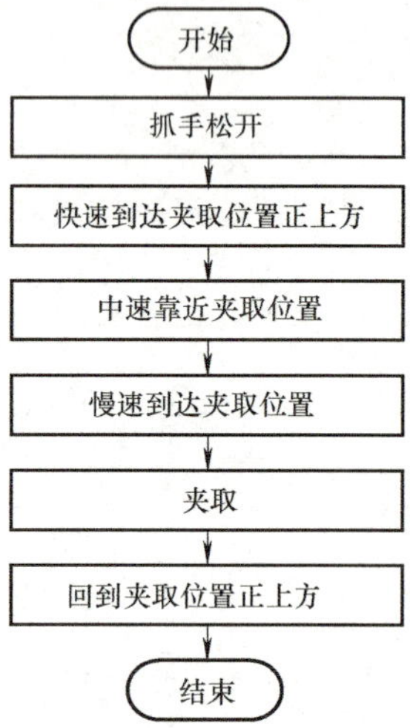	Set DO10_9 Reset DO10_8;	! 放松抓手夹
	MoveL p2, v150, fine, tool0;	! 快速到达夹取吸盘正上方的位置
	MoveL offs(p3,0,0,90), v50, fine , tool0;	! 中速靠近夹取位置
	MoveL p3, v5, fine, tool0;	! 慢速到达夹取位置
	WaitTime 1;	! 等待 1s
	Reset DO10_9; Set DO10_8;	! 夹紧抓手
	WaitTime 1;	! 等待 1s
	MoveL p2, v150, fine, tool0;	! 回到夹取位置上方
	MoveL p1, v50, fine, tool0;	! 回到初始位置

表 7-18 吸盘放置程序及流程

流程图	程序	
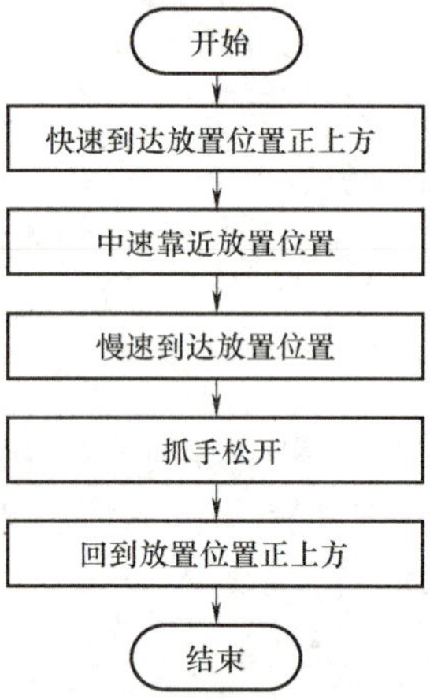	MoveL p2, v150, fine, tool0;	! 快速到达放置位置的正上方
	MoveL offs(p3,0,0,90), v50, fine , tool0;	! 中速靠近放置位置
	MoveL p3, v5, fine, tool0;	! 慢速到达放置位置
	WaitTime 1;	! 等待 1s
	Reset DO10_8; Set DO10_9;	! 放松抓手
	WaitTime 1;	! 等待 1s
	MoveL p1, v50, fine, tool0;	! 回到夹取位置正上方

任务三 工件盒加盖

【任务目标】

1. 能熟练使用示教器进行编程及调试
2. 会使用 Robot Studio 软件进行编程

【背景知识】

工件组装单元由工件盒送料机构及工件盖送料机构组成，安装在型材实训桌上，用于装配工件。实训桌上具有3个工件盒组装位置，能同时对3个工件盒进行装配操作。工件盒内设有4个工件槽，用于放置工件，工件盒四个角和工件盖一对角带有磁性粘合，可以使工件盒与工件盖紧密组合在一起。设有多个传感器，可以检测工件盒/工件盖的有无、方向是否装反（见图7-38）。机器人可以进行工件按序装配等操作。通过对工件盒/工件盖的放置、工件装配的顺序变化，提高机器人的应用灵活性，可进行机器人不同难易程度的应用考查，实现实训及考核的多样化。

【任务实施】

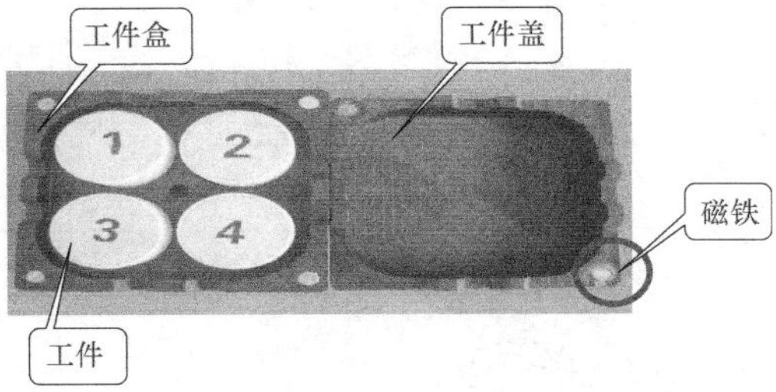

图7-38　工件盒、工件盖及工件

机器人在p1初始位置，将出盒台上的工件盒夹取到1号装配台（图7-27），机器人再回到初始位置。程序执行时，首先要确认出盒台上有工件盒，信号来自于出盒台下方安装的传感器，它通过PLC送给机器人，指令“WaitDI DI10_ 1，1；”（DI10_ 1为机器人的输入端子，它与PLC的Y303相连）即为此作用。

一、工件盒夹取到1号装配台

1. 定义目标点

下面是将工件盒夹取到1号装配台的位置点定义。

p6：= [[-144.56，505.48，67.54]，[0.504047，-0.494558，0.503474，0.497858]，[1，0，-1，1]，[9E+09，9E+09，9E+09，9E+09，9E+09，9E+09]]；(p6为出盒台抓取位置（抓手横向))

p9：= [[-141.77，375.44，22.34]，[0.507977，-0.490559，0.492299，0.508875]，[1，0，0，1]，[9E+09，9E+09，9E+09，9E+09，9E+09，9E+09]]；(p9为1号装配台放置工件盒的位置（抓手横向))

p10：= [[-156.46，343.24，382.71]，[0.493963，-0.498895，0.495452，0.511499]，[1，0，-1，1]，[9E+09，9E+09，9E+09，9E+09，9E+09，9E+09]]；(p10为过渡点（横向))

2. 工件盒夹取到1号装配台程序

程序如表7-19所示。

二、工件盒从1号夹取到3号装配台的位置

1. 定义目标点

下面是将工件盒从1号夹取到3号装配台的位置点定义。

p11：= [[-132.68，505.44，301.44]，[0.0049489，-0.704236，0.70964，0.020919]，[1，0，0，0]，[9E+09，9E+09，9E+09，9E+09，9E+09，9E+09]]；(p11为中转位置（抓手纵向))

p12：= [[-141.17，509.85，154.90]，[0.0103519，-0.710209，0.703714，0.0168236]，[1，-1，0，0]，[9E+09，9E+09，9E+09，9E+09，9E+09，9E+09]]；(p12为1号装配台夹取工件盒的位置（抓手纵向))

p13：=［［-139.83，509.85，241.42］，［0.0103371，-0.710201，0.703723，0.0168041］，［1，-1，0，0］，［9E+09，9E+09，9E+09，9E+09，9E+09，9E+09］］；（p13 为 1 号装配台上方的位置（抓手纵向））

p14：=［［181.76，509.42，241.42］，［0.01035，-0.71021，0.703713，0.0168213］，［0，0，-1，0］，［9E+09，9E+09，9E+09，9E+09，9E+09，9E+09］］；（p14 为 3 号装配台上方的位置（抓手纵向））

p15：=［［179.51，506.29，152.18］，［0.0103372，-0.710211，0.703712，0.0168114］，［0，0，-1，0］，［9E+09，9E+09，9E+09，9E+09，9E+09，9E+09］］；（p15 为 3 号装配台放置工件盒的位置（抓手纵向）

表 7-19　工件盒夹取到 1 号装配台程序及流程

流程图	程序
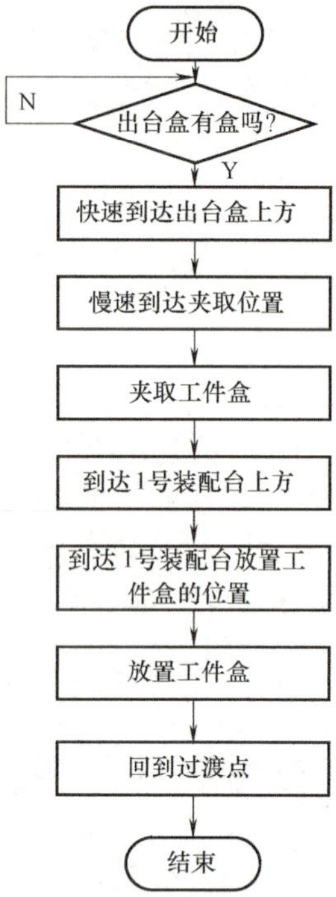	WaitDI DI10_1，1；！ 等待出盒台上有工件盒，信号为 1 MoveJ p10，v150，z50，tool0；！ 到达过渡点（气夹横向） MoveL offs（p6，0，0，90），v150，fine，tool0；！ 到达出盒台抓取位置正上方 MoveL p6，v5，fine，tool0；！ 到达出盒台抓取位置（气夹横向） WaitTime 1； Reset DO10_9； Set DO10_8；！ 抓取工件盒 WaitTime 1； MoveL offs（p6，0，0，90），v150，fine，tool0； MoveL offs（p9，0，0，90），v150，fine，tool0；！ 到达 1 号装配台正上方 MoveL p9，v5，fine，tool0；！ 到达 1 号装配台放置工件盒的位置（抓手横向） WaitTime 1；！ 等待 1s Reset DO10_8； Set DO10_9；！ 放工件盒 WaitTime 1； MoveL p10，v200，z50，tool0；！ 回到过渡点

2. 工件盒从 1 号夹取到 3 号装配台程序

工件盒从 1 号夹取到 3 号装配台程序及流程如表 7-20 所示。

三、1 号装配台上的工件盒加盖

1. 定义目标点

下面是给 1 号装配台上的工件盒加盖的位置点定义。

p72：=［［175.87，503.79，67.65］，［0.500909，-0.488263，0.503967，0.506662］，［0，-1，0，1］，［9E+09，9E+09，9E+09，9E+09，9E+09，9E+09］］；

2. 1 号装配台工件盒加盖程序

1 号装配台工件盒加盖程序及流程如表 7-21 所示。

表 7-20 工件盒从 1 号夹取到 3 号装配台程序及流程

流程图	程序
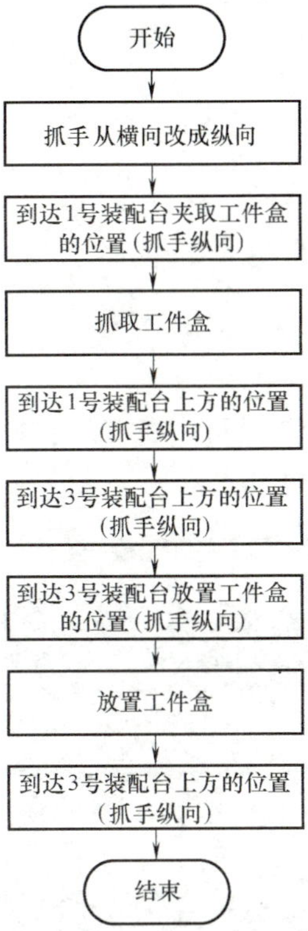	见下


```
MoveJ p11, v200, z50, tool0;  ! 抓手从横向改成纵向
MoveL p12, v50, fine, tool0;  ! 到达 1 号装配台夹取工件盒的位置(抓手纵向)
WaitTime 1;
Reset DO10_9;  ! 抓取工件盒
Set DO10_8;
WaitTime 1;
MoveL p13, v200, z50, tool0; ! 到达 1 号装配台上方的位置(抓手纵向)
MoveL p14, v200, fine, tool0; ! 到达 3 号装配台上方的位置(抓手纵向)
MoveL p15, v200, fine, tool0; ! 到达 3 号装配台放置工件盒的位置(抓手纵向)
WaitTime 1;
Reset DO10_8;  ! 放置工件盒
Set DO10_9;
WaitTime 1;
MoveL p14, v200, z50, tool0; ! 到达 3 号装配台上方的位置(抓手纵向)
```

表 7-21 1 号装配台工件盒加盖程序及流程

流程图	程序
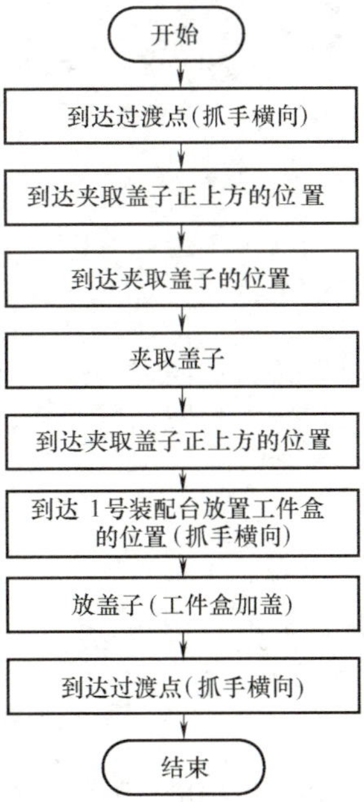	见下


```
MoveL p10, v150, fine, tool0;! 到达过渡点(抓手横向)
MoveL offs(p72,0,0,90) v150, fine, tool0;! 到达夹取盖子正上方的位置
MoveL p72, v150, fine, tool0; ! 到达夹取盖子的位置
WaitTime 1;
Reset DO10_9;  ! 夹取盖子
Set DO10_8;
WaitTime 1;
MoveL offs(p72,0,0,90) v150, fine, tool0; ! 到达夹取盖子正上方的位置
MoveL p9, v150, fine, tool0; ! 到达 1 号装配台放置工件盒的位置(抓手横向)
WaitTime 1;
Reset DO10_9;  ! 放盖子(工件盒加盖)
Set DO10_8;
WaitTime 1;
MoveL p10, v150, fine, tool0;
```

任务四　工 件 入 库

【任务目标】

1. 熟练掌握循环、判断指令的使用
2. 会进行工件入库程序编制

【背景知识】

一、库位设置

实训台立体仓库单元由铝质材料加工而成，配有 9 个仓位（3×3），安装在型材实训桌上，用于放置装配完的组件，其库位标注如图 7-39 所示。

二、常用指令

1. WHILE 指令

指令说明：如果条件满足，则重复执行对应的程序。

指令示例：

```
WHILE reg1 < reg2 DO
    reg1 := reg1 + 1;
ENDWHILE
```

2. IF 指令

指令说明：满足不同条件，执行对应程序。

图 7-39　库位图

指令示例：

```
IF reg1 > 5 THEN
    Set do1;
ENDIF
```

3. TEST 指令

指令说明：根据指定变量的判断结果，执行对应程序。

指令示例：

```
Test reg1
    CASE 1: Routine1;
    CASE 2: Routine2;
    DEFAULT: Stop;
ENDTEST
```

判断 reg1 数值，若为 1 则执行 Routine1；若为 2 则执行 Routine2，否则执行 Stop。

【任务实施】

首先设置一个仓库库位的基准点 pplacebase，其他的库位点可以在这个基准点的基础上做相应的偏移：

pplacebase：= [[-140.22， -482.50，27.66]，[0.501106，0.495201，0.49826， -0.505378]，[-2， -1，0，1]，[9E +09，9E +09，9E +09，9E +09，9E +09，9E +09]]；

一、工件入库程序

入库程序及流程如表 7-22 所示。

表 7-22 工件入库程序及流程

流 程 图	程 序

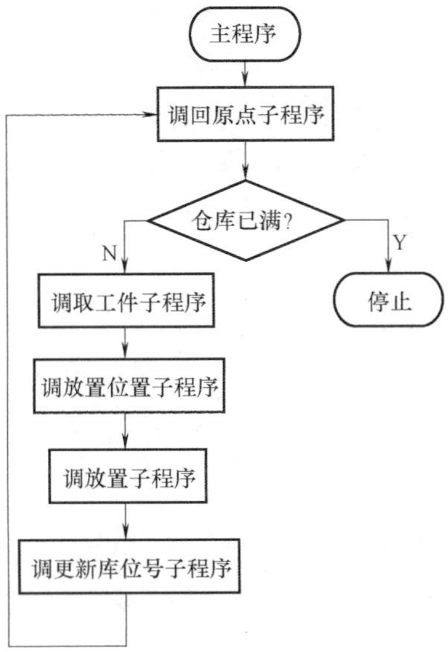	PROC ruku( )
	Back； ！回原点
	WHILE TURE DO
	IF bPalletFull = FALSE THEN
	Rpick；
	RPosition；
	Rplace；
	Rplacerd；
	Back；
	ELSE
	WaitTime 0. 3
	ENDIF
	ENDWHILE
	ENDPROC

二、更新库位号和放置工件

更新库位号子程序如下：

```
PROC Rplacerd ( )
  Incr nCount;
  IF nCount > =10 THEN
    nCount: =1;
  bPalletFull = TURE;
  ENDIF
ENDPROC
```

放置位置子程序如下：

```
PROC RPosition ( )
  TEST nCoun
    CASE 1: pPlace: = offs (pplacebase, 0, 0, 0);      ! 库位 1 放置点
    CASE 2: pPlace: = offs (pplacebase, 135, 0, 0);    ! 库位 2 放置点
    CASE 3: pPlace: = offs (pplacebase, 270, 0, 0);    ! 库位 3 放置点
    CASE 4: pPlace: = offs (pplacebase, 0, 0, 135);    ! 库位 4 放置点
```

```
    CASE 5：pPlace：= offs（pplacebase，135，0，135）；  ！库位 5 放置点
    CASE 6：pPlace：= offs（pplacebase，270，0，135）；  ！库位 6 放置点
    CASE 7：pPlace：= offs（pplacebase，0，0，270）；  ！库位 7 放置点
    CASE 8：pPlace：= offs（pplacebase，135，0，270）；  ！库位 8 放置点
    CASE 9：pPlace：= offs（pplacebase，270，0，270）；  ！库位 9 放置点
    DEFAULT：Stop；
    ENDTEST
ENDPROC
```

【拓展练习】

完成立体仓库取件子程序、放置工件子程序和回原点子程序，并进行调试。

项目八 智能视觉

任务一 颜色及编号的识别

【任务目标】

1. 认知欧姆龙视觉系统
2. 掌握视觉识别软件的操作

【背景知识】

一、欧姆龙智能视觉检测系统

智能视觉检测系统采用照相机将被检测的目标转换成图像信号，传送给专用的图像处理系统，根据像素分布和亮度、颜色等信息，转变成数字化信号，图像处理系统对这些信号进行各种运算来抽取目标的特征，如面积、数量、位置、长度，再根据预设的允许度和其他条件输出结果，包括尺寸、角度、个数、合格/不合格、有/无等，实现自动识别功能。

欧姆龙智能视觉检测系统采用欧姆龙 FZ4-350 智能视觉系统，它由视觉控制器（见图 8-1）、视觉相机（见图 8-2）及监视显示器等组成，可用于检测工件的特性，如数字、颜色、形状等，还可以对装配效果进行实时检测操作。它通过 I/O 电缆连接到 PLC 或机器人控制器，也支持串行总线和以太网总线连接到 PLC 或机器人控制器（需安装相应模块），对检测结果和检测数据进行传输。

图 8-1 视觉控制器

图 8-2 视觉相机

二、视觉软件

1. 主界面

打开视觉软件，主界面如图 8-3 所示。

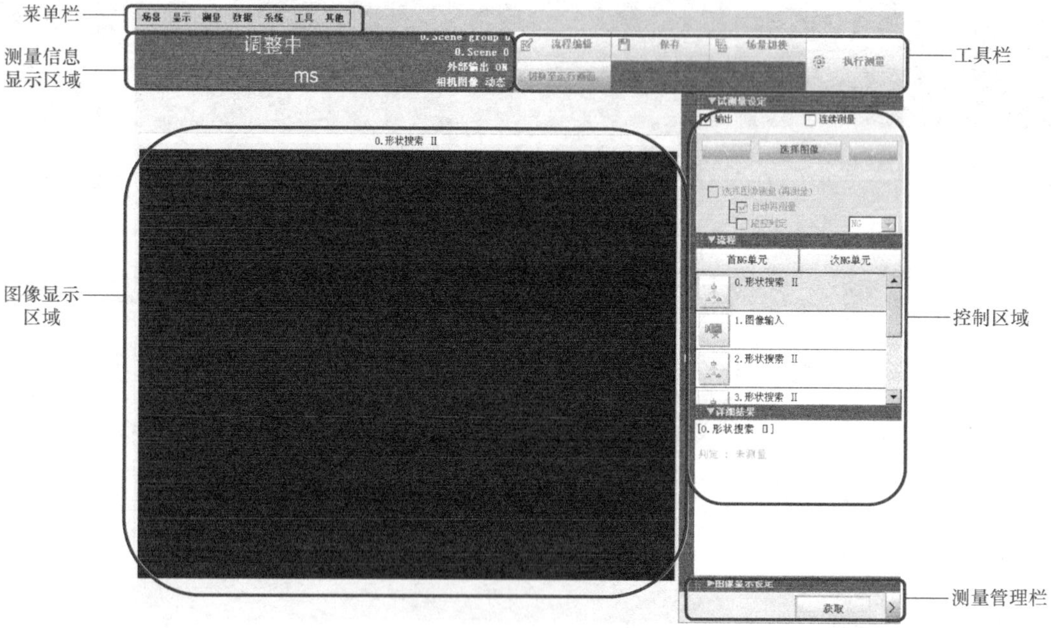

图 8-3　主界面

主界面各区域说明如下：

（1）菜单栏

选择与测量相关的操作和设定等操作菜单。

（2）测量信息显示区域

测量信息显示区域用于显示场景图像测量过程相关的信息（见图 8-4），包括综合判定、处理时间及状态显示。综合判定显示场景图像的综合判定结果（［OK］/［NG］），处理时间显示图像测量处理所花的时间（单位：ms），而状态显示显示当前显示中的场景组编号、场景编号、外部输出状态以及图像模式。

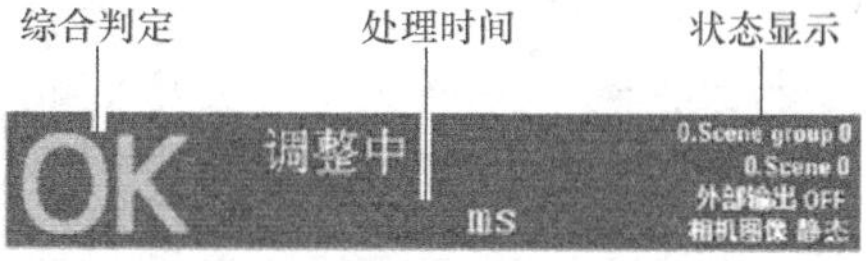

图 8-4　测量信息显示区域

（3）工具栏

包含常用操作的快捷按钮，主要有以下项：

① 流程编辑：显示流程编辑界面。在流程编辑界面可进行处理单元的增加、删除，以及处理顺序的调换。

② 保存于本体：将设定数据保存到控制器的闪存中，且必须保存已修改的设定。

③ 场景切换：切换场景组或场景。

④ 执行测量/停止测量：进行测量。

⑤ 切换到运行界面；切换到运行界面。

(4) 图像显示区域

显示已测量的图像。

(5) 控制区域

显示试测量设定、流程、详细结果和图像显示设定，具体如下：

① 试测量设定：使用试测量的条件和已获取的图像再次进行测量时使用。

② 流程：显示流程和每个单元的判定结果。

③ 首 NG 单元：转移至 NG 判定的起始处理单元。

④ 次 NG 单元：转移至下一个 NG 判定处理单元。

⑤ 详细结果：以文本形式显示测量流程中所选择的处理单元的详细测量结果。

(6) 测量管理栏

将监视界面的显示内容保存为图像（在主界面中，单击“系统”→“画面抓取”→“画面抓取设定”，指定获取图像的保存地址）。

2. 流程编辑界面

测量流程的编辑界面如图 8-5 所示。右侧显示组成流程的各类方法，左侧显示测量流程。如果插入测量触发项目，将从流程上部开始依次执行处理。

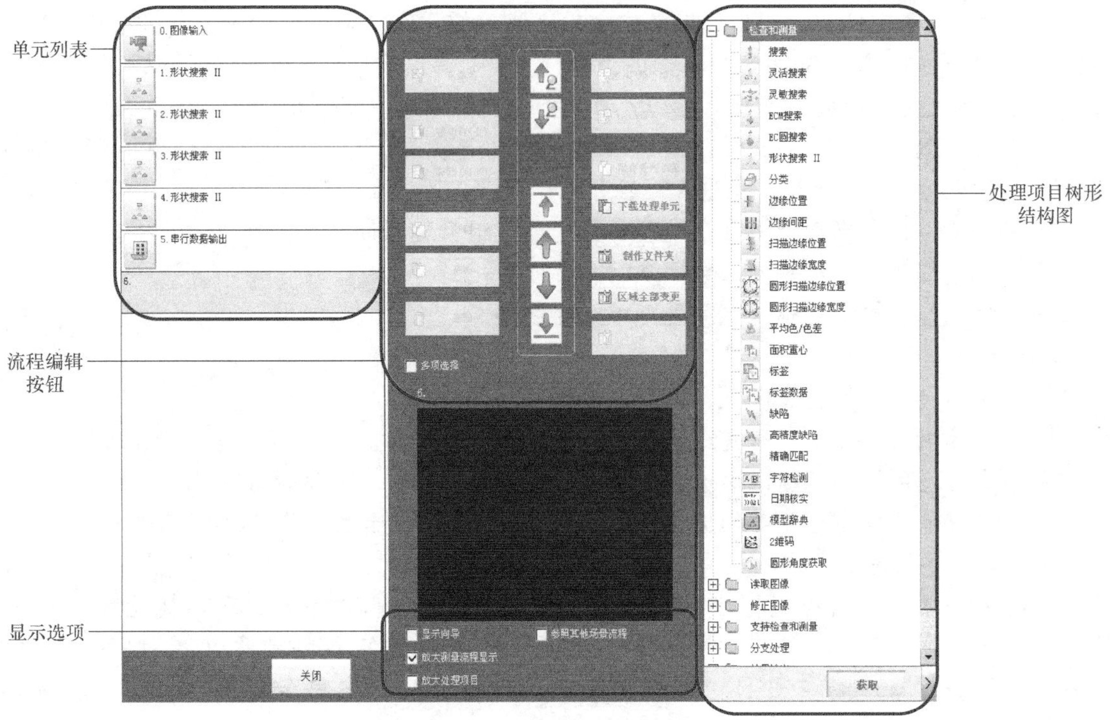

图 8-5　流程编辑界面

(1) 单元列表

单元列表显示构成流程的处理单元。通过在单元列表中追加处理项目，可以创建场景的流程。

（2）流程编辑按钮

各编辑按钮说明如下：

①：选择向上搜索/选择向下搜索，可搜索设定在处理项目中的编号。在处理项目树形结构图中选择要搜索的处理项目并单击该图标。这是设定长流程时的便利功能。

②：选择顶部/选择底部，选择流程顶部或底部的处理单元。

③：选择向上/选择向下，以当前选择的处理单元为基准，以向上或向下的顺序选择处理单元。

④ 重命名：显示变更所选处理单元的重命名界面。

⑤ 移动：（向上）/移动（向下），向上或向下移动所选处理单元。

⑥ 复制：复制所选处理单元。

⑦ 粘贴：将复制的处理单元粘贴在所选处理单元的前面。进行了复制操作后，如执行了其他操作，则无法继续粘贴。

⑧ 删除：删除所选处理单元。

⑨ 追加（最下部分）：在流程的底部追加处理单元。

⑩ 插入：在所选处理单元之前插入新的处理单元。

⑪ 保存处理单元：将所选处理单元的设定数据保存到文件。不能将多个处理单元的设定数据保存到1个文件中。但是如果是以文件夹为单位，则可将多个处理单元的设定数据保存到1个文件夹中。默认文件名为S(场景编号)_ U（单元编号)_（处理单元识别名）. unt。文件名可任意变更，例如，场景0的单元0“相机图像输入”S0_ U0_ CameraImage。

⑫ 下载处理单元：可从文件读入处理单元的设定数据。通过单元保存以外的形式保存的文件不能读入。分支方向、表达式等参考位置在读入后请重新设定。

⑬ 制作文件夹：当希望将多个处理单元作为1组管理时使用。

⑭ 区域全部变更：相关图形数据同时全部变更。

⑮ 多项选择：集中复制、删除处理单元时使用。

（3）显示选项

① 显示向导：若勾选该选项，将显示处理项目的说明。

② 放大测量流程显示：若勾选该选项，则以大图标显示“1. 单元列表”的流程。

③ 放大处理项目：若勾选该选项，则以大图标显示“6. 处理项目树形结构图”。

④ 参照其他场景流程：若勾选该选项，则可参照同一场景组内的其他场景流程。

（4）处理项目树形结构图

这是用于选择追加到流程中的处理项目的区域。处理项目按类别以树形结构图显示。若单击各项目的“+”，则显示下一层项目。若单击各项目的“-”，则所显示的下一层项目被省略。当勾选了“参照其他场景流程”时，将显示场景选择框和其他场景流程。

【任务实施】

在操作之前必须确认设备连接正常，即确保视觉相机与视觉控制器相连接，视觉控制器与PLC相连接，相互之间可以正常通信。将控制器还原到出厂默认值。初始化之前，备份必要的数据，如场景数据和系统数据等。

一般使用的操作流程：准备（开始测量前进行相机调整等必要的准备工作）→场景编辑（设计测量流程、进行编辑）→试测量（试测量、调整处理项目的参数）→测量运行（在运行画面上进行测量）→管理分析（保存已测量的数据和图像或分析数据）。

一、工件颜色的识别

1. 新建一个场景

视觉软件中有适合各种测量对象和测量内容的处理项目。将这些处理项目进行适当组合并执行，即能进行符合目的的测量。处理项目的组合称为“场景”，只要从已经预备的处理项目列表中选取符合目的的处理项目，组合成流程图，就能简便地创建场景。以 32 个场景为单位集合而成的处理流程称为“场景组”。要增加场景数量，或要对多个场景按照各自的类别进行管理时，制作场景组后将会非常方便。可使用的最大场景数为 1024 个（32 个场景作为 1 个场景组处理，最多可设定 32 个组，即可以使用 32 个场景 ×32 个场景组 = 1024 个场景）。

下面先新建一个场景。单击“场景切换”，在对话框中选择一个场景，然后确定，即新建了一个场景，如图 8-6 所示。

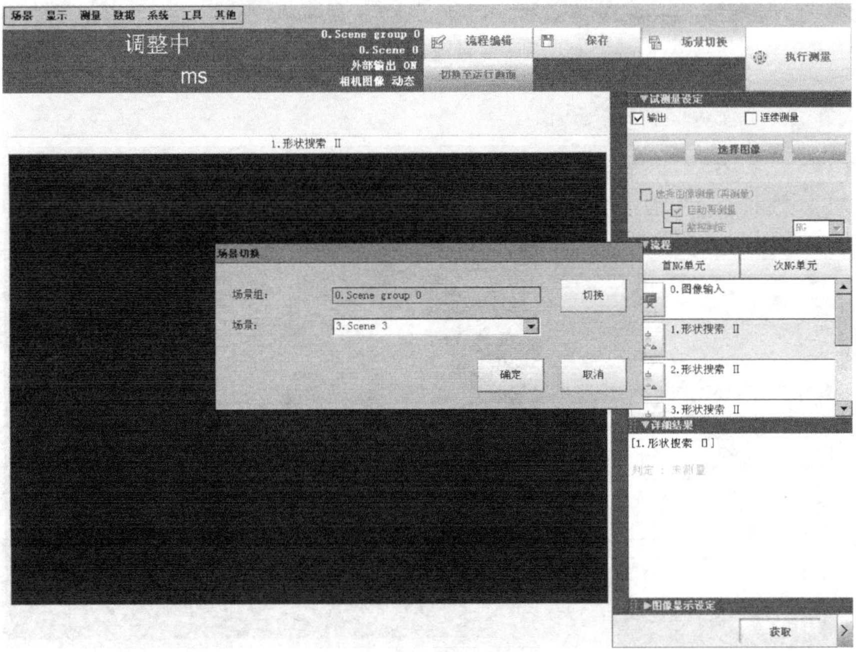

图 8-6　场景切换

2. 流程编辑

在主界面单击“流程编辑”，进入流程编辑界面。在流程编辑界面的右侧从处理项目树中选择要添加的处理项目。选中要处理的项目后，单击“追加（最下部分）”，将处理项目添加到单元列表中，此子任务添加“分类”，如图 8-7 所示。也可以添加例如“扫描边缘位置”“串行数据输出”“图形角度获取”等。

3. 输入图像

单击“图像输入”，进入“图像输入”界面，设置参数，如图 8-8 所示，镜头对准工件

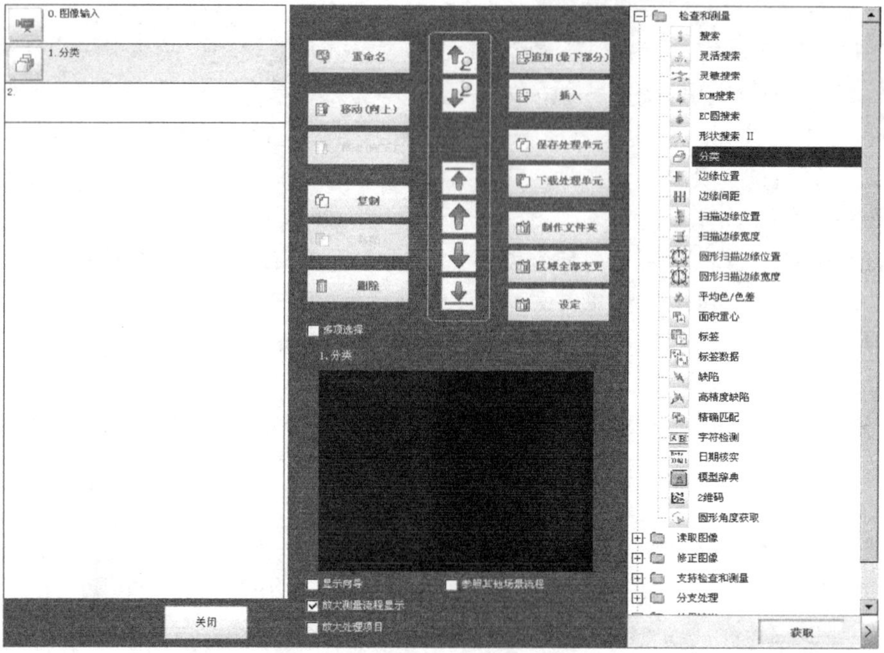

图 8-7　流程编辑界面

后，单击“确定”按钮，则图像获取完毕。

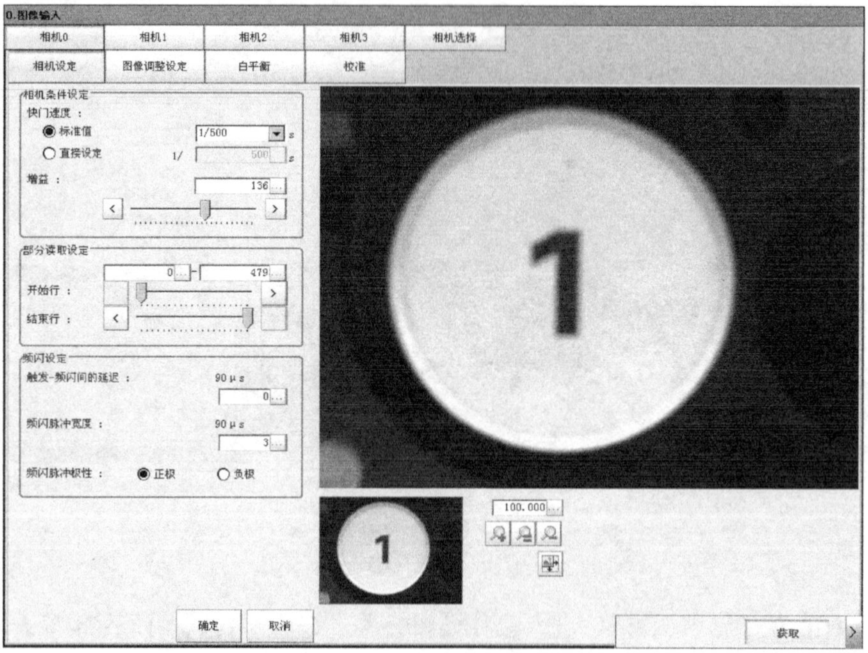

图 8-8　图像输入

4. 模型登录

单击“分类”图标，进入设置界面，在“分类”界面先设置“模型参数”，在初始状态下设定，选择“旋转”，还要设定旋转范围、跳跃角度、稳定度和精度等，具体设置如图

8-9 所示。

“分类”界面右边为分类坐标分布，分类坐标共有 36 行（标有数字部分为索引号），编号分别为 0～35，每行共有 5 列（未标数字部分为模型编号），编号分别为 0～4。任意单击一个坐标位置，然后单击“模型登录”按钮，进入“模型登录”界面（见图 8-10）。单击

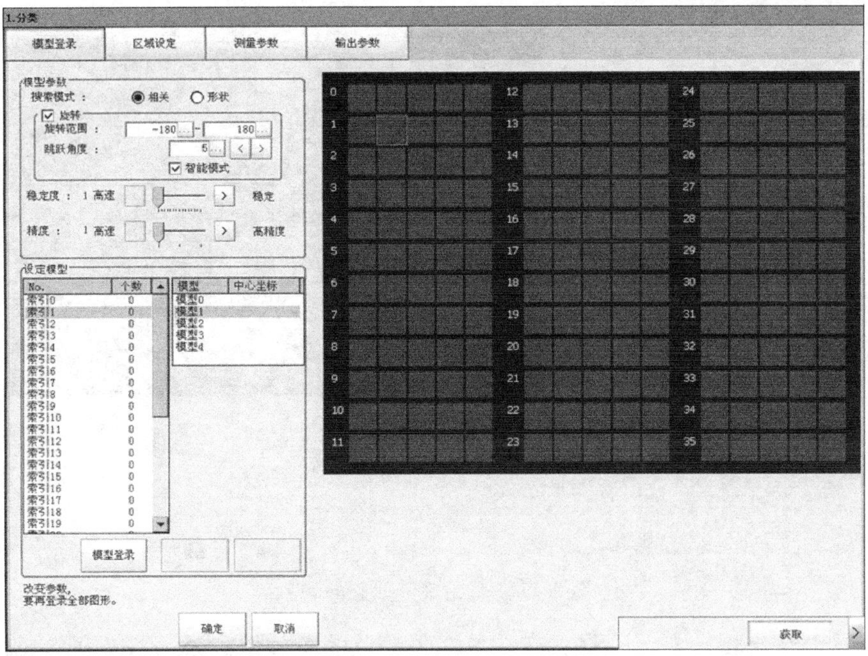

图 8-9　模型登录参数设置

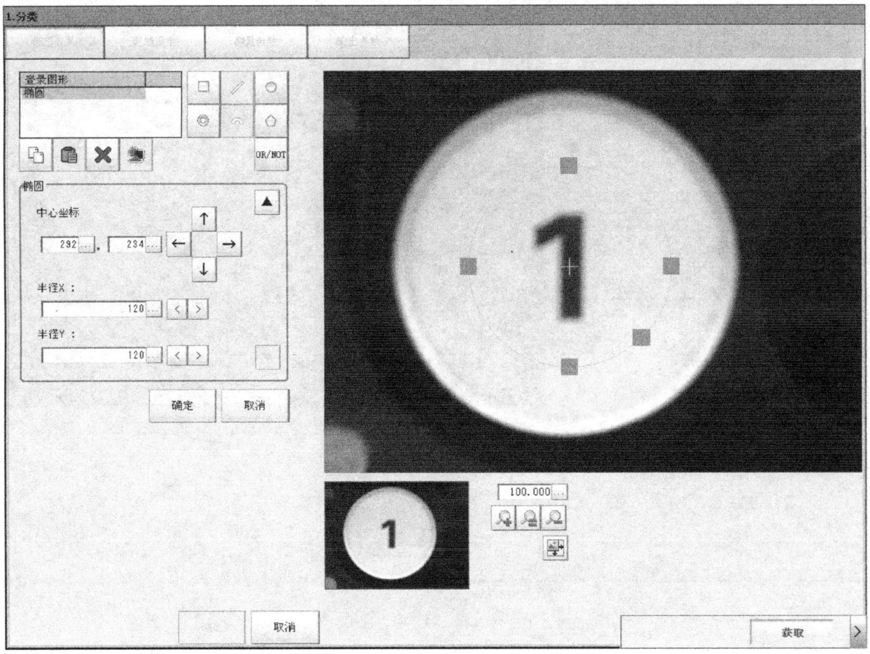

图 8-10　模型登录界面

左边的图形图标，在右边显示界面会出现一个圆圈，移动圆圈把数字圈在中间，设置测量区域，单击“确定”按钮可以回到分类界面。这样就录好了一个黄色的1号工件，如图8-11所示。

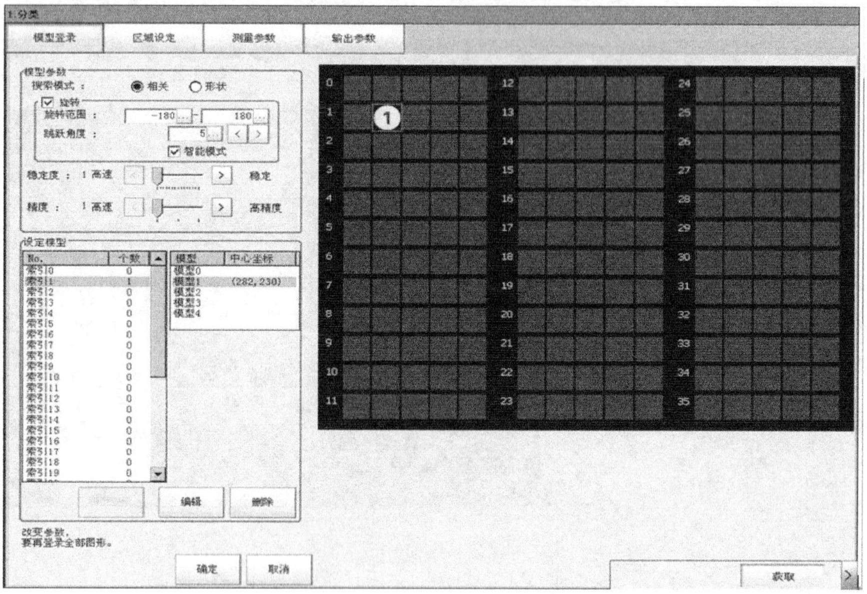

图 8-11　完成一个模型的录入

通过上述方法，将印有黄、红、蓝、黑四种颜色的工件依次录入（见图8-12）。

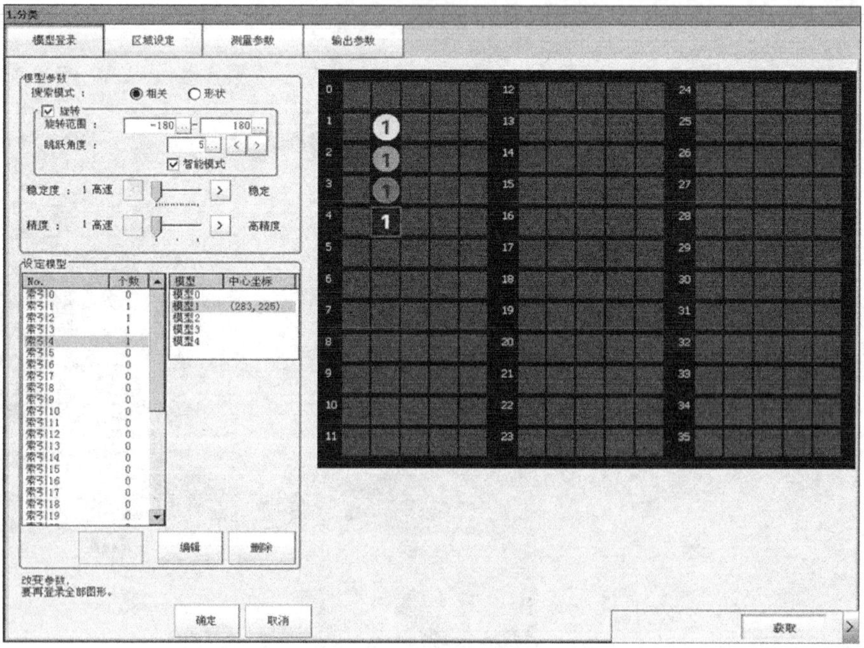

图 8-12　登录完成

全部录入完成后回到模型登录界面，单击“测量参数”选项卡，进入测量参数界面

（见图 8-13）。把相似度改成 95 ~ 100。最后单击“确定”按钮回到主界面。

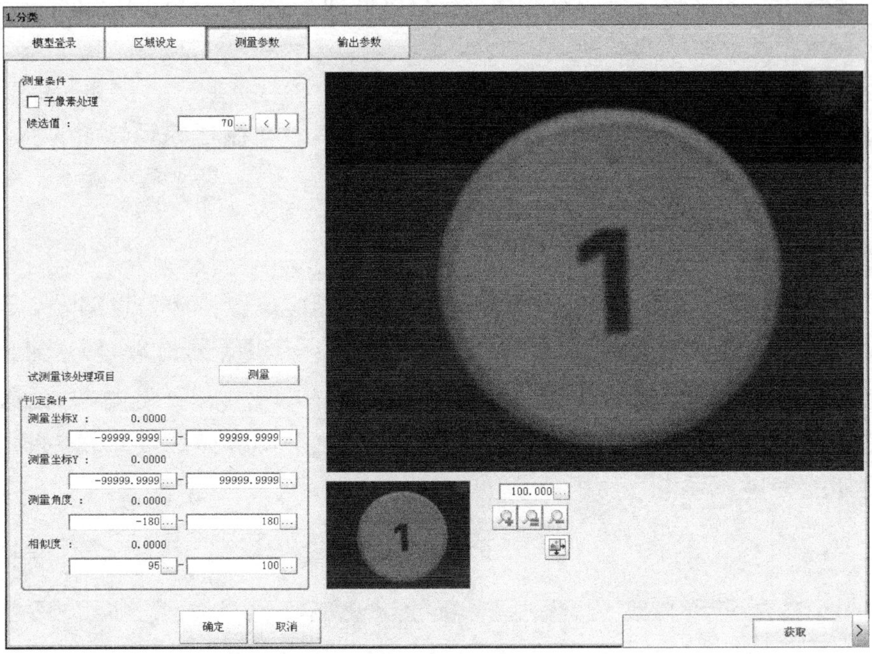

图 8-13　测量参数界面

5. 图像测量

回到主界面，镜头对准工件，单击“执行测量”，此时会在右下角对话框显示测量信息（见图 8-14）。

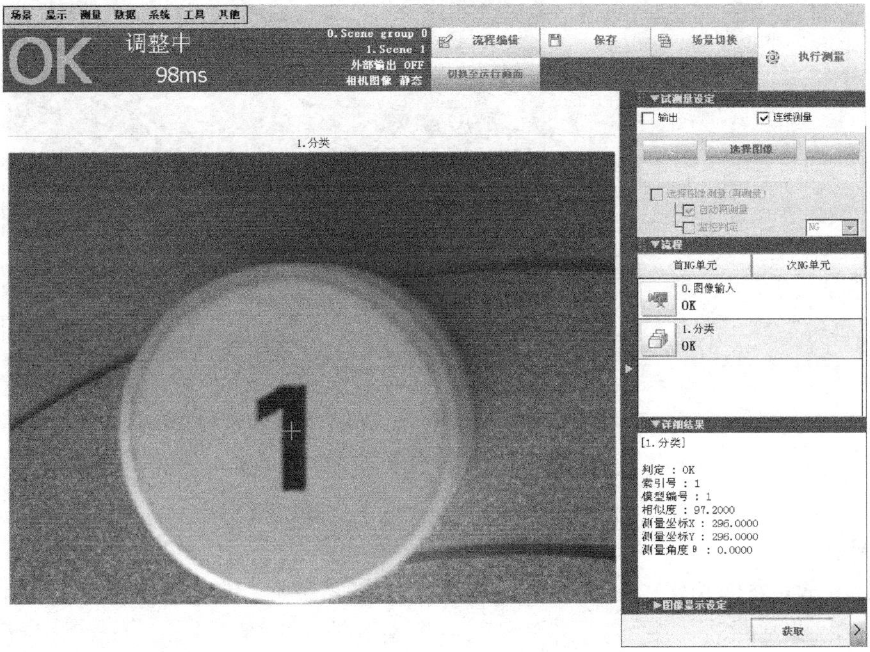

图 8-14　测量结果

二、工件编号的识别

在传送多种产品的生产线上，对产品进行分类处理及识别时。上面完成了工件颜色的分类，下面开始执行工件编号的识别。

1. 流程编辑

在主界面单击“流程编辑”，进入“流程编辑界面”。在流程编辑界面的右侧从处理项目树中选择要添加的处理项目。选中要处理的项目后，单击“追加（最下部分）”，添加“分类”，将处理项目添加到单元列表中。

2. 工件编号分类

单击“分类”图标，进入设置界面，将工件录入相应位置，比如将编号 2 录入“索引 1、模型 2”的位置，单击坐标位置，单击“模型登录”按钮（见图 8-15），进入“模型登录”设置界面。单击左边图形图标，在右边显示界面会出现一个圆圈，移动圆圈把数字圈在中间，设置测量区域，单击“确定”按钮可以回到分类界面。依此方法将其他数字录入，完成后如图 8-16 所示。

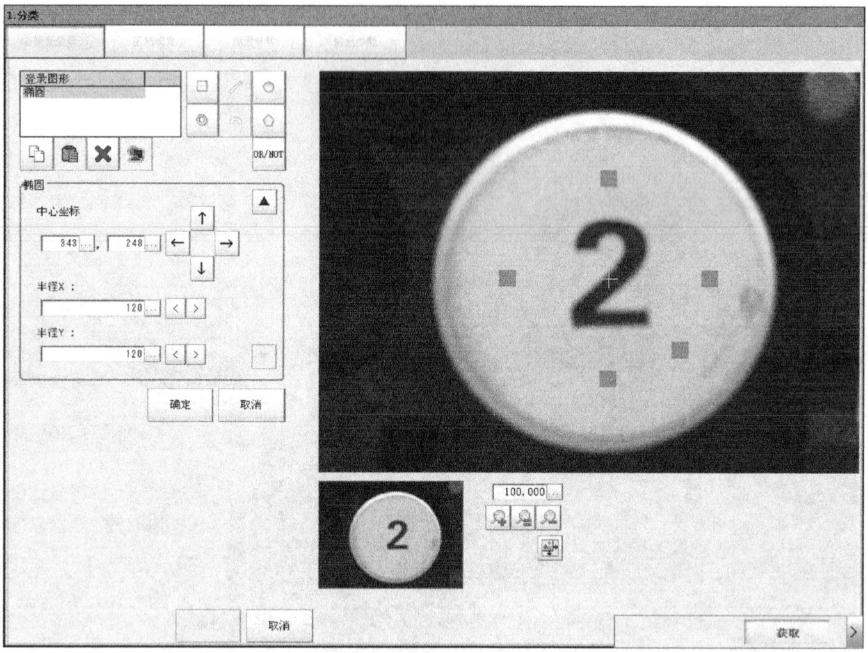

图 8-15　模型登录

3. 图像测量

全部录入完成后回到模型登录界面，单击“测量参数”，进入测量参数界面。把相似度改成 90 ~ 100。最后单击“确定”按钮回到主界面。镜头对准工件，单击“执行测量”，此时会在右下角对话框显示测量信息（见图 8-17）。

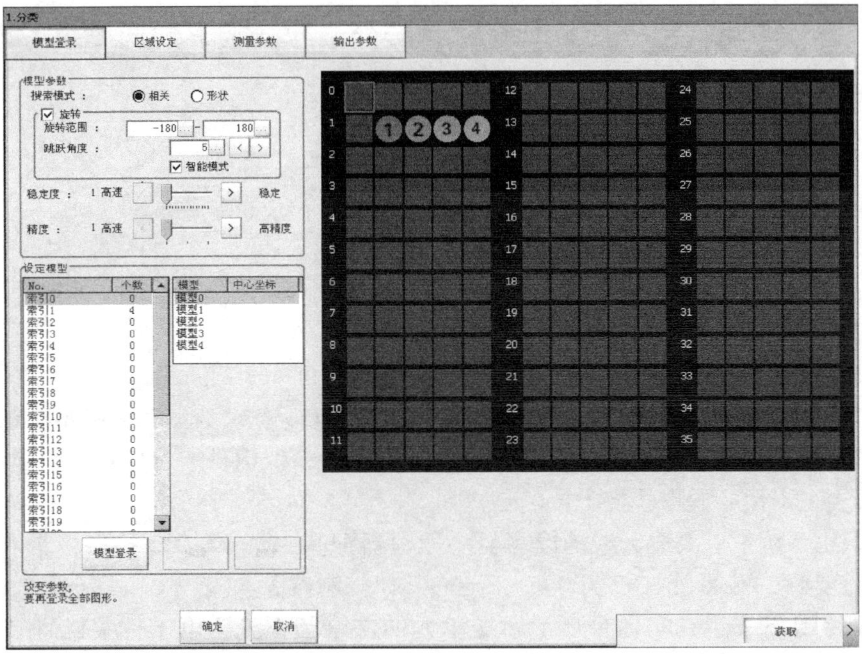

图 8-16 登录完成

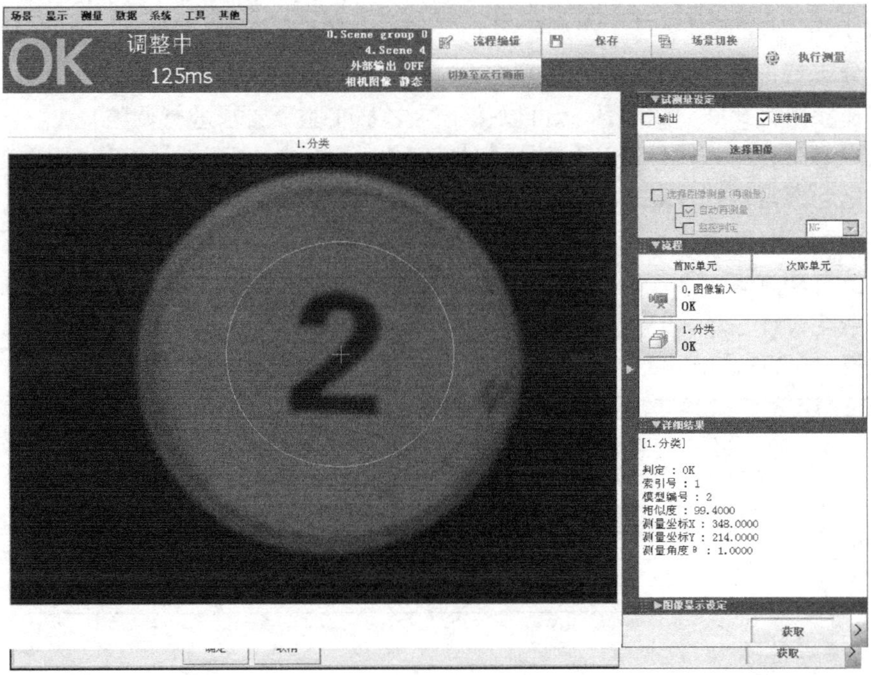

图 8-17 测量结果

任务二　工件识别及工件角度调整

【任务目标】

1. 掌握 PLC 与 RFID 系统的通信，会进行 RFID 电子标签读写编程
2. 领会 PLC 与视觉系统的通信

【背景知识】

一、认识 RFID 识别系统

RFID（无线射频识别）识别系统主要采用 RFID 射频读写器、电子标签。RFID 识别系统是一种非接触式的自动识别技术，它通过射频信号自动识别目标对象并获取相关数据，识别工作无须人工干预，操作快捷方便。

RFID 识别系统带有集成天线的读写器。读写器配有一个 RS-232 接口，带有 3964 传送程序，用于连接到 PC 系统、S7-1200、三菱等其他控制器。

RFID 识别系统安装在实训台环形输送单元的左端圆弧处，电子标签已埋在工件内部，检测距离为 30mm。当工件从环形输送单元经过左端圆弧处时，RFID 检测系统可以准确地读取工件内的标签信息，如编号、颜色、高度等信息，该信息通过工业现场数据总线传输给 PLC，用来实现工件的分拣操作。

RFID 射频读写器的型号为 UHFREADER18，是一款高性能的 UHF 超高频电子标签一体机，结合专有的高效信号处理算法，在保持高识读率的同时，实现对电子标签的快速读写处理，广泛应用于物流、门禁及生产过程控制等领域。其特点如下：

1）充分支持符合 ISO18000-6B、EPC CLASS1 G2 标准的电子标签。

2）工作频率为 902～928MHz（可以按不同国家或地区要求进行调整）。

3）以广谱跳频（FHSS）或定频发射方式工作。

4）输出功率可达到 30dBm（可调）。

5）8dBi/12dBi 两类天线配置选择，典型读取距离为 3～5m/10m。

6）支持自动方式、交互应答方式、触发方式等多种工作模式。

7）低功耗设计，单 +9V 电源供电。

8）支持 RS-232、RS-485、韦根等多种用户接口，可选配 TCPIP 网络接口。

UH FREADER18 射频读写器参数说明如表 8-1、表 8-2 所示（环境温度 25℃，工作电压 9V 条件下），接口说明如表 8-3 所示。

表 8-1　参数 1

项目	符号	数值	单位
电源电压	VCC	16	V
工作温度	TOPR	－10～＋55	℃
贮藏温度	TSTR	－20～＋75	℃

二、电子标签

1. EPCC1G2 标签存储器

从逻辑上将标签存储器分为四个存储区，每个存储区可以由一个或一个以上的存储器字

组成。这四个存储区是：

表 8-2　参数 2

项目	符号	最小	典型	最大	单位
电源电压	VCC	8	9	12	V
工作电流	IC		350	650	mA
工作频率	FREQ	902		928	MHz

表 8-3　接口说明

项目	描述	项目	描述
红	+9V	橙	RS-485 R -
黑	GND	棕	GND
黄	韦根 DATA0	白	RS-232 RXD
蓝	韦根 DATA1	绿	RS-232 TXD
紫	RS-485 R +	灰	外部触发(TTL 电平)

EPC 区（EPC），存储 EPC 号，该读写器规定最大能存放 15 字 EPC 号。可读可写。

TID 区（TID），存放由标签生产厂商设定的 ID 号，目前有 4 字和 8 字两种 ID 号。可读，不可写。

用户区（User），可读可写。不同厂商该区不一样。Impinj 公司的 G2 标签没有用户区。Philips 公司有 28 字。

保留区（Password），可读可写。前两个字是销毁（kill）密码，后两个字是访问（access）密码。

四个存储区均可写保护。写保护意味着该区永不可写或在非安全状态下不可写；读保护只有密码区可设置为读保护，即不可读。

2. 18000-6B 标签

6B 标签只有一个存储空间，最低 8 个字节（0 ~ 7 字节）是标签的 UID，并且不能被改写。后面的字节都是可改写的，也可以被锁定，但是一旦锁定后，则不能再次改写，也不能解锁。

3. 数据显示

EPC 号、UID 号、密码、存储数据均为十六进制显示。如写入数据“1122334455667788”时设定格式为十六进制，那么 11 为第一字节，22 为第二字节，1122 为第一字。数据共 8 个字节，或者说共 4 个字。

三、串行通信模块 LJ71C24-CM

1. 简介

LJ71C24-CM 是一个串行通信模块，与 RS-232（CH1）、RS-422/485（CH2）线路中连接的外部设备可通过 4 种（MELSEC 通信协议、通信协议、无顺序协议、双向协议）协议进行数据通信（见图 8-18）。通过使用调制解调器或终端适配器，可以利用公共线路

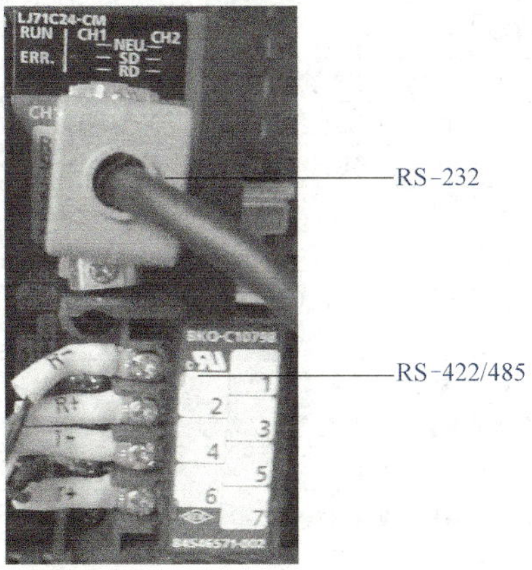

图 8-18　LJ71C24-CM 模块

（模拟/数字）与远程设备进行数据通信。欧姆龙智能视觉检测系统中是通过无顺序协议进行的数据通信。

LJ71C24-CM 输入、输出信号的分配是基于 LJ71C24-CM 的起始 I/O No 为“0000”的情况。软元件 X 是从 LJ71C24-CM 至 CPU 模块的输入信号。软元件 Y 是从 CPU 模块至 LJ71C24-CM 的输出信号。对于 CPU 模块的输入、输出信号如表 8-4 所示。

表 8-4 LJ71C24-CM 输入、输出信号一览

软元件 No.	信号内容	参照项	软元件 No.	信号内容	参照项
X10 *1	CH1 发送正常完成 ON:正常完成	—	Y0	CH1 发送请求 ON:发送请求中	—
X1 *1	CH1 发送异常完成 ON:异常完成		Y1	CH1 接收读取完成 ON:读取完成	
X2 *1	CH1 发送处理中 ON:发送中		Y2	CH1 模式切换请求 ON:切换请求中	用户手册（应用篇）
X3 *2	CH1 接收读取请求 ON:读取请求中	10.1 项、11.1 项	Y3	CH1 协议执行请求 ON:执行请求中	—
X4 *2	CH1 接收异常检测 ON:异常检测		Y4	使用禁止	—
X5 *1	CH1 协议执行完成 ON:执行完成	—	Y5		
X6 *3	CH1 模式切换 ON:切换中	用户手册（应用篇）	Y6		
X7 *1	CH2 发送正常完成 ON:正常完成	—	Y7	CH2 发送请求 ON:发送请求中	—
X8 *1	CH2 发送异常完成 ON:异常完成		Y8	CH2 接收读取完成 ON:读取完成	
X9 *1	CH2 发送处理中 ON:发送中		Y9	CH2 模式切换请求 ON:切换请求中	用户手册（应用篇）
XA *2	CH2 接收读取请求 ON:读取请求中	10.1 项、11.1 项	YA	CH2 协议执行请求 ON:执行请求中	—
XB *2	CH2 接收异常检测 ON:异常检测		YB	使用禁止	—
XC *1	CH2 协议执行完成 ON:执行完成	—	YC		
XD *3	CH2 模式切换 ON:切换中	用户手册（应用篇）	YD		
XE	CH1 发生出错 ON:发生出错中	15.4 项	YE	CH1 出错清除请求 ON:清除请求中	15.4 项
XF	CH2 发生出错 ON:发生出错中		YF	CH2 出错清除请求 ON:清除请求中	
X10	调制解调器初始化完成 ON:初始化完成	用户手册（应用篇）	Y10	调制解调器初始化请求（待机请求） ON:初始化请求	用户手册（应用篇）
X11	拨号中 ON:拨号中				
X12	线路连接中 ON:连接中		Y11	线路连接请求 ON:连接请求中	
X13	初始化线路连接失败 ON:初始化连接失败		Y12	线路切断请求 ON:切断请求中	
			Y13	使用禁止	—
X14	线路切断完成 ON:切断完成		Y14		
X15	使用禁止	—	Y15		
X16			Y16		
X17 *1	快闪 ROM 读取完成 ON:完成	—	Y17	快闪 ROM 读取请求 ON:请求中	—
X18 *1	快闪 ROM 写入完成 ON:完成		Y18	快闪 ROM 写入请求 ON:请求中	
X19	快闪 ROM 系统设置完成 ON:完成		Y19	快闪 ROM 系统设置请求 ON:切断中	
X1A	CH1 全局信号 ON:有输出指示	MELSEC-Q/L MELSEC 通信协议参考手册	Y1A	使用禁止	—
X1B	CH3 全局信号 ON:有输出指示		Y1B		
X1C	系统设置默认完成 ON:完成	—	Y1C	系统设置默认请求 ON:请求中	—
X1D *6	通信协议准备完成 ON:准备完成	9.4 项	Y1D	使用禁止	—
X1E *4	C24 就绪 ON:可以访问	—	Y1E		
X1F *5	看门狗定时器出错（WDT 出错） ON:模块发生异常 OFF:模块正常动作中	—	Y1F		

2. 专用指令 G. INPUT

G. INPUT 指令通过无顺序协议以用户任意的报文格式进行数据接收。可将与 LJ71C24-CM 模块连接的外围设备发送的数据接收到 PLC 程序指定的数据寄存器中。

（1）接收方法

通过无顺序协议进行任意格式数据的接收方法如图 8-19 所示。对于数据的接收方法，有用于接收可变长度报文的“通过接收结束代码进行的接收方法”以及用于接收固定长度报文的“通过接收结束数据数进行的接收方法”。对于用于数据接收的接收结束代码、接收结束数据数，可以通过 GX Works2 由用户更改为任意的设置值后进行数据接收。

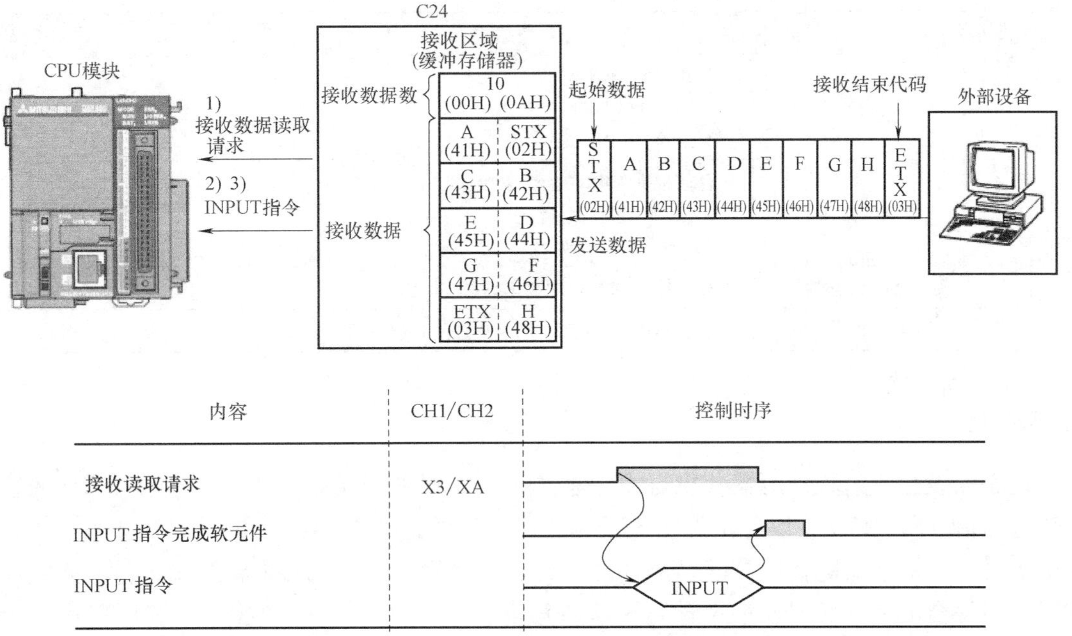

图 8-19　通过无顺序协议进行任意格式数据的接收方法

数据接收过程如下：

① 如果通过“通过接收结束代码进行接收”或“通过接收结束数据数进行接收”从外部设备进行数据接收，接收读取请求输入信号 X3（CH1）/XA（CH2）。

② 将控制数据存储到 INPUT 指令中指定的软元件中。

③ 如果执行 INPUT 指令，接收数据将从缓冲存储器的接收数据存储区域中被读取。

（2）指令详解

指令格式如图 8-20 所示，指令中各参数设置方法如表 8-5、表 8-6 所示。

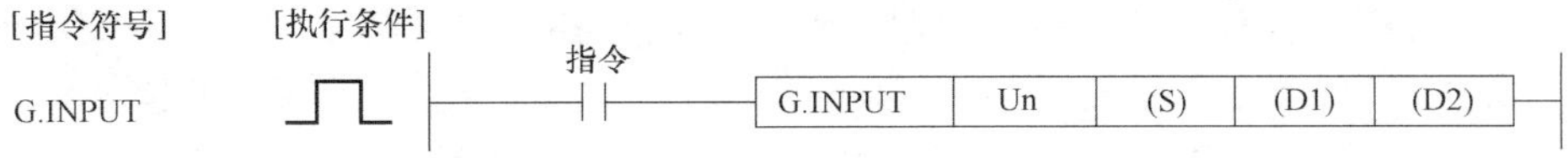

图 8-20　指令格式

注意：不能对 G. INPUT 指令进行脉冲化。应在输入、输出信号的读取请求为 ON 的状态下执行 G. INPUT 指令。

表 8-5　设置数据

设置数据	内　容	设置方	数据类型
Un	模块的起始输入、输出信号 (00 ~ FE:将输入、输出信号以 3 位表示时的高 2 位)	用户	BIN 16 位
(S)	存储控制数据的软元件的起始编号	用户、系统	软元件名
(D1)	存储接收数据的软元件的起始编号	系统	
(D2)	执行完成后置为 ON 的位软元件编号	系统	位

表 8-6　控制数据

软元件	项目	设置数据	设置范围	设置方
(S) +0	接收通道	设置接收通道 1:通道 1(CH1 侧) 2:通道 2(CH2 侧)	1、2	用户
(S) +1	接收结果	存储根据 INPUT 指令的接收结果 0:正常 0 以外:出错代码	—	系统
(S) +2	接收数据数	存储接收的数据的数据数(0 以上)	—	系统
(S) +3	接收数据允许数	设置(D1)可存储的接收数据的允许字数	1 以上	用户

【任务实施】

现有的设备有射频读写器，也有视觉系统，在这样的设备条件下，PLC 和 RFID 系统通过串行通信，将 RFID 读取的工件的电子标签数据传送到 PLC 的某个数据寄存器中，PLC 将这个数据寄存器当中的代码与已知的工件代码进行比较，命令机器人将这个工件放入相应的位置。工件全部放好后，通过视觉系统获取角度信息，并且 PLC 和视觉系统可以进行串行通信，视觉系统将角度信息传送给 PLC 的数据寄存器，PLC 将这些信息处理之后，再和机器人进行通信，机器人根据得到的信息进行角度的调整，这样就可以将所有的工件按照程序规定的位置及角度放置好。

一、读写器参数设置及操作

1. 打开端口

在打开端口之前，请将读写器与串口、天线正确连接，再接通电源。

(1) 自动打开可用端口

读写器地址等于 FF 时，为广播方式，与该串口连接的读写器均会响应。读写器地址等于其他值时，如 00，则读写器信息中地址为 00 的读写器才会响应。

单击“打开端口”按钮（见图 8-21）。若一个读写器连上计算机 COM1 ~ COM9 其中一个端口，则演示软件以指定的波特率 57600bit/s 通过连接的端口与读写器通信，此时连接的端口显示在“已打开端口”里（见图 8-22）。若未连接，则弹出信息提示窗口，显示“串口通信错误”（见图 8-23）。

(2) 打开指定端口

单击“打开端口”按钮（见图 8-24），则演示软件分别以 9600bit/s、19200bit/s、

38400bit/s、57600bit/s、115200bit/s 通过指定端口搜索读写器，打开成功时如图 8-22 所示，否则如图 8-23 所示。

图 8-21　自动打开串口

图 8-22　已打开端口

图 8-23　错误信息提示

图 8-24　打开指定窗口

（3）选择要操作的端口

当一台计算机连接多个读写器，演示软件打开多个端口时，一个端口对应一个读写器，可通过单击“已打开端口”（见图 8-22）下拉箭头进行选择，选择要操作的端口就是选择要操作的读写器。

2. 读写器参数设置

1）地址设置：设置新的读写器地址，该地址不能为 0xFF。如果设置为 0xFF，则读写器将返回出错信息。

2）功率：设置并保存读写器输出功率配置。

3）频段选择：选择读写器工作频段，不同的频段，频率范围不同。

4）最高、最低频率设置：设置读写器工作的上限频率，下限频率。对于不同地方，无线电要求规则不同。用户可以根据当地情况选择询查标签比较灵敏的频率范围。单频点操作时，只需将两频率选择为相同值。跳频操作时，只需设为不同值。

5）波特率选择：设置读写器波特率，出厂波特率为 57600bit/s。

6）询查命令最大响应时间：设置读写器的询查命令最大响应时间，即演示软件发询查命令时，没收到读写器响应，等待“10 × 100ms”仍没响应，则退出等待。

3. 工作模式参数设置

1）韦根参数设置。如图 8-25 所示，具体参数说明如下：

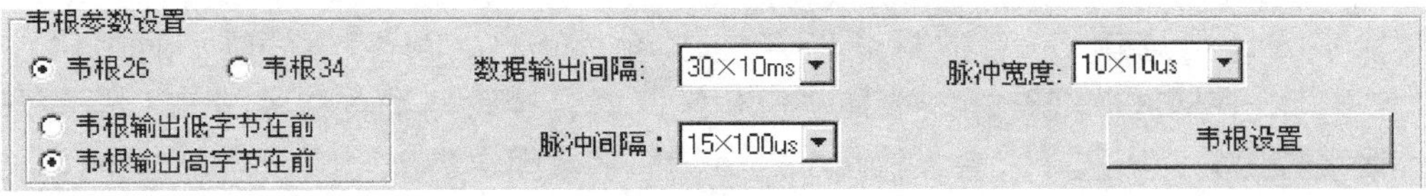

图 8-25　韦根参数设置

① 设置所用韦根数据线格式以及数据表示格式。

② 数据输出间隔：设置输出韦根数据最小间隔时间，即两组韦根数据之间至少间隔“30 × 10ms”。

③ 脉冲宽度：设置韦根脉冲宽度，即脉宽为“10 × 10” μs，脉冲宽度与韦根协议有关。

④ 脉冲间隔：设置韦根脉冲间隔时间，即脉冲间隔为“15 × 100” μs，脉冲间隔与韦根协议有关。脉冲周期为脉冲宽度 + 脉冲间隔。

2）工作模式设置。工作模式设置如图 8-26 所示。

注意：应答模式下此组参数无效，只有在主动模式和触发模式下才有效。

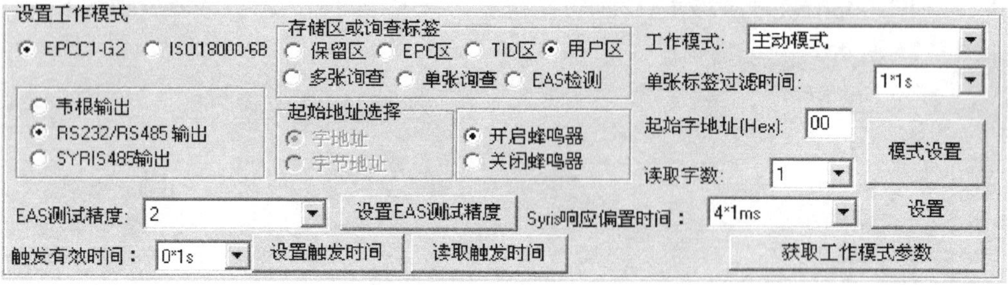

图 8-26　工作模式设置

① 通信协议选择：设置主动模式下读写器所支持的协议。选择“EPCC1-G2”，读写器将只能对支持 ISO18000-6C 协议的标签操作；选择“ISO18000-6B”，读写器将只能对支持 ISO18000-6B 协议的标签操作。

② 读写输出方式选择：设置主动模式下读写器输出方式。当选择“RS232/RS485 输出”时，读写器将所读取的数据通过 RS-232/RS-485 输出。单击“获取”按钮，即可从左侧的显示栏中看到读写器所返回的数据。

③ 开闭蜂鸣器：设置主动模式下读写器读到数据时是否有蜂鸣器提示音。

④ 存储区或询查标签：只有选择“EPCC1-G2”时，即选定读写器支持 ISO18000-6C 协议时，才能对此进行操作。设置读写器所要读取哪个区的数据标签或询查多标签的 EPC 号。如果要读取的数据区有密码保护则无法读取。

⑤ 起始地址和读取字数设置：设定读取的起始地址和所要读取的字数。

起始地址（十六进制）：当选择“EPCC1-G2”时，即选定读写器支持 ISO18000-6C 协议时，0 表示从第一个字（相应存储区第一个 16 位）开始读，1 表示从第 2 个字开始读，依次类推；当选择“ISO18000-6B”时，即选定读写器支持 ISO18000-6B 协议时，0 表示从第一个字节（相应存储区第一个 8 位）开始读，1 表示从第 2 个字节开始读，依次类推。如果“起始地址 + 读取字数”大于标签相应存储区所能读取数据的地址，读写器将无法读到数据。

读取字数（十进制）：当读写输出方式选择“RS232/RS485 输出”，通信协议选择“EPCC1-G2”，存储区或询查标签选择“EPC 区”时，读写器询查标签的 EPC 号与起始地址和读取字数无关；当选择“韦根输出”时，读取字数固定为 2，不能设置，此时如果“起始地址 +2”大于标签相应存储区所能读取数据的地址，读写器将无法读到数据。

⑥ 起始地址选择：设定读取的起始地址方式“字”或“字节”。

3）获取工作模式参数：单击此按钮，可获取读写器的韦根参数和工作模式参数。

4）EAS 测试精度：设置 EAS 测试精度，默认为 8。

5）Syris 响应偏置时间：设置 Syris 响应偏置时间，默认为 0。

6）触发有效时间：设置或读取触发模式下的有效时间。

二、EPCC1-G2 Test 界面操作

首先打开端口，再进行标签询查。

1. 询查标签

1）询查标签间隔时间设为每隔 50ms 发一次询查命令。

2）单击“询查标签”，结果如图 8-27 所示。

序号	EPC号	EPC长度	次数
1	AE534012580A04E0	08	21

图 8-27　询查标签

3）勾选“TID 询查”，输入询查 TID 的起始地址（00）及字数（03），单击“询查标签”，结果如图 8-28 所示。

序号	EPC号	EPC长度	次数
1	E20034120130	06	83

图 8-28　TID 询查标签结果

2. 读/写数据、块擦除

界面如图 8-29 所示。

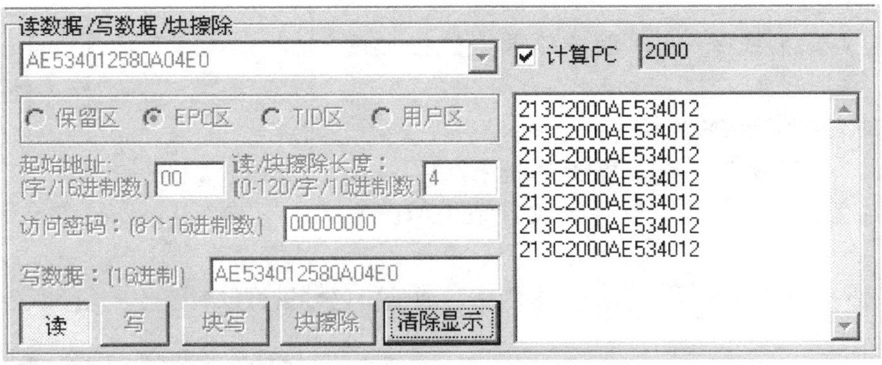

图 8-29　读数据/写数据/块擦除界面

读数据操作流程如下：

1）单击读数据/写数据/块擦除下拉箭头选择询查的标签。

2）选择用户区。

3）填写起始地址等信息。起始地址为“0x00”，读长度设为“4”，访问密码设为“00000000”。

读长度不能为 0x00，不能超过 120，即最多读取 120 个字。若设置为 0 或者超过了 120，将返回参数出错的消息。访问密码从左到右为从高位到低位，2 字的访问密码的最高位在第一字，如果电子标签没有设置访问密码，则访问密码部分可以为任意值，但不能缺失。

4）单击“读”按钮，在左下角看到“读数据”执行成功，具体数据如图 8-30 所示。

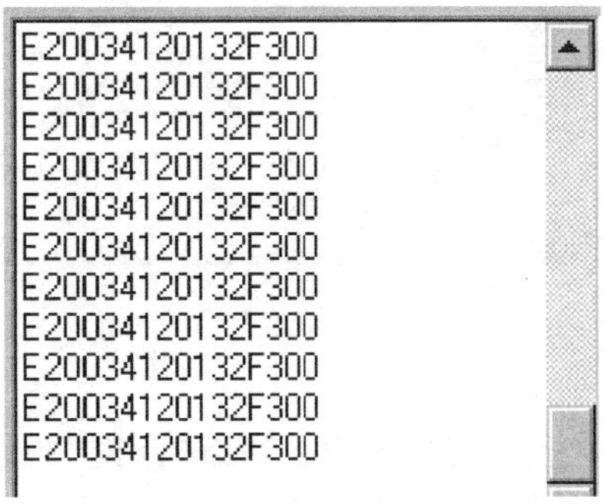

图 8-30　读取的电子标签数据

3. 写数据操作流程

1）单击读数据/写数据/块擦除下拉箭头选择询查的标签。

2）选择用户区。

3）填写起始地址等信息。起始地址为“0x00”（EPC区起始地址为0x02），读长度设为“4”，访问密码设为“00000000”，在“写数据：（16进制）”文本框中填入数据“0000”。

4）单击“写”按钮，在左下角可以看到写数据的状态信息。

4. 块擦除操作流程

1）单击读数据/写数据/块擦除下拉箭头选择询查的标签。

2）选择用户区。

3）填写起始地址等信息。起始地址为“0x00”（EPC区起始地址为0x02），读长度设为“4”，访问密码设为“00000000”。

擦除长度表示要擦除的字的个数。不能为0x00，若设置为0，将返回参数出错的消息。

4）单击“块擦除”按钮，在左下角可以看到擦除操作的状态信息。

三、PLC与视觉系统及RFID系统的数据传送

1. 设备连接

PLC与视觉系统及RFID系统的数据连接如图8-31所示。

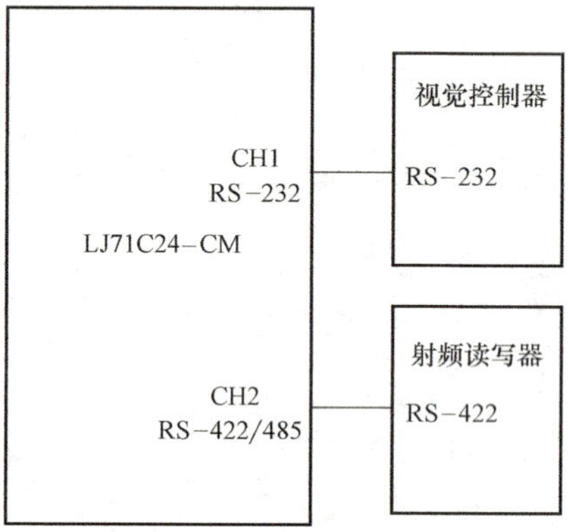

图8-31　设备连接示意图

2. 添加LJ71C24-CM模块

1）按“工程窗口”→“智能功能模块”→右击→“添加新模块”操作，选择及设置结果如图8-32所示。

2）按图8-33对与外部设备的传送规格、通信协议等进行设置。

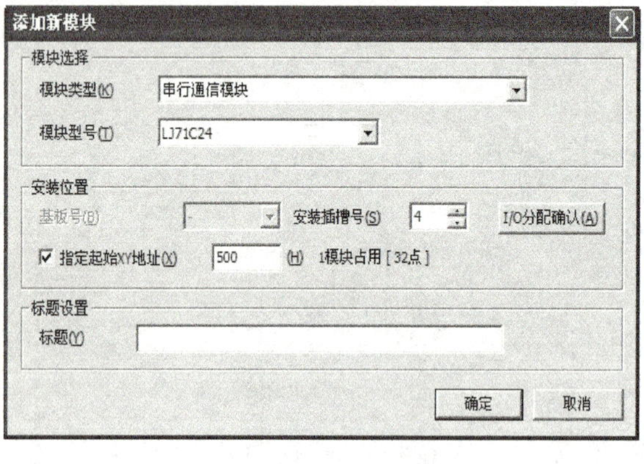

图8-32　添加新模块

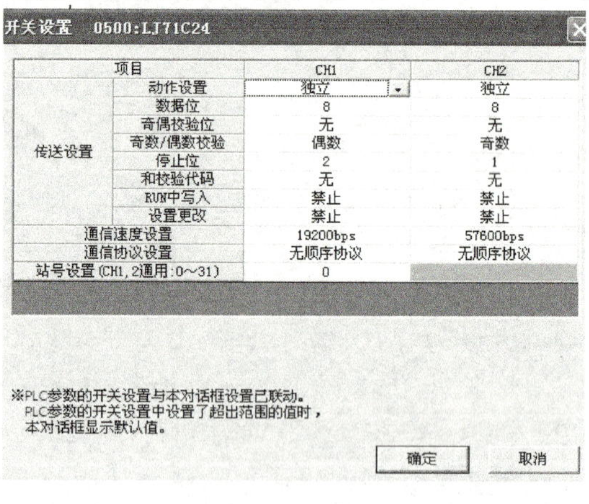

图8-33　开关设置

3）按图8-34所示进行控制指定设置。

4）设置完成后，在参数设置下的I/O分配设置中可以看到LJ71C24已经自动添加到列表中了（见图8-35）。

5）写入快闪ROM：按在线→PLC写入→CPU模块→参数+程序→智能功能模块→启用→执行的步骤进行操作（见图8-36）。

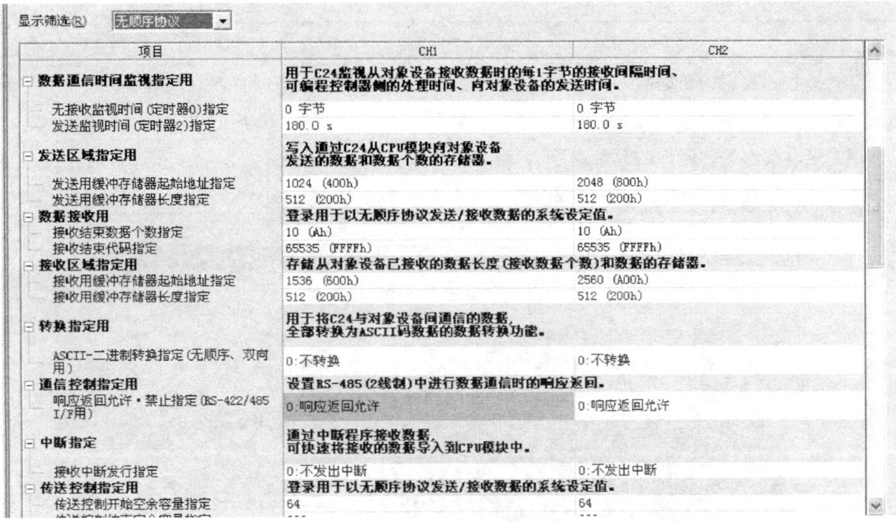

图 8-34 控制指定

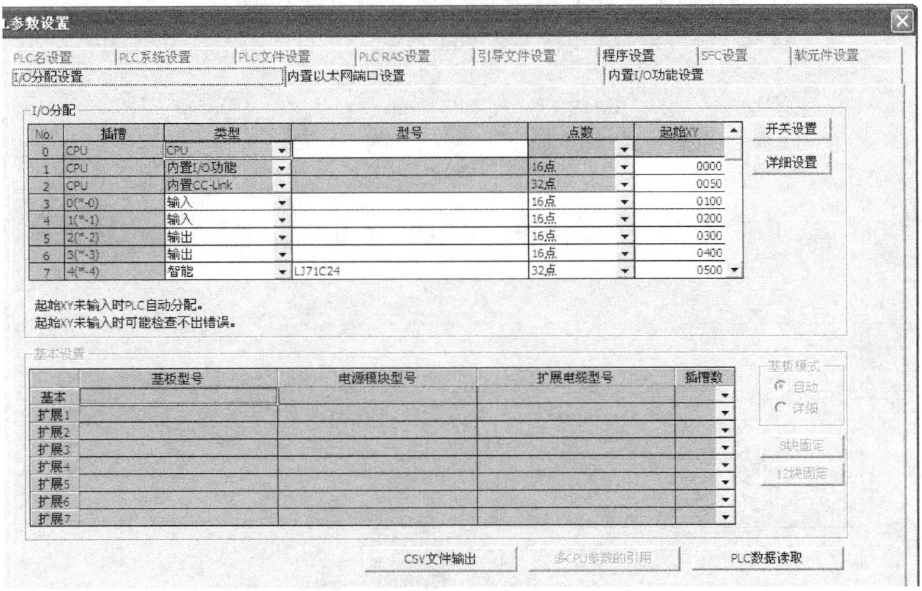

图 8-35 完成后 I/O 分配设置中的显示

3. RFID 与 PLC 的数据传送

按表 8-7 进行软元件的选择及设置，程序如图 8-37 所示。

表 8-7 软元件的选择及设置

软元件	项 目	设 置 数 据
U50	模块的起始输入、输出信号(LJ71C24-CM)	50(以 3 位表示时的高 2 位，LJ71C24 起始 XY 已设置为 500，见图 8-35)
D100	设置接收通道(存储控制数据的软元件的起始编号)	2:通道 2(CH2 侧)
D101	接收结果	D101 =0 将接收结果清零

（续）

软元件	项　　目	设置数据
D102	存储接收的数据的数据数	D102 =0 将接收数据数清零
D103	设置可存储的接收数据的允许字数	D103 =10 指定接收数据允许字数
D110	存储接收数据的软元件的起始编号	
M20	执行完成后置为 ON 的位软元件编号	

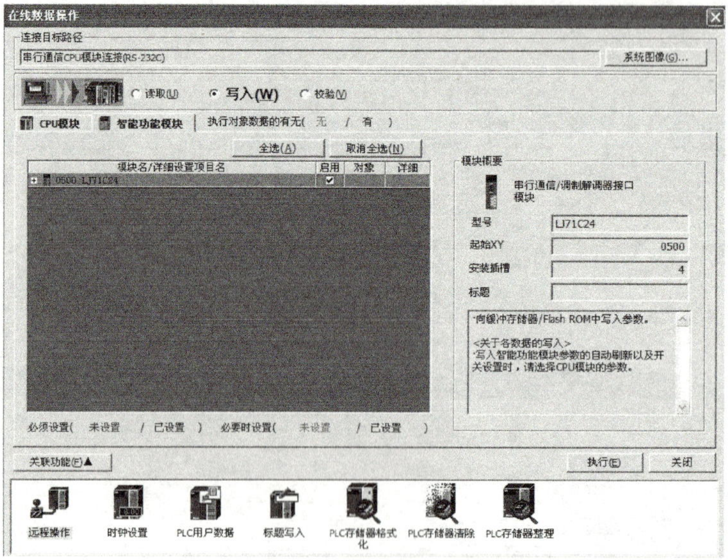

图 8-36　写入快闪 ROM

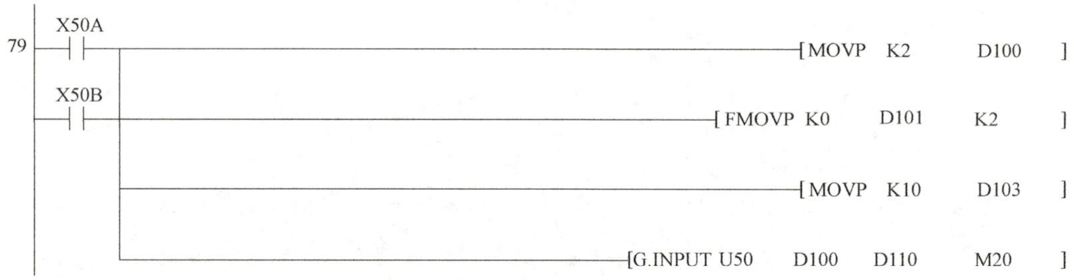

图 8-37　梯形图

注：X50A（CH2 侧）：接收读取请求将变为 ON；X50B（CH2 侧）：接收异常检测。（LJ71C24 起始 XY 已设置为 0500，若起始 XY 设置为 0000，则这两个信号分别是 XA 和 XB）

4. 视觉系统与 PLC 的数据传送

按表 8-8 进行软元件的选择及设置，程序如图 8-38 所示。

表 8-8　软元件的选择及设置

软元件	项　　目	设置数据
U50	模块的起始输入、输出信号（LJ71C24-CM）	50（以 3 位表示时的高 2 位，LJ71C24 起始 XY 已设置为 500，见图 8-35）
D0	设置接收通道（存储控制数据的软元件的起始编号）	1：通道 1（CH1 侧）
D1	接收结果	D1 =0 将接收结果清零
D2	存储接收的数据的数据数	D2 =0 将接收数据数清零

（续）

软元件	项　　目	设 置 数 据
D3	设置可存储的接收数据的允许字数	D3 = 10 指定接收数据允许字数
D10	存储接收数据的软元件的起始编号	
M0	执行完成后置为 ON 的位软元件编号	

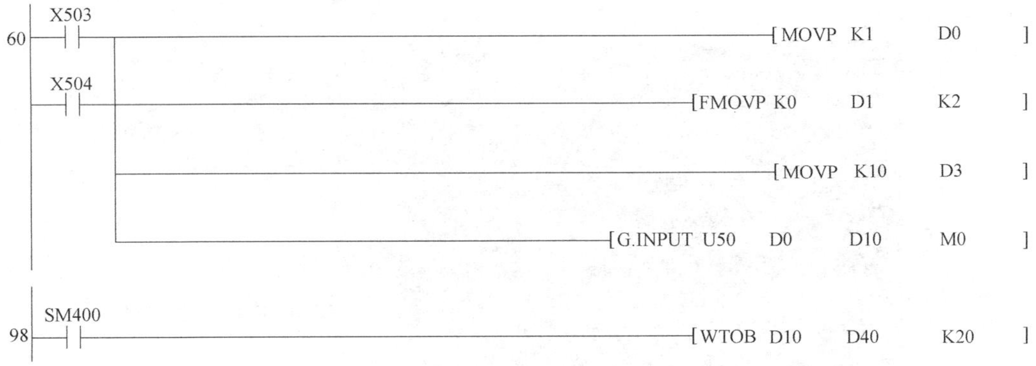

图 8-38　梯形图

注：X503（CH1 侧）：接收读取请求将变为 ON；X504（CH1 侧）：接收异常检测。（这里 LJ71C24 起始 XY 已设置为 0500，若起始 XY 设置为 0000，则这两个信号分别是 X3 和 X4）

四、工件的角度识别

1. 追加界面

在主界面单击“流程编辑”，进入流程编辑界面。在流程编辑界面的右侧从处理项目树中选择要添加的处理项目。选中要处理的项目后，单击“追加（最下部分）”，添加“形状搜索Ⅱ”，将处理项目添加到单元列表中（见图 8-39）。

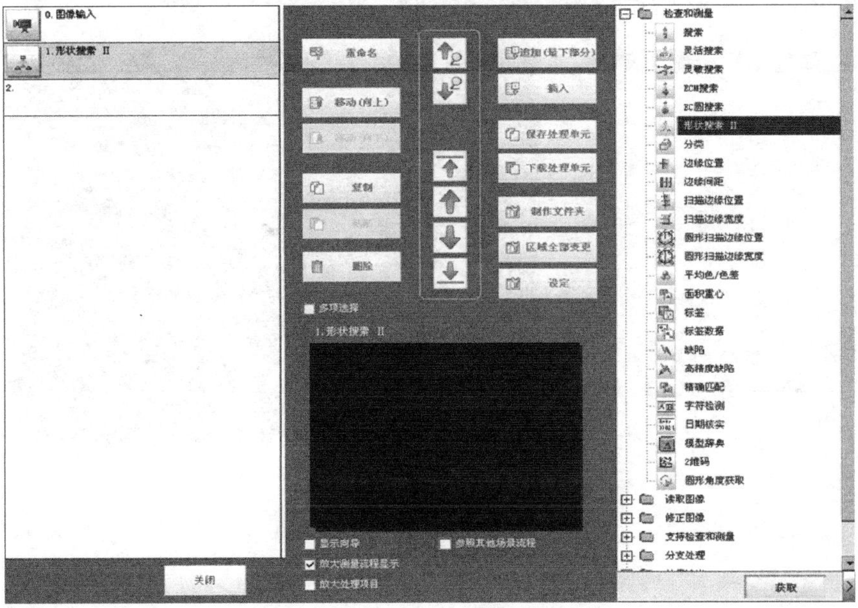

图 8-39　追加界面

2. 输入图像

单击“图像输入”，进入“图像输入”界面，镜头对准工件后，单击“确定”按钮，则图像获取完毕（见图8-40）。

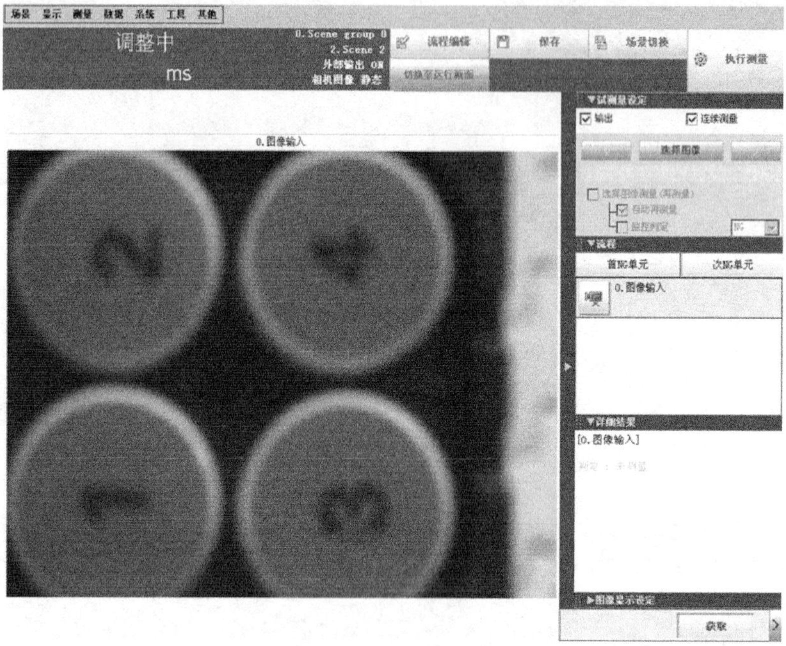

图8-40　图像输入

3. 模型登录

单击“1. 形状搜索Ⅱ”，进行模型登录，单击左边图形图标，在右边显示界面会出现一个圆圈，移动圆圈把数字圈在中间，设置测量区域（见图8-41），然后勾选“保存模型

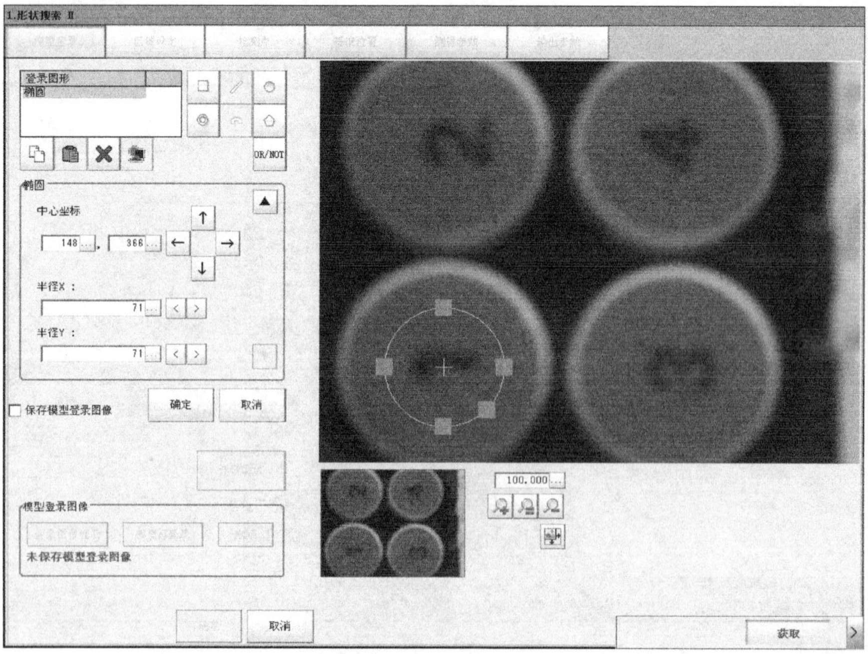

图8-41　1号工件模型登录

登录图像”复选框，单击“确定”按钮，即 1 号工件模型登录成功（见图 8-42）。之后将其他的工件依次全部登录。

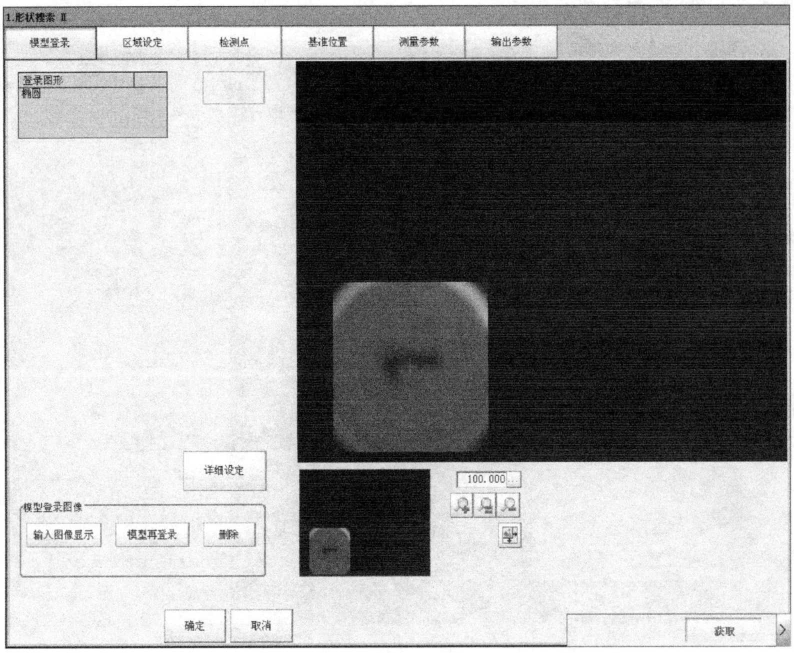

图 8-42　1 号工件模型登录成功

4. 测量参数设置

进行测量参数的设置，如图 8-43 所示。

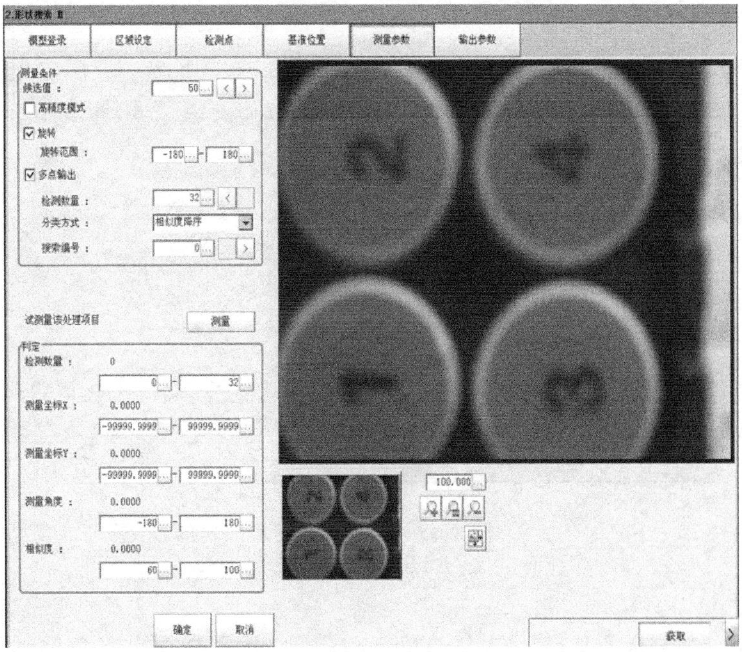

图 8-43　测量参数的设置

5. 追加“串行数据输出”

如图 8-44 所示，单击“添加串行数据输出”，然后输入表达式（见图 8-45）。接下来进行输出格式设定，如图 8-46 所示。

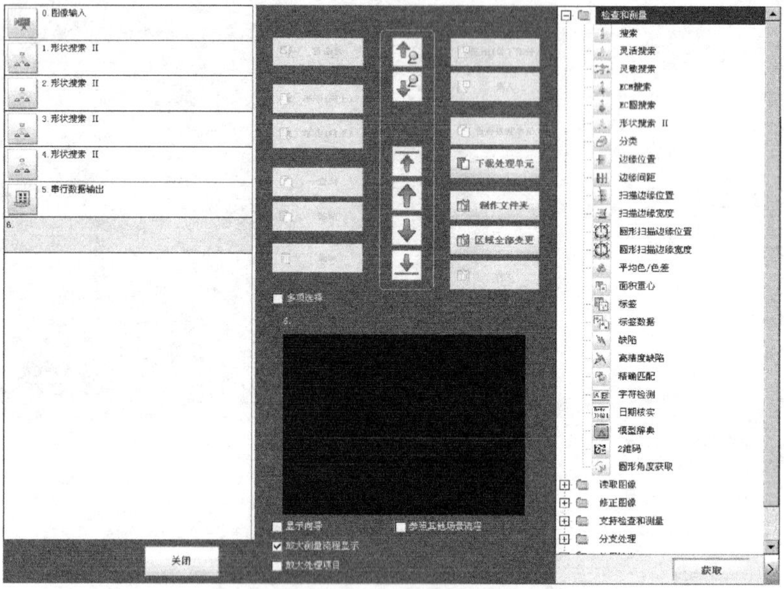

图 8-44　追加“串行数据输出”

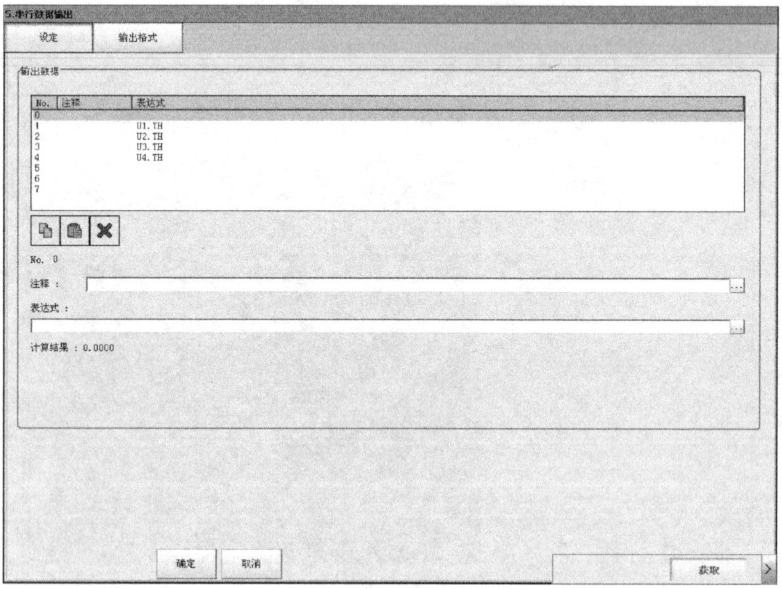

图 8-45　表达式的设定

6. 图像测量

返回主界面，镜头对准工件，单击“执行测量”，此时会在右下角对话框显示测量信息（见图 8-47）。

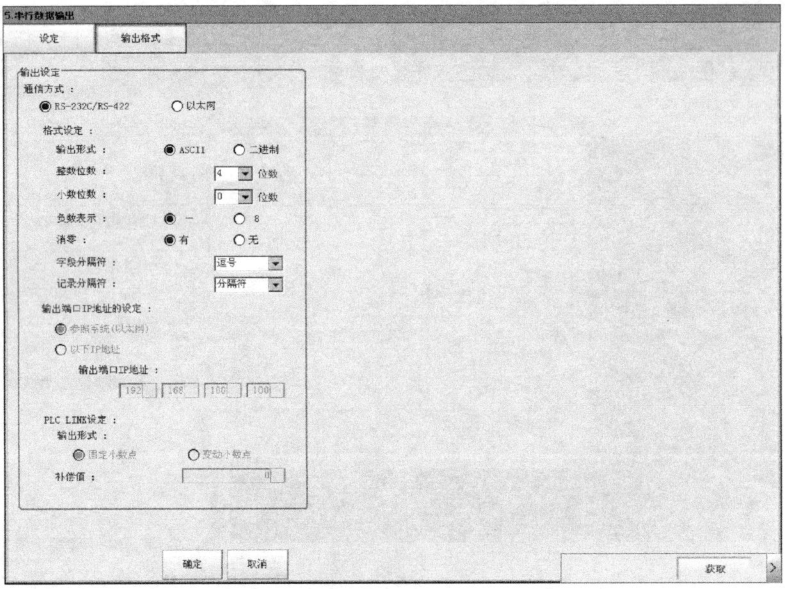

图 8-46　输出格式的设定

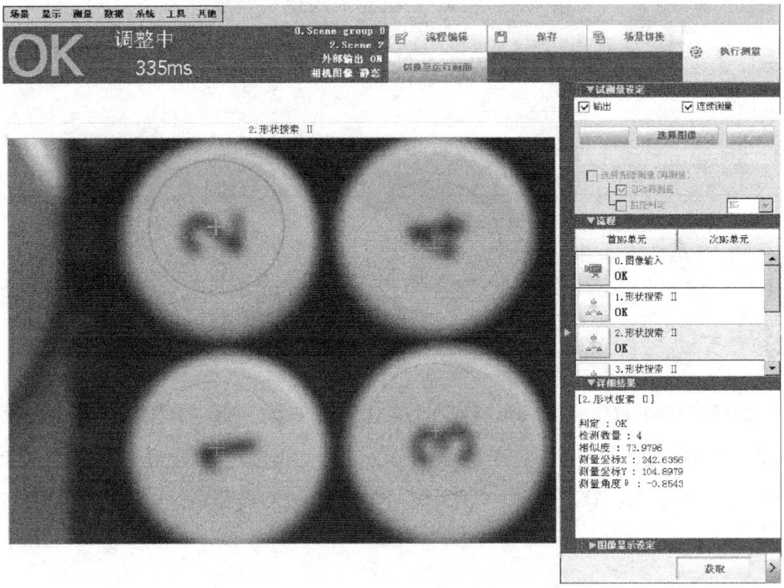

图 8-47　测量结果

7. 保存文件

选择“数据”→“保存文件”选项，在弹出的对话框中设置保存的位置，确定即可（见图 8-48）。

五、角度调整

1. PLC 与机器人的端子连接

PLC 将得到的角度信息进行处理后，通过输出端子和机器人的输入端子进行连接（见表 8-9），将处理好的调整信息传给机器人。

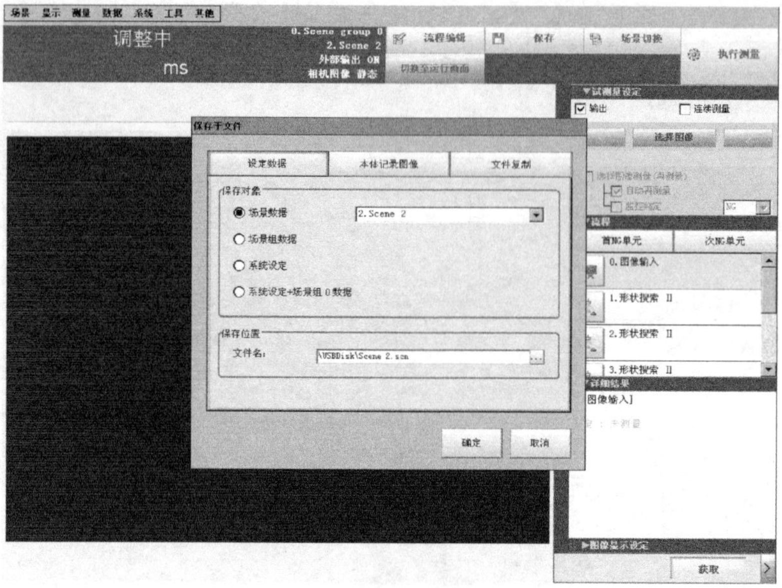

图 8-48 保存界面

表 8-9 PLC 与机器人的端子连接

PLC	机器人	PLC	机器人
Y306	DI10_4	Y400	DI10_14
Y30E	DI10_12	Y401	DI10_15
Y30F	DI10_13	Y402	DI10_16

2. 机器人角度调整

以对工位 1 的 1 号工件进行角度调整为例，可通过 DI10_ 4 、DI10_ 12、DI10_ 13、DI10_ 14 、DI10_ 15 及 DI10_ 16 的不同组合，对应不用的调整角度。

示例语句：

IF DI10_ 4 =0 AND DI10_ 12 =1 AND DI10_ 13 =0 AND DI10_ 14 =0 AND DI10_ 15 = 0 AND DI10_ 16 =0 THEN

MovL RelTool（P35，0，0，－10 \ RZ = －12），V50，fine，tool0;

ELSEIF......

【拓展练习】

智能视觉及立体仓库综合调试，其控制要求如下：

一、启动

“运行指示灯”闪烁时，按下“启动”键，执行以下任务（可同时进行）：

1）工件盒料库检测到有工件盒，出料台检测到是空位，工件盒推料气缸向外推出一个工件盒。

2）工件盖料库检测到有工件盖，出料台检测到是空位，工件盖推料气缸向外推出一个工件盖。

3）机器人从初始位置运行到等待位置。

二、取件搬运

1）机器人运行到工件盒出料台，接着将出料台上的工件盒搬到3号装配台上（应先横向搬到1号装配台上过渡），机器人回到工件盒出料台准备抓取下一个工件盒；工件盒料库检测到有工件盒，工件盒推料气缸向外推出下一个工件盒。

2）机器人运行到工件盒出料台，接着将出料台上的工件盒搬到2号装配台上（应先横向搬到1号装配台上过渡），机器人回到工件盒出料台准备抓取下一个工件盒；工件盒料库检测到有工件盒，工件盒推料气缸向外推出下一个工件盒。

3）机器人运行到工件盒出料台上方，接着将出料台上的工件盒搬到1号装配台上。

4）机器人运行到工具换装装置处装上吸盘工装，并运行到工件跟踪吸取等待位置。

三、跟踪取件

1）工件料库检测到有工件后，四个工件料库分时各自推出工件，同时环形输送带、直线输送带开始运行；推出的工件由环形输送带向前传送，到达RFID检测单元进行检测。

2）PLC主控制器对RFID读写器进行操作，读出工件内标签信息，控制机器人进行分拣。具体分拣操作如下：工件到达直线输送带后，且跟踪传感器触发，机器人将进行跟踪吸取工件的操作，并将工件搬运到装配等待位置，根据工件的信息，将工件装入到对应装配台上工件盒的相应位置，之后机器人回到跟踪吸取等待位置。

3）被分时推出的下一个工件此时到达RFID检测单元进行检测，机器人进行重复分拣操作，直到三个工件盒全部装配完成。

4）三个工件盒全部装配完成后，机器人运行到工具换装装置处装上视觉工装。

四、图像识别

1）机器人先运行到1号装配台上方，然后视觉相机从上往下对每一个工件盒（3个）进行拍照；同时视觉处理器进行分析（角度比对），并将检测结果输出给机器人。

2）三个工件盒全部检测完成后，机器人运行到工具换装装置处放回视觉工装。

3）机器人运行到工具换装装置处装上吸盘工装，逐个调整工件的角度（12个）。

4）工件调整以后，机器人运行到工具换装装置处放回吸盘工装，装上视觉工装再次检测工件角度，当工件全部合格后执行第5）步，否则跳回第3）步。

5）工件被判断全部合格以后，机器人运行到工具换装装置处放回视觉工装。

6）机器人夹取工件盖到工件盒上，使其组成一个生产组合体。机器人先检测仓库位置是否为空，如果不为空，则停止，直到该仓库位被清空，机器人将成品搬运到仓库空位置。

工作流程内仓库位置优先级别为：1 >2 >3 >4 > … >9，仓库位置分布如图8-49所示。

9	8	7
6	5	4
3	2	1

图8-49 仓库位置示意图

7）全部成品入库完成后，机器人运行到初始位置。

附　录

附录 A　常用 RAPID 程序指令

表 A-1　程序控制

指　　令	功 能 说 明
ProCall	调用例行程序
CallByVar	通过带变量的例行程序名称调用例行程序
RETURN	返回原例行程序
Compact IF	如果满足给定的条件,将执行一个单一程序段
IF	满足不同的条件,执行对应的多个不同的程序段
FOR	指定次数的循环
WHILE	满足条件的情况下,无限次执行的循环
TEST……CASE	根据变量的值的不同,执行不同的程序段
GOTO	跳转至程序内相应标签处
Label	标签
Stop	停止程序执行
EXIT	终止并退出程序
Break	跳出程序执行
SystemStopAction	停止程序执行与机器人运动

表 A-2　变量与信号

指　　令	功 能 说 明
: =	赋值
WaitTime	延时等待指定的时间
WaitUntil	等待条件满足
WaitDI	等待输入信号满足要求
WaitDO	等待输出信号满足要求
Comment	注释
Load	从机器人硬盘加载程序模块至内存
UnLoad	卸载一个内存中运行的程序模块

（续）

指　令	功能说明
Start Load	在程序执行过程中,加载一个程序模块至内存
Wait Load	当 Start Load 使用后,使用此指令将程序模块连接到任务中使用
Cancel Load	取消程序模块的加载
CheckProgRef	检测程序引用
Save	保存程序模块
EraseModule	从运行内存删除程序模块
TryInt	判断数据是否有效的整数
OpMode	读取当前机器人的操作模式
RunMode	读取当前机器人程序的运行模式
NonMotionMode	读取程序任务当前是否无运动的执行模块
Dim	获取一个数组的维度
Present	读取带参数的例行程序的可选参数值
IsPers	判断参数是否是可变量
IsVar	判断参数是否是变量
StrToByte	将字符串转换为指定格式的字节数据
ByteToStr	将字节数据转换为字符串

表 A-3　运动设定

指　令	功能说明
MaxRobSpeed	获取当前型号机器人可实现的最大 TCP 速度
VelSet	设定最大速度与倍率
AccSet	定义机器人的加速度
SpeedRefresh	更新当前运动的速度倍率
WorldAccLim	设定大地坐标系中工具与载荷的加速度
PathAccLim	设定运动路径中 TCP 的加速度
ConfL	线性运动的轴配置控制
ConfJ	关节运动的轴配置控制
SingArea	设定机器人运动时,在奇异点的插补方式
PDispOn	激活位置偏置
PdispSet	激活指定数值的位置偏置
PdispOff	关闭位置偏置
EOffsOn	激活外轴位置偏置
EOffsSet	激活指定数值的外轴位置偏置
EOffsOff	关闭外轴位置偏置
DefDFrame	通过 3 个位置数据计算出位置的偏置
DefFrame	通过 6 个位置数据计算出位置的偏置
ORobT	从一个位置数据删除位置偏置

（续）

指　　令	功 能 说 明
DefAccFrame	从原始位置和替换位置定义一个框架
SoftAct	激活一个或多个轴的软伺服功能
SoftDeact	关闭软伺服功能
TuneServo	伺服调整
TuneReset	伺服调整复位
PathResol	几何路径精度调整
CirParthMode	在圆弧插补运动时，工具姿态的变换方式
WZBoxDef	定义一个方形的监控空间
WZCylDef	定义一个圆柱形的监控空间
WZSphDef	定义一个球形的监控空间
WZHomeJointDef	定义一个关节轴坐标的监控空间
JointDef	定义一个限定为不可进入的关节轴坐标监控空间
WZLimSup	激活一个监控空间并限定为不可进入
WZDOSet	激活一个监控空间并与一个输出信号关联
WZEnable	激活一个临时的监控空间
WZFree	关闭一个临时的监控空间

表 A-4　运动控制

指　　令	功 能 说 明
MoveC	TCP 圆弧运动
MoveL	TCP 线性运动
MoveJ	关节运动
MoveAbsJ	轴绝对角度位置运动
MoveExtJ	外部直线轴与旋转轴运动
MoveCDO	TCP 圆弧运动的同时触发一个输出信号
MoveLDO	TCP 线性运动的同时触发一个输出信号
MoveJDO	关节运动的同时触发一个输出信号
MoveCSync	TCP 圆弧运动的同时执行一个例行程序
MoveLSync	TCP 线性运动的同时执行一个例行程序
MoveJSync	关节运动的同时执行一个例行程序
SearchC	TCP 圆弧搜索运动
SearchL	TCP 线性搜索运动
SearchExtJ	外轴搜索运动
TriggIO	定义触发条件在一个指定的位置触发输出信号
TriggInt	定义触发条件在一个指定的位置触发中断信号
TriggCheckIO	对一个指定的位置进行 I/O 状态的检查
TriggEquip	在一个指定的位置触发输出信号，并对信号响应延迟进行补偿设定

（续）

指　令	功能说明
TriggRampAO	在一个指定的位置触发模拟输出信号，并对信号响应延迟进行补偿设定
TriggC	带触发事件的圆弧运动
TriggL	带触发事件的线性运动
TriggJ	带触发事件的关节运动
TriggLIOs	在一个指定的位置触发输出信号的线性运动
StepBwdPath	在 RESTART 的事件程序中进行路径的返回
TriggStopProc	在系统中创建一个监控处理，用于在 STOP 和 QSTOP 中需要信号复位和程序数据复位的操作
TriggSpeed	定义模拟输出信号与实际 TCP 速度之间的配合
StopMove	停止机器人运动
StartMove	重新启动机器人运动
StartMoveRetry	重新启动机器人运动及相关参数设定
StartMoveReset	复位已停止的运动状态，但不重新启动机器人运动
StorePath	存储已生成的最近路径
RestoPath	重新生成之前存储的路径
ClearPath	清空当前路径级别中的整个运动路径
PathLevel	获取当前路径级别
SyncMoveSuspend	在 StorePath 的路径级别中暂停同步坐标运动
SyncMoveResume	在 StorePath 的路径级别中重返同步坐标运动
ActUnit	激活一个外轴单元
DeactUnit	关闭一个外轴单元
MechUnitLoad	定义外轴单元的有效载荷
GetNextMechUnit	检索外轴单元在机器人系统中的名字
IsMechUnitActive	检查一个外轴单元状态是关闭还是激活
IndAMove	将一个轴设定为独立轴模式并进行绝对位置方式运动
IndCMove	将一个轴设定为独立轴模式并进行连续方式运动
IndDMove	将一个轴设定为独立轴模式并进行角度方式运动
IndRMove	将一个轴设定为独立轴模式并进行相对位置方式运动
IndReset	取消独立轴模式
IndInpos	检查独立轴是否已达到指定位置
IndSpeed	检查独立轴是否已达到指定速度
CorrCon	连接到一个路径修正生成器
Corr Write	将路径坐标系统中的修正值写到修正生成器
CorrDiscon	断开一个已连接的路径修正生成器
CorrClear	取消所有已连接的路径修正生成器
CorrRead	读取所有已连接的路径修正生成器的总修正值
PathRecStart	开始记录机器人路径
PathRecStop	停止记录机器人路径

（续）

指 令	功 能 说 明
PathRecMoveBwd	机器人根据记录的路径做后退运动
PathRecMoveFwd	机器人根据记录的路径做前进运动，运动到之前执行 PathRecMoveBwd 指令时的位置处
PathRecValidBwd	检查是否已激活路径记录及是否有可后退的路径
PathRecValidFwd	检查是否有可向前的记录路径
WaitWObj	等待输送链上的工件坐标
DropWObj	放弃输送链上的工件坐标
WaitSensor	将一个在开始窗口的对象与传感器设备关联起来
SyncToSensor	开始/停止机器人与传感器设备的运动同步
DropSensor	断开当前对象的连接
MotionSup	激活/关闭运动监控
LoadID	加载一个工具或有效载荷的识别符
ManLoadID	加载外轴有效载荷的识别符
Offs	机器人位置偏移
RelTool	工具位置和姿态偏移
CalcRobT	从 jointtarget（关节位置数据）计算出 robtarget（机器人位置数据）
CPos	读取机器人当前的三维坐标 X、Y、Z
CRobT	读取机器人当前的位置数据
CJointT	读取机器人当前关节位置数据
ReadMotor	读取轴电动机当前的角度
CTool	读取工具坐标当前的数据
CWObj	读取工件坐标当前的数据
MirPos	镜像一个位置
CalcJointT	从 robtarget（关节位置数据）计算出 jointtarget（机器人位置数据）
Distance	计算两个位置的距离
PFRestart	检查因电源关闭而中断时的当前路径
CSpeedOverride	读取当前使用的速度倍率

表 A-5　输入/输出信号处理

指 令	功 能 说 明
InvertDO	对一个数字输出信号取反
PulseDO	数字输出信号采用脉冲输出
Reset	将数字输出信号置 0
Set	将数字输出信号置 1
SetAO	设定模拟输出信号的值
SetDO	设定数字输出信号的值
SetGO	设定组输出信号的值
AOutput	读取模拟输出信号的当前值

（续）

指　令	功能说明
DOutput	读取数字输出信号的当前值
Goutput	读取组输出信号的当前值
TestDI	检查一个数字输入信号是否已置 1
ValidIO	检查 I/O 信号是否有效
WaitDI	等待一个数字输入信号的指定状态
WaitDO	等待一个数字输出信号的指定状态
WaitGI	等待一个组输入信号的指定值
WaitGO	等待一个组输出信号的指定值
WaitAI	等待一个模拟输入信号的指定值
WaitAO	等待一个模拟输出信号的指定值
IODisable	关闭一个 I/O 模块
IOEnable	开启一个 I/O 模块

表 A-6　通信功能

指　令	功能说明
TPErase	清屏
TPWrite	在示教器操作界面写信息
ErrWrite	在示教器事件日记中写报警信息并储存
TPReadFK	互动的功能键操作
TPReadNum	互动的数字键盘操作
TPShow	通过 RAPID 程序打开指定的窗口
Open	打开串口
Write	对串口进行写文本操作
Close	关闭串口
WriteBin	写一个二进制数的操作
WriteAnyBin	写任意二进制数的操作
WriteStrBin	写字符的操作
Rewind	设定文件开始的位置
ClearIOBuff	清空串口的输入缓冲
ReadAnyBin	从串口读取任意的二进制数
ReadNum	读取数字量
ReadStr	读取字符串
ReadBin	从二进制串口读取数据
ReadStrBin	从二进制串口读取字符串
SocketCreate	创建新的 Socket
SocketConnect	连接远程计算机
Socketsend	发送数据到远程计算机

（续）

指　　令	功能说明
SocketReceive	从远程计算机接收数据
SocketClose	关闭 Socket
SocketGetStatus	获取当前 Socket 状态

表 A-7　中断设定与控制

指　　令	功能说明
CONNECT	连接一个中断符号到中断程序
ISignalDI	使用一个数字输入信号触发中断
ISignalDO	使用一个数字输出信号触发中断
ISignalGI	使用一个组输入信号触发中断
ISignalGO	使用一个组输出信号触发中断
ISignalAI	使用一个模拟输入信号触发中断
ISignalAO	使用一个模拟输出信号触发中断
ITimer	计时中断
TriggInt	在一个指定的位置触发中断
IPers	使用一个可变量触发中断
IError	当一个错误发生时触发中断
IDelete	取消中断
ISleep	关闭一个中断
IWatch	激活一个中断
IDisable	关闭所有中断
IEnable	激活所有中断

表 A-8　系统相关的指令

指　　令	功能说明
ClkReset	计时器复位
C1kStart	计时器开始计时
ClkStop	计时器停止计时
ClkRead	读取计时器数值
CDate	读取当前日期
CTime	读取当前时间
GetTime	以数值格式读取当前时间

表 A-9　数学运算

指　　令	功能说明
Clear	清空数值
Add	加或减操作
Incr	加 1 操作

（续）

指　　令	功能说明
Decr	减1操作
Abs	取绝对值
Round	四舍五入
Trunc	舍位操作
Sqrt	计算平方根
Exp	计算指数值 e^x
Pow	计算指数值
ACos	计算反余弦值
ASin	计算反正弦值
ATan	计算反正切值[-90,90]
ATan2	计算反正切值[-180,180]
Cos	计算余弦值
Sin	计算正弦值
Tan	计算正切值
EulerZYX	从姿态计算欧拉角
OrientZYX	从欧拉角计算姿态

表 A-10　数据类型、结构及存储类型声明

指　　令	功能说明
CONST	定义数据存储类型为常量，在定义时已赋予了数值，并不能在程序中进行修改，除非手动修改
VAR	定义数据存储类型为变量，在程序执行的过程中和停止时，会保持当前的值。但如果程序指针被移到主程序后，数值会丢失
TASK	定义数据的作用范围为任务全局
LOCAL	定义数据的作用范围为本地全局
PERS	定义数据存储类型为可变量，无论程序的指针如何，都会保持最后赋予的值
num	数值数据
byte	整数数据，取值范围为0~255
bool	布尔量，取值只能为TRUE或FALSE
Intnum	中断标志符
string	字符串数据
clock	计时数据
dionum	数字输入/输出信号
pos	位置数据（只有X、Y和Z），表示一个位置的坐标
pose	位姿数据，表示机器人的位置和姿态，为复合数据类型，包括位置数据pos（或trans）和姿态数据orient（或rot）
robtarget	机器人运动目标位置数据，复合数据类型，包括pos（或trans）、orient（或rot）、confdata（或robconf）、extjoint（或extax）。其中，pos表示目标位置坐标，orient表示工具的目标姿态，confdata指定参数配置，extjoint指定附加轴的位置，最多可达6个
loaddata	载荷数据

（续）

指　令	功能说明
tooldata	机器人工具数据 TCP，包含[robhold]，[tflame]，[tload]项。[robhold]-数据类型 bool，表示机器人是否携带工具；[tflame]-姿态，数据类型为 pose，工具坐标系系统；[tload]-工具的负载，数据类为 loaddata，包括工具重量(kg)、TCP 在手腕坐标系中的坐标等。默认 tool0 为不使用工具
wobjdata	工件数据，包含[robhold]，[ufprog]，[ufmec]，[uffame]，[offame]四项。[ufprog]-数据类型 bool，是否使用固定的用户坐标系；[ufmec]-数据类型 string，当[ufprog] = false 时使用；[uflame]-数据类型 pose，当前工作夹具的位置；[oflame]-数据类型 pose，当前工作对象的位置
speeddata	机器人运动速度数据，四元数[q1，q2，q3，q4]，q1 表示 TCP 的速度(mm/s)，q2 表示工具重定位的精度(degree/s)(有外轴的话)，q3 表示外轴线性运动的速度(mm/s)，q4 表示旋转速度(degrees/s)
zonedata	机器人运动转弯半径数据
orient	姿态数据，四元数[q1，q2，q3，q4]，特指工具坐标系的设定，即工具的目标姿态，根据这个四元数可以很快求出旋转轴和旋转角
jointtarget	关节位置数据
extjoint	外轴位置数据
robjoint	机器人轴角度数据
mecunit	机械装置数据
triggdata	触发数据
tooldata	工具数据，用于描述安装在机器人第六轴上的工具的 TCP、质量、重心等参数数据
trapdata	中断数据

附录 B　Smart 子组件

表 B-1　信号和属性

子组件名称	图符	功能说明
LogicGate		逻辑运算，输出信号 Output 由 InputA 和 InputB 这两个输入信号按逻辑操作符 Operator 中指定的逻辑运算决定，延迟在 Delay 中指定。Operator 可设置为与(AND)、或(OR)、非(NOT)、异或(XOR)及空操作(NOP)
LogicExpression	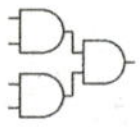	评估逻辑表达式，Expression 为要评估的表达式。支持逻辑运算符 AND、OR、NOT、XOR。对于其他标识符，输入信号会自动添加
LogicMux		选择一个输入信号，输出 Output 由 Selector 指定，Selector 设定为 0 时选择第一个输入 InputA，为 1 时选择第二个输入 InputB
LogicSplit		根据输入信号的状态进行设定并输出脉冲信号。OutputHigh 设为与 Input 相同，OutputLow 设为与 Input 相反。Input 设为 High 时，PulseHigh 发出脉冲；Input 设为 Low 时，PulseLow 发出脉冲
LogicSRLatch	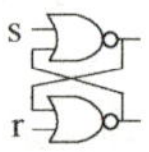	设定/复位锁定。当 Set = 1 时，Output = 0，InvOutput = 1；当 Reset = 1 时，Output = 0，InvOutput = 1

（续）

子组件名称	图符	功 能 说 明
Converter	⇄	在属性值和信号值之间转换 属性： AnalogProperty：从 AnalogInput 转换成 AnalogOutput DigitalProperty：从 DigitalInput 转换成 DigitalOutput BooleanProperty：从 DigitalInput 转换成 DigitalOutput GroupProperty：从 GroupInput 转换成 GroupOutput 信号： DigitalInput（Digital）：转换为 DigitalProperty AnalogInput （Analog）：转换为 AnalogProperty GroupInput （DigitalGroup）：转换为 GroupProperty DigitalOutput （Digital）：由 DigitalProperty 转换过来 AnalogOutput（Analog）：由 AnalogProperty 转换过来 GroupOutput（DigitalGroup）：由 GroupProperty 转换过来
VectorConverter	a b⇌[x y z] c	在三维向量（Vector3）和 X、Y、Z 值之间转换
Expression	a + b c	验证数学表达式。Expression：公式计算，支持 +、-、*、/、^（幂）、sin、cos、tan、asin、acos、atan、atan2、sqrt、abs、pi。数字属性将自动添加给其他标识符。Result：计算的结果
Comparer	a！ = b	使用 Operator 对第一个值 ValueA 和第二个值 ValueB 进行比较。当满足条件时将 Output 设为 1。Operator：比较操作
Counter	a + +	增加或减小属性的值。设置输入信号 Increase 时，Count 增加；设置输入信号 Decrease 时，Count 减少。设置输入信号 Reset 时，Count 被重置
Repeater		脉冲输出信号计数。Count：脉冲输出的次数，Execute：设定为 high（1）计数脉冲输出的次数，Output：输出脉冲
Timer		以指定时间间隔输出脉冲信号。StartTime：第一个脉冲之前的时间，Interval：脉冲宽度；Repeat：指定信号脉冲是重复还是单次；CurrentTime：输出当前时间；Active：激活计时器；Reset：复位当前计时；Output：在指定时间间隔发出脉冲
MultiTimer		在指定时刻产生输出信号。Count：输出信号数；CurrentTime：当前时间；Time1：指定时刻；Active：设定为 high（1）激活计时器；Reset：设定为 high （1）复位当前计时
StopWatch		计时仿真时间（TotalTime）。触发 Lap 输入信号将开始新的循环。LapTime 显示当前单圈循环的时间。只有 Active 设为 1 时才开始计时。当设置 Reset 输入信号时，时间将被重置

表 B-2　参数建模

子组件名称	图符	功 能 说 明
ParametricBox		创建一个指定长度、宽度和高度尺寸的长方体。SizeX：长度；SizeY：宽度；SizeZ：高度；KeepGeometry：设定为 false 放弃已生成的部件；Update：设定为 high（1）更新已生成的部件
ParametricCircle		创建生成一个圆柱体。Radius：半径；Height：高度；KeepGeometry：设定为 false 放弃已生成的部件；Update：更新已生成的部件

（续）

子组件名称	图符	功能说明
ParametricLine		根据给定端点和长度生成线段。如果端点或长度发生变化，生成的线段将随之更新。EndPoint：结束点；Length：长度
ParametricCircle		创建一个圆。Radius：半径；GeneratedPart：已生成的部件；KeepGeometry：设定为 false 放弃已生成的部件；Update：更新已生成的部件
LinearExtrusion		沿着指定方向拉伸面或线段。SourceFace：表面进行拉伸；SourceWire：线段进行拉伸；Projection：沿着向量方向进行拉伸
LinearRepeater		创建图形组件的线性阵列。Source：要复制的图形组件；Offset：两个组件之间的空间偏移；Distance：复制品间的距离；Count：组件复制品的数量
CircularRepeater		创建图形组件的三维空间复制。Source：要复制的图形组件；CountX：X 方向的复制品数量；CountY：Y 方向的复制品数量；CountZ：在 Z 方向复制对象的数量；OffsetX：在复制品之间进行 X 方向的偏移；OffsetY：两个复制品之间的 Y 方向偏移；OffsetZ：两个复制品之间的 Z 方向偏移
MatrixRepeater		创建图形组件的圆周阵列。Source：要复制的图形组件；Count：复制对象要创建的数量；Radius：圆的半径；DeltaAngle：两复制品之间的角度

表 B-3　传感器

子组件名称	图符	功能说明
CollisionSensor		检测对象间的碰撞和接近丢失。如果其中一个对象没有指定，将检测另外一个对象在整个工作站中的碰撞。Object1：第一个对象；Object2：第二个对象，或无法监测整个工作站；NearMiss：接近碰撞设定值，或已到达碰撞临界值；Part1：第一个碰撞部件；Part2：第二个碰撞部件；CollisionType：碰撞（2），接近碰撞（1）或无（0）；Active：激活传感器；SensorOut：信号输出
LineSensor		检测是否有任何对象与两点之间的线段相交。Start：起点；End：结束点；Radius：感应半径；SensedPart：指定与 Line sensor 相交的部件。如果有多个部件相交，则列出距离起始点最近的部件，SensedPoint：指定相交对象上的点，距离起始点最近；Active：激活传感器；SensorOut：信号输出
PlaneSensor		监控对象与平面相交。Origin：原点；Axis1：平面第一轴；Axis2：平面第二轴。设置 Active 输入信号时，传感器会检测与平面相交的对象。相交的对象将显示在 SensedPart 属性中。出现相交时，将设置 SensorOut 输出信号
VolumeSensor		检测完全或部分位于箱形体积内的对象。体积用角点、边长、边高、边宽和方位角定义。CornerPoint：角点；Orientation：方向；Length：长度；Width：宽度；Height：高度；PartialHit：检测仅有一部分位于体积内的对象；SensedPart：监测部件；Active：激活传感器；SensorOut：信号输出
PositionSensor		在仿真过程中对对象进行位置和方向监控。Object：要监控的对象；Reference：坐标系统的返回数值；ReferenceObject：参考对象；Position：位置；Orientation：欧拉角的方向
ClosestObject		查找最近参考对象或参考点。设置 Execute 信号时，组件会找到 ClosestObject、ClosestPart 和相对于参考对象或参考点的 Distance（如未定义参考对象）。如果定义了 RootObject，则会将搜索的范围限制为该对象和其同源的对象。完成搜索并更新了相关属性时，将设置 Executed 信号

（续）

子组件名称	图符	功 能 说 明
JointSensor		仿真期间监控机械关节点值。Mechanism：要监控的机械；Update：更新关节点值
GetParent		获取对象的父对象。Child：子对象；Parent：父对象

表 B-4　动作

子组件名称	图符	功 能 说 明
Attacher		将子对象安装到父对象上。Parent：父对象；Flange：指定要安装在机械装置的哪个法兰上（编号）；Child：子对象；Mount：如为 True，子对象装配在父对象上；Offset：当安装时，指定相对于父对象的位置；Orientation：当安装时，指定相对于父对象的方向；Execute：设为 True 进行安装；Executed：安装完成
Detacher		拆除一个已安装的对象。Child：指定要拆除的对象；KeepPosition：是否保持对象原来位置；Execute：设该信号为 True 移除安装的物体；Executed：当完成时发出脉冲
Source		创建一个图形组件的复制品。Execute = 1 时创建对象的复制品，输出信号 Executed 表示复制品已完成。Source：要复制的对象；Copy：包含复制的对象；Parent：指定要复制的父对象，如果未指定，则将复制与源对象相同的父对象；Position：复制品相对于父对象的位置；Orientation：复制品相对于其父对象的方向；Transient：瞬时性标识。复制品不会被添加至撤销队列中，且在仿真停止时自动被删除，可避免在仿真过程中过分消耗内存
Sink		删除图形组件。Object：要删除的对象；Execute：设定为 High（1）移除对象；Executed：操作完成
Show		在界面中显示对象。Object：显示对象；Execute：设定为 High（1）显示对象；Executed：操作完成
Hide		在界面中隐藏对象。Object：待隐藏的对象；Execute：设定为 High（1）隐藏对象；Executed：操作完成
GetParent		设置图形组件的父对象。Child：子对象；Parent：新建父对象；KeepTransform：保持子对象的位置和方向；Execute：执行

表 B-5　本体

子组件名称	图符	功 能 说 明
LinearMover		按指定直线及方向移动对象。Object：要移动的对象；Direction：移动方向；Speed：移动速度；Reference：参考坐标系；ReferenceObject：参考对象；Execute：执行移动
LinearMover2		移动一个对象到指定位置。Object：要移动的对象；Direction：移动方向；Distance：移动距离；Duration：移动的时间；Reference：参考坐标系；ReferenceObject：参考对象；Execute：执行移动；Executed：移动完成
Rotator		按照设定的速度旋转对象。Object：旋转对象；CenterPoint：旋转中心点；Axis：旋转轴；Speed：旋转速度；Reference：已参考坐标系；ReferenceObject：参考对象；Execute：执行旋转

（续）

子组件名称	图符	功 能 说 明
Rotator2		按照指定的角度旋转对象。Object：旋转对象；CenterPoint：旋转中心点；Axis：旋转轴；Angle：旋转的角度；Duration：旋转时间；Reference：已参考坐标系；ReferenceObject：参考对象；Execute：执行旋转；Executed：旋转完成；Executing：正在选装
PoseMover		机械装置姿态运动。Mechanism：机械装置；Pose：要移动到的姿态编号；Duration：运动所需时间；Execute：激活移动；Pause：暂停移动；Cancel：取消移动；Executed：移动完成；Executing：正在移动；Paused：变为 High（1）表示移动被暂停
JointMover		机械装置关节运动。Mechanism：机械装置；Relative：关节的值与当前姿态相关；Duration：移动时间；GetCurrent：获取当前关节值；Execute：执行移动；Pause：暂停移动；Cancel：取消移动；Executed：移动完成；Executing：正在移动；Paused：变为 High（1）表示移动被暂停
Positioner		设定对象的位置和方向。Object：移动对象；Position：对象的位置；Orientation：欧拉角的方向；Reference：参考坐标系；ReferenceObject：参考对象；Execute：执行移动；Executed：操作完成
MoveAlongCurve		沿几何曲线移动对象。Object：移动对象；WirePart：包含移动所沿线的部分；Speed：移动速度；KeepOrientation：保持对象的方向；Execute：执行移动；Pause：暂停移动；Cancel：取消移动；Executed：移动完成；Executing：正在移动；Paused：移动被暂停

表 B-6 其他

子组件名称	图符	功 能 说 明
Queue		先进先出队列。当信号 Enqueue 被设置时，在 Back 中的对象将被添加到队列。队列前端对象将显示在 Front 中。当设置 Dequeue 信号时，Front 对象将从队列中移除。如果队列中有多个对象，下一个对象将显示在前端。当设置 Clear 信号时，队列中所有对象将被删除
ObjectComparer	a！ =b	比较两个对象 ObjectA、ObjectB 是否相同。相同时 Output 为 1
GraphicSwitch		通过单击图形中的可见部件或设置/重置输入信号在两个部件之间转换。PartHigh：当信号为 High（1）时为可见；PartLow：当信号为 Low（0）时可见；Input：输入信号；Output：输出信号
Highlighter		临时将所选对象显示为定义的 RGB 值的高亮色彩。Object：要高亮显示的对象；Color：颜色 RGB 值；Opacity：指定对象原始颜色和高亮颜色混合的程度（0～255）。当信号 Active 被重设时，对象恢复原始颜色
MoveToViewPoint		切换到指定的视角。Viewpoint：指定要移动到的视角；Time：移动时间；Execute：执行；Executed：执行完成
Logger		在输出窗口显示信息。Format：字符串格式，支持的变量如{id：type}，类型为 d（double）、i（int）、s（string）、o（object）。Message：信息；Severity：信息等级，0（Information），1（Warning），2（Error）；Execute：显示信息
SoundPlayer		播放声音。SoundAsset：播放声音的格式为 . wav；Execute：播放声音
Random		生成一个随机数。Value：Min 和 Max 之间的随机数；Min：最小值；Max：最大值；Execute：生成一个新的随机数；Executed：操作完成

（续）

子组件名称	图符	功能说明
StopSimulation		停止仿真。Execute：设定为 high（1）停止仿真
TraceTCP		开启/关闭机器人的 TCP 跟踪。Robot：指定跟踪的机器人；Enabled：设定为 High（1）打开 TCP 跟踪；Clear：设定为 High（1）清空 TCP 跟踪

参考文献

[1] 叶晖，管小清. 工业机器人实操与应用技巧 [M]. 北京：机械工业出版社，2010.
[2] 汪励，陈小艳. 工业机器人工作站系统集成 [M]. 北京：机械工业出版社，2014.
[3] 叶晖. 工业机器人典型应用案例精析 [M]. 北京：机械工业出版社，2013.
[4] ABB 机器人官方网站，http：//www. abb. com/robotics.
[5] 机器人合作伙伴官方网站，http：//www. robotpartner. cn.
[6] 叶晖，等. 工业机器人工程应用虚拟仿真教程 [M]. 北京：机械工业出版社，2014.
[7] 蒋刚，等. 工业机器人 [M]. 成都：西南交通大学出版社，2011.